공기업

전공과목 필기시험

기계일반

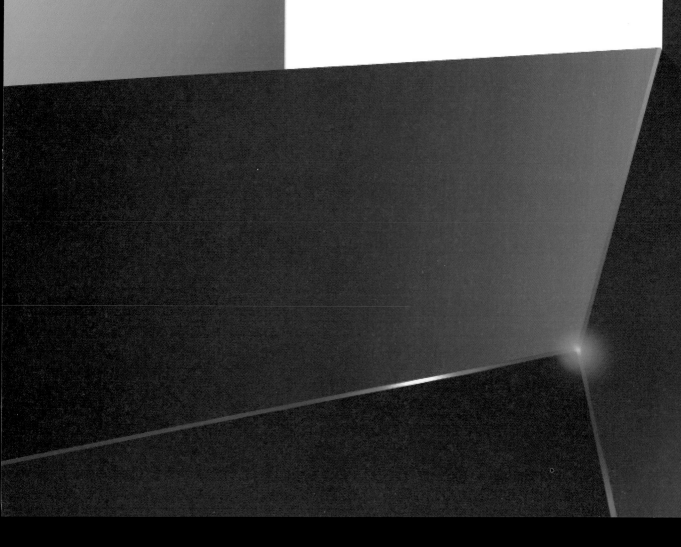

공기업
전공과목 필기시험
기계일반

초판 인쇄   2020년 6월 12일
개정 1판 발행   2022년 3월 11일

편 저 자 | 취업적성연구소
발 행 처 | ㈜서원각
등록번호 | 1999-1A-107호
주   소 | 경기도 고양시 일산서구 덕산로 88-45(가좌동)
교재주문 | 031-923-2051
팩   스 | 031-923-3815
교재문의 | 카카오톡 플러스 친구[서원각]
영상문의 | 070-4233-2505
홈페이지 | www.goseowon.com
책임편집 | 김수진
디 자 인 | 이규희

Preface

청년 실업이 국가적으로 커다란 문제가 되고 있습니다. 정부의 공식 통계를 넘어 실제로 체감되는 청년 실업률은 25% 내외로 최악인 수준이라는 분석도 나옵니다. 이러한 현실 등으로 인해 구직자들에게 '신의 직장'으로 불리는 공기업에는 해를 거듭할수록 많은 지원자들이 몰리고 있습니다.

많은 공기업에서 신입사원 채용 시 필기시험을 실시합니다. 일반 대기업의 필기시험이 인적성만으로 구성된 것과는 다르게 공기업의 필기시험에는 전공시험이 포함되어 있다는 특징이 있습니다.

본서는 공기업 전공시험 과목 중 기계일반에 대비하기 위한 수험서로, 기계일반의 핵심이론을 단기간에 파악하고 효율적으로 채용시험에 대비할 수 있도록 구성되어 있습니다. 또한 주요 핵심이론과 빈출되는 키워드를 중심으로 엄선한 예상문제와 수험생의 시험 후기를 바탕으로 복원한 기출문제를 수록하여 출제경향 파악 및 실전 대비가 가능하도록 하였습니다.

수험생 여러분의 합격을 기원합니다.

Structure

1 핵심이론정리

기계일반의 빈출되는 내용을 선별하였습니다. 반드시 알아야 할 주요 이론을 깔끔하게 정리하여 학습의 길을 잡아드립니다. 핵심 내용을 확실히 짚고 넘어가 효과적인 학습이 가능하도록 합니다.

2 학습의 point

핵심이론 중 좀 더 확실한 대비를 위해 꼭 알아두어야 할 내용을 한눈에 파악할 수 있도록 구성하였습니다. 이론학습과 문제풀이에 플러스가 되는 팁을 통해 실력을 향상시켜 드립니다.

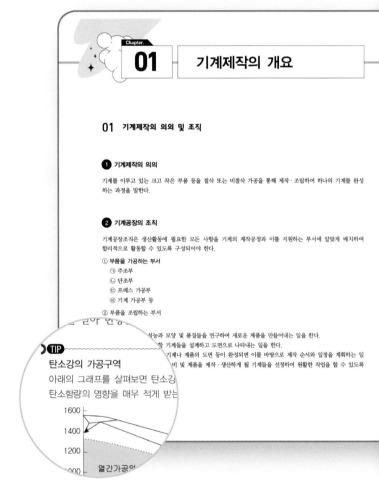

Chapter. **01** 기계제작의 개요

01 기계제작의 의의 및 조직

① 기계제작의 의의

기계를 이루고 있는 크고 작은 부품 등을 절삭 또는 비절삭 가공을 통해 제작·조립하여 하나의 기계를 완성하는 과정을 말한다.

② 기계공장의 조직

기계공장조직은 생산활동에 필요한 모든 사항을 기계의 제작공정과 이를 지원하는 부서에 알맞게 배치하여 합리적으로 활동할 수 있도록 구성되어야 한다.

① 부품을 가공하는 부서
  ㉠ 주조부
  ㉡ 단조부
  ㉢ 프레스 가공부
  ㉣ 기계 가공부 등
② 부품을 조립하는 부서

성능과 모양 및 품질들을 연구하여 새로운 제품을 만들어내는 일을 한다.
막 기계를 설계하고 도면으로 나타내는 일을 한다.
기계나 제품의 도면 등이 완성되면 이를 바탕으로 제작 순서와 일정을 계획하는 일
비 및 제품을 제작·생산하게 될 기계들을 선정하여 원활한 작업을 할 수 있도록

▶ TIP

탄소강의 가공구역

아래의 그래프를 살펴보면 탄소강
탄소함량의 영향을 매우 적게 받는

1600
1400
1200
1000

열간가공영

2022 한국수자원공사

1 아래의 〈보기〉 중 사이클로이드

⊙ 추력과 굽힙강도 : 사이클로이드
ⓒ 정밀도와 호환성 : 인벌류트 ㅋ
ⓒ 압력각과 미끄럼률 : 사이클
ⓔ 중심거리와 조립 : 인벌류

---

4 다음 중 제품생산에 있어 재료선정 및

① 기계가공부
③ 설계제도실

> **NOTE** 기계제작부의 지원부서
> ⊙ 연구개발실: 성능과 모양 및 품질들을 연구하여 새로운 제능들
> ⓒ 설계제도실: 생산될 기계들을 설계하고 도면으로 나타내는 일을 한다.
> ⓒ 생산관리실: 생산될 기계나 제품의 도면 등이 완성되면 이를 바탕으로 제작 순서와 일정을 계획하며, 기타 재료 준비
> 및 제품을 제작·생산하게 될 기계들을 선정하여 원활한 작업을 할 수 있도록 도와주는 일을 한다.

5 기계제작과정 중 생산계획 수립단계에서 고려하여야 할 사항으로 옳지 않은 것은?

① 공장의 생산능력　　　　② 제품의 치수
③ 제품의 제작순서　　　　④ 제품의 납품기일

> **NOTE** ② 제품의 치수는 설계단계에서 고려되어야 할 사항이다.

6 다음 중 기계설계 시 결정사항으로 옳지 않은 것은?

① 구조·기능을 고려하여 재료를 선택한다.
② 치수와 강도를 계산한다.
③ 도면으로 나타낸다.
④ 제작하고자 하는 기계나 부품의 용도와 목적을 정한다.

> **NOTE** ③ 설계된 기계나 제품을 도면으로 나타내 제작의 용이성을 높여주는 것은 도면제작단계이다.

7 재료에 열을 가하여 일부를 녹여 접합하는 방법을 무엇이라

① 용접가공
③ 열처리

> **NOTE** 용접···열을 가하여 금속 또는 비금속의 결합할 부

다음 중 공구에 대한 설명으로 옳

① 기계공작을 하는 과정에서 작동ㅈ
② 절삭공구로는 바이트 및 밀링커터ㅈ
③ 연삭공구로는 연삭숫돌차가 있다.
④ 목공용은 공구에 포함되지 않는다.

> **NOTE** 공구
> ⊙ 개념 : 공구는 기계공작을 하는 과정
> ⓒ 종류
> • 절삭공구 : 바이트, 밀링커터가 ㅇ
> • 연삭공구 : 연삭숫돌차가 있다
> • 손 다듬질용 공구 : 금긋기ㄱ
> • 기타 : 각종 게이지 및

기출예상문제 및 복원문제　**3**

빈출되는 이론을 바탕으로 엄선한 출제예상 문제와 최근에 시행된 각 공사공단별 필기시험의 기출문제를 복원하여 수록하였습니다. 충분한 문제 풀이를 통해 이론을 복습하고 출제 경향을 파악할 수 있습니다.

상세한 해설　**4**

정·오답에 대한 이유를 이해하기 쉽도록 상세하게 기술하여 실전에 충분히 대비할 수 있도록 하였습니다. 매 문제 꼼꼼한 해설을 통해 수험생의 문제해결능력을 높이며, 정답을 확인하면서 동시에 이론을 복습하여 학습 효율을 높일 수 있도록 구성하였습니다.

Contents

PART

01

기계제작

기계제작의 개요

01 기계제작의 의의 및 조직

❶ 기계제작의 의의

기계를 이루고 있는 크고 작은 부품 등을 절삭 또는 비절삭 가공을 통해 제작 · 조립하여 하나의 기계를 완성하는 과정을 말한다.

❷ 기계공장의 조직

기계공장조직은 생산활동에 필요한 모든 사항을 기계의 제작공정과 이를 지원하는 부서에 알맞게 배치하여 합리적으로 활동할 수 있도록 구성되어야 한다.

① 부품을 가공하는 부서
  ㉠ 주조부
  ㉡ 단조부
  ㉢ 프레스 가공부
  ㉣ 기계 가공부 등
② 부품을 조립하는 부서
③ 지원부서
  ㉠ 연구개발실 : 성능과 모양 및 품질들을 연구하여 새로운 제품을 만들어내는 일을 한다.
  ㉡ 설계제도실 : 생산할 기계들을 설계하고 도면으로 나타내는 일을 한다.
  ㉢ 생산관리실 : 생산될 기계나 제품의 도면 등이 완성되면 이를 바탕으로 제작 순서와 일정을 계획하는 일을 하며, 기타 재료 준비 및 제품을 제작 · 생산하게 될 기계들을 선정하여 원활한 작업을 할 수 있도록 도와주는 일을 한다.

02 기계제작과정

❶ 설계 및 도면제작

① 설계 … 만들게 될 기계나 제품의 용도나 목적에 맞게 계획을 세우는 것으로, 재료를 선택하고 강도와 각 부품의 치수를 결정하는 단계이다.

② 도면제작 … 설계된 기계나 제품을 도면으로 나타내 제작의 용이성을 높여 주는 단계이다.

❷ 제작

① 주조가공 … 목형 등의 원형을 사용하여 만든 주형에 금속을 녹여 부어서 주물을 만드는 가공방법이다.

② 소성가공 … 재료의 소성을 이용하여 제품을 만드는 가공방법이다. 소성이란 탄성 한도 이상의 하중을 가한 후에는 하중을 제거해도 물체가 원래의 모습으로 되돌아가지 않는 성질을 말한다. 대장간에서 이루어지는 작업과 같은 단조작업, 프레스가공, 나사산이나 치형가공에 이용되는 전조가공, 제강공장에서 이루어지는 압연가공, 압출가공, 인발가공 등이 속한다.

③ 용접가공 … 재료에 열을 가하여 일부를 녹여 접합하는 가공방법이다.

④ 기계가공 … 공작기계에 의해 이루어지는 것으로 주로 절삭가공을 말한다. 절삭가공은 공작물의 형상과 치수를 정확하게 가공할 수 있기 때문에 봉재와 판재를 비롯하여 주조, 단조, 프레스가공 등으로 만들어진 소재를 정밀 가공하는 데 사용된다.

⑤ 손 다듬질 … 여러 가공방법으로 가공된 제품이나 기계를 정이나 줄 등의 공구를 사용하여 손작업으로 다듬질하는 가공방법이다.

⑥ 열처리 … 제품에 열을 가하여 기계적 성질을 향상시키거나 부품의 일부만을 변화시키는 가공방법이다.

❸ 도장 및 출하

① 표면 처리 … 도금이나 도장 등과 같이 제품의 표면을 특별히 처리하는 단계이다.

② 조립 … 각 부분 별로 제작된 제품을 조립하여 하나의 기계를 완성하는 단계이다.

③ 출하 … 완성된 기계를 포장하여 판매하는 단계이다.

기출예상문제

대전시시설관리공단

1 단면이 균일한 긴 봉이나 관 등을 제조하는 금속가공법은?

① 단조   ② 압연

③ 인발   ④ 압출

> **NOTE** 압출은 단면이 균일한 긴 봉이나 관을 제조하는 금속가공법으로 크게 정압출법과 역압출법으로 분류되는데 정압출법은 압출되는 금속의 방향이 외부로부터 압력을 가하는 방향과 같은 경우이고, 역압출법은 이 방향이 반대가 된다.

2 다음 중 공구에 대한 설명으로 옳지 않은 것은?

① 기계공작을 하는 과정에서 작동기계의 보조적인 역할을 하는 도구를 의미한다.

② 절삭공구로는 바이트 및 밀링커터가 있다.

③ 연삭공구로는 연삭숫돌차가 있다.

④ 목공용은 공구에 포함되지 않는다.

> **NOTE** 공구
> ㉠ 개념 : 공구는 기계공작을 하는 과정에서 작동기계의 보조적인 역할을 하는 도구를 의미한다.
> ㉡ 종류
> • 절삭공구 : 바이트, 밀링커터가 있다.
> • 연삭공구 : 연삭숫돌차가 있다.
> • 손 다듬질용 공구 : 금긋기 바늘, 줄 등이 있다.
> • 기타 : 각종 게이지 및 손작업용 공구, 목공용 공구가 있다.

3 다음 중 기계제작과정으로 옳은 것은?

① 생산계획 → 설계 → 가공 → 조립 → 검사 → 출하 → 도장

② 설계 → 가공 → 생산계획 → 조립 → 도장 → 검사 → 출하

③ 설계 → 생산계획 → 가공 → 조립 → 검사 → 도장 → 출하

④ 설계 → 출하 → 도장 → 검사 → 생산계획 → 가공 → 조립

> **NOTE** 기계제작과정 … 설계 → 생산계획 → 가공 → 조립 → 검사 → 도장 → 출하

Answer. 1.④ 2.④ 3.③

4 다음 중 제품생산에 있어 재료선정 및 생산기계들을 선정하는 업무를 행하는 부서는?

① 기계가공부   ② 생산관리실

③ 설계제도실   ④ 연구개발실

>**NOTE** 기계제작부의 지원부서
>   ⊙ 연구개발실 : 성능과 모양 및 품질들을 연구하여 새로운 제품을 만들어내는 일을 한다.
>   ⓒ 설계제도실 : 생산할 기계들을 설계하고 도면으로 나타내는 일을 한다.
>   ⓒ 생산관리실 : 생산될 기계나 제품의 도면 등이 완성되면 이를 바탕으로 제작 순서와 일정을 계획하며, 기타 재료 준비
>   및 제품을 제작·생산하게 될 기계들을 선정하여 원활한 작업을 할 수 있도록 도와주는 일을 한다.

5 기계제작과정 중 생산계획 수립단계에서 고려하여야 할 사항으로 옳지 않은 것은?

① 공장의 생산능력   ② 제품의 치수

③ 제품의 제작순서   ④ 제품의 납품기일

>**NOTE** ② 제품의 치수는 설계단계에서 고려되어야 할 사항이다.

6 다음 중 기계설계 시 결정사항으로 옳지 않은 것은?

① 구조·기능을 고려하여 재료를 선택한다.

② 치수와 강도를 계산한다.

③ 도면으로 나타낸다.

④ 제작하고자 하는 기계나 부품의 용도와 목적을 정한다.

>**NOTE** ③ 설계된 기계나 제품을 도면으로 나타내 제작의 용이성을 높여주는 것은 도면제작단계이다.

7 재료에 열을 가하여 일부를 녹여 접합하는 방법을 무엇이라 하는가?

① 용접가공   ② 소성가공

③ 열처리   ④ 표면처리

>**NOTE** 용접 … 열을 가하여 금속 또는 비금속의 결합할 부분을 용해하여 접합하는 것을 말한다.

Answer. 4.② 5.② 6.③ 7.①

8 다음 중 제품의 기계적 성질을 향상시키기 위한 가공은?

① 열처리　　　　　　　　　　　② 손 다듬질

③ 기계가공　　　　　　　　　　④ 조립

> **NOTE** ① 제품에 열을 가하여 기계적 성질을 향상시키기 위한 가공방법이다.
> ② 여러 가공방법으로 가공된 제품이나 기계를 다듬질하는 가공방법이다.
> ③ 공작기계에 의해 이루어지는 것으로 주로 절삭가공을 말한다.
> ④ 각 부분별로 제작된 제품을 조립하여 하나의 기계를 완성하는 단계이다.

9 기계제작과정 중 도장의 필요성으로 가장 옳지 않은 것은?

① 미적 기능　　　　　　　　　　② 녹 방지

③ 산화 방지　　　　　　　　　　④ 제품의 훼손방지

> **NOTE** 도장…완성부품의 최종단계에서 이루어지는 것으로, 부품의 표면을 특별히 처리하여 녹과 산화를 방지하고 겉모양을 아름답게 만들어 준다.

Answer. 8.① 9.④

02 주조

01 목형

① 목형의 정의

목형이란 목재를 이용하여 제작한 원형을 말한다.

② 목재의 특징

① 목재의 조직
  ㉠ 수심 : 나이테의 중심부를 말한다.
  ㉡ 변재 : 껍질에 가까운 부분으로 수분이 많아 변형과 부식이 쉽게 발생한다.
  ㉢ 심재 : 수심과 변재의 가운데 부분으로 수분이 적어 견고하고 가장 변형이 적은 부분이다.

② 목재의 변형과 수축 … 목재의 대부분은 수분으로 되어 있기 때문에 건조되면서 수축과 변형이 생기므로 목재를 이용한 목형의 제작에는 수축과 변형이 최소가 될 수 있도록 마름질과 접합에 주의하여야 한다.
  ㉠ 목재의 수축정도는 침엽수보다 활엽수가 크다.
  ㉡ 목재의 수축정도는 심재보다 변재가 크다.
  ㉢ 목재의 조직에서 수축정도는 연륜방향이 가장 크고, 섬유방향이 가장 적다.

③ 목재의 수축 방지책
  ㉠ 충분히 건조하여 수분에 의한 수축을 방지한다.
  ㉡ 목재의 표면에 적절한 도장을 한다.
  ㉢ 여러 장의 목편을 조합하여 목형을 제작한다.
  ㉣ 정확한 접합을 한다.
  ㉤ 여름보다는 겨울에 벌채된 나무를 사용한다.
  ㉥ 나무결이 고른 목재를 선택한다.

④ 목형용 목재의 종류

　　㉠ 소나무 : 일반 목형으로 사용되고, 값이 싸서 손쉽게 구할 수 있으나 목재의 질이 떨어진다.

　　㉡ 느티나무 : 자주 사용하는 목형 제작에 사용되고, 재질이 단단하고 내구성이 좋으나 값이 비싸다.

　　㉢ 삼나무 : 대형 목형이나 사용횟수가 적은 목형 제작에 사용되고, 수축·변형이 적으며 가격도 싸다.

　　㉣ 전나무 : 정밀을 요하는 목형 제작에 사용되고, 재질이 치밀하며 습도에 의한 수축이 적고 가격도 싸다.

　　㉤ 나왕 : 일반 목형으로 사용되고, 결이 고르며 가공하기 쉽다.

　　㉥ 홍송 : 정밀을 요하는 고급 목형 제작에 사용되고, 가공하기 쉽고 변형도 적으나 가격이 비싸다.

⑤ 목재의 성질

　　㉠ 목재의 조건
　　　• 수분에 의한 수축과 변형이 적어야 한다.
　　　• 가공이 쉽고 목재의 결이 우수해야 한다.
　　　• 가격이 싸고 쉽게 구할 수 있어야 한다.
　　　• 목재로서의 결함이 없어야 한다.
　　　• 내구력이 커야 한다.

　　㉡ 목재의 장점
　　　• 가공이 비교적 쉽고, 가격이 저렴하다.
　　　• 수리 및 개조가 쉽다.
　　　• 무게가 가볍다.

　　㉢ 목재의 단점
　　　• 수축에 의한 변형이 쉽다.
　　　• 파손되기 쉽다.
　　　• 조직이 불규칙하다.

　　㉣ 목형용 도료 및 도장법
　　　• 도료는 목형의 수축 및 뒤틀림을 방지하고, 주형을 만들 때 모래의 분리를 쉽게 하기 위한 목적으로 사용된다.
　　　• 목형용 도료로는 일반적으로 니스와 셀락 등이 사용된다.
　　　• 크기가 큰 공작물은 농도를 짙게 하여 바르며, 크기가 작은 공작물은 농도를 옅게 하여 바른다.

⑥ 목재의 건조법 … 목재가 함유한 수분으로 인한 수축을 방지하기 위하여 목재를 건조시킨다.

　　㉠ 자연 건조법 : 통풍이 잘 되는 장소에서 자연적으로 목재를 건조시키는 방법이다.
　　　• 장점
　　　－목재의 광택이 살아있다.
　　　－경도가 감소되지 않는다.
　　　• 단점
　　　－건조시간이 오래 걸린다.
　　　－건조되는 과정에서 목재에 균열이 생길 수 있다.

- 종류
- 야적법 : 목재를 오랫동안 옥외에 방치하여 수분을 제거하는 방법으로, 원목이나 큰 각재 건조 시 사용된다.
- 가옥적법 : 판재들을 쌓아서 건조시키는 방법으로, 판재로 가공할 목재를 건조시키는 데 사용된다.
- 침수 건조법 : 물에 목재를 담갔다가 건조시키는 방법으로, 정밀목형을 제작할 목재를 건조시키는 데 사용된다.
  - ⓒ 인공 건조법
    - 자재법 : 용기에 목재를 넣고 쪄서 건조시키는 방법이다.
    - 훈재법 : 훈연법이라고도 하며, 목재를 건조실에 넣고 연소가스를 이용하여 건조시키는 방법으로, 변형이 적고 작업이 용이하다.
    - 증재법 : 증기를 이용한 건조법이다.
    - 열풍 건조법 : 뜨거운 바람으로 목재를 건조시키는 방법이다.
    - 진공 건조법 : 진공상태에서 목재를 건조시키는 방법이다.
    - 약재 건조법 : 건조제를 첨가하여 목재를 건조시키는 방법으로, 일부 소량의 중요한 목재를 건조시키는 데 사용되는 방법이다.
    - 전기 건조법 : 전기 저항열을 이용한 목재 건조법이다.

⑦ **목재 방부법** … 목재가 썩지 않도록 방지하는 방법이다.
  - ㉠ **도포법** : 목재표면에 페인트나 크레졸유를 칠하는 방법이다.
  - ㉡ **자비법** : 방부제를 목재에 침투시키는 방법이다.
  - ㉢ **충진법** : 목재에 구멍을 뚫어 방부제를 넣는 방법이다.
  - ㉣ **침투법** : 목재에 방부액을 흡수시키는 방법이다.

---

③ 목형의 종류 · 제작공구 · 제작요건

① 목형의 종류
  - ㉠ **현형** : 주물의 형상을 갖고 주물 치수에 수축여유 및 가공여유를 첨가한 목형을 말한다.
    - 단체목형 : 간단한 형상의 주물이다.
    - 분할목형 : 2개로 분할된 목형으로 한쪽에 단이 있는 제품 제작에 사용된다.
    - 조립목형 : 여러 조각들을 조립하여 하나의 목형을 완성하는 형태로, 복잡합 주물의 목형에 적합하다.
  - ㉡ **부분목형** : 제작하고자 하는 공작물의 모양이 연속적이고 대칭일 때 전체모양을 만들지 않고 일부분을 만드는 데 사용된다.
  - ㉢ **골격목형** : 대강의 골격만으로 목형을 제작하는 것으로, 주로 공작물의 크기가 크고 소량일 경우 사용된다.

    ⓔ 판형
- 회전목형 : 주물의 형상이 어느 축에 대하여 회전 대칭일 경우, 축을 통한 단면의 반쪽 판을 축 주위로 회전시켜 주형사를 긁어내어 제작하는 방법이다.
- 고르개목형 : 단면이 일정한 긴 파이프 등을 제작할 때 사용되는 방법으로, 목형 제작에 시간이 소요되므로 주물 수량이 적을 때 사용되는 방법이다.
    ⓜ 코어목형 : 속이 빈 파이프를 만들 때 사용되는 목형이다.
    ⓗ 매치 플레이트 : 분할모형을 판의 양면에 부착하여 이것을 주형상자 사이에 놓고 상형과 하형을 각각 다져서 주형제작을 하는 데 사용되는 방법으로, 소형의 제품을 대량으로 생산하는 데 유리하다.
    ⓢ 잔형 : 모형을 주형에서 뽑을 수 없는 부분만을 별도로 만들어 조립하여 주형을 제작하고, 모형을 뽑을 때에는 주형에 잔류시켰다가 새로 생긴 공간을 통하여 뽑아낸다.

② 목형 제작공구
    ㉠ 수공구
- 톱 : 탄소강이나 특수강판에 톱날을 세운 것으로 자를 때나 켤 때에 알맞게 되어 있으며, 톱의 종류에는 가로톱, 세로톱, 양용톱, 실톱 및 세공톱 등이 있다.
- 자 : 길이를 재거나 직선 또는 평면을 검사하는 데 사용된다.
- 그무개 : 재료의 측면을 기준으로 나란히 선을 긋거나 표시할 때 사용된다.
- 끌 : 대패로 깎을 수 없는 구멍이나 홈을 가공하는 데 사용되며, 끌에는 마치끌, 밀끌, 특수끌 등이 있다.
- 대패 : 가공정도에 따라 막대패, 중간대패 및 다듬질대패로 나누어지고, 가공부에 따라 보통대패, 측면대패, 홈대패 및 특수대패 등으로 나누어진다.
- 송곳 : 목재에 구멍을 뚫을 때 사용하는 공구로, 송곳에는 나사송곳, 삼각송곳, 센터송곳, 4각송곳, 핸드드릴 등이 있다.
- 그 밖의 수공구 : 컴퍼스, 각도기, 수준기(level), 사포, 장도리 등이 있다.
    ㉡ 목공기계
- 목공선반 : 목재를 회전체로 가공하는 데 사용된다.
- 목공 드릴링머신 : 둥근 구멍을 가공하거나 4각형 구멍을 가공할 때 사용된다.
- 실톱기계 : 폭이 좁은 톱날을 상하로 왕복운동시키고, 가공물을 손으로 잡고 움직여 소정의 곡선가공을 하는 기계이다.
- 원형톱기계 : 원판의 주위에 톱날을 만들어 축에 고정하여 1,200 ~ 3,000rpm으로 회전시켜 목재를 가공하는 기계이다.
- 띠톱기계 : 프레임의 상하에 설치된 풀리에 띠톱 밴드를 걸고 풀리를 회전시켜 목재를 켜는 기계이다.
- 기계대패 : 회전하는 원통에 대패날을 고정하여 고속으로 회전시키면서 수평면, 측면, 경사면 및 홈 등을 가공한다.
- 사포기 : 목형의 표면을 정밀하게 다듬거나 곡면가공에 사용된다.
- 만능목공기계 : 여러 가지 장치와 커터를 구비하고 있어 평면이나 곡면 또는 홈과 구멍들을 깎을 때 사용된다.

③ 목형 제작요건

　㉠ **수축여유** : 금속을 목형에 주입한 후 용융된 쇳물은 수축되는데, 이때 수축에 대한 치수만큼을 수축여유라고 한다.

[주물의 종류와 수축량]

주물의 종류		수축량(%)	주물의 종류		수축량(%)
회주철주물	대형 주물	0.8	황동주물	얇은 주물	1.55
	소형 주물	0.55		두꺼운 주물	1.3
	강인 주물	1.0	청동주물		1.2
가단 주철 주물		1.0	알루미늄합금주물		1.65
주강 주물		1.6 ~ 2.50	아연합금주물		2.6

　㉡ **가공여유** : 주물이 절삭가공을 요할 때는 가공에 필요한 치수만큼 여유를 현도에 가산하여 목형을 만들어야 하는데 이때의 치수를 가공여유라 하며, 일반적으로 가공여유는 1 ~ 10mm 정도이나 요구되는 정밀도가 높을수록 가공여유를 크게 하며, 주물의 표면상태, 주물의 변형 여부에 따라 여유가 달라진다.

　㉢ **목형구배** : 목형에서 주형을 뺄 때 주형이 파손될 염려가 있으면 목형을 빼내는 방향으로 기울기를 두어 주형의 파손 없이 목형이 안전하게 빠지도록 하는 것을 말하며, 목형에 따라 기울기의 정도는 다르나 대체로 1m에 대하여 6 ~ 10mm 정도의 기울기를 준다.

　㉣ **라운딩** : 용융된 쇳물이 주형 내에서 응고할 때 주형면에 대하여 직각 방향으로 결정립이 생기게 되어 불순물이 모여 약하게 되는 것을 방지하기 위해 목형의 각진 모서리를 둥글게 하는 것을 말한다.

▶**TIP**

결정립

㉠ 다결정 물질을 구성하는 작은 결정 입자를 말한다.

㉡ 결정립이 작을수록 단위 체적당 결정립계의 면적이 넓기 때문에 금속의 강도가 커진다.

㉢ 결정립의 크기는 용융금속이 급속히 응고되면 작아지고, 천천히 응고되면 커진다.

㉣ 결정립 자체는 이방성이지만, 다결정체로 된 금속편은 평균적으로 등방성이 된다.

㉤ 피로현상은 결정립계에서의 미끄러짐과 관련이 없다.

㉥ 수많은 결정립들의 집합체를 다결정이라고 하며, 다결정과 결정립 간의 경계를 결정립계라고 한다.

　㉤ **덧붙임** : 두께가 균일하지 못하거나 형상이 복잡한 주물에 대한 주형에서는 용융된 쇳물의 응고 및 냉각 속도의 차에 의한 응력으로 주물이 변형되는 경우가 있는데, 이것을 방지하기 위하여 행하는 작업으로 주조 후 제거한다.

　㉥ **코어목형** : 속이 빈 파이프를 만들 때 사용되는 목형으로서 코어(주물의 빈 공간을 만들어주는 실제주형)에 사용되는 것을 통칭한다.

(ㅅ) **매치 플레이트** : 매치 플레이트라고 하는 목판 또는 금속판의 양면에 모형의 절반씩을 붙인 것으로 소형의 제품을 대량으로 생산하는 데 사용되는 주형이다.

02 주조

① 주조의 정의

주조(casting)란 쇳물을 주형에 부어 넣은 후 냉각 응고시켜 주형의 빈 공간과 동일한 형상의 제품을 만드는 작업이다. 주조의 과정에서 속이 빈 공간을 주형, 주형의 공간을 만들기 위한 형을 원형, 용융금속을 주입하여 만든 제품을 주물이라 한다. (주물사는 주형의 재료를 모래로 한 경우 주형에 사용되는 모래를 말한다.) 주조는 여러 가지 방법이 있으며 일반적으로 다음과 같이 분류된다.

[주조의 여러 가지 방법]

구분	종류
일반주조법	사형주조법
정밀주조법	셸몰드법, 다이캐스트법, 인베스트먼트법, 폴몰드법, 석고주형법
특수주조법	이산화탄소 주형법, 저압주조법, 금형주조법, 진공주형법, 원심주조법, 고압응고주조법, 연속주조법, 감압주조법

② 주물사

① 주물사의 구비조건

    ㉠ 내화성이 크고, 화학적 변화가 없어야 한다.

    ㉡ 주형물 안의 가스 배출이 용이하도록 통기성이 좋아야 한다.

    ㉢ 값이 싸고 구입이 쉬워야 한다.

    ㉣ 적당한 강도를 지녀 쉽게 파손되지 않아야 한다.

    ㉤ 주형 제작이 쉬워야 한다.

② 주물사의 성질

  ㉠ 주물사의 강도 및 접착력

    • 적당한 수분이 접착력을 향상시킨다.

    • 입자의 치수가 클수록 강도가 높고, 입자의 강도는 각형이 황형보다 크다.

  ㉡ 입도

    • 매시로 그 크기를 나타낸다.

    • 입자의 크기는 통기성과 결합성에 영향을 미친다.

  ㉢ 내열성 : 내열성이 좋아야 용용금속과 접촉하는 주형이 쉽게 분리되며, 기공도 생기지 않는다.

  ㉣ 통기도 : 주형속에서 발생한 가스나 수증기를 외부로 배출시키는 정도를 말한다.

③ 주물사의 종류

  ㉠ 일반 주물사

    • 생형 : 알맞은 양의 수분이 들어 있는 모래이다.

    • 건조형 : 생형 모래에 비해 점토분이 많은 모래로 건조형 주형을 제작할 때 사용된다.

    • 표면건조형 : 내화도가 높고 입도가 가는 모래이다.

  ㉡ 주강용 주물사 : 규사와 점결제를 배합한 것으로 내화성과 통기성이 향상된다.

  ㉢ 비철합금용 주물사 : 모래에 소량의 소금을 첨가하며, 대형 주물은 신사에 점토를 혼합하여 사용한다. 성형성이 우수하고 주물 표면이 좋게 나올 수 있는 주물사를 사용한다.

  ㉣ 코어용 주물사 : 규산분이 많은 모래에 식물유를 혼합하여 사용한다.

  ㉤ 특수 주물사 : 합성사, CO_2프로세서용 주물사, 시멘트 샌드, 오일 샌드 등이 있다.

❸ 주형의 종류와 제작법

① 주형의 제작법

  ㉠ 바닥 주형법 : 바닥의 모래에 목형을 넣고 다져서 주형을 만드는 방법이다.

  ㉡ 혼성 주형법 : 바닥의 모래와 주형 상자를 이용해서 주형을 만드는 방법이다.

  ㉢ 조립 주형법 : 일반적으로 사용되는 방법으로, 주형 상자를 2개 또는 3개 겹쳐 놓고 주형을 만드는 방법이다.

  ㉣ 고르개 주형법 : 원통형의 주형을 만들 때 사용되는 방법이다.

  ㉤ 코어 제작법 : 구멍이 뚫린 주물 제작시 사용되는 방법이다.

  ㉥ 회전 주형법 : 대칭인 주물을 제작할 때 사용되는 방법이다.

② 주형 제작 시 주의사항

  ㉠ 다지기 : 너무 힘을 가하면 통기도가 불량해 기공이 생기고, 너무 적게 다지면 모래가 주물에 들어갈 수 있다.

  ㉡ 습도 : 생형일 때는 수분의 양의 조절에 주의해야 한다.

  ㉢ 공기 뽑기 : 주조 시 발생하는 공기를 뽑으려면 통기성이 좋은 새 모래를 사용해야 한다.

❹ 주형의 제작

① 탕구계의 각 부의 명칭

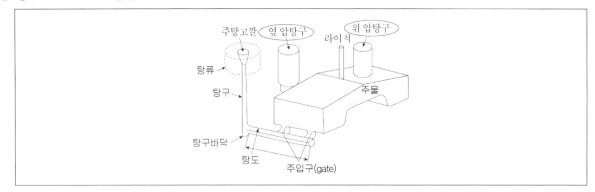

ⓙ **주입구** : 탕도에서 용탕이 주형 안으로 들어가는 부분으로서 주입 시 용탕이 주형에 부딪쳐 역류가 일어나지 않도록 하면서 주형 안에 있는 가스가 잘 빠져나가도록 하고 주형의 구석까지 잘 채워지도록 되어 있다.

ⓛ **탕구** : 주입컵을 통과한 용탕이 수직으로 자유낙하를 하여 흐르는 첫 번째 통로(쇳물이 주형으로 들어가는 통로)이며, 일반적으로 수직으로 마련된 유도로로서 탕도와 연결이 되어 있다. 탕구에서 용탕이 수직으로 낙하할 때 튀어 오르거나 소용돌이 발생현상을 최소화할 수 있도록 되어 있다.

ⓓ **탕도** : 탕구로부터 주입구까지 용탕을 보내는 수평통로(쇳물이 탕구로부터 주형에 주입되는 입구까지)이다. 용탕이 탕구로부터 주형입구인 주입구까지 용탕을 보내는 수평부분으로 용탕을 주입구에 알맞게 배분하며 용탕에 섞인 불순물이나 슬래그를 최종적으로 걸러주어 깨끗한 용탕이 주입구를 통해 주형 안으로 충전되도록 한다.

ⓔ **라이저(압탕구)** : 응고 중 발생하는 용탕의 수축으로 인해 내부에 공극이 발생하게 되는데 이를 보충하기 위한 여분의 용탕 저장소이다. (압탕은 여분의 용탕으로 압력을 가한다는 의미이다. 이를 위해 높이 솟아올라온 부분이므로 라이저라고 부르며 압탕의 중량으로 쇳물의 압력을 가하고 파괴나 기공의 발생을 방지하거나 가스를 추출하는 기능도 한다.)

ⓜ **피이더** : 주형 내에서 쇳물이 응고될 때 쇳물의 수축으로 인한 쇳물 부족을 공급하는 역할을 한다.

ⓗ **가스뽑기** : 주형 내의 가스를 배출하기 위한 것이다.

ⓢ **냉각쇠** : 주물의 두께 차이로 인한 냉각 속도를 줄이기 위한 것이다.

② 용융금속의 주입조건

ⓙ **압상력** : 주형에 용융금속을 주입하면 투영면적에 대한 탕구의 높이에 비례하는 압상력이 생기는데 이를 방지하기 위해 중추를 올린다.

$$P = A \cdot h \cdot W$$
◦ A : 주물의 투영면적(m^2)　◦ W : 주입금속의 비중　◦ h : 주물의 윗면에서 쇳물 아궁이까지의 높이(m)

ⓛ **주입속도** : 주입속도가 너무 빠르면 열응력이 생기고, 너무 느리면 취성이 생긴다.

$$V = \phi \sqrt{2gh}$$
∘ g : 중력 가속도 ∘ h : 탕구의 높이 ∘ ϕ : 유량계수

ⓒ **주입시간** : 주입시간이 너무 빠르면 주물 이용율이 저하되고, 주형면이 파손될 수 있으며, 주물에 기공이 생길 수 있다.

$$t = S\sqrt{W}$$
∘ W : 주물의 중량 ∘ S : 두께에 따라 변하는 계수

❺ 주물의 결함 및 대책

① 주물의 검사
　ⓐ **육안검사** : 눈으로 직접 모양, 표면 등을 검사한다.
　ⓑ **기계적 검사** : 주물의 강도, 경도 등 기계적 성질을 검사한다.
　ⓒ **내부검사** : 주물 내부의 균열 및 기공을 검사한다.

② 주물의 결함
　ⓐ **수축공 결함** : 응고될 때 용탕이 부족하여 최종응고 부위에 공동이 생기는 것으로 주입구 부근, 코어주변, 코너 및 요철 부위, 중심선상 등에서 주로 발생한다. 수축공 결함에 대한 대책은 다음과 같다.
　　• 압탕의 크기, 개수, 위치를 적절히 선정하여 압탕 쪽으로 지향성 응고가 되도록 한다.
　　• 수축공 발생 부위에 덧살을 부착하여 주물의 모양을 개선한다.
　　• 주입온도를 낮추어 액체수축을 줄인다.
　　• 응고수축이 적은 합금(C, Si)을 선택한다.
　　• 급탕거리, 크기를 개선하여 과열부엔 냉금을 사용하여 균일냉각을 유도한다.
　ⓑ **기공, 미세공 결함** : 용탕 중에 함유된 가스나 응고 시에 잔류하는 공기에 의해 생성되는 것으로 큰 공동을 기공이라 하고 작은 공동을 미세공이라 한다. 기공, 미세공 결함에 대책은 다음과 같다.
　　• 주형에 충분한 개기공 설치, 탕구방안 개선
　　• 주물사 수분함유량 조절 및 건조
　　• 탕도의 높이 조절
　　• 압탕에 의한 용융금속 가압
　　• 첨가제, 점결제, 도형제 선정에 유의
　　• 장입재료의 관리 철저(수소, 질소)
　　• 용해온도를 과도히 높이지 않음
　ⓒ **균열** : 용융쇳물이 균일하게 수축하지 않고 각 부분마다 수축정도의 차이가 발생하게 되고 이로 인해 응력이 발생하여 주물에 금이 가게 되는 현상이다.

⑥ 용해로

용해로(Melting Furnace, 鎔解爐)는 주조작업에 사용되는 금속이나 비금속을 용해시키는 장치로서 '노(爐, furnace)'라고 불리며 열원 및 용해방식에 따라 명칭이 달라진다. 노의 용량은 1회 용해 가능한 실제 양을 중량으로 표시한다.

> **TIP**
> 용해로는 흔히 용광로라고도 불린다.

① **큐폴라**(용선로) ⋯ 일반 주철을 용해하는 용해로로서 강판으로 만든 원통 내부를 내화벽돌로 쌓고 다시 내화점토를 바른 직립형의 노로서 용융된 금속은 바닥에 고이며 수시로 탕출구를 통해 배출된다.
　㉠ 일반주철을 용해할 때 사용한다.
　㉡ 연료는 코크스를 사용한다.
　㉢ 용량은 시간당 용해할 수 있는 쇳물의 중량(ton)으로 나타낸다.
　㉣ 용해로의 특징
　　• 구조가 간단하고, 시설비가 적게 든다.
　　• 열효율이 좋다.
　　• 출탕량을 조절할 수 있다.
　　• 성분 변화가 많으며, 산화로 인해 탕이 감량된다.

② **도가니로** ⋯ 구리나 구리합금을 용해할 때 사용하며 도가니에 용해시킬 재료를 넣은 후 열을 가해 용해시키는 설비로 오랜 옛날부터 제철 및 제강, 비철합금의 용해에 사용되어 왔다.
　㉠ 구리나 구리합금을 용해할 때 사용한다.
　㉡ 연료는 코크스나 중유 또는 가스를 사용한다.
　㉢ 용량은 1회에 용해할 수 있는 구리의 중량(kg)으로 나타낸다.
　㉣ 도가니로의 특징
　　• 질이 좋은 주물생산이 가능하다.
　　• 화학적 변화가 적다.
　　• 도가니 제작이 비싸며, 수명이 짧다.
　　• 소용량 용해에 사용된다.
　　• 열효율이 낮아 연료 소비량이 많다.

③ **반사로** ⋯ 구리합금이나 주철을 용해할 때 사용하며 열반사를 이용하여 가열하는 형식의 노로서 열을 천장에 반사시켜 아래에 놓은 지금장(금속을 적당한 크기의 덩어리로 만든 것)을 직접 가열함과 동시에 벽돌을 가열하여 벽돌에서 반사되는 열로 금속을 용해한다.
　㉠ 구리합금이나 주철을 용해할 때 사용한다.
　㉡ 용량은 1회 용해량(kg)으로 나타낸다.

     © 반사로의 특징

       • 다량의 동합금을 용해할 때 사용된다.

       • 많은 금속을 값싸게 용해할 수 있으나 연료비가 많이 든다.

④ 전기로 … 주철, 주강, 동합금을 용해할 때 사용하며 연료를 사용하지 않고 전기를 열원으로 하여 금속을 용해하는 용해로이다.

     ㉠ 주철, 주강, 동합금을 용해할 때 사용된다.

     ㉡ 용량은 1회 용해량(ton)으로 나타낸다.

     © 전기로의 특징

       • 가스발생이 적고, 용해로 안의 온도를 정확하게 유지할 수 있다.

       • 온도조절이 자유롭다.

       • 금속의 용융손실이 적다.

     ㉣ 전기로의 종류

       • 아크식 전기로

       –데트로이트식 전기로 : 비철금속을 용해할 때 사용된다.

       –지로드식 전기로, 에루식 전기로 : 주철, 제강용 금속 등을 용해할 때 사용한다.

       • 유도식 전기로

       –저주파 유도식 : 동일한 금속을 연속적으로 용해할 때 사용한다.

       –고주파 유도식 : 특수강을 용해할 때 사용한다.

       • 전기저항식 전기로

       –클립틀로 : 주철을 용해할 때 사용된다.

       –탭만로

⑤ 전로

     ㉠ 주강을 용해하거나 용선을 용강으로 정련하는 제강로이다.

     ㉡ 용량은 1회 제강량(ton)으로 나타낸다.

     © 용해로의 구조가 간단하다.

⑥ 평로 … 주로 강을 정련하기 위해 만들어지는 바닥이 낮고 넓은 반사로로서 선철을 용해시키고 여기에 고철이나 철광석 등을 첨가하여 용강을 만들며 1회에 다량을 제강할 때 사용한다.

⑦ 기타 용해로

     ㉠ 유도로 : 고주파, 중주파, 저주파의 전기를 노속의 도가니를 둘러싼 코일에 흐르게 하여 발생하는 유도전류에 의한 저항가열에 의해 도가니에 넣은 금속을 용해하는 노이다.

     ㉡ 아크로 : 전기 전극 사이에 발생하는 아크를 열원으로 사용하는 노로 직접아크로와 간접아크로로 나뉜다.

     © 저항로 : 노의 내부에 니크롬과 같은 저항발열체를 부착하고 여기에 전류를 통해서 열을 발생시켜 이 열을 이용하여 재료를 용융시킨다.

❼ 사형 주조법

① **사형 주조의 개념** … 모래 주형을 이용한 것으로 오래전부터 가장 많이 쓰이는 주조방법이다. 원하는 모양의 제품을 얻기 위해 모래(또는 주물사)를 사용해 만든 소정의 공간(주형 공간)에 용융 금속을 주입한 후 응고시켜 원하는 모양의 제품을 얻는 방법이다. 제작할 제품을 형상에서 상사형, 중자사형, 하사형틀을 만든 후 금속을 흘려 넣은 다음 주변의 사형을 깨고 제품을 꺼낸다.

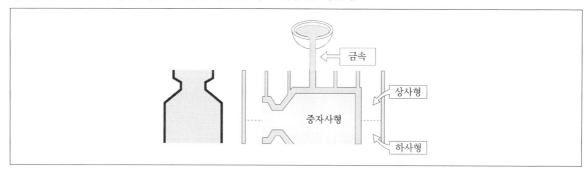

② **특징**

㉠ 형틀의 분해가 용이하며 주물의 취출이 간단하다.

㉡ 대부분의 금속을 주조할 수 있으며 크기나 모양, 무게에 특별한 제한이 없다.

㉢ 설비비용이 저렴하며 내부주조의 결함을 최소화시킬 수 있다.

㉣ 주물사는 반복사용이 가능하며 주형재료비가 저렴하다.

㉤ 소모성 주형을 사용하며 모형으로 공동부를 만든다.

㉥ 모래 입자의 크기는 크고 둥근 것이 좋으며 입자가 크면 통기도가 향상된다.

㉦ 용탕의 점도가 온도에 민감할수록 유동성은 낮아진다.

㉧ 주형은 기계적 진동 등에 취약하며 쉽게 파괴된다.

㉨ 부분적으로 마무리 공정이 요구된다.

㉩ 자동차 엔진관련 부품, 플랜트 설비 등에 주로 사용되는 방법이다.

⑧ 특수 주조법

① 원심 주조법

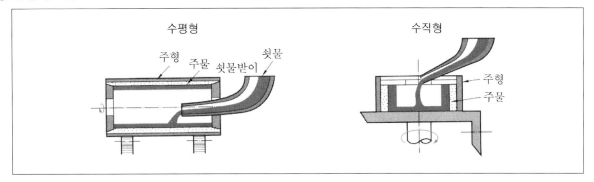

- ㉠ 고속으로 회전하는 원통주형 내에 용탕을 넣고 주형을 회전시켜 원심력에 의하여 주형 내면에 압착 응고하도록 주물을 주조하는 방법으로, 관이나 실린더와 같이 가운데 구멍이 있는 제품의 주조에 이용된다.
- ㉡ 장점
  - 재질이 치밀하고, 강도가 크다.
  - 코어가 필요 없다.
  - 기포, 용재의 개입이 적어 탕구, 라이저, 압탕구가 필요 없다.
  - 잔류응력이 거의 없다.
- ㉢ 단점
  - 주형을 회전시키기 위한 장치가 필요하다.
  - 주물의 내측부에 불순물이 포함된다.

② 다이 캐스팅

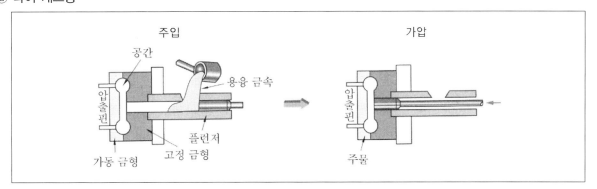

- ㉠ 기계가공하여 제작한 금형에 용융한 알루미늄, 아연, 주석, 마그네슘 등의 합금을 가압주입하고 금형에 충진한 뒤 고압을 가하면서 냉각하고 응고시켜 제조하는 방법으로 주물을 얻는 주조법이다. 고온 챔버 공정과 저온 챔버 공정으로 구분되며 분리선 주위로 소량의 플래시(flash)가 형성될 수 있다.

ⓛ 장점
- 융점이 낮은 금속을 대량으로 생산하는 특수 주조법의 일종이다.
- 표면이 아름답고 치수도 정확하므로 후가공 작업이 줄어든다.
- 강도가 높고 치수정밀도가 높아 마무리 공정수를 줄일 수 있으며 대량생산에 주로 적용된다.
- 가압되므로 기공이 적고 치밀한 조직을 얻을 수 있으며 기포가 생길 염려가 없어 얇은 주물의 주조가 가능하다.

ⓒ 단점
- 제품의 형상에 따라 금형의 크기와 구조에 한계가 있으며 금형 제작비가 비싸 소량생산에는 부적합하다.
- 쇳물은 용점이 낮은 Al, Pb, Zn, Sn합금이 적당하나 다이의 내열강도로 인해 용융점이 높은 금속은 부적합하다.
- 제품의 형상에 따라 금형의 크기와 구조에 한계가 있으며 금형 제작비가 비싸며 소형제품 생산만 가능하다.

③ 셸 몰드 주조법

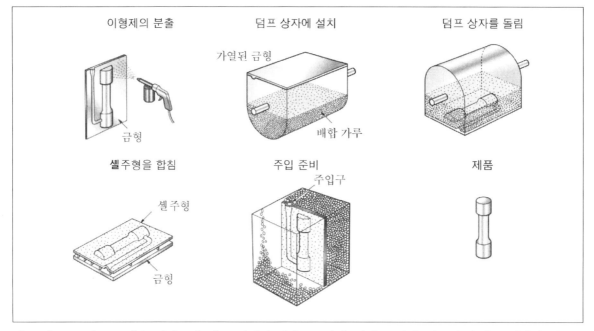

ⓞ 금속으로 만든 모형을 가열로에 넣고 가열한 다음, 모형의 위에 규사와 페놀계 수지를 배합한 가루를 뿌려 경화시켜 만드는 주형으로, 얇고 작은 부품 주조에 이용된다.

ⓛ 장점
- 기술적 어려움이 없으므로 미숙련공도 셸을 제작할 수 있다.
- 주물의 대량생산이 가능하고, 가격도 저렴하다.
- 모든 금속의 주조에 이용할 수 있다.
- 주물의 정밀도가 높다.

ⓒ 단점
- 수지나 금형이 비교적 고가이므로 소량생산에는 부적합하다.
- 크기가 제한된다.
- 셸 제작의 에너지가 많이 든다.

④ 인베스트먼트 주조법

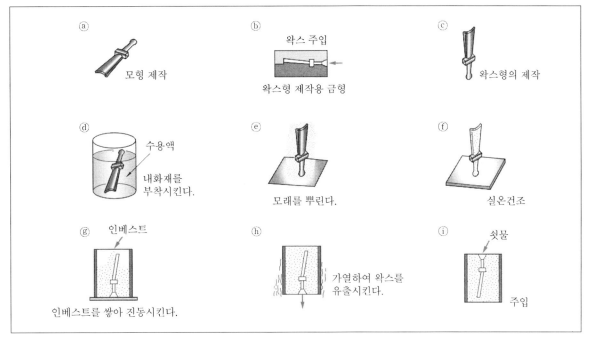

ⓐ 얻고자 하는 주물과 동일한 형상의 모형을 왁스나 합성수지 등 용융점이 낮은 재료로 만들어 주형제에 매몰하여 다진 다음 가열하여 주형을 경화시킴과 동시에 모형을 용출시키는 주형제작법을 말하며, 경질의 합금을 주조하는 데 이용되고, 항공 및 선박 부품 주조에 사용된다.

ⓑ 장점
- 정밀하고 형상이 복잡하여 기계가공이 어려운 제품의 주조에 적합하다.
- 기계가공이 곤란한 경질합금, 밀링커터 및 가스터빈 블레이드 등을 제작할 때 사용한다.
- 모든 재질에 적용할 수 있고, 특수합금에 적합하며 주물의 표면이 깨끗하며 치수정밀도가 높다.
- 패턴(주형)은 파라핀, 왁스와 같이 열을 가하면 녹는 재료로 만들며 왁스는 재사용 가능하다.
- 용융점이 높은 철금속의 주조가 가능하다.

ⓒ 단점
- 대형물의 주조가 곤란하며 주조하는 데 드는 비용이 비싸다. (사형주조법에 비해 인건비가 많이 든다.)
- 생산성이 낮으며 제조원가가 다른 주조법에 비해 비싸다.
- 패턴(주형)은 반드시 내열재로 코팅을 해야 한다.

⑤ **인서트 성형** … 금형 내에서 이질 또는 이색의 플라스틱이나 플라스틱 이외의 부품(금속부품, 케이블, PCB, 자석 등)을 일체화시키는 성형방법으로, 플라스틱 단독으로 얻기 어려운 특성을 가진 성형품을 얻을 수 있다. (특히 휴대폰 통신부품, 케이블 어셈블리, 배터리 단자부품, 스위치 부품 등과 같이 금속과 플라스틱이 일체화된 제품들이 주종을 이룬다.)

⑥ **불로우 성형** … 연화한 열가소성 튜브 내에 압축공기를 불어넣어 금형의 안쪽에서 팽창을 시켜 각종 플라스틱 용기를 성형하는 방법으로 압출블로우 성형과 사출블로우 성형이 있다.

    ㉠ **압축블로우 성형** : 플라스틱 분말을 미리 가열되고 있는 금형의 오목한 부분(cavity)에 넣은 뒤 반대쪽의 볼록한 금형으로 열과 압력을 가하여 제품을 성형하는 방법이다.

    ㉡ **사출블로우 성형** : 용융된 플라스틱을 사출기의 노즐과 금형의 게이트를 통해서 캐비티 내에 주입을 시켜서 성형하는 방법이다.

⑦ **진공 주조법** … 금속을 공기 중에서 용해하면 O_2, H_2, N_2가 흡수하여 주조품의 질이 저하되므로 이와 같은 가스의 흡수를 막기 위해 진공상태에서 주조하는 방법을 말한다.

⑧ **연속 주조법**

    ㉠ 용융된 쇳물을 직접 수냉 금형에 부어 냉각된 부분부터 하강시켜 슬래브를 연속적으로 생산하는 방법을 말한다.

    ㉡ 장점

      • 편석이 적고, 수축공이 없다.

      • 주물의 표면이 매끄럽다.

      • 치수조정이 필요 없으며, 냉각조건에 따라 조직을 조정할 수 있다.

    ㉢ 단점

      • 소량생산에는 부적합하다.

      • 시설비가 비싸다.

⑨ **탄산가스 주조법**

    ㉠ 주조 내에 탄산가스를 통과하여 주형을 경화시키는 방법으로, 큰 강도의 코어가 필요할 때 사용된다.

    ㉡ 장점

      • 강도 조절이 가능하다.

      • 조형이 용이하므로 숙련자가 필요 없다.

      • 치수정밀도가 높다.

      • 단시간에 제작이 가능하다.

    ㉢ 단점

      • 주물을 꺼낼 때 주형의 해체가 힘들다.

      • 조형 후 주입 시까지 너무 장시간 방치하면 대기의 수분으로 인해 강도가 떨어진다.

⑩ 칠드 주조법

    ㉠ 냉각속도를 빠르게 하여 표면은 단단한 탄화철이 되고, 내부는 서서히 냉각되어 연한 주물이 되도록 주조하는 방법이다.

    ㉡ 압연 롤러, 볼 밀 크러셔 등을 제작하는 데 사용된다.

기출예상문제

한국환경공단

1 다음은 원심주조법에 관한 사항들이다. 이 중 바르지 않은 것은?

① 탕 안의 가스가 쉽게 배출되므로 기공이나 기포의 발생이 적다.

② 속이 빈 긴 원통 형태의 관을 제작하는 데 가장 적합한 주조방법이다.

③ 실린더 라이너, 피스톤 링, 브레이크 링 등 고급재질이 요구되는 것에 응용된다.

④ 백선화할 우려가 없다.

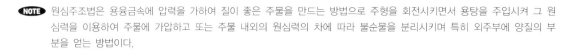

> **NOTE** 원심주조법은 용융금속에 압력을 가하여 질이 좋은 주물을 만드는 방법으로 주형을 회전시키면서 용탕을 주입시켜 그 원심력을 이용하여 주물에 가압하고 또는 주물 내외의 원심력의 차에 따라 불순물을 분리시키며 특히 외주부에 양질의 부분을 얻는 방법이다.

2 다음 중 주물에 기공(blow hole)의 유무를 검사하는 방법이 아닌 것은?

① 자기 탐상법   ② 방사선 탐상법

③ 현미경 탐상법   ④ 초음파 탐상법

> **NOTE** 주물에 기공의 유무를 검사하는 방법
> • 자기 탐상법
> • 방사선 탐상법
> • 형광 탐상법
> • 초음파 탐상법

3 다음 중 주물사의 시험항목에 포함되지 않는 것은?

① 고강도   ② 강도

③ 경도   ④ 통기도

> **NOTE** 주물사의 시험항목
> ㉠ 강도
> ㉡ 경도
> ㉢ 통기도

Answer. 1.④ 2.③ 3.①

4 다음 중 1회에 용해할 수 있는 구리의 중량으로 나타내는 것은?

① 도가니로   ② 용광로

③ 전로   ④ 전기로

⑤ 큐폴라

> **NOTE** 용해로의 종류
> ⊙ 큐폴라 : 일반주철을 용해할 때 사용하며 연료는 코크스를 사용한다. 용량은 시간당 용해할 수 있는 쇳물의 중량(ton)으로 나타낸다.
> ⓒ 도가니로 : 구리, 구리합금을 용해할 때 사용하며 연료는 코크스, 중유 및 가스를 사용한다. 용량은 1회 용해할 수 있는 구리의 중량(kg)으로 나타낸다.
> ⓒ 반사로 : 구리합금 및 주철을 용해할 때 사용하며 용량은 1회 용해량(kg)으로 나타낸다.
> ② 전기로 : 주철, 주강, 동합금을 용해할 때 사용하며 용량은 1회 용해량(ton)으로 나타낸다.
> ⑩ 전로 : 주강을 용해할 때 사용하며 용량은 1회 제강량(ton)을 나타낸다.
> ⑭ 평로 : 1회 다량의 제강에 사용한다.

5 다음 중 현형에 해당하는 것은?

① 조립목형   ② 부분목형

③ 골격목형   ④ 회전목형

> **NOTE** 현형 … 주물의 형상을 갖고 주물치수에 수축여유와 가공여유를 첨가한 목형을 의미한다.
> ⊙ 단체목형 : 간단한 형상의 주물이다.
> ⓒ 분할목형 : 2개로 분할된 목형으로 한쪽에 단이 있는 제품제작에 사용한다.
> ⓒ 조립목형 : 여러 조각들을 조립하여 하나의 목형을 완성하는 형태로 복잡한 주물의 목형에 적합하다.

6 주물에 사용하는 주물사가 갖추어야 할 조건으로 옳지 않은 것은?

① 열 전도도가 낮아 용탕이 빨리 응고되지 않도록 한다.

② 주물표면과의 접합력이 좋아야 한다.

③ 열에 의한 화학적 변화가 일어나지 않도록 한다.

④ 통기성이 좋아야 한다.

> **NOTE** 주물사의 조건 … 성형성, 내화성, 통기성, 붕괴성, 보온성, 복용성, 경제성이 좋아야 한다.

7 수도관, 피스톤링, 실린더, 라이너는 어떤 주조법으로 만드는 것이 좋은가?

① 원심 주조법

② 칠드 주조법

③ 인베스트먼트 주조법

④ 다이 캐스트법

> **NOTE** 주조법의 종류
> ㉠ 원심 주조법 : 금속형을 고속으로 회전시키고 여기에 용융된 쇳물을 주입하면 원심력에 의해 쇳물을 원통 내면에 균일하게 부착되는 방식으로 파이프, 실린더라이너, 피스톤링 제작 등에 사용된다.
> ㉡ 칠드 주조법 : 주철이 급냉되면 표면이 단단한 탄화철이 되어 칠드층을 이루며, 내부는 서서히 냉각되어 연한 주물이 된다.
> ㉢ 인베스트먼트 주조법 : 원형을 왁스, 팔핀과 같은 용융점이 극히 낮은 재료로 만든다.
> ㉣ 다이 캐스트법 : 용융 쇳물을 금형에 펌프를 이용하여 고압으로 주입하는 방법으로, 비철 금속의 주물이 주로 이용된다.

8 다음 중 특수 주조에서 주조법에 따라 특수하게 사용되는 것으로 옳지 않은 것은?

① 셀 몰딩법 – 목형

② 인베스트먼트법 – 왁스

③ 풀 몰딩법 – 폴리스틸렌

④ 이산화탄소법 – CO_2

> **NOTE** 셀 몰딩(Shell Moulding) … 금속으로 만든 모형을 가열로에 넣고 가열한 다음, 모형의 위에 규사와 페놀계 수지를 배합한 가루를 뿌려 경화시켜 만드는 주형으로, 얇고 작은 부품 주조에 이용된다.

9 다음 중 주물사가 갖추어야 할 조건으로 옳지 않은 것은?

① 용해성이 좋을 것

② 성형성이 좋을 것

③ 통기성이 좋을 것

④ 내화성이 좋을 것

> **NOTE** 주물사의 조건
> ㉠ 성형성 : 성형성이 좋아야 한다.
> ㉡ 내화성 : 내화성이 크고 화학적 변화가 없어야 한다.
> ㉢ 통기성 : 통기성이 좋아야 한다.
> ㉣ 붕괴성 : 주물표면에서 잘 털어져야 한다.
> ㉤ 보온성 : 열전도성이 낮아 보온성이 있어야 한다.
> ㉥ 복용성 : 쉽게 노화하지 않고 반복 사용하여야 한다.
> ㉦ 경제성 : 염가이어야 한다.

10 큐폴라의 용량은 어떻게 나타내는가?

① 1회에 용해할 수 있는 구리의 무게를 kg으로 표시한다.

② 1시간에 용해할 수 있는 구리의 무게를 kg으로 표시한다.

③ 1일에 용해할 수 있는 쇳물의 무게를 ton으로 표시한다.

④ 1시간에 용해할 수 있는 쇳물의 무게를 ton으로 표시한다.

> **NOTE** 큐폴라(cupola) … 용선로라고도 하며, 일반주철을 용해하는 데 사용된다. 큐폴라의 용량은 시간당 용해할 수 있는 쇳물의 중량(ton)으로 나타낸다.

11 왁스로 제품과 같은 모형을 만들고 이것을 다시 내화물질로 둘러싸고 왁스를 녹인 후 주형으로 사용하는 주조법은?

① 탄산가스 주조법   ② 셸 몰드법

③ 인베스트먼트 주조법   ④ 원심 주조법

⑤ 칠드 주조법

> **NOTE** 인베스트먼트 주조법 … 얻고자 하는 주물과 동일한 형상의 모형을 왁스나 합성수지 등 용융점이 낮은 재료로 만들어 주형제에 매몰하여 다진 다음 가열하여 주형을 경화시킴과 동시에 모형을 용출시키는 주형 제작법을 말한다.

12 다음 목재의 조직 중 가장 변형이 적은 부분은?

① 수심   ② 백재

③ 변재   ④ 심재

> **NOTE** 목재의 조직
> ㉠ 수심 : 나이테의 중심부이다.
> ㉡ 변재 : 껍질에 가까운 부분이다.
> ㉢ 심재 : 수심과 변재의 가운데 부분으로 가장 변형이 적은 부분이다.

13 다음 중 목재의 수축에 가장 큰 영향을 주는 요인은?

① 기온   ② 수분

③ 바람의 세기   ④ 크기

> **NOTE** 목재의 대부분은 수분으로 되어 있기 때문에 건조되면서 수축과 변형이 생긴다.

 Answer.   10.④   11.③   12.④   13.②

14 다음 중 목재의 수축정도가 큰 것부터 옳게 나타내어진 것은?

① 침엽수 > 활엽수

② 침엽수 < 활엽수

③ 심재 > 변재

④ 연륜방향 < 섬유 방향

> **NOTE** 목재의 수축정도
> ㉠ 목재의 수축정도는 침엽수보다 활엽수가 크다.
> ㉡ 목재의 수축정도는 심재보다 변재가 크다.
> ㉢ 목재의 조직에서 수축정도는 연륜방향이 가장 크고, 섬유방향이 가장 적다.

15 다음 중 목재에 함유된 수분의 비율로 옳은 것은?

① 10 ~ 20%

② 20 ~ 30%

③ 30 ~ 40%

④ 40 ~ 50%

> **NOTE** 목재에 함유된 수분의 비율은 약 30 ~ 40% 정도이다.

16 다음 중 목재 변형 방지책으로 옳지 않은 것은?

① 충분히 건조하여 수분에 의한 수축을 방지한다.

② 겨울보다 여름에 벌채된 나무를 사용한다.

③ 여러 장의 목편을 조합하여 목형을 제작한다.

④ 정확한 접합을 한다.

> **NOTE** 목재 변형 방지책
> ㉠ 충분히 건조하여 수분에 의한 수축을 방지한다.
> ㉡ 목재에 적절한 도장을 한다.
> ㉢ 여러 장의 목편을 조합하여 목형을 제작한다.
> ㉣ 정확한 접합을 한다.
> ㉤ 여름보다는 겨울에 벌채된 나무를 사용한다.
> ㉥ 나무결이 고른 목재를 선택한다.

Answer. 14.② 15.③ 16.②

17 다음 중 정밀을 요하는 목형 제작에 사용되는 목재는?

① 소나무
② 삼나무
③ 나왕
④ 홍송

 ① 일반목형으로 사용되고, 값이 싸서 손쉽게 구할 수 있으나 목재의 질이 떨어진다.
② 대형목형이나 사용 횟수가 적은 목형제작에 사용되고, 수축·변형이 좋으며 가격도 싸다.
③ 일반목형으로 사용되고, 결이 고르며 가공하기 쉽다.
④ 정밀을 요하는 고급목형 제작에 사용되고, 가공하기 쉽고 변형도 적으나 가격이 비싸다.

18 다음 중 목재가 갖춰야 할 조건으로 옳지 않은 것은?

① 수분에 의한 수축과 변형이 적어야 한다.
② 가격이 싸야 한다.
③ 목재의 결과는 상관이 없다.
④ 목재로써의 결함이 없어야 한다.

NOTE 목재의 조건
㉠ 수분에 의한 수축과 변형이 적어야 한다.
㉡ 가공이 쉽고 목재의 결이 우수해야 한다.
㉢ 가격이 싸고, 쉽게 구할 수 있어야 한다.
㉣ 목재로서의 결함이 없어야 한다.

19 다음 중 판재를 건조하기에 적합한 건조방법은?

① 야적법
② 가옥적법
③ 침수건조법
④ 약재 건조법

 ① 목재를 오랫동안 옥외에 방치하여 수분을 제거하는 방법으로, 원목이나 큰 각재 건조시 사용된다.
② 판재들을 쌓아서 건조시키는 방법으로, 판재로 가공할 목재를 건조시키는 데 사용된다.
③ 건조 전에 물에 목재를 담갔다가 건조시키는 방법으로, 정밀목형을 제작할 목재를 건조시키는 데 사용된다.
④ 건조제를 첨가하여 목재를 건조시키는 방법으로, 일부 소량의 중요한 목재를 건조시키는 데 사용된다.

20 다음 중 목재의 방부법으로 옳지 않은 것은?

① 침재법

② 침투법

③ 충진법

④ 자비법

> **NOTE** 목재 방부법
> ㉠ 도포법 : 목재표면에 페인트나 크레졸유를 칠하는 방법이다.
> ㉡ 자비법 : 방부제를 목재에 침투시키는 방법이다.
> ㉢ 충진법 : 목재에 구멍을 뚫어 방부제를 넣는 방법이다.
> ㉣ 침투법 : 목재에 방부액을 흡수시키는 방법이다.

21 다음 중 원형으로 가장 많이 사용되는 것은?

① 금형

② 합성수지형

③ 목형

④ 석고형

> **NOTE** 원형으로 가장 많이 사용되는 것은 목형이다.

22 다음 중 목형이 원형으로 많이 사용되는 이유로 옳지 않은 것은?

① 가공이 비교적 쉽다.

② 가격이 저렴하다.

③ 구하기 쉽다.

④ 소성변형이 쉽다.

> **NOTE** 목형이 원형으로 많이 사용되는 이유
> ㉠ 가공이 비교적 쉽고, 가격이 저렴하다.
> ㉡ 수리 및 개조가 쉽다.
> ㉢ 무게가 가볍다.
> ㉣ 쉽게 구할 수 있다.

23 다음 중 속이 빈 파이프를 만드는 데 사용되는 목형은?

① 단체목형

② 회전목형

③ 코어형

④ 잔형

> **NOTE** ① 간단한 형상의 주물을 제작할 때 사용된다.
> ② 주물의 형상이 어느 축에 대하여 회전 대칭일 경우, 축을 통한 단면의 반쪽 판을 축 주위로 회전시켜 주형사를 긁어
> 내어 제작하는 방법이다.
> ④ 주형에서 뽑을 수 없는 부분의 모형을 별도로 만들어 조립하여 주형을 제작하고, 모형을 뽑을 때에는 주형에 잔류시
> 켰다가 새로 생긴 공간을 통하여 뽑아낸다.

Answer. 20.① 21.③ 22.④ 23.③

24 다음 중 부분목형에 대한 설명으로 옳은 것은?

① 단면이 일정한 긴 파이프 등을 제작할 때 사용되는 방법이다.

② 모양이 연속적이고 대칭이 되는 공작물을 만드는 데 사용되는 방법이다.

③ 분할모형을 판의 양면에 부착하여 주형상자 사이에 놓고 상형과 하형을 각각 다져서 주형제작을 하는 데 사용되는 방법이다.

④ 여러 조각들을 조립하여 하나의 목형을 완성하는 방법이다.

> **NOTE** 부분목형 … 제작하고자 하는 제품이 일정한 모양으로 대칭을 이루고 있을 때 전체모양을 만들지 않고 일부분을 만들어 주형을 완성시키는 목형을 말한다.

25 다음 중 목형 제작요건으로 옳지 않은 것은?

① 가공여유   ② 목형구배

③ 덧붙임   ④ 쇳물의 용량

> **NOTE** ① 주물이 절삭가공을 요할 때는 가공에 필요한 치수만큼 여유를 현도에 가산하여 목형을 만들어야 하는데 이 때의 치수를 가공여유라 한다.
> ② 목형에서 주형을 빼낼 때 주형이 파손될 염려가 있으면 목형을 빼내는 방향으로 기울기를 두어 주형의 파손 없이 목형이 안전하게 빠지도록 하는 것을 말한다.
> ③ 두께가 균일하지 못하거나 형상이 복잡한 주물에 대한 주형에서는 용융된 쇳물의 응고 및 냉각속도의 차에 의한 응력으로 주물이 변형되는 경우가 있는데 이것을 방지하기 위하여 행하는 작업이다.

26 다음 중 주물을 대량생산하고자 할 때, 모형의 재료로 가장 적합한 것은?

① 목재   ② 금속

③ 모래   ④ 플라스틱

> **NOTE** 주물을 대량생산하려면 원형을 장기간 사용할 수 있어야 하므로 이 때의 재료는 금속이 적당하다.

27 다음 중 성형성이 뛰어나고 주물의 표면이 우수하게 나올 수 있는 주물사는?

① 생형 주물사

② 표면건조형 주물사

③ 비철합금용 주물사

④ 코어용 주물사

NOTE ① 알맞은 양의 수분이 들어 있는 모래이다.
② 내화도가 높고 입도가 가는 모래이다.
③ 모래에 소량의 소금을 첨가하며, 성형성이 우수하고 주물 표면이 좋게 나올 수 있는 주물사이다.
④ 구멍이 뚫린 주물제작시 사용되는 주물사이다.

28 다음 중 대칭인 주물을 제작할 때 사용되는 방법은?

① 바닥주형법

② 고르개주형법

③ 조립주형법

④ 회전주형법

NOTE ① 바닥의 모래에 목형을 넣고 다져서 주형을 만드는 방법이다.
② 원통형의 주형을 만들 때 사용되는 방법이다.
③ 일반적으로 사용되는 방법으로 주형 상자를 이용하여 주형을 만드는 방법이다.

29 다음 중 혼성주형법의 제작방법은?

① 바닥의 모래와 주형상자를 이용해서 주형을 만드는 방법이다.

② 구멍이 뚫린 주물을 제작할 때 사용되는 방법이다.

③ 바닥의 모래에 목형을 넣고 다져서 주형을 만드는 방법이다.

④ 원통형의 주형을 만들 때 사용되는 방법이다.

NOTE 혼성주형법 … 하형은 바닥의 모래, 상형은 주형상자를 이용해서 주형을 만드는 방법이다.

30 다음 중 주형제작시 주의사항으로 옳지 않은 것은?

① 다지기

② 습도

③ 공기뽑기

④ 주형의 무게

NOTE 주형제작시 주의사항
㉠ 다지기 : 너무 힘을 가하면 통기도가 불량해 기공이 생기고, 너무 적게 다지면 모래가 주물에 들어갈 수 있다.
㉡ 습도 : 생형일 때는 수분 양의 조절에 주의해야 한다.
㉢ 공기뽑기 : 주조시 발생되는 공기를 뽑기 위해서는 통기성이 좋은 새 모래를 사용해야 한다.

Answer. 27.③ 28.④ 29.① 30.④

31 다음 중 주형에 가스 및 불순물을 배출하기 위한 역할을 하는 것은?

① 탕도   ② 라이저

③ 탕구   ④ 냉각쇠

> **NOTE** ①③ 쇳물이 주형으로 들어가는 통로이다.
> ② 쇳물에 압력을 가하고, 주형내의 가스 및 불순물을 배출하는 역할을 한다.
> ④ 주물의 두께차이로 인한 냉각속도를 줄이기 위한 것이다.

32 다음 중 주형의 각 부분과 역할이 바르게 연결된 것은?

① 주입컵 – 쇳물의 수축으로 인한 쇳물 부족을 공급하는 역할을 하는 것이다.

② 피이더 – 주형에 쇳물을 붓는 곳이다.

③ 가스뽑기 – 주형 내의 가스를 배출하기 위한 것이다.

④ 탕구 – 냉각 속도를 줄이기 위한 것이다.

> **NOTE** ① 주형에 쇳물을 붓는 곳이다.
> ② 쇳물의 수축으로 인한 쇳물 부족을 공급하는 역할을 한다.
> ④ 쇳물이 주형으로 들어가는 통로이다.

33 다음 중 금속의 주입조건으로 옳지 않은 것은?

① 압상력   ② 주입속도

③ 금속의 용융점   ④ 주입시간

> **NOTE** 용융금속의 주입조건
> ㉠ 압상력 : 주형에 용융금속을 주입하면 탕구의 높이에 비례하는 압상력이 생기는데 이를 방지하기 위해 중추를 올린다.
> ㉡ 주입속도 : 주입속도가 너무 빠르면 열응력이 생기고, 너무 느리면 취성이 생긴다.
> ㉢ 주입시간 : 주입시간이 너무 빠르면 주물 이용률이 저하되고, 주형면이 파손될 수 있으며, 주물에 기공이 생길 수 있다.

34 다음 중 압상력의 발생원인으로 옳은 것은?

① 쇳물의 무게   ② 코어의 무게

③ 코어의 길이   ④ 쇳물의 부력

> **NOTE** 압상력 … 주형에 쇳물을 주입할 때 쇳물의 부력으로 인해 성형틀이 들어올려지는 형상이다.

Answer. 31.②   32.③   33.③   34.④

35 다음 주물용 금속재료의 수축여유를 가장 적게 주는 것은?

① 회주철
② 아연합금
③ 주강
④ 청동

> **NOTE** 주물의 수축량

주물의 종류		수축량(%)	주물의 종류		수축량(%)
회주철주물	대형주물	0.8	황동주물	얇은 주물	1.55
	소형주물	0.55		두꺼운 주물	1.3
	강인주물	1.0	청동주물		1.2
가단주철주물		1.0	알루미늄합금주물		1.65
주강주물		1.6 ~ 2.50	아연합금주물		2.6

36 다음 중 주물용 주철의 특징으로 옳지 않은 것은?

① 주조성이 좋다.
② 경제적이다.
③ 강도가 비교적 낮다.
④ 기계적 성질이 좋다.

> **NOTE** 주철의 특징
> ㉠ 주조성이 좋다.
> ㉡ 값이 저렴하다.
> ㉢ 압축강도 및 주조성이 좋다.
> ㉣ 절삭가공이 쉽고 내식성이 좋다.

37 다음 중 주물사의 입도 크기 표시방법은?

① 메시 − $1cm^2$당 체눈의 개수
② 메시 − 1cm 길이당 체눈의 개수
③ 메시 − 1inch 길이당 체눈의 개수
④ 메시 − $1mm^2$당 체눈의 개수

> **NOTE** 메시 … 1inch 길이당 체눈의 개수

Answer. 35.① 36.③ 37.③

38 다음 특수합금 주철에 첨가하는 원소 중 탈산제의 역할을 하는 것은?

① Cu
② Cr
③ Ni
④ Ti

> **NOTE** 특수합금 주철
> ㉠ Cu : 내마모성 및 내부식성이 커진다.
> ㉡ Cr : 경도, 내열성, 내마모성이 증가한다.
> ㉢ Ni : 내열성 · 내산성이 되며, 흑연화를 촉진시킨다.
> ㉣ Ti : 탈산제로서 흑연화를 촉진하나, 다량을 첨가하면 흑연화를 방해한다.

39 다음 중 주물의 결함으로 옳지 않은 것은?

① 마멸
② 수축공
③ 기공
④ 균열

> **NOTE** 주물의 결함
> ㉠ 수축공 : 주형내부에서 용융금속의 수축으로 인한 쇳물 부족으로 생기는 구멍을 말한다.
> ㉡ 기공 : 주형 내의 가스가 배출되지 못해서 주물에 남아 구멍을 만든 것을 말한다.
> ㉢ 균열 : 용융쇳물이 균일하게 수축하지 않아서 주물에 금이 생기는 현상을 말한다.

40 다음 중 기공 방지대책으로 옳지 않은 것은?

① 쇳물의 주입온도를 지나치게 높게 하지 않는다.
② 쇳물 아궁이를 작게 한다.
③ 주형 내의 수분을 제거한다.
④ 통기성을 좋게 한다.

> **NOTE** 기공 방지대책
> ㉠ 쇳물 아궁이를 크게 한다.
> ㉡ 쇳물의 주입온도를 지나치게 높게 하지 않는다.
> ㉢ 통기성을 좋게 한다.
> ㉣ 주형 내의 수분을 제거한다.

Answer. 38.④ 39.① 40.②

41 다음 중 용선로의 연료로 옳은 것은?

① 코크스

② 석유

③ 가스

④ 중유

NOTE 용선로의 연료는 코크스이다.

42 다음 중 주조품의 장점으로 옳지 않은 것은?

① 대형제품을 만들 수 있다.

② 대량생산이 가능하다.

③ 치수정밀도가 높다.

④ 재료와 성분 조절이 용이하다.

NOTE ③ 주조에 의해 만들어진 제품은 절삭가공에 의한 제품보다 치수정밀도가 떨어지는 경향이 있다.

43 다음 중 용선로의 특징으로 옳지 않은 것은?

① 구조가 간단하다.

② 열효율이 좋다.

③ 출탕량을 조절할 수 있다.

④ 시설비가 비싸다.

NOTE 용선로의 특징
㉠ 구조가 간단하고, 시설비가 적게 든다.
㉡ 열효율이 좋다.
㉢ 출탕량을 조절할 수 있다.
㉣ 성분변화가 많으며, 산화로 인해 탕이 감량된다.

44 다음 중 구리 합금을 용해하는 데 사용되는 용해로는?

① 반사로

② 큐폴라

③ 도가니로

④ 전기로

NOTE ③ 구리나 구리합금을 용해할 때 사용한다.

Answer. 41.① 42.③ 43.④ 44.③

45 다음 중 도가니로의 특징으로 옳지 않은 것은?

① 화학적 변화가 적다.

② 도가니 제작비용이 저렴하다.

③ 질 좋은 주물생산이 가능하다.

④ 소용량 용해에 사용된다.

> **NOTE** 도가니로의 특징
> ㉠ 질이 좋은 주물생산이 가능하다.
> ㉡ 화학적 변화가 적다.
> ㉢ 도가니 제작이 비싸며, 수명이 짧다.
> ㉣ 소용량 용해에 사용된다.
> ㉤ 열효율이 낮아 연료소비량이 많다.

46 다음 중 용해로 안의 온도를 정확하게 유지할 수 있고, 온도조절이 자유로운 용해로는?

① 전기로

② 반사로

③ 큐폴라

④ 도가니로

> **NOTE** 전기로의 특징
> ㉠ 가스발생이 적고, 용해로 안의 온도를 정확하게 유지할 수 있다.
> ㉡ 온도조절이 자유롭다.
> ㉢ 금속의 용융손실이 적다.

47 다음 중 용해로의 용량을 바르게 표시한 것은?

① 도가니로 - 1시간에 용해할 수 있는 쇳물의 양

② 반사로 - 1일에 용해할 수 있는 용해량

③ 용선로 - 1시간 당 구리의 용해량

④ 전로 - 1회 제강량

> **NOTE** ① 1회에 용해할 수 있는 구리의 중량
> ② 1회 용해할 수 있는 용해량
> ③ 시간당 용해할 수 있는 쇳물의 중량

48 다음 중 주조용 금속을 용해하는 용해로로 옳지 않은 것은?

① 용선로

② 용광로

③ 전기로

④ 반사로

NOTE 용광로는 철광석을 용융시켜 선철을 생산하는 용해로이다.

49 다음 중 원심력에 의한 주조방법은?

① 원심 주조법

② 셀 몰드 주조법

③ 연속 주조법

④ 진공 주조법

NOTE ① 고속으로 회전하는 원통주형 내에 용탕을 넣고 주형을 회전시켜 원심력에 의하여 주형 내면에 압착 응고하도록 주물
을 주조하는 방법이다.
② 금속으로 만든 모형을 가열로에 넣고 가열한 다음, 모형의 위에 규사와 페놀계 수지를 배합한 가루를 뿌려 경화시켜
만드는 방법이다.
③ 용융된 쇳물을 직접 수냉 금형에 부어 냉각된 부분부터 하강시켜 슬래브를 연속적으로 생산하는 방법이다.
④ 진공상태에서 주조하는 방법이다.

50 다음 중 1회에 대량을 제강할 때 사용되는 용해로는?

① 전로

② 저주파 유도식 전기로

③ 평로

④ 도가니로

NOTE ③ 1회에 대량을 제강할 때 사용한다.

51 다음 중 원심 주조법으로 제작할 수 없는 제품은?

① 파이프

② 피스톤 링

③ 기어

④ 라이너

NOTE 원심 주조법 … 피스톤 링, 실린더, 라이너 제작에 사용된다.

Answer. 48.② 49.① 50.③ 51.③

52 다음 중 주조시 올바른 작업순서는?

① 주형 – 목형 – 주물 – 주입　　② 목형 – 주형 – 주입 – 주물

③ 주형 – 목형 – 주입 – 주물　　④ 목형 – 주입 – 주형 – 주물

> **NOTE** 주조시 작업순서 ⋯ 목형 – 주형 – 주입 – 주물

53 다음 중 다이 캐스팅의 장점으로 옳지 않은 것은?

① 정도가 높고 주물표면이 깨끗하다.　　② 강도가 높다.

③ 얇은 주물의 주조가 가능하다.　　④ 용융점이 높은 금속의 주조도 가능하다.

> **NOTE** 다이 캐스팅의 장점
> ㉠ 정도가 높고 주물 표면이 깨끗하다.
> ㉡ 강도가 높다.
> ㉢ 대량, 고속생산이 가능하다.
> ㉣ 얇은 주물의 주조가 가능하다.

54 다음 중 기차 압연 롤러나 볼 밀 클러셔 등을 제작하는 데 사용되는 주조법?

① 다이 캐스팅　　② 칠드 주조법

③ 원심 주조법　　④ 셀 몰드 주조법

> **NOTE** ② 냉각속도를 빠르게 하여 표면은 단단한 탄화철이 되고, 내부는 서서히 냉각되어 연한 주물이 되도록 주조하는 방법으로 압연 롤러, 볼 밀 크러셔 등을 제작하는 데 사용된다.

55 다음 중 자동차 부품, 전기기기, 통신기기 용품 등을 제작하는 데 사용되는 주조법은?

① 다이 캐스팅　　② 셀 몰드 주조법

③ 인베스트먼트 주조법　　④ 원심 주조법

> **NOTE** ① 자동차 부품, 전기기기, 통신기기 용품, 기타 일용품 주조에 이용된다.
> ② 얇고 작은 부품 주조에 이용된다.
> ③ 항공 및 선박 부품 주조에 사용된다.
> ④ 피스톤 링, 실린더, 라이너 제작에 사용된다.

Answer.　52.②　53.④　54.②　55.①

Chapter.
03 소성가공

01 소성가공의 개요

❶ 소성

① 탄성변형과는 반대로 재료에 가했던 힘을 제거해도 원상태로 돌아오지 않는 성질을 소성이라 하고, 이러한 변형을 소성변형이라 한다.

② 소성가공은 소성변형을 이용한 비절삭 가공법으로서 가공물에 외력을 제거해도 원상으로 복귀하지 않으려는 성질인 소성을 이용한 가공방법이다. 재료의 낭비가 적고, 가공에 드는 시간도 짧은 경제적인 가공법이다.

③ 소성가공으로 만드는 소재는 봉재, 형재, 판재, 파이프 등이 있다.

❷ 소성가공 효과의 종류

① **가공경화** … 금속재료가 소성변형을 받으면 내부저항이 증가하여 탄성한계의 상승, 경도의 증가가 나타나는 현상으로 간단히 말해 소성가공 시 재료가 더욱 강해지는 현상을 말한다.

② **가공연화** … 일반적으로 금속은 가공하여 변형시키면 단단해지며 그 굳기는 변형의 정도에 따라 커지지만 어느 가공도 이상에서는 일정하다. 이것을 가공경화라고 한다. 그런데 바우싱거 효과에 의해서는 강도가 약해지는 가공연화 현상이 발생한다.

③ **크리프** … 외력이 일정하게 유지되고 있을 때, 시간이 흐름에 따라 재료의 변형이 증대하는 현상이다.

④ **재결정** … 경화된 재료를 가열하면 내부응력이 제거되고, 이 상태에서 더 가열하게 되면 내부응력이 없는 새로운 결정핵이 결정경계에 생긴다. 이렇게 재료 내부에 새로운 결정이 발생하고 성장하여 전체가 새 결정으로 바뀌는 현상을 재결정이라 하고, 재결정이 발생하는 온도를 재결정 온도라 한다.

⑤ **바우싱거 효과** … 금속 재료가 먼저 받은 하중과 반대방향으로 작용하는 하중에 대하여 탄성한도나 항복점이 현저히 저하되는 현상이다.

⑥ **스프링백** … 굽힘 가공을 할 때 힘을 제거하면 판의 탄성에 의해 탄성 변형부분이 본래 상태로 돌아가게 되어 굽힘각도와 굽힘반지름이 커지는 현상이다.

02 소성가공방법

❶ 열간가공

① 개념 … 재료를 재결정 온도 이상의 온도로 가열하여 가공하는 것을 열간가공이라 한다.

② 장점

    ㉠ 재료의 파괴염려가 적고, 큰 힘을 들이지 않고 금속을 크게 변형시킬 수 있다.

    ㉡ 조직 미세화에 효과가 있으며 가공도가 커서 가공이 용이하고 가공시간이 적게 든다.

    ㉢ 열간에서 강의 형상을 바꾸는 데 필요한 에너지의 양은 냉간에서 강이 필요로 하는 것보다 상당히 적다.

    ㉣ 열간가공 장비의 가격과 그 유지비용은 많이 들지만 낮은 온도에서 작업하는 것에 비하면 열간공정은 더 경제적이며 작업의 목적도 냉간과 비슷하다.

    ㉤ 개재물 형태의 불순물이 파괴되어 금속전체에 분포되며 입자가 미세화된다. (열간가공이 재결정 온도 범위에서 이루어지므로 하한 온도에 이를 때까지 미세화된 결정립을 얻기 위한 작업을 계속한다.)

    ㉥ 주로 결정립 미세화에 따른 결과로서 물리적 성질이 향상된다. 인성과 충격에 대한 저항이 증가하고 강도가 증가하며, 금속의 균질화가 증대된다. (압연강재에서 최대강도는 금속의 유동방향인 압연방향에 있다.)

③ 단점

    ㉠ 정밀도가 떨어지며 입자구조가 불안정해져 재료의 표면이 변질되기 쉽다.

    ㉡ 금속이 고온상태이므로 표면에서의 불량한 표면조도를 동반하는 급속한 산화 또는 스케일링이 생긴다. 이러한 스케일링의 결과로 정밀한 공차를 유지할 수 없다.

❷ 냉간가공

① 개념 … 열간가공과는 반대로 재료를 재결정 온도 이하에서 가공하는 것을 냉간가공이라 한다.

② 장점

    ㉠ 재료의 강도가 향상되므로 약한 소재를 선택할 수 있다.

    ㉡ 제품의 치수를 정확히 할 수 있고(정밀한 치수 허용오차가 유지된다.) 가공면이 아름답고 정밀하다.

    ㉢ 재료의 온도를 성형온도까지 올리지 않아도 된다.

    ㉣ 가공경화로 인해 강도가 증가하고 연신율이 감소한다.

    ㉤ 냉간가공 공정은 경제적이며 부품의 대량생산에 응용할 수 있다.

    ㉥ 연성이 감소함과 동시에 금속의 강도와 경도는 증가된다.

③ 단점
　　㉠ 냉간 변형을 시키는 데 큰 힘이 필요하다.
　　㉡ 가공방향으로 섬유조직이 되어 방향에 따라 강도가 달라진다.
　　㉢ 전위의 집적으로 인한 가공경화가 발생하며 불균질한 응력을 받음으로 인한 잔류응력의 발생하므로 후
　　　속적인 열처리에 의해 제거하지 않으면 응력이 금속에 남게 된다.
　　㉣ 결정립의 변형으로 인한 단류선(grain flow line, 강재의 결정입이 외부로부터 단조 또는 압연 등의 응
　　　력을 받아 변형된 결정입의 흐름을 말한다.)이 형성된다.

) TIP

탄소강의 가공구역
아래의 그래프를 살펴보면 탄소강의 열간가공 영역은 탄소의 함량에 따라 변하는 반면 냉간가공 영역이나 청열취성 영역은
탄소함량의 영향을 매우 적게 받는다.

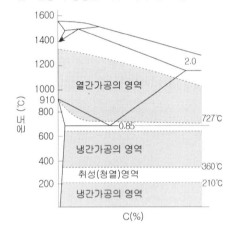

) TIP

탄소강의 기계적 성질 및 조직도
아래의 그래프에서는 탄소강의 탄소함량, 온도의 변화에 따른 특성의 변화를 살펴볼 수 있다.

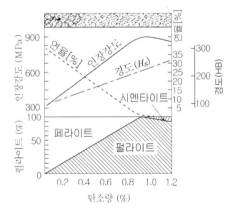

03 단조

① 단조의 개요

① **단조의 의미** … 가공하려는 재료를 일정 온도 이상으로 가열하여 연하게 되었을 때 해머나 프레스 등으로 여러 차례 큰 힘을 가해 원하는 모양이나 크기로 가공하는 방법을 말하며, 일반적으로 단조라함은 재결정 온도 이상에서 이루어지는 열간단조를 의미한다.

② **단조의 역사** … 선사시대 인류가 철을 가열하고 돌로 두들겨 유용한 도구를 만들 수 있다는 것을 발견한 시기부터 지금까지 계속 행해진 가장 오래된 금속가공공정이다.

③ **단조설비**

　㉠ **가열로** : 화덕, 중유로, 가스로 등이 있다.
- 화덕 : 목탄, 석탄, 코크스 등을 연료로 하며 구조가 간단하고 사용하기 쉬우나, 온도조절이 힘들고 균일하게 가열하는 것이 어렵다. 주로 작은 물건을 가열하는 데 사용된다.
- 중유로 : 중유를 연료로 하며 큰 물건들을 가열하는 데 사용된다.
- 가스로 : 가스를 연료로 하며 조작이 간편하고 온도조절이 쉬운 장점이 있다. 주로 작은 물건 가열이나 열처리를 할 때 사용된다.

　㉡ **단조공구** : 앤빌, 스웨이지 블록, 손해머, 집게, 다듬개 등이 있다.
- 앤빌 : 주강 또는 연강의 표면에 경강을 붙인 것을 사용한다.
- 스웨이지 블록 : 여러 가지 형상의 틀이 있어 조형용으로 사용되고, 앤빌 대용으로도 사용된다.
- 손해머 : 경강으로 만들며, 머리 부분은 열처리 한다.
- 집게 : 가공물을 집는 데 사용된다.
- 다듬개 : 가공물을 다듬는 데 사용되며 각 다듬개, 평면 다듬개, 원형 다듬개로 나뉜다.

② 단조가공의 분류

단조가공은 가열온도에 따라 열간단조와 냉간단조로 나누어진다.

① **열간단조** … 재결정 온도 이상에서의 단조작업으로 1회 단조에 의한 단조효과가 크며 단조에 소요되는 동력 소모가 적으나 제품의 표면이 거칠다.

　㉠ **자유단조** : 해머로 두드려서 성형하는 방법으로 절단, 늘이기, 넓히기, 굽히기, 압축, 구멍뚫기, 비틀림, 단짓기 작업 등이 있다.

　㉡ **형단조** : 요철이 있는 상·하 두 개의 단조금형 사이에 가열한 재료를 끼우고, 가압·성형하는 방법으로 스탬핑법이라고도 한다.

ⓒ 프레스단조 : 큰 제품을 만들 때 단련효과가 소재의 중심부까지 미치도록 프레스로 큰 압력을 가한다.

ⓔ 압연단조 : 롤단조라고도 하며 봉재에서 가늘고 긴 것을 성형할 때 이용하는 방식이다. 한 쌍의 반원통 형상의 롤 위에 형을 조각하고 롤을 회전시키면서 성형단조를 한다.

ⓜ 업셋단조 : 소재를 축방향으로 압축하여 길이를 줄이고 단면을 크게 하는 단조가공이다.

② 냉간단조

ⓐ 콜드헤딩 : 볼트나 리벳의 머리모양을 성형하는 가공법이다. (헤딩 : 주축과 함께 회전하며 반경 방향으로 왕복 운동하는 다수의 다이로 봉재나 관재를 타격하여 직경을 줄이는 작업이다.)

ⓑ 코이닝 : 상·하형이 서로 관계없이 요철을 가지고 있으며 두께의 변화가 있는 동전, 기념주화, 메달 등을 만드는 가공법이다.

ⓒ 스웨이징 : 봉재 또는 판재의 지름을 축소하거나 테이퍼의 제작 또는 파이프의 지름을 축소시키는 가공법이다.

③ 단조온도

① 연소나 용융시작의 온도에 100℃ 이내에는 근접시키지 않는다.

② 가공종료 온도는 재결정 온도보다 약간 높은 온도로 유지시킨다.

③ 재료를 가열할 때는 균일하게 서서히 가열시킨다.

④ 단조기계

① 단조프레스 … 저속운동으로 가압력을 주는 기계로, 보통 수압프레스가 사용되고 특수한 경우 기계프레스가 사용된다.

ⓐ 수압프레스 : 순수수압프레스, 증기수압프레스, 공기수압프레스, 전기수압프레스 등이 있다.

ⓑ 기계프레스 : 업셋단조프레스, 크랭크프레스, 너클조인트프레스, 마찰프레스, 트리밍프레스 등이 있다.

② 단조용 해머

ⓐ 보드해머 : 딱딱한 나무 보드의 아래쪽에 붙어서 회전하는 2개의 거친 표면의 롤 사이에 물려 상승된 후 떨어지는 힘으로 단조한다.

ⓑ 증기해머 : 증기를 이용하여 해머를 올리고 추진하는 형태로 형상이 큰 재료에 강한 압력을 주기 위해서 사용된다.

ⓒ 스프링해머 : 스프링을 장치하여 스프링의 힘으로 타격속도가 빨라지고 운동량을 확대할 수 있으며, 주로 소형 단조물에 이용된다.

ⓓ 드롭해머 : 일정한 높이에서 낙하시켜 그 힘으로 단조한다.

⑤ 단조작업

① **자유단조** … 해머로 두들겨 성형하는 방법으로, 주로 다음 작업을 위한 준비로 가공물을 미리 성형하는 데 이용된다.

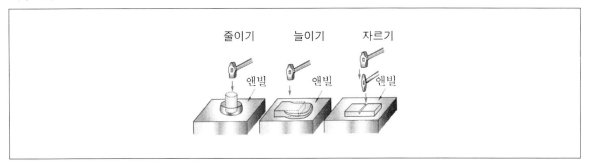

ⓐ **늘리기** : 재료를 두들겨 길이를 길게 하는 작업이다.

ⓑ **절단** : 재료를 자르는 작업이다.

ⓒ **눌러 붙이기** : 재료를 두들겨 길이를 짧게 하는 작업이다.

ⓓ **굽히기** : 재료를 굽히는 작업이다.

ⓔ **구멍뚫기** : 펀치를 이용하여 재료에 구멍을 뚫는 작업이다.

ⓕ **단짓기** : 재료에 단을 지우는 작업이다.

② **형단조**

ⓐ 상·하 두 개의 금형 사이에 가열한 소재를 넣고 압력을 가해 재료를 성형하는 방법이다.

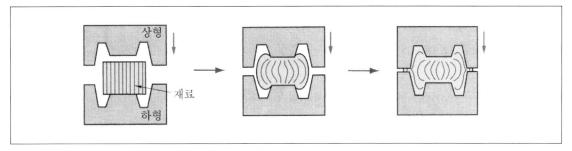

ⓑ **형단조의 종류**

• 드롭형 단조 : 드롭해머에서 형단조하는 방법이다.

• 업셋 단조 : 단조프레스로 여러 개의 공정을 한 개의 기계로하여 제품을 만든다.

ⓒ **형 재료의 조건**

• 강도가 커야 한다.

• 가격이 저렴해야 한다.

• 내마모성과 내열성이 커야 한다.

• 수명이 길어야 한다.

ⓔ 단점
  • 금형값이 비싸다.
  • 공정 후 폐기물이 생긴다.

04 압연

❶ 압연의 개요

① 압연의 의미 … 고온이나 상온에서 재료를 회전하는 2개의 롤러 사이를 통과시켜 재료의 소성을 이용하여 판재나 형재를 만드는 가공방법이다.

② 압연가공의 이론
  ㉠ 압하량 $= H_0 - H_1$ (H_0 : 변형 전 두께, H_1 : 변형 후 두께)
  ㉡ 압하율 $= \dfrac{H_0 - H_1}{H_0} \times 100$
  ㉢ 압연의 조건 : $\mu \geq \tan\theta$ (μ : 마찰계수, θ : 접촉각)
  ㉣ 압연가공시 압하율을 크게 하는 방법
    • 롤러의 회전속도를 낮춘다.
    • 지름이 큰 롤러를 사용한다.
    • 압연재의 온도를 높인다.

③ 압연의 온도
  ㉠ 탄소강과 저합금강은 가열온도가 보통 1,200℃ 이상이어야 한다.
  ㉡ 온도가 재료의 재결정온도보다 50 ~ 100℃ 높은 온도로 떨어지면 열간압연이 종료된다.

❷ 압연기의 종류

① 연속 압연기 … 냉간압연으로 얇은 판을 만드는 데 사용된다.

② 젠지미어 압연기 … 판 두께의 정밀도 및 공차가 엄격한 얇은 판의 압연에 사용된다.

③ 마네스만 압연기 … 관을 만드는 데 사용된다.

④ 비가역 2단 압연기 · 가역 2단 압연기 … 소형재를 압연할 때 사용된다.

③ 압연의 종류

① 분괴압연
  ㉠ 슬래브 : 폭 220 ~ 1,000mm, 두께 50 ~ 400mm 정도의 두꺼운 강판을 뜻하며 판의 재료가 된다.
  ㉡ 시트 바 : 얇은 판의 재료가 된다.
  ㉢ 빌릿 : 원형 또는 사각 단면으로 비교적 작은 단면의 재료가 된다.
  ㉣ 플랫 : 폭 20 ~ 450mm, 두께 6 ~ 18mm 정도의 평평한 재료이다.
  ㉤ 블룸 : 사각 단면의 형상이며 빌릿, 슬래브, 시트 바의 재료가 된다.
  ㉥ 스켈프 : 사각 단면을 압연한 띠 모양으로 좁은 것은 스크립, 넓은 것은 후프라 한다.
  ㉦ 팩 : 압연을 최종 치수까지 하지 않고 도중까지만 압연한 강판을 말한다.

② 판재압연
  ㉠ 박판이나 후판을 만드는 공정과정이다.
  ㉡ 판재열간압연과 판재냉간압연으로 나뉜다.

③ 형강압연

④ 냉간압연

① 치수가 정밀하다.
② 기계적 성질의 개선이 가능하다.
③ 최종 완성작업에 많이 이용된다.
④ 내부응력이 커지며 가공경화에 의한 취성이 증가한다.

⑤ 열간압연

① 큰 변형이 가능하다.
② 질이 균일하다.
③ 가공시간을 단축할 수 있다.
④ 대량생산이 가능하다.

05 압출

❶ 압출의 개요

① **압출의 의미** ··· 컨테이너에 소재를 넣고 램을 이용하여 큰 힘을 가하여 봉재와 형재를 만드는 가공법으로, 단면모양이 압연으로 가공하기 곤란한 것들을 가공하는 데 사용된다.

[압출로 만든 제품]

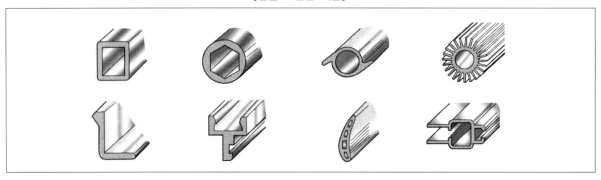

② 압출가공의 가공률 $= \dfrac{A_1 - A_2}{A_1} \times 100$ (A_1 : 빌렛의 단면적, A_2 : 압출제품의 단면적)

❷ 압출가공의 종류

① **직접압출**(전방압출) ··· 램의 진행방향과 같은 방향으로 소재가 압출되어 나온다.

② **간접압출**(후방압출) ··· 램의 진행방향과 반대 방향으로 소재가 압출되어 나온다.

[압출가공방식]

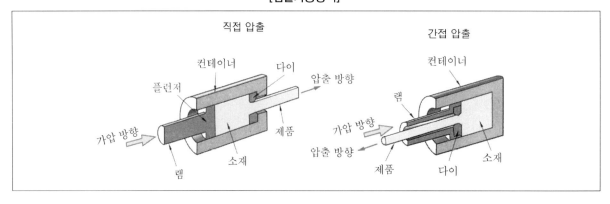

③ **충격압출** … 일부 합금을 다이 위에 올려놓고 펀치로 강한 압력을 가해 필요한 형상으로 가공하는 방법으로, 주로 제품의 두께가 얇은 치약 튜브, 화장품·약품 용기, 건전지 케이스 등을 가공할 때 이용한다.

[압출조건]

소재	온도범위(℃)	압출속도(m/min)
Cu와 Cu 합금	625 ~ 900	6 ~ 150
Al과 Al 합금	375 ~ 500	1.5 ~ 90
Mg과 Mg 합금	325 ~ 425	0.5 ~ 4
Zn과 Zn 합금	250 ~ 350	2 ~ 23
Sn과 Sn 합금	< 65	3 ~ 9
Pb과 Pb 합금	175 ~ 225	6 ~ 60

06 인발

① 인발의 개요

① **인발의 의미** … 재료를 다이에서 뽑아내 선이나 둥근 봉재를 만드는 가공방법이다.

[인발가공의 예]

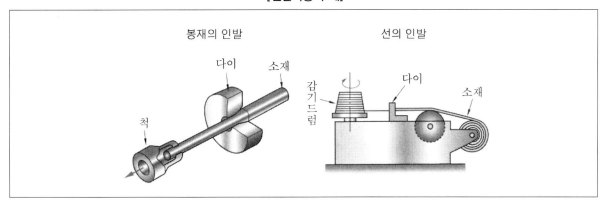

② 인발가공의 요소
　㉠ 항장력 : 재료를 당겨서 절단될 때까지 견딜 수 있는 최대하중이다.
　㉡ 단면감소율 $= \dfrac{A_0 - A_1}{A_0} \times 100$　(A_0 : 인발 전의 단면적, A_1 : 인발 후의 단면적)

ⓒ 인발력
- 단면을 축소시키는 데 필요한 축 방향의 힘을 말한다.
- 인발력 $= \dfrac{p\pi(d^2 - d_1^{\ 2})}{4}$ (d : 인발 전 재료의 지름, d_1 : 인발 후 재료의 지름, p : 단위 단면적을 축소시키는 데 필요한 힘)
ⓓ 다이각도 : 재료가 경질이며 낮은 가공도에서는 작게, 재료가 연질이며 높은 가공도에서는 크게 한다.
ⓔ 윤활법

❷ 인발가공의 종류

① 봉재인발 … 다이에서 재료를 인발하여 소요형상의 봉재를 제작하는 방법으로, 다이구멍의 형상에 따라 원형, 각형 등이 있다.

② 선재인발 … 5mm 이하 선재를 다시 인발하여 선재 가공한다.

③ 파이프인발 … 다이에 심봉을 삽입하여 파이프를 제작한다.

07 전조

❶ 전조의 개요

① 전조의 의미 … 둥근 소재를 다이 사이에 넣고 회전시키면서 부분적으로 압력을 가해 필요한 형상의 제품을 제작하는 가공법으로 일종의 특수압연이라 할 수 있다.

② 전조로 가공하는 가공물 … 볼, 작은 나사, 기어 등을 제작한다.

[나사전조]

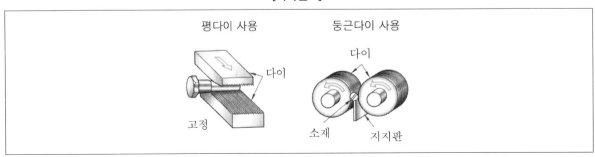

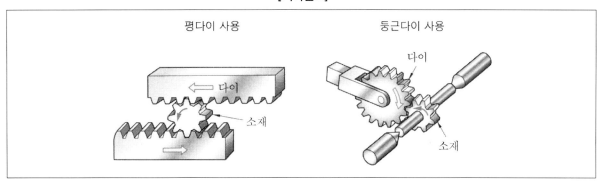

[기어전조]

평다이 사용   둥근다이 사용

③ 전조의 특징

    ㉠ 칩이 생성되지 않으므로 재료의 이용률이 높아 경제적이다.

    ㉡ 가공시간이 짧아지므로 대량생산에 적합하다.

    ㉢ 공구와 소재가 일부분만 접촉하기 때문에 가공력에 필요한 동력이 작아도 된다.

    ㉣ 소재의 섬유조직이 연속적으로 이어지므로 제품의 강도가 크다.

    ㉤ 정밀도가 높다.

④ 전조의 압력 = AH (A : 접촉면 면적, H : 변형저항)

② 전조의 종류

① 나사전조

    ㉠ 제작하고자 하는 나사에 산의 형상 및 피치가 같은 나사홈이 파여 있는 전조 다이스를 사용하여 가공한다.

    ㉡ **평판다이식 전조기** : 평판 다이 1개는 전조기에 설치하고 다른 한 개의 다이는 램에 설치한 후 고정된 다이에 대하여 평행으로 왕복운동을 시켜서 나사를 가공한다.

    ㉢ **둥근다이식 전조기** : 롤러 형상을 한 전조기로 롤러 사이에 재료를 넣어 나사를 가공한다.

② 기어전조

    ㉠ 제작이 간단하고, 재료가 절약되는 장점이 있으므로 작은 기어에 많이 상용된다.

    ㉡ 나사전조와 마찬가지로 평판다이식 전조기와 둥근다이식 전조기를 사용하여 가공할 수 있다.

③ 드릴의 전조

    ㉠ 평판다이로 나사를 전조하는 방법이다.

    ㉡ 드릴 지름은 3 ~ 12mm까지 가공할 수 있다.

④ **단 붙이축 전조** … 소재를 배드 위에서 척으로 된 고정구로 잡고 왕복대에 따라 축방향에 이송하면서 원추형 롤러로 성형한다.

⑤ 볼의 전조 … 종전에 절단하든가 또는 절단한 것을 업세팅 해서 만든 것을 지금은 열간과 전조가공으로 만든다.

08 프레스가공

❶ 프레스가공의 개요

① 프레스가공의 의미 … 판과 같은 소재를 절단하거나 굽혀서 제품을 가공하는 방법이다.

② 프레스가공의 분류

  ㉠ 전단가공 : 블랭킹, 펀칭, 전단, 분단, 트리밍, 세이빙, 노칭 등이다.

  ㉡ 성형가공 : 굽힘가공, 디프드로잉, 비이딩, 커링, 시이밍, 벌징, 스퍼닝 등이다.

  ㉢ 압축가공 : 코이닝, 엠보싱, 스웨이징, 버니싱 등이다.

❷ 프레스가공의 종류

① 전단가공

  ㉠ 전단가공의 의미 : 한 쌍의 공구에 힘을 가해 그 사이에 끼어 있는 판재를 자르는 가공방법이다.

  ㉡ 전단력

    • 직선가공시 전단력 $= \tau_s \cdot A = \tau_s \cdot t \cdot l$

    • 원판가공시 전단력 $= \tau_s \cdot A = \tau_s \cdot t \cdot \pi \cdot d$ (τ_s = 소재의 전단강도, l = 전단선의 길이, A = 소재의 단면적, t = 소재의 두께, d = 소재의 지름)

  ㉢ 전단가공의 종류

    • 블랭킹 : 소재를 가공하여 제품의 외형을 따내어 가공하는 방법이다.

❭**TIP**

블랭킹의 종류

  ㉠ 테일러 블랭킹 : 판재가공에서 모양과 크기가 다른 판재 조각을 레이저 용접한 후, 그 판재를 성형하여 최종 형상으로 만드는 기술이다.

  ㉡ 정밀 블랭킹 : 프레스가공의 일종으로서 펀치와 다이스를 이용하여 판재에 구멍을 정밀하게 뚫는 방법이다.

    • 펀칭 : 블랭킹과는 반대로 일정 부분을 펀칭하여 남는 부분이 제품이 된다.

    • 전단 : 직선, 원형, 이형의 소재로 잘라내는 것이다.

- 분단 : 제품을 분리하는 2차 가공과정이다.
- 트리밍 : 블랭킹한 제품의 거친 단면을 다듬는 2차 가공과정이다.
- 세이빙 : 가공된 제품의 단이 진 부분을 다듬는 2차 가공과정이다.
- 노칭 : 소재의 단부에 거쳐 직선, 곡선상으로 절단하는 것이다.

② 성형가공
  ㉠ 성형가공의 의미 : 소재에 힘을 가하여 원하는 형태의 제품으로 변형하는 가공방법이다.
  ㉡ 성형가공의 종류
  - 굽힘가공 : 소재에 힘을 가하여 굽혀 원하는 형상을 얻는 가공방법이다.

[각종 굽힘가공]

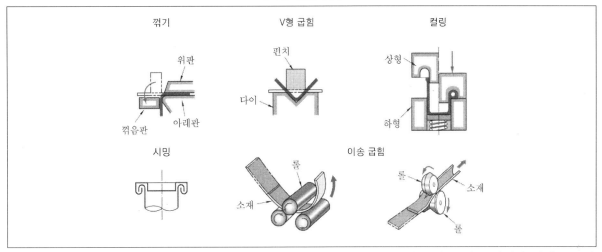

- 스프링 백 : 굽힘가공 시 소재의 탄성력으로 인해 가공이 끝나면 소재는 어느 정도 원래의 상태로 돌아온다. 이로 인해 펀치와 다이 사이에서 가공한 각도와 제품의 각도 차이가 나는데 이 차이를 스프링 백이라고 한다.
- 굽힘반지름이 클수록, 소재의 경도가 클수록, 두께가 얇을수록, 굽힘각도가 작을수록 스프링 백이 커진다.
- 스프링 백의 해결책으로는 경도가 낮은 재질을 사용하거나 두께가 큰 재료를 사용하거나 굽힘반지름을 작게 하면 된다.
- 딥드로잉(Deep drawing) : 편평한 판금재를 펀치로 다이구멍에 밀어 넣어서 이음매가 없고 밑바닥이 있는 용기를 만드는 작업으로서 음료용캔, 각종 용기의 제작에 이용된다. (드로잉가공법이란 비교적 편평한 철판을 다이 위에 올린 후 펀치로 눌러 다이 내부로 철판이 들어가게 하여 밥그릇이나 컵과 같이 이음매가 없는 중공의 용기를 만드는 가공법이다.)

▶**TIP** ～～～～～～～～～～～～～～～～～～～～～～～～～～～～～～～～

커핑(cupping) … 드로잉 중 단일 공정에서 제작된 컵(cup) 형상을 만드는 것이며, 이것이 최종 제품이 되는 수도 있고, 다음 공정을 위한 초기 가공이 될 수도 있다.

- 비이딩 : 가공된 용기에 좁은 선모양의 돌기를 만드는 가공방법이다.
- 커링 : 원통용기의 끝 부분을 말아 테두리를 둥글게 만드는 가공방법이다.
- 시이밍 : 여러 겹으로 소재를 구부려 두 장의 소재를 연결하는 가공방법이다.
- 벌징(bulging) : 관이나 용기내부를 탄성체를 이용하여 형상을 볼록하게 튀어나오게 하는 가공방법으로서 금형 내에 삽입된 원통형 용기 또는 관에 높은 압력을 가하여, 용기 또는 관의 일부를 팽창시켜 성형하는 방법이다. 용기의 입구보다 몸통을 크게 만드는 작업을 말한다.
- 아이어닝(ironing) : 금속 판재의 딥드로잉(deep drawing) 시 판재의 두께보다 펀치와 다이 간의 간극을 작게 하여 두께를 줄이거나 균일하게 하는 공정이다.
- 헤밍(hemming) : 패널의 끝을 뒤집어 꺾은 것을 헴(hem)이라고 하며, 평탄한 패널에 헴을 만드는 것을 헤밍이라고 한다.
- 스피닝(spinning) : 선반(旋盤)을 사용하여 소재(素材)를 회전시키면서 소재와 함께 장착된 원뿔 모양의 형틀에 맞추어 훑기 주걱으로 소재를 눌러 원뿔형의 용기를 만들거나 용기의 입구부를 오므라들게 좁히는 가공법이다.
- 마폼법(marforming) : 용기모양의 홈 안에 고무를 넣고 고무를 다이 대신 사용하며 베드에 설치가 되어 있는 펀치가 소재관을 위쪽의 고무에 압입하여 성형가공하는 방법이다.
- 하이드로포밍법(hydroforming) : 액압성형법(액체로 압력을 가하여 풍선 부풀리듯이 성형하는 방법)이라고 하며, 마폼법과 유사하나 고무 대신 고무막으로 밀폐된 액체와 패드에 설치된 펀치 사이의 소재를 펀치로 액체고무막에 밀어 넣어 성형가공을 한다.

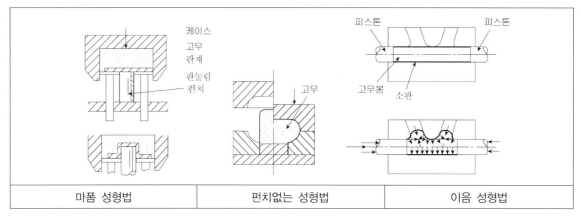

| 마폼 성형법 | 펀치없는 성형법 | 이음 성형법 |

③ 압축가공

　㉠ 압축가공의 의미 : 소재를 압축하여 원하는 형태를 만드는 가공방법이다.

　㉡ 압축가공의 종류

　　• 코이닝(Coining) : 밀폐단조의 일종으로 재료표면에 조각을 내는 것으로 동전, 메달 등을 제작할 때 사용되는 방법이다.

- 엠보싱(Embossing) : 얇은 재료를 요철이 서로 반대가 되도록 한 한 쌍의 다이 사이에 끼워 성형하는 방법이다.
- 스웨이징(Swaging) : 봉재 또는 판재의 지름을 축소하거나 테이퍼형상(재료의 두께를 서서히 감소시키는 것)을 만들 때 사용하는 방법이다. 로터리 스웨이지, 엑스트루션 스웨이지, 드로잉 스웨이지, 스피닝 스웨이지 등 종류가 많다.
- 버니싱(Burnishing) : 원통내면의 표면다듬질에 가압법을 응용한 것이다. 끝에 라운드가 큰 다이아몬드가 달린 버니싱바를 이용하여 표면조도와 경도를 향상시킨다.

기출예상문제

한국가스기술공사

1 소성가공 등으로 거칠어진 조직 등을 정상 상태로 하거나 조직을 미세화하는 것은?

① 담금질

② 풀림

③ 침탄법

④ 노멀라이징

> **NOTE** ④ 노멀라이징 : 소성가공으로 거칠어진 조직 등을 정상 상태로 하거나 조직을 미세화하기 위한 것이다.
> ① 담금질 : 고온으로 가열한 후 물이나 기름을 이용하여 급랭시켜 필요한 성질을 부여하는 열처리 방법이다.
> ② 풀림 : 금속 재료를 적당한 온도로 가열한 다음 서서히 상온으로 냉각시키는 방법으로 가공 또는 담금질로 인하여 경화한 재료의 내부 균열을 제거하고, 결정 입자를 미세화하여 전연성을 높이기 위한 방법이다.
> ③ 침탄법 : 저탄소강으로 만든 제품의 표층부에 탄소를 투입시킨 후 담금질을 하여 표층부만을 경화하는 표면 경화법의 일종이다.

한국중부발전

2 다음 〈보기〉에서 설명하고 있는 것은 현상은?

〈보기〉

소성재료의 굽힘 가공에서 재료를 굽힌 다음 압력을 제거하면 원상으로 회복되려는 탄력 작용으로 굽힘량이 감소되는 현상을 말한다.

---

① 스프링백

② 부분탄성

③ 완전탄성

④ 라멜라티어링

⑤ 한계탄성

> **NOTE** 스프링백 … 소성재료의 굽힘 가공에서 재료를 굽힌 다음 압력을 제거하면 원상으로 회복되려는 탄력 작용으로 굽힘량이 감소되는 현상을 말한다.

3 커넥팅 로드와 같이 형상이 복잡한 것을 소성 가공하는 방법을 무엇이라 하는가?

① 형단조

② 압출

③ 인발

④ 압연단조

> **NOTE** 커넥팅 로드와 같이 형상이 복잡한 재료는 소성가공에 있어서 형단조 방법으로 가공한다.

Answer. 1.④ 2.① 3.①

4 금속의 소성가공에서 단조가공의 주목적으로 가장 적절한 것은?

① 변태와 대량생산

② 결정핵 성장과 내부응력 이완

③ 재료조직의 개선과 성형

④ 조직의 재결정과 가공경화

> **NOTE** 단조가공의 주목적은 재료조직의 개선과 성형이다.

5 다음 중 전단가공에 해당하지 않는 것은?

① 구부리기(bending)　　　　　　② 펀칭(punching)

③ 블랭킹(blanking)　　　　　　　④ 피어싱(piercing)

> **NOTE** 전단가공 … 펀치(punch)가 다이(die) 위의 소재를 가압하여 전단응력에 의해 소재를 절단하는 작업으로, 전단작업 후 분리된 소재를 사용하면 블랭킹이라 하고 분리된 소재를 버리고 모재를 사용하면 펀칭 또는 피어싱이라 한다.
> ※ 구부리기(굽힘) … 판재나 선재를 직선이나 곡선을 따라 일정한 각도로 구부려서 제품을 만드는 작업을 의미한다.

6 다음 중 형단조의 특징이 아닌 것은?

① 대량생산이 가능하다.　　　　　② 제품이 정밀하지 못하다.

③ 가공비용이 저렴하다.　　　　　④ 제작비용이 고가이다.

⑤ 강도 및 내마모성, 내열성이 크다.

> **NOTE** 형단조 … 스탬핑이라고도 하며, 요철이 있는 위·아래의 형 사이에 소재를 끼우고, 충격으로 압력을 가해 소재의 평면에 요철을 만드는 가공방법이다. 단조형 속에 소재를 넣고 가입하여 복잡한 모양의 제품을 성형한다. 경화나 메달의 가공, 소형기계·전기부품, 특수강으로 만들어지는 기관용 크랭크축의 제작 등에 사용한다.
> ※ 형단조의 특징
> ㉠ 강도 및 내열성, 내마모성이 크다.
> ㉡ 가공비용이 저렴하다.
> ㉢ 제품의 수명이 길다.
> ㉣ 금형제작비용이 고가이다.
> ㉤ 공정 후 폐기물이 발생한다.
> ㉥ 대량생산이 가능하다.
> ㉦ 정밀한 제품의 생산이 가능하다.

7 다음 중 냉간단조에 속하지 않는 것은?

① 업셋단조
② 스웨이징
③ 콜드헤딩
④ 코이닝

> **NOTE** 냉간단조
> ㉠ 콜드헤딩 : 볼트나 리벳의 머리모양을 성형하는 가공법이다.
> ㉡ 코이닝 : 동전, 기념주화, 메달 등을 만드는 가공법이다.
> ㉢ 스웨이징 : 테이퍼의 제작 또는 파이프의 지름을 축소시키는 가공법이다.

8 다음 중 소성가공에 속하지 않는 것은?

① 압출
② 주조
③ 압연
④ 판금가공

> **NOTE** ① 재료를 일정한 용기 속에 넣고 밀어붙이는 힘에 의하여 다이를 통과시켜 가공하는 방법이다.
> ② 금속의 녹는 성질을 이용하여 제품을 만드는 방법이다.
> ③ 회전하는 2개의 롤러 사이에 재료를 통과시켜 가공하는 방법이다.
> ④ 판을 사용하여 가공하는 방법이다.

9 다음 중 금속의 소성변형을 설명하는 원리로 옳지 않은 것은?

① 쌍정
② 슬립
③ 전위
④ 재결정

> **NOTE** 금속의 소성변형 원리 … 슬립, 쌍정, 전위 등이 있다.
> ㉠ 슬립 : 결정내의 일정면이 미끄럼을 일으켜 이동하는 것.
> ㉡ 쌍정 : 결정의 위치가 어떤 면을 경계로 대칭으로 변하는 것.
> ㉢ 전위 : 결정내의 불완전한 곳, 결합이 있는 곳에서부터 이동이 생기는 것.

10 다음 중 다이와 펀치를 사용하여 펀칭가공으로 필요한 모양과 크기의 제품을 따내는 가공법은?

① 블랭킹(blanking)
② 굽힘가공(bending)
③ 디프 드로잉(deep drawing)
④ 구멍따기(piercing)

> **NOTE** 블랭킹 … 다이와 펀치를 사용하여 소재를 가공해 제품의 외형을 따내어 가공하는 방법이다.

11 소성이 큰 재료에 압력을 가하여 다이의 구멍으로 밀어내어 일정한 단면의 제품을 만드는 가공법은?

① 단조
② 압연
③ 압출
④ 전조

NOTE ① 해머나 프레스와 같은 공작기계로 타격을 하여 변형하는 작업이다.
② 회전하는 2개의 롤러 사이에 재료를 통과시켜 가공하는 방법이다.
③ 재료를 일정한 용기 속에 넣고 밀어 붙이는 힘에 의하여 다이를 통과시켜 소정의 모양으로 가공하는 방법이다.
④ 다이 또는 롤러를 사용하여 재료에 외력을 가해 눌러 붙여 성형하는 가공방법이다.

12 다음 중 나사나 기어를 소성가공하는 데 가장 많이 사용되는 가공방법은?

① 단조가공법
② 압연가공법
③ 압출가공법
④ 전조법

NOTE 전조법 … 둥근 소재를 다이 사이에 넣고 회전시키면서 부분적으로 압력을 가해 필요한 형상의 제품을 제작하는 가공법으로, 볼, 작은 나사, 기어 등을 가공하는 데 사용된다.

13 특정한 온도영역에서 이전의 입자들을 대신하여 변형이 없는 새로운 입자가 형성되는 재결정에 대한 설명으로 가장 부적절한 것은?

① 재결정 온도는 일반적으로 약 1시간 안에 95%이상 재결정이 이루어지는 온도로 정의한다.
② 금속의 용융 온도를 절대온도 Tm이라 할 때 재결정 온도는 대략 0.3Tm~0.5Tm 범위에 있다.
③ 재결정은 금속의 연성을 증가시키고 강도를 저하시킨다.
④ 냉간 가공도가 클수록 재결정온도는 높아진다.

NOTE 냉간 가공으로 소성 변형된 금속을 적당한 온도로 가열하면 가공으로 인하여 일그러진 결정 속에 새로운 결정이 생겨나 이것이 확대 되어 가공물 전체가 변형이 없는 본래의 결정으로 치환되는 과정을 재결정이라 하며 재결정을 시작하는 온도가 재결정 온도이다.
㉠ 가열시간 : 길수록 낮다.
㉡ 가공도 : 클수록 낮다.
㉢ 가공 전 결정입자의 크기 : 미세할수록 낮다.

14 다음 중 소성가공으로 옳지 않은 것은?

① 드릴링   ② 단조

③ 인발   ④ 나사전조

⑤ 압출

> **NOTE** ① 드릴링은 절삭가공에 속한다.

15 다음 중 철판을 만드는 가장 유용한 방법은?

① 압연   ② 단조

③ 전조   ④ 펀칭

⑤ 드로잉

> **NOTE** 압연 … 회전하는 두 개의 롤(roll) 사이를 통과시켜 강판, 형재를 만드는 가공방법이다.

16 다음 중 냉간가공의 장점으로 옳지 않은 것은?

① 약한 소재를 선택할 수 있다.

② 큰 힘을 들이지 않아도 된다.

③ 가공면이 정밀하다.

④ 재료의 온도를 성형온도까지 올리지 않아도 된다.

> **NOTE** 냉간가공의 장점
> ㉠ 재료의 강도가 향상되므로 약한 소재를 선택할 수 있다.
> ㉡ 가공면이 아름답고 정밀하다.
> ㉢ 재료의 온도를 성형온도까지 올리지 않아도 된다.

17 다음 중 소성가공의 목적으로 옳은 것은?

① 재료의 경도를 높이기 위해   ② 대량생산을 위해

③ 재료의 탄성을 줄이기 위해   ④ 재료의 연성을 위해

> **NOTE** 소성가공은 균일한 제품으로 대량생산에 적합하다.

Answer. 14.①   15.①   16.②   17.②

18 다음 중 열간가공과 냉간가공을 결정짓는 요소는?

① 단조온도   ② 용융점

③ 재결정온도   ④ 변태온도

> **NOTE** 열간가공과 냉간가공
> ㉠ 열간가공 : 재결정온도 이상에서 가공하는 방법이다.
> ㉡ 냉간가공 : 재결정온도 이하에서 가공하는 방법이다.

19 다음 중 재료에 외력을 가했을 때 단단해지는 성질은?

① 외력경화   ② 가공경화

③ 시효경화   ④ 표면경화

> **NOTE** 가공경화 … 재료를 가공함에 따라 강도와 경도가 증가하는 반면에 연신율이 감소하는 현상

20 다음 중 소성가공시 재료가 가져야 할 특성으로 옳지 않은 것은?

① 취성   ② 연성

③ 전성   ④ 가소성

> **NOTE** ① 잘 부서지고 깨지는 성질이다.
> ※ 소성가공시 이용되는 성질
> ㉠ 연성 : 재료를 늘였을 때 파괴되지 않고 모양을 변화할 수 있는 능력을 말한다.
> ㉡ 가소성 : 연성과 전성을 모두 내포하고 있는 의미로서 고체상태의 재료에 외력을 가했을 때 유동되는 성질을 말한다.
> ㉢ 전성(가소성) : 물질이 탄성한계 이상의 힘을 받아도 균열이 생기거나 부러지지 않는 성질을 말한다.

21 다음 중 소성가공에 속하지 않는 것은?

① 인발   ② 단조

③ 전조   ④ 주조

> **NOTE** ④ 금속을 가열하여 용해시켜 모래나 금속으로 만든 주형에 주입하여 주물을 만드는 공정이다.
> ※ 소성가공 … 재료에 가했던 힘을 제거해도 원상태로 돌아오지 않는 성질을 이용한 가공이다.

Answer. 18.③ 19.② 20.① 21.④

22 다음 중 단조공구로 옳지 않은 것은?

① 손해머   ② 집게

③ 앤빌   ④ 바이트

> **NOTE** 단조용 공구
> ㉠ 앤빌 : 주강 또는 연강의 표면에 경강을 붙인 것을 사용한다.
> ㉡ 스웨이지 블록 : 여러가지 형상의 틀이 있어 조형용으로 사용되고, 앤빌 대용으로도 사용된다.
> ㉢ 손해머 : 경강으로 만들며 머리부분은 열처리 한다.
> ㉣ 집게 : 가공물을 집는 데 사용된다.
> ㉤ 다듬개 : 가공물을 다듬는 데 사용되며 각 다듬개, 평면 다듬개, 원형 다듬개로 나뉜다.

23 다음 중 열간단조로 옳지 않은 것은?

① 코이닝   ② 롤단조

③ 업셋단조   ④ 프레스단조

> **NOTE** 열간단조에는 자유단조, 형단조, 프레스단조, 롤단조, 업셋단조가 있다.

24 다음 중 자유단조에 속하지 않는 것은?

① 구멍뚫기   ② 단짓기

③ 눌러 붙이기   ④ 드롭형 단조

> **NOTE** 자유단조
> ㉠ 늘리기 : 재료를 두들겨 길이를 길게 하는 작업이다.
> ㉡ 절단 : 재료를 자르는 작업이다.
> ㉢ 눌러 붙이기 : 재료를 두들겨 길이를 짧게 하는 작업이다.
> ㉣ 굽히기 : 재료를 굽히는 작업이다.
> ㉤ 구멍뚫기 : 펀치를 이용하여 재료에 구멍을 뚫는 작업이다.
> ㉥ 단짓기 : 재료에 단을 지우는 작업이다.

25 다음 중 단조기계로 옳지 않은 것은?

① 순수수압프레스   ② 너클조인트프레스

③ 큐폴라   ④ 스프링해머

> **NOTE** 큐폴라 … 주조 시 금속을 용융시키는 용해로이다.

Answer. 22.④ 23.① 24.④ 25.③

26 다음 중 형 재료의 조건으로 옳지 않은 것은?

① 강도가 커야 한다. 　　　　② 내마모성과 내열성이 적어야 한다.

③ 가격이 저렴해야 한다. 　　　④ 수명이 길어야 한다.

> **NOTE** 형 재료의 조건
> ㉠ 강도가 커야 한다.
> ㉡ 가격이 저렴해야 한다.
> ㉢ 내마모성과 내열성이 커야 한다.
> ㉣ 수명이 길어야 한다.

27 다음 중 형단조의 특징으로 옳지 않은 것은?

① 금형값이 싸다. 　　　　　　② 대량생산이 가능하다.

③ 가공시간이 짧다. 　　　　　④ 제품이 균일하다.

> **NOTE** ① 금형값이 비싸다.

28 다음 중 단조품 제조공정 과정으로 옳은 것은?

① 절단 → 가열 → 스케일 제거 → 소재단련 → 가열 → 스케일 제거 → 다듬질 단조 → 핀절단 → 열처리 → 교정 → 완성 다듬질 → 검사 → 완성

② 절단 → 가열 → 스케일 제거 → 소재단련 → 가열 → 스케일 제거 → 핀절단 → 다듬질 단조 → 열처리 → 교정 → 검사 → 완성

③ 절단 → 가열 → 소재단련 → 열처리 → 스케일 제거 → 다듬질 단조 → 핀절단 → 가열 → 교정 → 완성 다듬질 → 검사 → 완성

④ 절단 → 가열 → 스케일 제거 → 교정 → 가열 → 핀절단 → 열처리 → 소재단련 → 완성 다듬질 → 검사 → 완성

> **NOTE** 단조품 제조공정 … 절단 → 가열 → 스케일 제거 → 소재단련 → 가열 → 스케일 제거 → 다듬질 단조 → 핀절단 → 열처리 → 교정 → 완성 다듬질 → 검사 → 완성

29 다음 중 크랭크축 등을 제작하는 가공법은?

① 형단조　　　　　　　　　　　② 전조

③ 단접　　　　　　　　　　　　④ 주조

> **NOTE** 형단조 … 상·하 두 개의 금형 사이에 가열한 소재를 넣고 압력을 가해 재료를 성형하는 방법으로, 제품을 대량으로 신속하게 만들 수 있어 스패너, 렌치, 크랭크축의 제작에 쓰인다.

30 다음 중 단조공정에서 재료 가열시 주의사항으로 옳지 않은 것은?

① 갑자기 고온에서 가열하지 않는다.

② 균일하게 가열한다.

③ 급랭한다.

④ 필요 이상의 고온에서 오랫동안 가열하지 않는다.

> **NOTE** 단조공정에서 재료 가열시 주의 사항
> ㉠ 너무 급하게 고온에서 가열하지 말 것
> ㉡ 균일하게 가열할 것
> ㉢ 필요 이상의 고온에서 오랫동안 가열하지 말 것

31 다음 중 단조용 재료로 옳지 않은 것은?

① 탄소강　　　　　　　　　　　② 주철

③ 경화금　　　　　　　　　　　④ 동합금

> **NOTE** 단조용 재료
> ㉠ 항복점이 낮고 연신율이 큰 재료를 사용한다.
> ㉡ 탄소강, 경화금, 동합금, 특수강 등이 적합하나 탄소함유량이 많은 탄소강과 특수강 중 일부는 단조가 곤란하다.

32 단조를 한 방향으로 하면 섬유조직이 발생하는 것을 무엇이라 하는가?

① 섬유선　　　　　　　　　　　② 단류선

③ 전단선　　　　　　　　　　　④ 강인선

> **NOTE** 단류선 … 단조시 한 방향으로 가공하면 나타나는 섬유상의 조직이다.

Answer. 29.① 30.③ 31.② 32.②

33 다음 중 2회전하는 롤러 사이로 재료를 통과시켜 각종 판재, 봉재, 단면재를 성형하는 가공방법은?

① 인발
② 전조
③ 압연
④ 압출

NOTE 압연 … 고온이나 상온에서 회전하는 롤러 사이로 재료를 통과시켜 재료의 소성을 이용하여 각종 판재, 봉재, 단면재를 성형하는 가공방법이다.

34 다음 중 기차레일 등을 제작하는 가공법은?

① 전조
② 압출
③ 인발
④ 압연

NOTE 기차레일 형상의 롤러를 사용하여 압연가공을 통해 제작한다.

35 다음 중 압연가공에서 압하율을 구하는 식은?

① $\dfrac{H_0 - H_1}{H_0} \times 100$
② $(H_0 - H_1) \times 100$
③ $\dfrac{H_1 - H_0}{H_1} \times 100$
④ $\dfrac{H_1 + H_0}{H_1} \times 100$

NOTE 압하율 $= \dfrac{H_0 - H_1}{H_0} \times 100$ (H_0 : 변형 전 두께, H_1 : 변형 후 두께)

36 다음 중 압연의 조건은?

① $\mu \geqq \sin\theta$
② $\mu \geqq \tan\theta$
③ $\mu \geqq \cos\theta$
④ $\mu \leqq \tan\theta$

NOTE 압연의 조건 … $\mu \geqq \tan\theta$ (μ : 마찰계수)

37 다음 중 압연가공시 압하율을 크게 하는 방법으로 옳지 않은 것은?

① 롤러의 회전속도를 낮춘다.

② 지름이 큰 롤러를 사용한다.

③ 압연재를 당겨준다.

④ 압연재의 온도를 높인다.

> **NOTE** 압연가공시 압하율을 크게 하는 방법
> ㉠ 롤러의 회전속도를 낮춘다.
> ㉡ 지름이 큰 롤러를 사용한다.
> ㉢ 압연재의 온도를 높인다.

38 다음 중 압연을 쉽게 하는 방법으로 옳지 않은 것은?

① 압하율이 클수록 공정수가 적어 압연이 쉽다.

② 롤러의 반지름이 클수록 응력이 작아 압연이 쉽다.

③ 인장력을 주면 압연압력이 작아져 압연이 쉽다.

④ 윤활을 좋게 하면 마찰계수가 작아져 압연이 쉽다.

> **NOTE** 압연을 쉽게 하는 방법
> ㉠ 윤활을 좋게 하면 마찰계수 μ가 작아져 압연이 쉽다.
> ㉡ 압하율이 클수록 공정수가 적어 경제적이므로 압연이 쉽다.
> ㉢ 롤러의 반지름이 작을수록 응력이 작아져 압연이 쉽다.
> ㉣ 인장력을 주면 압연압력이 작아져 압연이 쉽다.

39 다음 중 냉간압연의 특징으로 옳지 않은 것은?

① 치수가 정밀하다.

② 기계적 성질의 개선이 가능하다.

③ 큰 변형이 가능하다.

④ 내부응력이 커지며 가공경화에 의한 취성이 증가한다.

> **NOTE** 냉간압연의 특징
> ㉠ 치수가 정밀하다
> ㉡ 기계적 성질의 개선이 가능하다.
> ㉢ 최종 완성작업에 많이 이용된다.
> ㉣ 내부응력이 커지며 가공경화에 의한 취성이 증가한다.

40 다음 중 열간압연의 특징으로 옳지 않은 것은?

① 큰 변형이 가능하다.

② 질이 균일하다.

③ 가공시간을 단축할 수 있다.

④ 가공 후 강도가 커진다.

> **NOTE** 열간압연의 특징
> ㉠ 큰 변형이 가능하다.
> ㉡ 질이 균일하다.
> ㉢ 가공시간을 단축할 수 있다.
> ㉣ 대량생산이 가능하다.

41 다음 중 압연가공에서 롤러의 절손원인으로 옳지 않은 것은?

① 압하율이 작을 때

② 재료의 과열

③ 주물불량

④ 작업온도의 불균형

> **NOTE** 롤러 절손원인
> ㉠ 주물불량
> ㉡ 작업온도의 불균형
> ㉢ 각종 진동과 충격
> ㉣ 비교적 적은 저온재질
> ㉤ 작업온도가 지나치게 저온 또는 압하율이 클 때
> ㉥ 재료의 과열
> ㉦ 롤러 경도 부족

42 다음 중 재료를 컨테이너에 넣고 큰 힘을 가하여 가공하는 방법은?

① 인발

② 압연

③ 압출

④ 전조

> **NOTE** 압출 … 컨테이너에 소재를 넣고 램을 이용하여 큰 힘을 가하여 봉재와 형재를 만드는 가공법으로, 단면모양이 압연으로 가공하기 곤란한 것들을 가공하는 데 사용된다.

43 압출방법 중 램의 방향과 제품이 압출되어 나오는 방향이 같은 것은?

① 충격압출
② 직접압출
③ 간접압출
④ 디프 드로잉

NOTE 압출가공의 종류
㉠ 직접압출 : 램의 진행방향과 같은 방향으로 소재가 압출되어 나온다.
㉡ 간접압출 : 램의 진행방향과 반대 방향으로 소재가 압출되어 나온다.
㉢ 충격압출 : 일부 합금을 다이 위에 올려놓고 펀치로 강한 압력을 가해 필요한 형상으로 가공하는 방법으로, 주로 두께가 얇은 치약튜브, 화장품·약품 등의 용기, 건전지 케이스 등을 가공할 때 이용한다.

44 다음 중 충격압출에 사용되는 재료로 옳지 않은 것은?

① 납
② 마그네슘
③ 구리
④ 철

NOTE 충격압출에 사용되는 재료 … Pb(납), Zn(아연), Sn(주석), Al(알루미늄), Cu(구리), Mg(마그네슘)

45 다음 중 재료를 다이에서 뽑아내어 선이나 둥근 봉재를 만드는 가공법은?

① 압출
② 전조
③ 주조
④ 인발

NOTE 인발 … 금속 파이프 또는 봉재재료를 다이에 통과시켜 축방향으로 인발하여 선이나 둥근 봉재를 만드는 가공방법이다.

46 다음 중 인발가공의 요소로 옳지 않은 것은?

① 항장력
② 인발력
③ 스프링 백
④ 다이각도

NOTE 인발가공의 요소
㉠ 항장력 : 인발력과 직각방향의 힘이다.
㉡ 인발력 : 단면을 축소시키는 데 필요한 축 방향의 힘이다.
㉢ 다이각도 : 재료가 경질이면 낮은 가공도에서는 작게, 재료가 연질이면 높은 가공도에서는 크게 한다.

Answer. 43.② 44.④ 45.④ 46.③

47 다음 중 전조의 특징으로 옳지 않은 것은?

① 칩이 생성되지 않으므로 재료의 이용률이 높아 경제적이다.

② 가공시간이 짧아지므로 대량생산에 적합하다.

③ 공구와 소재가 일부분만 접촉하기 때문에 가공력에 필요한 동력이 작아도 된다.

④ 소재의 섬유조직이 연속적으로 이어지므로 제품의 강도가 떨어진다.

> **NOTE** 전조의 특징
> ㉠ 칩이 생성되지 않으므로 재료의 이용률이 높아 경제적이다.
> ㉡ 가공시간이 짧아지므로 대량생산에 적합하다.
> ㉢ 공구와 소재가 일부분만 접촉하기 때문에 가공력에 필요한 동력이 작아도 된다.
> ㉣ 소재의 섬유조직이 연속적으로 이어지므로 제품의 강도가 크다.
> ㉤ 정밀도가 높다.

48 다음 중 인발 가공의 종류로 옳지 않은 것은?

① 봉재인발 ② 관재인발

③ 선재인발 ④ 코이닝

> **NOTE** 인발가공의 종류
> ㉠ 봉재인발 : 다이에서 재료를 인발하여 소요형상의 봉재를 제작하는 방법으로, 다이구멍의 형상에 따라 원형, 각형 등이 있다.
> ㉡ 관재인발 : 다이에 심봉을 삽입하여 파이프를 제작한다.
> ㉢ 선재인발 : 5mm 이하 선재를 다시 인발하여 선재 가공한다.

49 다음 중 롤러 다이 인발기의 장점은?

① 단면수축률이 크다. ② 마찰력이 크다.

③ 소비동력이 많다. ④ 인발속도 및 가공률이 제한을 받는다.

> **NOTE** 롤러 인발기
> ㉠ 장점 : 인발력의 감소하고, 단면수축률이 크다.
> ㉡ 단점 : 마찰력이 크고, 소비동력이 많으며, 인발속도 및 가공률이 제한을 받는다.

Answer. 47.④ 48.④ 49.①

50 다음 중 전조의 가공법으로 옳은 것은?

① 재료를 적당한 온도로 가열하여 주어진 모양과 치수로 가압하여 성형하는 가공법이다.

② 둥근 소재를 다이 사이에 넣고 회전시키면서 부분적으로 압력을 가해 성형하는 가공법이다.

③ 재료를 회전하는 2개의 롤러 사이를 통과시켜 재료의 소성을 이용하여 판재나 형재를 만드는 가공법이다.

④ 재료를 컨테이너에 넣고 압력을 가하여 일정한 단면의 제품을 만드는 가공법이다.

NOTE ① 단조 ③ 압연 ④ 압출

51 용기의 모양을 성형하는데 주로 사용되는 방법은?

① 비이딩
② 시이밍
③ 디프 드로잉
④ 벌징

NOTE ① 가공된 용기에 좁은 선모양의 돌기를 만드는 가공방법이다.
② 여러 겹으로 소재를 구부려 두 장의 소재를 연결하는 가공방법이다.
③ 얇은 판의 중심부에 큰 힘을 가하여 원통형이나 원뿔형 등의 이음매 없는 용기모양을 성형하는 가공방법이다.
④ 관이나 용기내부를 탄성체를 이용하여 형상을 볼록하게 튀어나오도록 하는 가공방법이다.

52 다음 중 롤 다이식 전조기의 특징으로 옳지 않은 것은?

① 위치조정이 부정확하면 다이의 수명이 짧아진다.

② 정밀도가 떨어진다.

③ 나사형상이 규격대로 되도록 위치조정이 필요하다.

④ 롤러를 2개 이용한 것과 3개 이용한 것이 있다.

NOTE 롤 다이식 전조기의 특징
㉠ 위치조정이 부정확하면 다이의 수명이 짧아진다.
㉡ 나사형상이 규격대로 되도록 위치조정이 필요하다.
㉢ 롤러를 2개 이용한 것과 3개 이용한 것이 있다.

53 다음 중 전조의 종류로 옳지 않은 것은?

① 디프 드로잉　　　　　　　　② 드릴의 전조

③ 단 붙이축 전조　　　　　　　④ 볼의 전조

NOTE 전조의 종류 … 나사전조, 기어전조, 드릴의 전조, 단 붙이축 전조, 볼의 전조가 있다.

54 다음 중 프레스가공의 분류가 옳지 않게 짝지어진 것은?

① 성형가공 – 시밍　　　　　　② 전단가공 – 블랭킹

③ 압축가공 – 벌징　　　　　　④ 성형가공 – 비이딩

NOTE 프레스가공의 분류
㉠ 전단가공 : 블래킹, 펀칭, 전단, 분단, 트리밍, 세이빙, 노칭
㉡ 성형가공 : 굽힘가공, 디프 드로잉, 비이딩, 커링, 시밍, 벌징
㉢ 압축가공 : 엠보싱, 스웨이징, 코이닝

55 다음 중 전단가공의 종류인 것은?

① 트리밍　　　　　　　　　　② 스웨이징

③ 시밍　　　　　　　　　　　④ 엠보싱

NOTE 전단가공의 종류
㉠ 블랭킹 : 소재를 가공하여 제품의 외형을 따내어 가공하는 방법이다.
㉡ 펀칭 : 블랭킹과는 반대로 일정부분을 펀칭하여 남는 부분이 제품이 된다.
㉢ 전단 : 직선, 원형, 이형의 소재로 잘라내는 것이다.
㉣ 분단 : 제품을 분리하는 2차 가공방법이다.
㉤ 트리밍 : 블랭킹한 제품의 거친 단면을 다듬는 2차 가공과정이다.
㉥ 세이빙 : 가공된 제품의 단이 진 부분을 다듬는 2차 가공과정이다.
㉦ 노칭 : 소재의 단부에 거쳐 직선, 곡선상으로 절단하는 것이다.

용접

01 용접의 개요

1 용접의 정의

용접이란 2개의 서로 다른 물체를 접합하고자 할 때 접합부위를 용융시켜 여기에 용가재인 용접봉을 넣어 접합하거나(용접) 접합부위를 녹기 직전까지 가열하여 압력을 통해 접합(압접)하거나 모재를 녹이지 않은 상태에서 모재보다 용융점이 낮은 금속을 접합부에 넣어 표면장력으로 결합시키는 방법(납땜)을 말한다.

2 용접의 장·단점

① 장점
  ㉠ 중량이 감소한다.
  ㉡ 공정수가 감소된다.
  ㉢ 자재가 절약된다.
  ㉣ 이음효율이 향상된다.
  ㉤ 기밀유지 성능이 좋다.
  ㉥ 가공모양을 자유롭게 할 수 있다.

② 단점
  ㉠ 용접부 검사가 어렵다.
  ㉡ 저온취성, 균열의 염려가 있다.
  ㉢ 재질의 변형과 수축의 우려가 있다.
  ㉣ 응력집중에 민감하다.

❸ 우수한 용접성의 결정요인

용접방법, 주위의 분위기, 합금조성, 접합부의 모양과 크기에 따라 결정된다.

❹ 용접의 종류

① 융접
   ㉠ **가스용접** : 가연성 가스와 조연성 가스(산소)를 혼합연소하여 그 열로 용가제와 모재를 녹여서 접합하는 방법이다. 전기용접에 비해 열손실이 크고 변형이 많이 생긴다.
   ㉡ **아크용접** : 모재와 전극 사이에서 아크열을 발생시켜 이 열로 용접봉과 모재를 녹여 접합하는 방법이다.
   • 피복 아크용접 : 피복제가 심선을 둘러싸고 있는 용접봉을 사용한 아크용접이다.
   • 서브머지드 아크용접(잠호용접) : 분말용재 속에 용접 심선을 공급해 심선과 모재 사이에서 아크를 발생시켜 용접하는 방법이다.
   • 불활성 가스 아크용접 : Ar, Ne, He의 불활성 가스를 방출시켜 그 속에서 모재와 전극 사이에 아크를 발생시켜 열을 공급해 용접하는 방법이다. TIG용접(비소모성 텅스텐 전극 사용)과 MIG용접(소모성 전극 사용)이 있다.
   • CO_2가스 아크용접 : 불활성 가스 대신 탄산가스를 노즐에서 분출시켜 아크열로 접합하는 방법이다.
   • 스터드용접 : 볼트나 환봉 등의 선단과 모재 사이에 아크를 발생시켜 접합하는 방법이다.

② 특수용접
   ㉠ **테르밋용접** : 알루미늄과 산화철의 분말을 혼합한 것을 테르밋이라 한다. 산화철에 알루미늄을 혼합하고 테르밋을 만든 후 이를 점화시키면 산화철은 산소를 빼앗기고 알루미나가 생성되면서 3,000도에 이르는 고열이 발생하게 되는데 이 열을 이용한 용접이다.

> **TIP**
> 테르밋용접의 특성
> ㉠ 작업이 용이하며 용접작업 시간이 짧게 소요된다.
> ㉡ 용접용 기구가 간단하고 설비비가 싸고 전력을 필요로 하지 않는다.
> ㉢ 용접변형이 적으며 작업장소의 이동이 쉽다.
> ㉣ 주조용접과 가압용접으로 구분된다.
> ㉤ 접합강도가 다른 용접법에 비해 상대적으로 낮다는 단점이 있다.
> ㉥ 레일, 차축, 선박의 선미프레임 등의 맞댐용접과 보수용접에 사용된다.

ⓒ **전자빔용접** : 진공 중에서 고속의 전자빔을 형성하여 그 전류를 이용하여 접합하는 방법으로 용융점이 높은 금속의 용접이 가능하고 용접폭이 좁고 용입이 깊으며 열변형이 적다. 그러나 용접부의 경화가 발생하기 쉬우며 용접 시 진공상태가 필요하다.

ⓒ **레이저용접** : 고에너지를 갖는 적색의 레이저를 렌즈로 집중시켜 빔 형태로 나가는 레이저빔의 열을 이용하여 용접을 하는 방법이다.

> **TIP**
> **레이저용접의 특성**
> ㉠ 좁고 깊은 접합부를 용접하는 데 유리하므로 전자부품과 같은 작은 재료의 정밀용접에 주로 사용된다.
> ㉡ 용접 열영향부가 매우 작고, 수축과 뒤틀림이 작으며 용접부의 품질이 뛰어나다.
> ㉢ 에너지의 밀도가 매우 높으며 용융점이 높은 금속의 용접에 주로 사용된다.
> ㉣ 공기, 진공, 고압액체 등 어떤 조건에서도 용접이 가능하다.
> ㉤ 반사도가 높은 용접 재료의 경우, 용접효율이 감소될 수 있다.

ⓒ **일렉트로 슬래그용접** : 와이어와 용융슬래그 사이에 통전된 전류의 저항열로 접합하는 방법이다. 후판용접이 가능하여 다른 용접법에 비해 경제적이며 용접시간이 단축되나 용접 후 냉각속도가 느리다.

ⓒ **플라즈마용접** : 플라즈마상태(기체가 고온상태가 되어 양전하와 전자로 분리가 된 상태)를 이용한 용접법이다. 열에너지의 집중도가 좋아 고온을 얻을 수 있으며 용입이 깊고 용접속도가 빠르며 용접봉의 소모가 적다. 또한 전도성·비전도성 재료에 관계없이 용접이 가능하다.

ⓑ **고상용접** : 글자 그대로 2개의 고체금속을 최대한 가압하여 금속면의 원자와 원자의 인력이 작용할 수 있는 거리까지 접근시켜서 밀착하여 접합하는 방법으로서 모재를 녹이지 않거나 매우 적게 녹여서 접합시킨다. 고상용접의 종류는 롤 용접, 확산용접, 초음파용접, 열간압접, 냉간압접, 폭발용접, 마찰용접이 있다. 이종금속의 접합이 가능하여 압력만을 사용하거나 압력과 고열을 동시에 사용하기도 한다. 용가재(용착 시 용착금속이 되도록 용융시킨 금속재료) 금속을 사용하지 않는다.

ⓢ **고주파용접** : 높은 주파수의 전류를 용접대상물에 흘려서 이때 발생되는 열로 용접하는 방법이다. 용접부의 조직이 우수하고 열영향부가 적다.

③ **압접**

㉠ **전기저항용접** : 재료를 전기로 용해시켜 용융가압시켜 접합하는 방법이다.

㉡ **가스압접** : 접합부를 가스불꽃으로 가열시킨 후 압력을 가해 접합하는 방법이다.

㉢ **단접** : 용접물을 가열하여 해머 등으로 타격을 가하여 압접하는 방법, 탄소 강재를 단접할 때 용제로 붕사 등을 사용한다.

㉣ **마찰용접** : 선박과 유사한 구조의 용접기로 접합면에 압력을 가한 상태로 상대적인 회전을 시키는 방법이다.

④ **납땜** … 모재보다 용융점이 낮은 금속(주로 납)을 두 개의 접합부에 흘려 넣어 접합하는 방법으로 연납땜과 경납땜으로 분류된다.

5 용접방법의 종류

① **플러그용접** … 위아래로 겹쳐진 판재의 접합을 위하여 한쪽 판재에 구멍을 뚫고, 이 구멍 안에 용가재를 녹여서 채우는 용접방법이다.

② **필렛용접** … 직교하는 2개의 면을 결합하는 용접으로서 용접부 단면의 모양은 3각형이다. 겹치기이음, T이음, 모서리이음 등에 사용된다.

③ **비드용접** … 접합하려고 하는 모재의 용접홈을 가공하지 않고, 두 판을 맞대어 그 위에 그대로 비드를 용착시켜 용접하는 방법이다.

④ **그루브용접** … 접합하는 모재 사이의 홈을 그루브라고 하며 이 홈 부분에 행하는 용접이다.

⑤ **슬롯용접** … 플러그의 용접의 둥근 구멍 대신에 가늘고 긴 홈에 비드를 붙이는 용접법이다.

⑥ **덧붙임용접** … 마멸된 부분이나 치수가 부족한 표면에 비드를 쌓아올린 용접이다.

6 용접 시 안전수칙

① 반드시 헬멧을 착용한다.

② 반드시 가죽장갑을 착용한다.

③ 옷이나 장갑에 기름이나 오물이 묻지 않도록 한다.

④ 소매나 바지를 올리지 않는다.

⑤ 용접할 때 맨눈으로 아크(arc)를 보면 눈을 상하니 반드시 보안경을 착용한다.

⑥ 보신구가 불안전하면 사용하지 않는다.

⑦ 모든 가연성물질을 용접하는 부근에서 멀리한다.

⑧ 용접대 위에 뜨거운 용접봉, 동강, 강철조각, 공구 등을 놓아두지 않는다.

⑨ 용접을 하지 않을 때 홀더(holder)로부터 용접봉을 빼 둔다.

⑩ 작업장은 항상 적당한 통풍장치가 필요하다.

02 가스용접

1 가스용접의 원리

① 접합할 두 모재를 가스 불꽃으로 가열하여 용융시키고 여기에 모재와 거의 같은 성분의 용접봉을 녹여 접합하는 방법이다.

② 가스용접에 사용되는 대표적인 연료가스는 아세틸렌이고, 그 밖에 수소, 프로판, 메탄가스 등과 조연성 가스인 산소 또는 공기와의 혼합가스를 사용한다.

[가스용접장치]

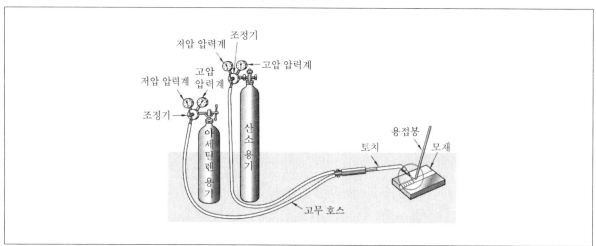

2 가스용접의 장·단점

장점	단점
• 전기가 필요 없다.	• 고압가스를 사용하기 때문에 폭발, 화재의 위험이 크다.
• 용접기의 운반이 비교적 자유롭다.	• 열효율이 낮아서 용접 속도가 느리다.
• 용접장치의 설비비가 전기 용접에 비하여 싸다.	• 금속이 탄화 및 산화될 우려가 많다.
• 불꽃을 조절하여 용접부의 가열 범위를 조정하기 쉽다.	• 열의 집중성이 나빠 효율적인 용접이 어렵다.
• 박판 용접에 적당하다.	• 일반적으로 신뢰성이 적다.
• 용접되는 금속의 응용 범위가 넓다.	• 용접부의 기계적 강도가 떨어진다.
• 유해 광선의 발생이 적다.	• 가열 범위가 커서 용접 능력이 크고 가열 시간이 오래 걸린다.
• 용접 기술이 쉬운 편이다.	

산소	수소	탄산가스	아르곤	암모니아	LPG	염소
녹색	주황색	청색	회색	백색	회색	갈색

③ 가스용접용 기구

① 토치

　㉠ 가스를 적절히 혼합하여 알맞은 비율로 혼합시켜 용접불꽃을 만드는 기구이다.

　㉡ 손잡이, 팁, 혼합실 세 부분으로 나뉜다.

　㉢ 용접용 토치와 절단용 토치로 나뉜다.

② 팁

　㉠ 토치의 머리 부분에 있는 것으로 구멍이 클수록 불꽃의 온도가 높아진다.

　㉡ 독일식 토치와 프랑스식 토치로 나뉜다.

④ 산소 – 아세틸렌 용접

① 용접가스

　㉠ 아세틸렌

　　• 순수한 것은 무색, 무취의 기체이다.

　　• 굉장히 불안정하여 폭발사고를 일으킬 수 있다.

　　• 아세톤에 가장 많이 용해된다.

　　• 공기보다 가볍다.

　㉡ 산소

　　• 공기보다 약간 무겁다.

　　• 용접절단용 산소도는 99.3% 이상의 순도를 필요로 한다.

② **아세틸렌 발생방식** … 아세틸렌을 발생시키는 원료는 카바이드로, 석회석과 코크스를 원료로 하고 있고 이것을 혼합하여 고온으로 용융 화합하면 칼슘과 탄소의 화합물이 된다. 이 카바이드에 물을 작용시키면 아세틸렌가스가 발생한다.

　㉠ 투입식 : 물 속에 카바이드를 투입하는 방법이다.

　㉡ 주수식 : 카바이드에 물을 주입하는 방법이다.

　㉢ 침지식 : 카바이드를 물 속에 담구어 두는 방법이다.

③ 불꽃

　㉠ 불꽃의 구성

　• 불꽃심(백심) : 팁 입구에 있는 불꽃으로 일산화탄소와 수소가 합해져 형성된 것으로 환원성의 백색 불꽃이다. 온도는 약 3500℃ 정도이다.

　• 속불꽃(내염) : 속불꽃에서 생성된 일산화탄소와 수소가 공기 중의 산소와 결합하여 연소되는 부분으로, 무색에 가깝고 약간의 환원성을 띤다. 온도는 약 3,000℃ 정도이다.

　• 겉불꽃(외염) : 연소가스가 다시 주위 공기의 산소와 결합하여 완전 연소되는 부분으로 온도는 약 2,500℃ 정도이다.

[불꽃의 구성]

　㉡ 불꽃의 성질

　• 산화불꽃 : 산소와 아세틸렌의 비율 중 산소가 더 많이 공급되었을 때 생기는 불꽃으로, 황동과 같은 재료가 용접에 사용된다.

　• 중성불꽃 : 산소와 아세틸렌의 비율이 같을 때 생기는 불꽃으로 연강과 같은 재료가 용접에 사용된다.

　• 탄화불꽃 : 산소와 아세틸렌의 비율 중 아세틸렌이 더 많이 공급되었을 때 생기는 불꽃으로 스테인레스강, 니켈강 등의 용접에 사용된다.

TIP

가스용접의 불꽃 이상 현상

㉠ 인화현상 : 팁 끝부분이 막히면 가스의 분출이 나빠지고 가스혼합실까지 불꽃이 도달하여 토치를 붉게 달구는 현상

㉡ 역류현상 : 토치 내부의 청소가 불량하여 내부 기관부에 막힘이 생겨 고압의 산소가 밖으로 배출되지 못하고 오히려 압력이 낮은 아세틸렌 쪽으로 흐르는 현상

㉢ 역화현상 : 토치의 팁 끝이 모재에 닿아 순간적으로 막히거나 팁의 과열 또는 사용가스의 압력이 적정하지 않을 때 팁 속에서 폭발음을 내면서 불꽃이 꺼졌다가 다시 나타나는 현상

TIP

강재표면 마무리

㉠ 가우징 : 가스용접에서 발생하는 열을 이용하여 강판 등에 파인 홈(Groove)을 내는 것

㉡ 스카핑 : 강재 표면의 홈이나 개재물, 탈탄층 등을 제거하기 위한 불꽃 가공법으로 얇은 타원형 모양으로 표면을 깎아내는 것

④ 산소 – 아세틸렌 용접의 종류

　㉠ 직선비드용접법

　• 모재가 녹아 용융지가 되었을 때 용접봉을 용융지 위 백심 끝 2~3mm 정도까지 접근시키며 용착한다.

　• 팁은 일정한 높이와 속도를 유지하고 진행하여 적당한 비드 폭을 만든다.

- 용접봉이 불꽃 밖으로 나가지 않도록 주의하면서 비드를 놓는다.
  - ⓒ **토치운봉법** : 토치와 용접봉을 어느 방향으로 움직이느냐에 따라 전진법과 후진법으로 나뉜다.

⑤ 용접봉
  - ㉠ 원칙적으로 모재와 성분이 동일하거나 비슷한 것을 사용하지만, 용접부분은 용접 중의 야금 현상 때문에 성분이 변화하므로 용접봉에 성분과 성질의 변화를 보충할 성분을 포함하고 있는 재료를 사용한다.
  - ㉡ 기성 가스용접봉의 지름은 1~8mm, 길이는 1m로 되어 있으며, 모재의 두께와 불대의 크기에 따라 다음과 같은 용접봉을 선택한다.

모재의 두께(mm)	2.5 이하	2.5 ~ 6.0	5 ~ 8	7 ~ 10	9 ~ 15
용접봉의 지름(mm)	1.0 ~ 1.6	1.6 ~ 3.2	3.2 ~ 4.0	4.0 ~ 5.0	4.0 ~ 6.0

⑥ 용접 시 문제점과 그 대책
  - ㉠ **불꽃이 자주 커졌다 작아졌다 할 경우** : 아세틸렌관 속에 물이 들어간 것이므로 호스를 청소한다.
  - ㉡ **점화시 폭발이 일어날 경우** : 혼합가스 배출이 불안전, 산소와 아세틸렌 압력이 부족한 것이므로 불대의 혼합비를 조절하거나 호스 속의 물 제거 및 노즐을 청소한다.
  - ㉢ **불꽃이 거칠 경우** : 산소의 고압력, 노즐의 불결이 원인이므로 산소의 압력을 조절하거나 노즐을 청소한다.
  - ㉣ **역화** : 가스의 유출 속도가 부족한 것이므로 아세틸렌을 차단하거나 팁을 물로 식힌다.
  - ㉤ **용접 중 '퍽'하는 소리가 발생할 경우** : 불대가 너무 가까이 접근해서 모재와 닿거나 불대의 팁이 막혀서 터지는 소리이므로 불대와 모재와의 각도를 맞추고 너무 가까이 접근하지 말고 표준에 맞게 접근을 해서 용접을 한다.

5 용제

① 용접시 용접부가 공기 중의 산소를 흡수하여 쉽게 산화되는데 이런 현상을 용제가 방지하고 용융금속의 흐름을 좋게 하기 위하여 사용된다.

② 용접금속에 대한 용제

용접금속	용제
연강	사용하지 않는다.
경강	중탄산나트륨, 탄산나트륨
주철	탄산나트륨, 중탄산나트륨, 붕사

6 가스절단

① 강과 산소 사이에 일어나는 화학작용으로 인해 모재를 절단하는 방법으로, 산화가 용이하고 열전도율이 높지 않은 금속에서 가장 잘 이루어진다.

② 금속의 절단유형
  ㉠ 절단이 약간 곤란한 금속 : 경강, 합금강, 고속도강
  ㉡ 절단이 어느 정도 곤란한 금속 : 연강, 순철, 주강
  ㉢ 절단이 되지 않는 금속 : 구리, 황동, 청동, 알루미늄, 납, 주석, 아연, 스테인레스강(여기서 '절단이 되지 않는다.'는 의미는 원하는 규격에 맞게 정확하게 절단가공이 되지 않는다는 의미이다.)

[가스절단 및 자동가스절단 모습]

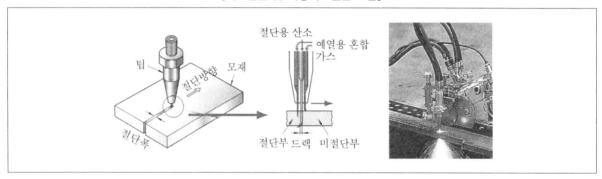

03 아크용접

1 아크용접의 개요

① 아크용접 … 전력을 아크로 바꾸어 그 열로 용접부와 용접봉을 녹여 접합하는 방법이다.

[아크용접]

② 아크 발생원리 … 적당한 전압을 가진 두 개의 전극을 접촉하였다가 떨어뜨리면 전극 사이에서 불꽃이 나오고, 기체나 금속 증기가 만들어져 그 속을 큰 전류가 흘러 빛과 고온의 열이 발생하는 방전현상이다.

③ 아크용접의 특징
    ㉠ 전력소비가 많다.
    ㉡ 구리와 같이 열전도가 좋은 재료 용접에 적합하다.

② 아크용접의 극성

① 정극성
    ㉠ 공작물이 양(+)이고, 용접봉이 음(−)극이다.
    ㉡ 직류회로가 사용된다.
    ㉢ 용접봉의 용융은 늦으나 모재의 용입이 깊다.
    ㉣ 노출된 전극이 사용될 경우 양극에서 많은 양의 열이 방출되므로, 일반적으로 정극성 조건이 상용된다.

② 역극성
    ㉠ 용접봉이 양(+)이고, 공작물이 음(−)극이다.
    ㉡ 직류회로가 사용된다.
    ㉢ 용접봉의 용융은 빠르나 모재의 용입이 얕다.

③ 아크용접기의 종류

① 교류아크용접기 … 가격이 싸고 아크의 쏠림이 일어나지 않아 일반적으로 많이 사용된다.

② 직류아크용접기 … 아크의 안정성이 좋고, 얇은 판이나 특수 목적으로 사용된다.

③ 고주파아크용접기 … 작은 물건이나 박판 용접에 좋다.

> **TIP**
> 직류아크용접기와 교류아크용접기의 비교

특성	직류아크용접기	교류아크용접기
아크안정성	우수	보통
극성변화	가능	불가능
비피복봉 사용	가능	불가능
무부하전압	낮음	높음
전격위험	낮음	높음

유지보수	어려움	쉬움
고장	많음	적음
구조	복잡함	단순함
역률	좋음	나쁨
가격	고가	저가

④ 아크용접봉

① 아크용접봉은 심선이 피복제로 감싸져 있으며 이 심선이 사용될 모재와 되도록 같은 성분으로 되어있는 것을 선택한다.

② **피복제의 기능** … 피복제는 용접봉의 피복에 사용되는 재료에서 금속 전극봉을 적당한 청정제로 피복한 것이며, 보충재가 되며 용접부가 산화되는 것을 방지한다. 이것이 발명되어 용접법이 급발전하였다. 피복 아크용접에 사용하는 피복용접봉은 금속 심선 주위에 피복제를 조장해서 건조한 것이며, 그 피복제의 작용은 다음과 같다.

　㉠ 용접 중에 대기 중의 산소나 질소의 침입을 방지하여 용융 금속을 보호하기 위해 중성 또는 환원성의 분위기를 만든다.

　㉡ 보호통을 형성하여 아크의 안정과 지향성이 향상된다.

　㉢ 아크 분위기로 대기의 침입저지, 스패터의 억제작용을 한다.

　㉣ 용적이행을 용이하게 하고, 각종 용접자세로의 상용성을 높인다.

　㉤ 용접을 미세하게 하여 용착효율을 높이며 모재 표면의 산화물을 제거하여 용접을 완전하게 한다.

　㉥ 양호한 점성과 표면장력을 가진 슬래그를 형성하여 대기에 의한 탈화, 공화를 방지한다.

　㉦ 파형이 아름다운 비드를 만든다.

　㉧ 용접봉에 대해 절연작용을 한다.

　㉨ 용접금속의 탈산 및 정련작용을 한다.

　㉩ 용접금속의 응고와 냉각속도를 늦춘다.

　㉪ 용접금속에 적당한 합금원소를 첨가한다.

③ **용접봉의 기호**

> E 43 △ □
>
> ◦ E : 전기 용접봉의 뜻　◦ 43 : 용착금속의 최저 인장강도(kg/mm^2) ◦ △ : 용접 자세　◦ □ : 피복제의 종류

④ 용접봉의 종류

용접봉의 종류	피복제 계통	특징
E4301	일미나이트계	내부결함이 적다.
E4303	라임티탄계	언더컷의 발생이 적고, 박판에 사용된다.
E4311	고셀롤로오스계	스패더가 많고, 파형이 거칠다.
E4313	고산화티탄계	스패더가 적고, 언더컷의 발생이 적다.
E4316	저수소계	수소의 발생이 적고, 기계적 성질이 양호하다.
E4324	철본산화티탄계	스패더가 적고, 용입이 얕다.

⑤ 아크용접 시 용접부의 결함과 발생원인

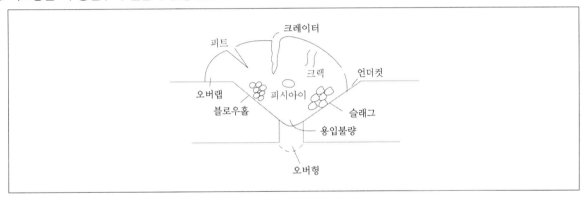

㉠ 용입부족
- 용접 비드가 모재의 전두께에 용입되지 않았을 경우
- 두 대칭되는 비드가 서로 겹치지 않았을 경우
- 용접 비드가 필릿용접 토부에 용입되지 않고 단순히 모재 위에 비드가 쌓여 있을 경우

㉡ 용융부족
- 용접금속과 모재 표면 간에 용융이 제대로 이루어지지 않았을 경우
- 불대 조작 미숙 및 용접속도가 너무 느렸을 경우
- 용접이음부가 너무 클 경우
- 용접전압이 너무 낮을 경우

㉢ 용입과다 : 용접부가 지나칠 정도로 과열되어 용입이 과다하게 되는 경우이다.

㉣ 기공 : 용접부의 습기가 많거나 모재에 불순물이 있는 상태에서 용접을 하였을 때 용착금속에 남아있는 가스에 의한 구멍을 말한다.

㉤ 오버랩 : 용접전류가 약하거나, 운봉속도가 불량하거나, 모재에 대해 용접봉이 굵을 때 용융금속이 융합되지 못해 모재와 겹쳐진 현상이다. (즉, 용접봉의 용융점이 모재의 용융점보다 낮거나 비드의 용융지가 작고 용입이 얕아서 비드가 정상적으로 형성되지 못하고 위로 겹치게 된 것이다.) 전류나 아크, 용접속도 등이 지나치게 적을 경우 발생한다.

ⓑ 슬래그 섞임 : 피복제의 조성이 불량하거나 속도가 부적당할 때 녹은 피복제가 융착금속에 혼입된 현상이다.

ⓢ 언더컷 : 모재의 용접부분에 용착금속이 완전히 채워지지 않아 정상적인 비드가 형성되지 못하고 부분적으로 홈이나 오목한 부분이 생긴 것으로 전류나 용접속도, 아크길이의 과다로 인해 발생한다.

ⓞ 균열 : 가열 및 냉각으로 인해 용접부 부근에 생긴 내부응력과 구속력이 재료의 강도한계를 넘을 때, 용착금속부나 열영향부에 균열이 생기는 현상이다. (피복재의 조성불량, 용접전류나 속도의 불량이 원인이 되기도 한다.)

ⓩ 스패터 : 용융상태의 슬래그와 금속 내 가스팽창폭발로 용융금속이 비산하여 용접부 주변에 작은 방울형태로 접착된 것으로 전류나 아크가 과다하거나 용접봉이 불량한 경우 발생하게 된다.

⑤ 아크용접의 종류

① 서브머지드 아크용접

ㄱ 용접선에 뿌려진 용제 속에서 아크를 발생시켜, 이 열로 모재와 와이어를 용융시켜 접합한다.

ㄴ 저탄소강에서 편평한 버트 용접부나 필렛 용접부를 만드는 데 적합한 방법이다.

[서브머지드 아크용접]

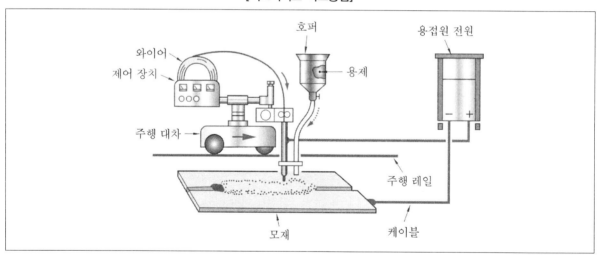

ㄷ 장점
- 용입이 깊다.
- 용접속도가 빠르다.
- 용착금속의 기계적 성질이 개선된다.

ㄹ 단점
- 냉각속도가 느리다.
- 용접부의 확인이 불가능하다.
- 용접이 수평위치로 제한된다.
- 설비비가 많이 든다.
- 가공할 때 정밀성이 요구된다.

② 불활성가스 아크용접
㉠ 모재와 전극봉 사이에서 아크를 발생시키고, 그 주위에 불활성가스를 분출시켜 접합한다.

[불활성가스 아크용접]

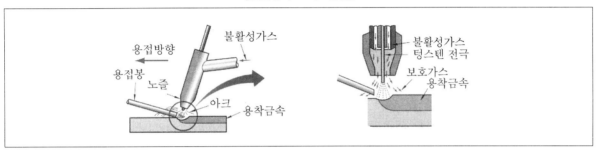

㉡ 알루미늄, 구리, 구리합금 및 티탄합금 등 피복 아크용접이 곤란한 금속용접에만 사용된다.
㉢ 장점
- 아크가 안정되고, 산화나 질화되는 일이 없다.
- 기계적 성질이 좋은 용착부를 얻을 수 있다.
- 피복제와 용제가 필요 없고 작업이 간편하다.
- 전자세 용접이 용이하고 고능률이다.
- 청정 작용(cleaning action)이 있다.
- 산화하기 쉬운 금속의 용접이 용이하고(Al, Cu, 스테인리스 등) 용착부 성질이 우수하다.
- 아크가 극히 안정되고 스패터가 적으며 조작이 용이하다.
- 용접부는 다른 아크용접, 가스용접에 비하여 연성, 강도, 가밀성 및 내열성이 우수하다.
- 슬래그나 잔류 용제를 제거하기 위한 작업이 불필요하다. (작업 간단)
㉣ 단점
- 사용하는 가스가 비싸다.
- 용접 가능한 모재가 제한적이다.
㉤ 불활성가스 아크용접의 종류
- TIG 용접(Tungsten Insert Gas welding)
- 용가재가 따로 필요하다.
- 비소모성 텅스텐 전극을 사용한다.

• MIG 용접(Metal Insert Gas welding)

−소모성 전극이 용가재를 제공하므로 용가재가 따로 필요없다.

−소모성 전극을 사용한다.

> **TIP** ~~~~~~~~~~~~~~~~~~~~~~~~~

용극식 접합과 비용극식 접합

㉠ 용극식(소모성전극) 접합법 : 용가재인 와이어 자체가 전극이 되어 모재와의 사이에서 아크를 발생시키면서 용접 부위를 채워나가는 용접법 (**데** 서브머지드 아크용접, MIG용접, CO_2용접, 피복금속아크용접)

㉡ 비용극식(비소모성전극) 접합법 : 전극봉을 사용하여 아크를 발생시키고 이 아크열로 용가재인 용접봉을 녹이면서 용접하는 방식으로 전극이 소모되지 않고 용가재인 와이어는 소모된다. (**데** TIG용접)

③ 이산화탄소 아크용접

㉠ 불활성가스 대신에 이산화탄소 또는 이산화탄소와 혼합한 가스를 사용하여 접합하는 방법이다.

㉡ 장점

• 공기 중의 질소로부터 보호한다.

• 경제적이다.

• 연강용접에 주로 사용된다.

• 용입이 깊고 시공이 편리하다.

㉢ 단점 : 고온이 되면 일산화탄소와 산소로 분해되어 용융금속을 산화시키거나 기공을 만든다.

04 전기저항용접

❶ 전기저항용접의 개요

① 접합하려는 두 개의 모재를 접촉시켜 가열상태로 한 후 기계로 적당한 압력을 가하면서 전류를 통하게 하면 접촉부에는 전기저항에 의해 고온의 열이 발생하게 된다. 이 열로 모재의 일부가 용융되거나 용융상태에 가깝게 되었을 때 큰 힘을 가해 접합하는 방식을 전기저항용접이라 한다.

② 장점

㉠ 신속한 용접이 가능하며 장비가 완전 자동화될 수 있어 작업자의 숙련이 필요치 않은 경우가 많고 대량생산에 적합하다.

㉡ 산화 및 변질부분이 적고 접합강도가 비교적 크며 재료를 보전할 수 있고 용가재, 실드 가스, 용제 등이 필요하지 않다.

ⓔ 가압 효과로 조직이 치밀하며 용접봉, 용제 등이 불필요하다.

ⓜ 서로 재료가 맞지 않은 모재도 쉽게 용접할 수 있으며 용접분의 중량이 줄어든다.

ⓑ 열손실이 적고 용접부에 집중열을 가할 수 있어서 용접변형 및 잔류응력이 작다.

③ 단점

ⓐ 장비 구입시 초기비용이 많이 든다.

ⓛ 접합형태의 제한이 있다.

ⓒ 일부 재료는 용접하기 전 특별 표면처리 과정이 필요하다.

② 전기저항용접의 종류

① 스폿용접(Spot welding, 점용접)

ⓐ 두 개의 모재를 겹쳐 전극 사이에 놓고 전류를 통하게 하여 접촉부의 온도가 용융상태에 이르면 압력을 가해 접합하는 방법이다.

[스폿용접]

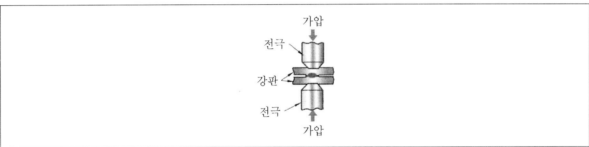

ⓛ 특징

• 열전달률이 다른 금속과는 용접이 불가능하다.

• 가압력, 통전시간, 정류밀도를 잘 조절해야 한다.

② 프로젝션용접(Projection welding)

ⓐ 모재의 한쪽에 돌기를 만들고, 여기에 평평한 모재를 겹쳐 놓은 후 전류를 통하게 하여 용융상태에 이르면 압력을 가해 접합하는 방법이다.

[프로젝션용접]

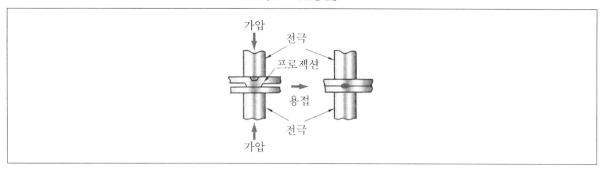

   ⓛ 특징

- 두께가 달라도 용접이 가능하다.
- 열전도율이 다른 모재끼리도 용접이 가능하다.
- 여러 점을 동시에 용접할 수 있어 작업능률이 높다.
- 전극의 수명이 길다.

③ 심용접(Seam welding)

   ㉠ 점용접의 전극봉 대신 원판 상(롤러)의 전극에 재료를 끼워 압력을 가하면서 전류를 통하게 하여 접합하는 용접방법이다. 용접전류는 점용접의 1.5 ~ 2.0배, 압력을 가하는 힘은 1.2 ~ 1.6배이며, 통전시간과 단전시간의 비율은 강의 경우 1 : 1, 경합금의 경우는 1 : 3 정도로 한다.

[심용접]

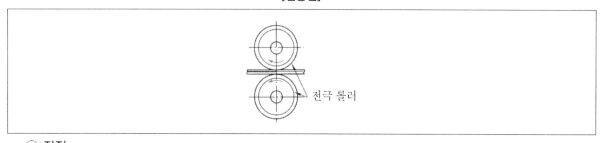

전극 롤러

   ⓛ 장점

- 산화작용이 적다.
- 얇은 판 및 두꺼운 판의 용접이 가능하다.
- 가열범위가 좁기 때문에 변형이 적다.

05 납땜

1 납땜의 개요

① 모재보다 용융점이 낮은 금속(납)을 모재 사이에 녹여 금속을 접합하는 방법이다.

② 납땜은 용융점의 온도(450℃)에 따라 경납과 연납으로 나뉜다.

2 납땜의 종류

① 연납

[연납땜]

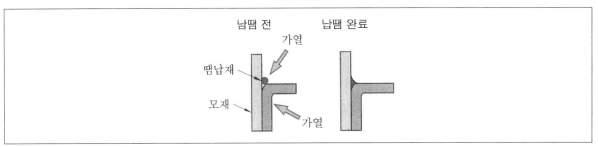

ㄱ 납의 용융온도보다 낮은 것을 말하며, 저온에서 용융되므로 작업은 용이하나 기계적 강도가 떨어진다.

ㄴ 주로 납과 주석의 합금으로 이루어지며, 주석이 많이 섞인 것일수록 값이 비싸다.

ㄷ 용제로 염화아연($ZnCl$), 염화암모늄(NH_4Cl), 수지 등을 사용한다.

② 경납

[경납땜]

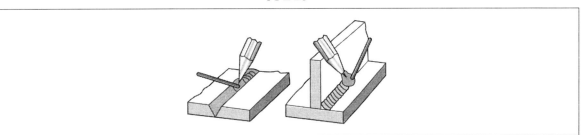

ㄱ 용융온도가 납의 용융온도보다 높은 것을 말한다.

ⓛ 경납의 종류

- 황동납 : 황동, 구리, 철의 땜용으로 사용된다.
- 은납 : 황동, 구리, 연강의 땜용으로 사용된다.
- 양은납 : 양은, 강, 구리제품 땜용으로 사용된다.
- 금납 : 금, 은의 땜용으로 사용된다.
- 알루미늄납
- 철납

06 그 밖의 용접

❶ 일랙트로슬래그용접

① 용제를 아크로 녹여서 슬래그로 만든 후 용융된 슬래그에 넣은 와이어에서 모재로 전류를 흐르게 하여 발생하는 저항열로 와이어와 모재를 녹여 용접하는 방법이다.

② 특징
　ⓐ 충격에 약하다.
　ⓑ 두꺼운 모재 용접에 용이하다.
　ⓒ 용접시간이 빠르다.
　ⓓ 경제적이다.
　ⓔ 용접 홈을 가공할 필요가 없다.

❷ 전자빔용접

① 진공 속에서 높은 전압으로 가속시켜 전자빔을 모재에 충돌시켰을 때 생기는 열에너지로 모재를 용융시켜 용접하는 방법이다.

[전자빔용접]

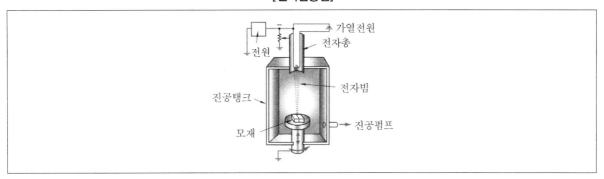

② 특징

　　㉠ 활성금속의 용접이 용이하다.

　　㉡ 용접산화물이 없다.

　　㉢ 용접 변형이 적다.

　　㉣ 자동차 부품의 축이나 기어 등의 용접에 사용된다.

❸ 플라스마용접

① 플라스마 … 기체가 수천 도의 고온으로 인해 전리되어 이온과 전자가 혼합된 상태이다.

② 플라스마를 이용하여 용접하는 방법이다.

[플라스마용접]

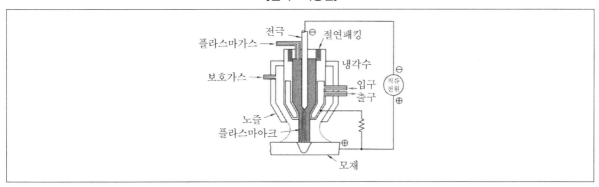

③ 특징

　　㉠ 다양한 재질의 용접이 가능하다.

　　㉡ 발열량의 조절이 쉬워 아주 얇은 판도 용접이 가능하다.

07 용접부분 검사방법

용접부분의 검사방법에는 파괴 검사방법과 비파괴 검사방법이 있다.

① 파괴 시험 및 검사

① 기계적 시험 ··· 인장 시험, 압축 시험, 굽힘 시험, 비틀림 시험, 충격 시험, 경도 시험, 피로 시험 등이 있다.

② 화학적 시험 ··· 화학 분석과 부식 시험이 있다.

③ 매트로 조직 시험

④ 현미경 조직 시험

⑤ 비중 시험

⑥ 압력 시험

⑦ 낙하 시험

⑧ X-선 해석

② 비파괴 시험 및 검사

용접부분의 비파괴 시험 및 검사방법에는 외관검사, 자기 탐상 검사, 전기적 시험, X-선 투과시험, γ 선 투과시험, 초음파 탐상 실험, 음향 시험 등이 있다.

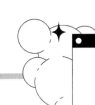

기출예상문제

대전시시설관리공단

1 용접부의 결함 중 구조상 결함이 아닌 것은?

① 형상불량

② 언더컷

③ 슬래그 섞임

④ 오버랩

NOTE 용접부의 결함 중 치수상 결함에는 치수불량, 형상불량이 있으며 구조상 결함에는 기공 및 피트, 은점, 슬래그 섞임, 용입불량, 융합불량, 언더컷, 오버랩, 균열, 선상조직 등이 있다.

한국가스기술공사

2 다음 중 기계적 접합법은 어느 것인가?

① 용접

② 압접

③ 리벳

④ 납땜

NOTE 기계적 접합법에는 볼트, 리벳, 폴딩, 심 등이 있고, 야금적 접합법에는 용접, 압접, 납땜 등이 있다.

3 용접이음이 리벳이음과 비교할 때 장점이 아닌 것은?

① 가공모양을 자유롭게 만들 수 있다.

② 재료를 절감시킬 수 있다.

③ 기밀 유지성능이 좋다.

④ 잔류응력을 남기지 않는다.

NOTE 용접이음의 장점
　㉠ 기밀성능이 좋다.
　㉡ 재료를 절감시킬 수 있다.
　㉢ 가공모양을 자유롭게 할 수 있다.

Answer. 1.①　2.③　3.④

4 아크 용접에 있어서 아크 길이가 적당하지 않으면 여러 가지 결점이 생긴다. 다음 중 아크의 길이가 너무 길 때 생기는 특징이 아닌 것은?

① 아크가 불안정하다.

② 용착이 얇으며 표면이 거칠어진다.

③ 아크를 지속하기가 어렵다.

④ 아크 열의 손실이 많다.

NOTE 아크의 길이가 매우 짧으면 아크를 지속하기가 어렵다.

5 다음 중 알루미늄 분말과 산화철을 이용하여 용접하는 방법은?

① 테르밋용접 ② 서브머지드용접

③ 플라즈마용접 ④ 초음파용접

⑤ 전기저항용접

NOTE ① 산화철과 알루미늄 분말을 3 : 1의 비율로 혼합한 후 점화하면 화학반응이 전개되어 발생하는 3,000℃의 고온을 이용한 용접방법이다.
② 자동 아크용접의 종류로 용접이음표면에 입사의 용재를 공급판을 통하여 공급시키고 그 속에 연속된 와이어로 된 전기 용접봉을 넣어 용접봉 끝과 모재 사이에 아크를 발생시켜 용접하는 방법이다.
③ 고도로 전리된 가스체의 아크를 이용한 용접방법으로 이행형의 형태에 따라 플라즈마 아크 및 플라즈마 제트로 구분한다.
④ 냉간용접의 종류로 20KHz 정도의 초음파에 의해 발생된 고주파 진동에너지에 의해 가압된 모재 사이에 존재하는 이물질이 제거되고, 모재 사이의 틈새가 원자간 거리로 좁혀지면서 용접을 하는 방법이다.
⑤ 용접할 물체에 전류를 통하여 접촉부에 발생되는 전기의 저항열로 모재를 용융상태로 만들어 외력을 가하여 접합하는 용접방법이다.

6 가스용접에서 사용되는 안전기의 역할로 옳은 것은?

① 역화방지 ② 불순물 제거

③ 부식방지 ④ 가스압력조절

⑤ 절단간격조절

NOTE 용접작업 중 역화를 일으키거나 저압식 토오치가 막혀 산소가 아세틸렌 쪽으로 역류하는 경우 이 역류작용이 발생기까지 확산되면 폭발의 위험성이 있으므로 토오치와 발생기 사이에 안전밸브 등의 안전기를 설치하여 위험을 방지하여야 한다.

Answer. 4.③ 5.① 6.①

7 다음 중 압접의 종류에 해당하지 않는 것은?

① 전기저항용접   ② 플라즈마용접

③ 초음파용접   ④ 마찰용접

⑤ 스터드용접

> **NOTE** ① 용접할 물체에 전류를 통하여 접촉부에 발생되는 전기 저항열로 모재를 용융상태로 만들어 외력을 가하여 접합하는 용접방법이다.
> ③ 20KHz 정도의 초음파에 의해 발생된 고주파 진동에너지에 의해 가압된 모재 사이에 존재하는 이물질을 제거하고, 모재 사이의 틈새는 원자간 거리로 인하여 좁혀지는 용접방법이다.
> ④ 용접할 물체의 접합면에 압력을 가한 상태로 상대적인 회전을 시켜 마찰발열로 접합부가 고온에 도달하였을 때 상대 회전속도를 0으로 하고 가압력을 증가시켜 용접하는 방법으로 마찰압접이라고도 한다.
> ⑤ 지름 10mm 이하의 강철 및 황동제의 스터드 볼트 등과 같은 짧은 봉과 모재 사이에 보조링을 끼우고 봉에 압력을 가하여 통전시키면 스터드와 모재 사이에 아크가 발생하여 1초 이내에 모재의 용접부분이 용융상태가 되고 보조링은 적열상태가 될 때 스터드에 가해진 압력으로 인하여 모재가 밀착되고 전류는 자동차단되면서 용접하는 방법이다.
> ※ 플라즈마용접 … 고도로 전리된 가스체의 아크를 이용한 용접방법으로 이행형과 비이행형으로 분류하여 플라즈마 아크와 플라즈마 제트로 구분한다. 용접에서는 열이 높은 플라즈마 아크를 주로 사용한다.

8 용접봉 표시기호 'E4301'에서 43이 뜻하는 것은?

① 피복대 계통   ② 최저인장강도

③ 용접봉 길이   ④ 용접기의 사용전류

> **NOTE** 용접봉의 기호
> ㉠ E : 전기용접봉의 뜻
> ㉡ 43 : 용착금속의 최저인장강도(kg/mm^2)
> ㉢ 0 : 용접자세
> ㉣ 1 : 피복제의 종류

9 불활성가스 아크용접에서 불활성가스는 무엇을 사용하는가?

① 수소, 아세틸렌   ② 헬륨, 아르곤

③ 수소, 네온   ④ 산소, 수소

⑤ 헬륨, 수소

> **NOTE** 아크용접에서 사용하는 불활성가스는 헬륨, 아르곤이다.

Answer. 7.② 8.② 9.②

10 다음 중 용접의 장점으로 옳지 않은 것은?

① 중량이 감소한다.　　　　　　　　② 자재가 절약된다.
③ 균열의 염려가 없다.　　　　　　　④ 이음효율이 향상된다.

> **NOTE** 용접의 장점
> ㉠ 중량이 감소한다.
> ㉡ 공정수가 감소된다.
> ㉢ 자재가 절약된다.
> ㉣ 이음효율이 향상된다.
> ㉤ 기밀성 및 수밀성이 우수하다.

11 다음 중 불활성가스 용접의 특징으로 옳지 않은 것은?

① 용제를 사용하지 않으므로 slag가 없어 용접 후 청소가 필요없다.
② 대체로 모든 금속의 용접이 가능하다.
③ 스패터나 합금원소의 손실이 많고 값이 비싸다.
④ 용접이 가능한 판의 두께 범위가 넓다.

> **NOTE** ③ 스패터나 합금원소의 손실이 적다.

12 용접부에 생기는 잔류응력을 없애려면 어떻게 하면 되는가?

① 담근질을 한다.　　　　　　　　　② 뜨임을 한다.
③ 불림을 한다.　　　　　　　　　　④ 풀림을 한다.
⑤ 급랭시킨다.

> **NOTE** 용접 후 잔류응력을 없애기 위해서는 풀림처리를 해야 한다.

13 다음 중 금속 또는 비금속의 결합부분을 용해하여 접합하는 가공법은?

① 압출　　　　　　　　　　　　　　② 인발
③ 용접　　　　　　　　　　　　　　④ 프레스가공

> **NOTE** 용접 … 금속 또는 비금속의 결합할 부분을 가열하여 용융상태 또는 반용융상태에서 접합하는 방법이다.

Answer. 10.③　11.③　12.④　13.③

14 다음 중 우수한 용접성의 결정요인으로 옳지 않은 것은?

① 용접방법 ② 합금조성

③ 접합부의 모양과 크기 ④ 용접자세

 우수한 용접성의 결정요인
ㄱ 용접방법
ㄴ 주위의 분위기
ㄷ 합금조성
ㄹ 접합부의 모양과 크기

15 다음 중 용접시에 가접을 하는 이유는?

① 용접의 자세를 일정하게 하기 위해

② 용접 중 열에 의한 변형을 방지하기 위해

③ 용접 중 접합부의 산화물 등의 유해물 제거를 위해

④ 응력집중을 증대시키기 위해

 가접 … 용접 중 열에 의한 변형을 방지하기 위해 임시로 용접하는 방법이다.

16 다음 중 모재를 녹이지 않고 접합하는 용접방법은?

① 납땜 ② 아크용접

③ 가스용접 ④ 전기저항용접

 ① 모재보다 용융점이 낮은 금속(납)을 모재 사이에 녹여 금속을 접합하는 방법이다.
② 전력을 아크로 바꾸어 그 열로 용접부와 용접봉을 녹여 접합하는 방법이다.
③ 접합할 두 모재를 가스 불꽃으로 가열하여 용융시키고 여기에 모재와 거의 같은 성분의 용접봉을 녹여 접합하는 방법이다.
④ 접합하려는 두 개의 모재를 접촉시켜 전류를 통하게 하면 접촉부에는 전기저항으로 열이 발생하는데, 이 열로 모재의 일부가 용융되거나 용융상태에 가깝게 되었을 때 큰 힘을 가해 접합하는 방법이다.

17 다음 중 용접시 꼭 지켜져야 할 안전수칙으로 옳지 않은 것은?

① 헬멧 및 가죽장갑을 착용한다.

② 모든 가연성물질을 용접하는 부근에서 멀리한다.

③ 작업장은 항상 통풍이 잘 되도록 유지한다.

④ 소매나 바지의 길이가 짧은 간단한 복장을 한다.

> **NOTE** 용접 시 안전수칙
> ㉠ 반드시 헬멧을 착용한다.
> ㉡ 반드시 가죽장갑을 착용한다.
> ㉢ 옷이나 장갑에 기름이나 오물이 묻지 않도록 한다.
> ㉣ 소매나 바지를 올리지 않는다.
> ㉤ 용접할 때 맨눈으로 아크(arc)를 보면 눈을 상하니 반드시 보안경을 착용한다.
> ㉥ 보신구가 불안전하면 사용하지 않는다.
> ㉦ 모든 가연성물질을 용접하는 부근에서 멀리한다.
> ㉧ 용접대 위에 뜨거운 용접봉, 동강, 강철조각, 공구 등을 놓아두지 않는다.
> ㉨ 용접을 하지 않을 때 호올더(holder)로부터 용접봉을 빼 둔다.
> ㉩ 작업장은 항상 적당한 통풍장치가 필요하다.

18 다음 중 가스용접의 단점으로 옳지 않은 것은?

① 용접에 숙련되어 있어야 한다.

② 변형이 심하다.

③ 폭발의 위험이 있다.

④ 시설비가 비싸다.

> **NOTE** 가스용접의 단점
> ㉠ 용접에 숙련되어야 한다.
> ㉡ 고압가스를 사용하므로 폭발의 위험이 있다.
> ㉢ 변형이 심하고 열효율이 낮다.

19 산소 – 아세틸렌 불꽃 중 직접용접을 하는 불꽃의 부분은?

① 백심

② 내염

③ 외염

④ 모든 부분

> **NOTE** 산소 – 아세틸렌 불꽃 중 직접용접을 하는 불꽃의 부분은 가장 온도가 높은 백심부분이다.

20 다음 중 가스용접에 사용되는 연료가스로 옳지 않은 것은?

① 수소

② 아세틸렌

③ 암모니아

④ 프로판

> **NOTE** 가스용접에 사용되는 연료가스 … 아세틸렌, 수소, 프로판, 메탄가스 등과 조연성가스인 산소 또는 공기와의 혼합가스 등을 사용한다.

21 다음 중 가스용접에서 용제를 사용하는 이유는?

① 모재의 용융온도를 낮게 하기 위해서

② 용접속도를 낮추기 위해서

③ 침탄이나 질화 작용을 돕기 위해서

④ 용접분에 불순물 등이 들어가는 것을 방지하기 위해서

> **NOTE** 가스용접에서 용제는 용접 중 용접분에 불순물이 들어가는 것을 방지하고 용융금속의 흐름을 좋게 하기 위해서 사용된다.

22 다음 중 가스용접시 연강용접에 사용하는 용제는?

① 사용하지 않는다.

② 중탄산나트륨 + 탄산나트륨

③ 탄산나트륨

④ 붕사 + 중탄산나트륨 + 탄산나트륨

> **NOTE** 가스용접시 사용되는 용제
> ㉠ 연강 : 사용하지 않는다.
> ㉡ 경강 : 중탄산나트륨 + 탄산나트륨
> ㉢ 주철 : 붕사 + 중탄산나트륨 + 탄산나트륨

23 다음 중 산소 – 아세틸렌 용접의 종류에 속하는 것은?

① 스폿용접

② 전자빔용접

③ 직선비드용접법

④ 심용접

> **NOTE** 산소 – 아세틸렌 용접의 종류
> ㉠ 직선비드용접법
> ㉡ 토치운봉법

24 가스용접에서 아세틸렌 발생방법으로 옳지 않은 것은?

① 투입식　　　　　　　　　　② 침지식

③ 주수식　　　　　　　　　　④ 침탄법

> **NOTE** 아세틸렌 발생방법
> ㉠ 투입식 : 물 속에 카바이드를 투입하는 방법이다.
> ㉡ 주수식 : 카바이드에 물을 주입하는 방법이다.
> ㉢ 침지식 : 카바이드를 물 속에 담구어 두는 방법이다.

25 다음 중 금속의 용접에 사용되는 불꽃의 용도가 바르게 연결된 것은?

① 연강 – 산화 불꽃　　　　　② 황동 – 산화 불꽃

③ 구리 – 탄화 불꽃　　　　　④ 주철 – 산화 불꽃

> **NOTE** 각 금속에 사용되는 불꽃의 종류
>
> | 금속의 종류 | 불꽃 |
> | --- | --- |
> | 연강 | 중성 |
> | 경강 | 아세틸렌 약간 과잉 |
> | 스테인레스 강 | 아세틸렌 약간 과잉 |
> | 주철 | 중성 |
> | 구리 | 중성 |
> | 알루미늄 | 중성 |
> | 황동 | 산소 과잉 |

26 다음 중 가스절단의 조건으로 옳지 않은 것은?

① 산화물의 용융점이 모재의 용융점보다 높아야 한다.

② 모재의 성분 중에 불순물 함유량이 낮아야 한다.

③ 모재의 산화 연소하는 온도는 그 금속의 용융점보다 낮아야 한다.

④ 절단부가 용이하게 연소 개시온도에 도달해야 한다.

> **NOTE** 가스절단의 조건
> ㉠ 모재가 산화 연소하는 온도는 그 금속의 용융점보다 낮아야 한다.
> ㉡ 생성된 금속 산화물의 용융온도는 모재의 용융점보다 낮아야 한다.
> ㉢ 산화물은 유동성이 좋아야 하고, 압력에 잘 밀려 나가야 한다.

27 다음 중 역화를 해결하는 방법은?

① 불대와 모재의 각도를 맞춘다.

② 호스 속의 물을 제거한다.

③ 노즐을 청소한다.

④ 팁을 물로 식힌다.

> **NOTE** 용접 시 문제점과 그 대책
> ㉠ 불꽃이 자주 커졌다 작아졌다 할 경우 : 아세틸렌관 속에 물이 들어간 것이므로 호스를 청소한다.
> ㉡ 점화시 폭발이 일어날 경우 : 혼합가스 배출이 불안전, 산소와 아세틸렌 압력이 부족한 것이므로 불대의 혼합비를 조절하거나 호스 속의 물 제거 및 노즐을 청소한다.
> ㉢ 불꽃이 거칠 경우 : 산소의 고압력, 노즐의 불결이 원인이므로 산소의 압력을 조절하거나 노즐을 청소한다.
> ㉣ 역화 : 가스의 유출 속도가 부족한 것이므로 아세틸렌을 차단하거나 팁을 물로 식힌다.
> ㉤ 용접 중 '팍'하는 소리가 발생할 경우 : 불대가 너무 가까이 접근해서 모재와 닿거나 불대의 팁이 막혀서 터지는 소리이므로 불대와 모재와의 각도를 맞추고 너무 가까이 접근하지 말고 표준에 맞게 접근을 해서 용접을 한다.

28 다음 중 아크용접의 종류로 옳지 않은 것은?

① 서브머지드 아크용접

② 이산화탄소 아크용접

③ TIG 용접

④ 테르밋용접

> **NOTE** 아크용접의 종류
> ㉠ 서브머지드 아크용접
> ㉡ 불활성가스 아크용접
> • TIG 용접 (Tungsten Insert Gas welding)
> • MIG 용접 (Metal Insert Gas welding)
> ㉢ 이산화탄소 아크용접

29 용접봉 표시기호 [E4316]에서 6이 뜻하는 것은?

① 피복제의 종류

② 전기용접봉의 뜻

③ 용접자세

④ 용착금속의 최저인장강도(kg/mm^2)

> **NOTE** 용접봉 표시기호
> ㉠ E : 전기용접봉의 뜻
> ㉡ 43 : 용착금속의 최저인장강도(kg/mm^2)
> ㉢ 1 : 용접자세
> ㉣ 6 : 피복제의 종류

Answer. 27.④ 28.④ 29.①

30 정극성으로 용접하였을 경우 모재의 용입정도는?

① 교류보다 얕게 용입된다.　　　② 역극성보다 깊게 용입된다.

③ 역극성과 용입정도가 같다.　　　④ 일정하지 않다.

> **NOTE** 용입의 크기 … 정극성 > 교류 > 역극성

31 모재에 (−)극을 용접봉에 (+)극을 연결하여 접합하는 아크용접은?

① 정극성　　　　　　　　　　　　② 용극성

③ 비용극성　　　　　　　　　　　④ 역극성

> **NOTE** 전기용접의 극성
> ㉠ 정극성 : 모재가 양(+)이고, 용접봉이 음(−)극이다.
> ㉡ 역극성 : 용접봉이 양(+)이고, 모재가 음(−)극이다.

32 피복아크용접에서 아크길이가 길어지면 일어나는 현상으로 옳지 않은 것은?

① 아크가 안정된다.　　　　　　　② 질화가 일어난다.

③ 산화현상이 생긴다.　　　　　　④ 스패터가 심해진다.

> **NOTE** 아크의 길이가 길어질 때 일어나는 현상
> ㉠ 아크가 불안정해진다.
> ㉡ 산화현상이 일어난다.
> ㉢ 질화가 일어난다.
> ㉣ 스패터가 심해진다.

33 용접봉이 녹아 용융지에 들어가는 깊이를 무엇이라 하는가?

① 용적　　　　　　　　　　　　　② 용착

③ 용입　　　　　　　　　　　　　④ 용융

> **NOTE** ③ 용접봉이 녹아 용융지에 들어가는 깊이를 용입이라 한다.

Answer. 30.② 31.④ 32.① 33.③

34 모재의 용입이 깊은 순서로 나열된 것은?

① 정극성 > 역극성 > 교류
② 교류 > 역극성 > 정극성
③ 역극성 > 정극성 > 교류
④ 정극성 > 교류 > 역극성

> **NOTE** 모재의 용입이 깊은 순서는 정극성, 교류, 역극성 순이다.

35 아크용접봉의 피복제의 역할로 옳지 않은 것은?

① 용접금속의 응고와 냉각속도를 증가시킨다.
② 용적이행을 용이하게 한다.
③ 용접금속의 탈산 및 합금 원소를 첨가한다.
④ 스패더의 억제작용을 한다.

> **NOTE** 피복제의 역할
> ㉠ 보호통을 형성하여 아크의 안정과 지향성의 향상한다.
> ㉡ 아크 분위기로 대기의 침입저지, 스패더의 억제작용을 한다.
> ㉢ 용적이행을 용이하게 하고, 각종 용접자세로의 상용성을 높인다.
> ㉣ 양호한 점성과 표면장력을 가진 슬래그를 형성하여 대기에 의한 탈화, 공화를 방지한다.
> ㉤ 용접금속의 탈산 및 함금원소를 첨가한다.
> ㉥ 용접금속의 응고와 냉각속도를 늦춘다.

36 다음 중 이산화탄소 아크용접의 장점으로 옳지 않은 것은?

① 경제적이다.
② 시공이 편리하다.
③ 기공이 생기지 않는다.
④ 용입이 깊다.

> **NOTE** 이산화탄소 아크용접의 장점
> ㉠ 공기 중의 질소로부터 보호한다.
> ㉡ 경제적이다.
> ㉢ 연강용접에 주로 사용된다.
> ㉣ 용입이 깊고 시공이 편리하다.

37 다음 중 E4311 용접봉의 피복제의 계통은 무엇인가?

① 일미나이트계   ② 저수소계

③ 라임티탄계   ④ 고셀롤로오스계

> **NOTE** 용접봉의 종류

용접봉의 종류	피복제 계통	특징
E4301	일미나이트계	내부결함이 적다.
E4303	라임티탄계	언더컷 발생이 적고, 박판에 사용된다.
E4311	고셀롤로오스계	스패더가 많고, 파형이 거칠다.
E4313	고산화티탄계	스패더가 적고, 언더컷의 발생이 적다.
E4316	저수소계	수소의 발생이 적고, 기계적 성질이 양호하다.
E4324	철본산화티탄계	스패더가 적고, 용입이 얕다.

38 다음 중 피복제의 작용으로 옳지 않은 것은?

① 전기절연작용   ② 아크의 세기

③ 아크의 안정   ④ 연소가스의 발생

> **NOTE** 아크의 세기와 피복제 작용사이의 연관성은 없다.

39 서브머지드 아크용접의 장점으로 옳지 않은 것은?

① 냉각속도가 빠르다.   ② 용입이 깊다.

③ 기계적 성질이 개선된다.   ④ 용접속도가 빠르다.

> **NOTE** 서머지드 아크용접의 장점
> ㉠ 용입이 깊다.
> ㉡ 용접속도가 빠르다.
> ㉢ 용착금속의 기계적 성질이 개선된다.

40 불활성가스 아크용접의 종류 중 용가재가 따로 필요하지 않은 용접법은?

① TIG 용접   ② 이산화탄소 아크용접

③ 점용접   ④ MIG 용접

Answer. 37.④ 38.② 39.① 40.④

NOTE 불활성가스 아크용접의 종류
   ⊙ TIG 용접(Tungsten Insert Gas welding) : 용가재가 따로 필요하다.
   ⓒ MIG 용접(Metal Insert Gas welding) : 소모성 전극이 용가재를 제공하므로 용가재가 따로 필요없다.

41 다음 중 언더컷의 원인은?

① 모재에 불순물이 붙어 있을 경우
② 피복제의 조성이 불량할 경우
③ 용접전류가 너무 클 경우
④ 내부응력과 구속력이 재료의 강도의 한계를 넘을 경우

NOTE 언더컷 … 용접전류가 너무 크거나 운봉속도가 너무 빠를 때 용접부의 양단에 생기는 홈이다.

42 전기저항용접의 장점으로 옳지 않은 것은?

① 신속한 용접이 가능하다.
② 산화작용 및 변질이 적다.
③ 접합형태의 제한이 없다.
④ 장비가 완전 자동화 될 수 있다.

NOTE 전기저항용접의 장점
   ⊙ 신속한 용접이 가능하다.
   ⓒ 장비가 완전 자동화될 수 있다.
   ⓒ 재료를 보전하고, 용가재, 실드가스, 용제 등이 필요하지 않다.
   ⓔ 작업에 숙련되지 않아도 된다.
   ⓜ 서로 재료가 맞지 않은 모재도 쉽게 용접할 수 있다.
   ⓗ 산화작용 및 변질이 적다.
   ⓢ 용접분의 중량이 줄어든다.

43 전기저항용접의 종류로 옳지 않은 것은?

① 플라스마용접
② 스폿용접
③ 프로젝션용접
④ 심용접

NOTE 전기저항용접의 종류 … 스폿용접, 프로젝션용접, 심용접

44 다음 중 프로젝션용접의 특성으로 옳지 않은 것은?

① 두께가 같은 모재끼리만 용접이 가능하다.
② 전극의 수명이 길다.
③ 열전도율이 다른 모재끼리 용접이 가능하다.
④ 여러 점을 동시에 용접할 수 있다.

> **NOTE** 프로젝션용접의 특성
> ㉠ 모재의 두께가 달라도 용접이 가능하다.
> ㉡ 열전도율이 다른 모재끼리도 용접이 가능하다.
> ㉢ 여러 점을 동시에 용접할 수 있어 작업능률이 높다.
> ㉣ 전극의 수명이 길다.

45 전극 롤러 사이에 모재를 넣고 전류를 통하여 접합하는 용접법은?

① 스폿용접　　　　　　　　　　② 심용접
③ 프로젝션용접　　　　　　　　④ 전자빔용접

> **NOTE** ① 두 개의 모재를 겹쳐 전극 사이에 놓고 전류를 통하게 하여 접촉부의 온도가 용융상태에 이르면 압력을 가해 접합하는 방법이다.
> ② 전극 롤러 사이에 모재를 넣고 전류를 통하게 하여 연속적으로 가열, 가압하여 접합하는 방법이다.
> ③ 모재의 한쪽에 돌기를 만들고, 여기에 평평한 모재를 겹쳐 놓은 후 전류를 통하게 하여 용융상태에 이르면 압력을 가해 접합하는 방법이다.
> ④ 진공 속에서 높은 전압으로 가속시켜 전자빔을 모재에 충돌시켰을 때 생기는 열에너지로 모재를 용융시켜 용접하는 방법이다.

46 경납의 종류 중 금과 은의 땜용으로 사용되는 방법은?

① 황동납　　　　　　　　　　　② 알루미늄납
③ 금납　　　　　　　　　　　　④ 양은납

> **NOTE** 경납의 종류
> ㉠ 황동납 : 황동, 구리, 철의 땜용으로 사용된다.
> ㉡ 은납 : 황동, 구리, 연강 땜용으로 사용된다.
> ㉢ 양은납 : 양은, 강, 구리제품 땜용으로 사용된다.
> ㉣ 금납 : 금, 은의 땜용으로 사용된다.
> ㉤ 알루미늄납
> ㉥ 철납

47 납땜에서 경납과 연납으로 나뉘는 조건은?

① 재결정 온도   ② 납의 용융점 온도

③ 모재의 성질   ④ 모재의 용융점 온도

NOTE 납땜은 용융점의 온도(450℃)에 따라 경납과 연납으로 나뉜다.

48 다음 중 자동차 부품의 축이나 기어 등의 용접에 사용되는 용접법은?

① 일랙트로슬래그용접   ② 서머지드 아크용접

③ 플라스마용접   ④ 전자빔용접

NOTE ④ 자동차 부품의 축이나 기어 등의 용접에 사용된다.

49 일랙트로슬래그용접의 특징으로 옳지 않은 것은?

① 충격에 약하다.   ② 용접시간이 오래 걸린다.

③ 경제적이다.   ④ 두꺼운 모재용접에 용이하다.

NOTE 일랙트로슬래그용접의 특징
ㄱ 충격에 약하다.
ㄴ 두꺼운 모재용접에 용이하다.
ㄷ 용접시간이 빠르다.
ㄹ 경제적이다.
ㅁ 용접 홈을 가공할 필요가 없다.

50 발열량 조절이 쉬워 아주 얇은 박판용접이 가능한 것은?

① 일랙트로슬래그용접   ② 서브머지드 아크용접

③ 플라스마용접   ④ 전자빔용접

NOTE ③ 발열량의 조절이 쉬워 아주 얇은 판도 용접이 가능하다.

절삭가공

01 절삭가공의 개요

1 절삭가공의 개념

절삭가공이란 가공물을 소기의 형상 및 특징을 갖는 부품으로 만들기 위해 불필요한 물질을 칩의 형태로 제거하는 공정을 말한다.

2 칩

① **칩 형성** … 칩은 공구와 모재의 상대적인 이동운동에 의해 생성되는 공구전면에 가상적인 전단면을 기점으로 생성된다.

② **칩의 분류**

　ㄱ **유동형칩** : 칩이 바이트의 경사면을 따라 연속적으로 유동하는 모양으로 가장 안정적인 칩의 형태로 다음과 같은 조건에서 발생한다.
- 모재가 연성일 때
- 바이트의 경사각이 클 때
- 고속 절삭을 할 때
- 작업이 원활하게 이루어질 때

　ㄴ **전단형칩** : 칩이 연속적으로 발생되지만 가로방향으로 일정한 간격으로 전단이 발생하는 칩의 형태로 유동형에 비해 미끄러지는 간격이 다소 크며 다음과 같은 조건에서 발생한다.
- 연성재료를 저속 절삭할 때
- 절삭깊이가 비교적 클 때

　ㄷ **균열형칩** : 취성재료를 저속으로 절삭할 때 공구의 날끝 앞의 면에 균열이 일어나서 작은 조각형태로 불연속적으로 발생하는 칩의 형태로 다음과 같은 조건에서 발생한다.
- 취성재료를 절삭할 때
- 공구재질에 비해 절삭깊이가 깊을 때
- 경사각이 아주 작고, 절삭속도가 아주 느릴 때

ⓔ **열단형칩** : 가공물이 경사면에 접착되어 날 끝에서 아래쪽으로 경사지게 균열이 일어나면서 발생하는 칩의 형태로 다음과 같은 조건에서 발생한다.
- 절삭재료가 연성일 때
- 절삭속도가 느릴 때
- 절입이 클 때

③ 구성인선

연성의 재료를 절삭할 때 공구 날끝에 단단한 물질이 부착된 것을 말하며, 이것이 바이트의 역할을 하면서 절삭하게 된다.

① **구성인선의 생성 주기** ··· 발생 → 성장 → 최대성장 → 분열 → 탈락

② **구성인선의 발생원인**
    ㉠ 바이트의 경사각이 작을 때
    ㉡ 절삭속도가 늦을 때
    ㉢ 절입이 크고 이송이 늦을 때

③ **구성인선 생성을 방지하는 방법**
    ㉠ 경사각을 크게 한다.
    ㉡ 절삭속도를 크게 한다.
    ㉢ 절삭유를 사용한다.
    ㉣ 절삭깊이를 작게 한다.

④ 절삭저항의 3분력

① **주분력** ··· 절삭방향으로 작용하는 절삭저항 성분으로 공작물을 제거하는 주성분이다.

② **이송분력** ··· 공구의 이송방향으로 작용하는 성분으로 공구의 이송을 방해하는 저항력이다.

③ **배분력** ··· 공구의 축방향으로 작용하는 성분이다.

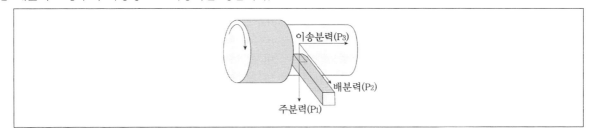

⑤ 절삭조건의 3요소

① 절삭속도
    ㉠ 절삭가공 중에 공구와 공작물의 속도를 말한다.

    ㉡ $V = \dfrac{\pi Dn}{1,000}$ [D : 공작물 직경(mm), n : 분당 회전 속도(m/min)]

② **절삭깊이** ⋯ 절삭가공 중에 공구가 공작물에 잠입하여 늘어간 깊이를 말하며, 공구의 수명과 가공 중의 온도상승과 관계된다.

③ 이송속도

⑥ 절삭공구

① 절삭공구 재료의 구비조건
    ㉠ 고온경도가 커야 한다.
    ㉡ 인성이 커야 한다.
    ㉢ 마찰계수가 작아야 한다.
    ㉣ 가격이 저렴하고, 구입이 용이해야 한다.
    ㉤ 내마모성이 커야 한다.

② 공구마멸의 종류
    ㉠ **크래이터(crator) 마멸** : 공구의 경사면에 발생하고 마멸깊이로 판단한다.
    ㉡ **플랭크(flank) 마멸** : 정확한 명칭은 플랭크 마모이다. 플랭크는 나사산의 빗면이라는 의미를 가지며 플랭크 마모는 절삭공구의 여유면과 절삭면 사이의 마찰에 의해 공구가 마모되는 현상이다.
    ㉢ **치핑(chipping)** : 경도가 매우 크며 인성이 작은 절삭공구로 공작물을 가공할 때 발생되는 충격으로 공구의 날이 모서리를 따라 작은 조각으로 떨어져 나가버리는 현상이다.

③ 절삭공구의 재료
    ㉠ **탄소공구강(STC)** : 탄소공구강은 C가 0.9~1.5% 정도의 탄소강을 열처리 한 것으로 저속에서 절삭 단면적이 작은 경우에 사용된다. 300도의 절삭열에도 경도변화가 적고 열처리가 쉬우며 값이 저렴한 반면 강도가 약하여 고속절삭용 공구재료로는 사용이 부적합하고 수기가공용 공구인 줄이나 쇠톱날, 정의 재료로 사용된다.
    ㉡ **합금공구강(STS)** : 탄소공구강에 W, Cr, Mo, V, Ni 등을 1종 또는 그 이상 첨가하여 합금처리하여 제작한 공구재료로 600도의 절삭열에도 경도변화가 작아서 바이트나 다이스, 탭 등의 재료로 사용된다.

합금공구강의 KS 규격

기호	설명	기호	설명
SM	기계구조용 탄소강재	SBB	보일러용 압연강재
SBV	리벳용 압연강재	SBH	내열강
SKH	고속도 공구강재	BMC	흑심 가단 주철
WMC	백심 가단 주철	SS	일반 구조용 압연 강재
DC	구상 흑연 주철	SK	자석강
SNC	Ni-Cr 강재	SF	단조품
GC	회주철	STC	탄소공구강
SC	주강	STS	합금공구강
		STD	금형용 합금공구강
SWS	용접 구조용 압연강재	SPS	스프링강

ⓒ **고속도강**(HSS) : 탄소강에 W(18%), Cr(4%), V(1%), Mo(0.5%) 등의 금속원소를 합금시킨 일종의 합금공구강으로 고온경도 및 내마모성이 우수하여 강력 절삭 바이트나 밀링커터용 재료로 사용된다. 시효변화가 나타나므로 이를 억제하기 위해 뜨임처리를 최소 3회 이상 반복하여 잔류응력을 제거해야만 한다.

ⓔ **초경합금**(소결 초경합금) : 1,100도의 고온에서도 경도변화가 없이 고속절삭이 가능한 절삭공구로서 WC, TiC, TaC 등의 탄화물 분말에 Co, Ni 등의 분말을 혼합한 후 1,400도 이상의 온도에서 프레스로 소결시켜서 만든다. 진동이나 충격을 받게 되면 쉽게 깨지는 단점이 있으나 고속도강의 3~4배의 절삭속도로 가공이 가능하며 경도와 내마모성이 매우 높고 고온에서 변형이 작다.

ⓜ **다이아몬드** : 최고의 경도를 가진 재료로 절삭능력 및 내마멸성이 매우 우수하며 절삭속도가 빠르고 장시간의 고속절삭이 가능하여 가공이 매우 능률적이지만 취성이 크고 값이 매우 비싼 단점이 있다.

ⓗ **세라믹** : 무기질의 비금속재료를 고온에서 소결한 것으로 1,200도의 절삭열에도 경도변화가 없으며 내마모성, 내열성, 내화학성이 우수하지만 인성이 부족하고 성형성이 좋지 않으며 충격에 취약한 단점이 있다.

❼ 절삭연과 절삭유

① 절삭열

　㉠ 절삭가공에서는 여러 가지 원인에 의해 열이 발생된다. 실재로 통상적인 속도의 절삭 속도에서는 절삭에 소요된 에너지의 거의 대부분이 열로 변환된다.

　㉡ 전단면에서의 소성 변형, 칩과 공구 경사면의 마찰, 공구 여유면과 가공면과의 마찰 등이 절삭열을 발생시키는 대표적인 요인이라고 할 수 있다.

　㉢ 이런 절삭가공에서 발생한 열은 60% 이상이 칩으로 빠져나간다. 절삭속도가 빨라질수록 칩으로 빠져나가는 절삭열의 비중은 커지며, 고속 가공에서는 그 비중이 90% 이상이 된다. 나머지 절삭열이 공구와 공작물의 온도를 상승시키게 되며, 비율은 보통 일반적인 절삭속도에서 공구 약 10%, 공작물 약 30% 정도이다.

　㉣ 일반적으로 절삭열은 공구의 경도 저하로 인한 공구 마모 속도 증가, 공작물의 열팽창으로 인한 가공 칫수 정도 저하 등 절삭 가공에 나쁜 영향을 미친다. 특히, 절삭온도가 높아지면 공구 수명은 급속하게 짧아진다.

② 절삭유

　㉠ 절삭유는 금속 재료를 절삭 가공할 경우, 절삭 공구부를 냉각시키고 윤활하게 해서 공구의 수명을 연장하거나 다듬질면을 깨끗이 하기 위해 사용하는 윤활유이다.

　㉡ **절삭유의 작용**

　• 냉각작용 : 공구와 가공물의 마찰열을 식혀준다.

　• 윤활작용 : 공구의 가공물간의 마찰, 마모 등을 방지해 준다.

　• 방청작용 : 부식을 방지해 준다.

　• 세척작용 : 절삭 시 발생한 칩을 제거해 준다.

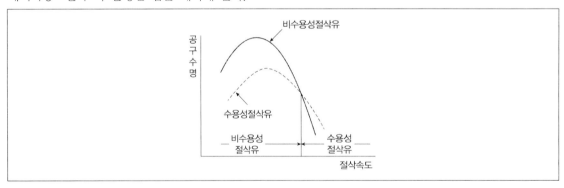

02 선반 및 보링머신

① 선반

원통이나 원추형 외부표면을 가공하는 공정이다.

[선반가공의 종류]

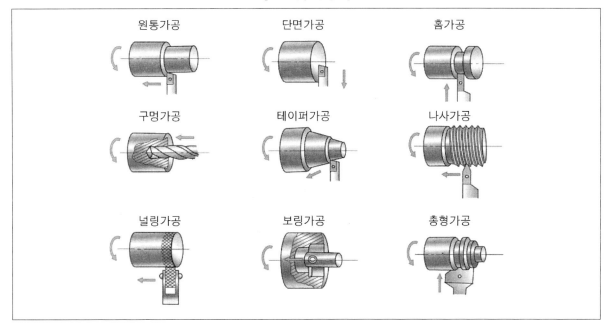

① 선반의 작업과정

    ㉠ **황삭**(거친 절삭) : 칩두께, 공구수명, 선반마력, 공작물이 허용하는 한 크게 절삭하는 방법으로, 가공시간 단축과 단단한 표면부를 제거하기 위한 목적으로 작업한다.

    ㉡ **정삭**(다듬질 절삭) : 필요한 다듬질면을 만들기 위해 충분히 미세한 절삭속도를 조절한다.

▶TIP

테이퍼 절삭 … 테이퍼란 중심선에 대하여 대칭으로 된 원뿔선의 경사를 말한다. 이와 같은 형태로 절삭하는 것을 테이퍼 절삭이라고 하며 이와 같은 형상의 가공에는 주어진 보기 중에서는 선반이 가장 적합하다.

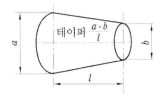

② 선반의 구조

[보통선반]

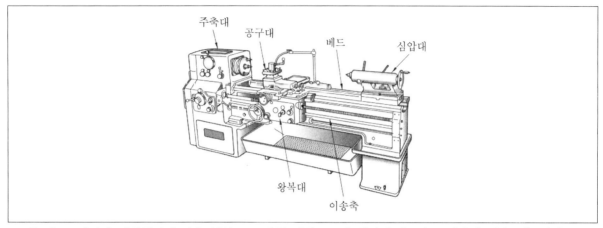

ㄱ 베드 : 선반의 기본골격과 같은 부분으로 다른 기본요소가 설치될 수 있는 단단한 틀을 제공한다. 공구대, 새들, 에이프런으로 구성되어 있으며 베드 위에서 바이트에 가로이송 및 세로이송을 한다. 새들 위에는 복식공구대가 있으며 복식공구대는 임의의 각도로 회전시킬 수 있으므로 비교적 큰 테이퍼가공을 할 수 있다. 선반의 몸체로서 주축대, 심압대, 왕복대 등을 올려놓을 수 있는 구조로 되어 있으며 선반의 정밀도, 공작물의 정밀도, 공작물의 표면 거칠기에 큰 영향을 미치는 부분이다.

ㄴ 주축대 : 선반의 왼쪽 끝에 고정되어 있는 동력을 전달하는 부분으로 그 속에 주축이 내장되어 있고, 이에 센터를 끼워 심압대와 함께 공작물을 지지한다. 베드의 윗면 위쪽에 고정된 부분으로 주축, 베어링, 주축속도변환장치로 구성되어 있다. 공작물이 여러 속도로 회전할 수 있는 동력수단을 제공한다.

ㄷ 심압대 : 베드 윗면의 오른쪽에 설치하여 공작물의 길이에 따라 임의의 위치에 고정할 수 있으며 공작물을 주축과 심압대사이에 고정하여 센터작업을 할 때 이용한다. 3개의 부분으로 구성되어 있으며, 가공물을 지지해주는 역할을 한다.

ㄹ 왕복대 : 베드의 상부에 놓이는 것으로 각종 이송운동에 의해 공작물이 절삭되도록 하는 부분이다. 새들(가로이송장치), 에이프런(세로이송장치로서 수동이송을 위한 손잡이와 각종레버가 달려있다.), 공구대로 구성되어 있으며 베드 위에서 바이트에 가로이송 및 세로이송을 한다.

③ 선반의 부속품

ㄱ 센터

- 센터는 척이나 면판과 함께 가공물을 지지해 주는 부속품으로 회전센터는 주축대에 고정되어 있고, 정지센터는 심압대에 고정되어 있다.
- 센터의 각도
- 보통 크기의 가공물 : 60°
- 큰 가공물 : 75° 또는 90°

ⓛ **척** : 선반의 주축에 설치되고, 가공물을 고정하여 회전시키는 데 사용된다.
- **단동척** : 4개의 조(jaw)로 되어 있고, 불규칙한 공작물을 고정하는 데 용이하다.
- **연동척** : 3개의 조(jaw)로 이루어져 있으며, 동시에 움직이므로 고정시간이 빠르다.
- **자석척** : 마그네틱척이라고도 하며 자성체 고정에 용이하다.
- **콜릿척** : 지름이 작은 가공물의 고정에 사용된다.
- **공기척** : 기계운전을 정지하지 않고, 공작물을 고정하거나 분리시킬 수 있다.
- **벨척** : 볼트가 방사형으로 설치되어 불규칙한 짧은 환봉제를 가공할 때 용이하다.

ⓒ **면판** : 여러 개의 구멍과 홈이 있어 이를 이용하여 형상이 불규칙한 공작물을 지지할 수 있다.

ⓔ **맨드릴(심봉)** : 공작물을 센터로 지지할 위치에 구멍이 있을 때, 구멍에 맨드릴을 끼워 공작물을 지지하여 가공하면 편리하게 작업할 수 있다.

ⓜ **방진구** : 지름이 작고 긴 공작물을 가공할 때는 공작물이 휘어지기 때문에 안정된 가공을 할 수 없으므로 방진구를 이용하여 공작물의 굽힘과 이로 인한 진동을 방지해준다.

④ **선반용 바이트**
ⓐ **바이트의 재질** : 고속도강, 초경 합금
ⓑ **바이트 각도**
- **윗면경사각** : 칩의 흐름을 좋게 하는 각으로 경사각이 클수록 절삭저항이 감소된다.
- **전방여유각** : 공작물과의 마찰을 적도록 한 각이다.

⑤ **선반의 종류**
ⓐ **터릿선반** : 길이방향으로 이송이 가능한 육각형 터릿이 심압대 대신 사용되며, 이것을 차례대로 회전시켜 작업을 순차적으로 진행할 수 있는 선반을 말한다.
- 터릿선반의 특징
 - 필요한 다수의 절삭공구를 미리 고정할 수 있다.
 - 전가공과 동일한 가공이 될 수 있도록 절삭범위를 미리 정하여 공구를 고정할 수 있다.
 - 다중절삭이 가능하다.
- 터릿선반의 종류
 - 수직형 터릿선반
 - 자동형 터릿선반

ⓑ **탁상선반** : 소형선반으로 계기 또는 시계 부품을 절삭하는 데 이용된다.
ⓒ **자동선반** : 선반의 작동을 자동화한 것으로 대량생산에 적합하다.
ⓔ **모형선반** : 모방선반이라고도 하며, 형판의 모양에 따라 바이트를 안내하여 턱붙이 부분, 테이퍼 및 곡면 등을 모방절삭 하는 데 이용된다.
ⓜ **정면선반** : 외경이 크고 길이가 짧은 공작물의 가공에 이용된다.
ⓗ **수직선반** : 주축이 수평 테이블에 수직인 선반이다.
ⓢ **차륜선반** : 철도 차량용 차축을 가공하는 데 이용된다.

⑥ 절삭조건

㉠ 절삭속도

$$V = \frac{\pi D n}{1,000}$$

　◦ D : 공작물 직경(mm)　　　◦ n : 바이트의 분당 회전속도(m/min)　　　◦ V : 절삭속도(m/min)

㉡ 절식깊이 : 신빈작업에서의 절삭깊이는 정해져 있지 않다.

㉢ 이송속도

• 거친 절삭 : 0.2 ~ 0.5(mm/rev)

• 끝내기 절삭 : 0.05 ~ 0.1(mm/rev)

⑦ 선반에서의 가공 … 내 외경 가공, 테이퍼 깎기, 홈깎이, 구멍뚫기, 나사깎기가 있다.

2 보링머신

① 보링의 정의 … 드릴이나 주조의 코어에 의하여 만들어진 기존의 구멍을 확장하는 가공방법이다.

② 보링의 목적

㉠ 공작물의 회전중심에 대하여 구멍의 동심도를 완성하기 위한 목적이다.

㉡ 편심교정이 목적이다.

③ 보링머신의 종류

㉠ 수평식 보링머신 : 주축이 수평인 보링머신이다.

㉡ 정밀 보링머신 : 원통 내면을 작은 절삭깊이와 이송량으로 높은 정밀도와 고속으로 절삭하는 보링머신이며, 다이아몬드나 초경합금 바이트를 사용한다.

㉢ 지그(jig) 보링머신 : 드릴에서 부정확한 구멍가공이나 각종 지그(jig)의 제작 및 정밀한 구멍가공을 할 때 사용하며, 허용오차는 0.002 ~ 0.005mm 정도이다.

④ 보링공구

㉠ 보링 바 : 바이트를 고정하고 주축의 구멍에 끼워 회전시키거나 홀더에 고정하여 사용하는 것으로 구멍을 다듬질하는 데 사용하는 봉이다.

㉡ 보링 바이트 : 선반용 바이트와 같다.

• 외날 바이트 : 거친 공작물 절삭에 사용한다.

• 양날 바이트 : 다듬질 절삭에 사용한다.

㉢ 보링 헤드 : 가공할 구멍의 지름이 커 보링 바에 바이트를 고정시키는 것이 곤란할 경우 가공지름을 확장할 수 있도록 보링 바에 보링 헤드를 고정시킨 후 바이트를 고정하여 작업을 한다.

⑤ 보링머신의 피삭성

    ㉠ 절삭공구의 마찰이 적고 수명이 길다.

    ㉡ 절삭저항 및 절삭동력이 작다.

    ㉢ 제품의 가공결과가 좋다.

03 셰이퍼 슬로터 플레이너

1 셰이퍼

① 셰이퍼의 정의 … 공작물을 테이블에 고정시키고, 램의 선단에 위치한 공구대에 고정시킨 바이트를 수평왕복운동시켜 평면을 가공하는 공작기계이다.

② 셰이퍼의 종류

    ㉠ **수평식 보통형 셰이퍼**

      • 램은 일정한 안내면을 따라 앞뒤로 왕복하고, 테이블은 좌우로 이송한다.

      • 램이 앞으로 움직일 때 공작물이 절삭된다.

    ㉡ **수평식 횡행형 셰이퍼**

      • 대형 공작물을 절삭하는 데 이용한다.

      • 테이블이 공작물을 고정하여 높이를 조절하고, 램이 왕복운동과 동시에 프래임 위를 좌우로 이동하면서 절삭한다.

③ 셰이퍼의 구조

    ㉠ **램의 운동기구** : 회전운동을 직선운동으로 변환하는 기구이다.

    ㉡ **급속 귀환기구** : 절삭행정에 비하여 귀환행정을 빠르게 하여 귀환행정의 시간을 단축시키는 기구이다.

    ㉢ **이송기구** : 테이블을 좌우로 이송시키는 기구이다.

    ㉣ **공구대** : 바이트를 고정하여 수평절삭, 수직절삭 및 경사절삭을 할 수 있는 기구로 바이트의 절삭깊이는 공구대의 이송핸들을 돌려서 조절한다.

④ 절삭조건

    ㉠ **절삭속도**

$$v = \frac{nL}{1,000k} \text{(m/min)}$$

◦ k : 절삭에 필요한 시간 비(약 $\frac{3}{5} \sim \frac{2}{3}$)　　◦ n : 바이트의 분당 회전속도(stroke/min)　　◦ L : 행정길이(mm)

ⓛ 절삭깊이
  • 거친 절삭깊이 : 1.5 ~ 3(mm)
  • 모재가 주철일 경우 절삭깊이 : 3 ~ 5(mm)
ⓒ 이송속도 : 셰이퍼 작업에서는 이송속도는 특별히 정해져 있지 않다.
ⓔ 가공시간

$$T = \frac{W}{Nf}$$

◦ W : 공작물의 폭(mm) ◦ f : 이송(mm/stroke) ◦ N : 바이트의 1분간 왕복 회전수(stroke/min)

② 슬로터

① 슬로터의 작업 … 직립형 셰이퍼와도 같은 형태이며, 구멍의 내면이나 곡면 또는 내접기어 등을 가공하는 데 사용한다.

② 슬로터의 구조
  ㉠ 램의 운동기구 : 일정한 각도로 기울일 수 있어 경사면 절삭을 가능하게 하며, 종류는 다음과 같다.
    • 유압식
    • 크랭크식
    • 랙 앤 피니언식
    • 위트워어즈 급속귀환기구
  ㉡ 테이블의 운동기구 : 베이스 위에서 전후 좌우로 이송된다.

③ 플레이너

① 셰이퍼나 슬로터처럼 평면가공을 하는 기계나 대형물을 가공할 때 사용되며, 공구가 이송되어 공작물을 절삭한다는 점이 다르다.

② 플레이너의 종류
  ㉠ 쌍주식 플레이너 : 왕복 테이블이 걸쳐 있으며 수직기둥의 양쪽 끝에 지지되는 크로스 레일과 2개의 공구대를 가지고 있고 공작물의 크기에 제한을 받는다.
  ㉡ 단주식 플레이너 : 크로스 레일 한 개의 기둥에 지지되며, 넓은 공작물을 가공하는 데 유리하다.

③ 플레이너의 구조
  ㉠ 테이블의 운동기구 : 피니언의 회전운동이 랙을 통하여 테이블을 직선운동 시킨다.

ⓒ 공구대의 운동기구 : 바이트를 고정시켜 크로스 레일 위를 이동하면서 수평이송을 주고, 이송나사에 의해 상하방향의 절삭깊이를 조정한다.

04 드릴링머신

① 드릴링머신의 정의

주축에 끼운 드릴이 회전운동을 하고, 축방향으로 이송을 주어 공작물에 구멍을 뚫는 공작기계이다.

[드릴링머신]

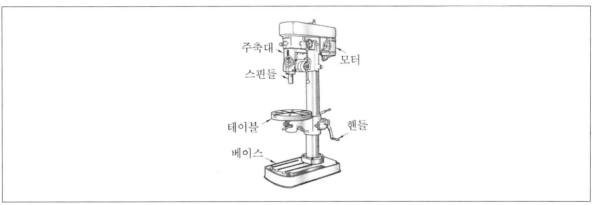

② 드릴링머신의 가공 종류

① 드릴링 … 드릴로 공작물에 구멍을 뚫는 작업이다.

② 카운터보링 … 볼트의 머리가 일감 속에 묻히도록 깊게 스폿페이싱을 하는 작업이다.

③ 스폿페이싱 … 너트 또는 볼트 머리와 접촉하는 면을 고르게 하기 위하여 깎는 작업이다.

④ 카운터싱킹 … 접시머리 나사의 머리 부분을 묻히게 하기 위하여 자리를 파는 작업이다.

⑤ 보링 … 이미 뚫은 구멍의 내경을 넓히는 작업이다.

⑥ 리밍 … 드릴을 사용하여 뚫은 구멍의 내면을 리머로 다듬는 작업이다.

⑦ 태핑 … 드릴을 시용하여 뚫은 구멍의 내면에 탭을 사용하여 암나사를 가공하는 작업이다.

[탭의 각부 명칭]

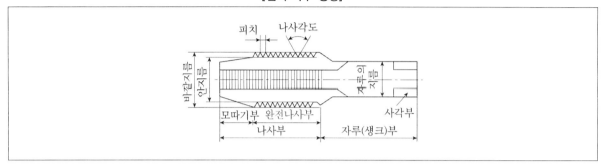

3 드릴링머신의 종류

① 탁상 드릴링머신 … 소형 드릴링머신으로 지름이 작고(13mm 이하) 깊이가 깊지 않을 때 사용하는 머신으로 주로 벨트로 주축을 회전시킨다.

② 직립 드릴링머신 … 대형 공작물의 구멍을 가공하는 데 사용하며, 주축에 역회전 장치가 있어 태핑도 가능하다.

③ 다축 드릴링머신 … 여러 개의 스핀들이 평면 위에 있어 다수의 구멍을 동시에 가공할 수 있어 대량생산이 가능하다.

④ 다두 드릴링머신 … 여러 가지 공구를 한꺼번에 스핀들에 장착하여 순차적으로 드릴링, 리밍, 태핑 작업을 할 수 있다.

⑤ 레이디얼 드릴링머신 … 대형이고 무게가 무거운 공작물에 구멍을 뚫는 데 이용되며, 레이디얼암이 수평으로 회전할 수 있다.

⑥ 심공 드릴링머신 … 지름이 작고 깊이가 깊은 구멍을 가공할 때 사용되며, 대표적으로 내연기관의 오일구멍을 가공하는 데 사용한다.

⑦ 만능식 드릴링머신 … 레이디얼 드릴링머신과 구조가 같으나 스핀들을 경사시킬 수 있는 기구가 추가되어 있다.

4 드릴

① 드릴의 구조

    ㉠ **본체** : 랜드에 의하여 분리된 2개 이상의 나선형 홈을 가지고 있다.

    ㉡ **선단** : 드릴의 가장 끝부분으로 공작물과 초기에 닿는 부분을 말하며, 경사각과 여러가지 여유각을 가지고 있다.

    ㉢ **생크** : 공작기계의 주축 끝에 고정되는 부분을 말한다.

② 드릴의 종류

    ㉠ **트위스트 드릴** : 가장 일반적인 드릴로 절삭성이 좋고 칩의 배출이 좋으며, 정확한 구멍을 뚫을 수 있고 수명도 길다.

    ㉡ **평 드릴** : 주로 목재용으로 사용되는 드릴로 날끝의 안내가 없어 구멍이 휘어지기 쉽다.

    ㉢ **직선홈 드릴** : 황동이나 얇은 판에 구멍을 뚫을 때 사용되는 드릴로 절삭성이 떨어진다.

    ㉣ **기름홈 드릴** : 칩의 배출이 용이하므로 깊은 구멍을 가공할 때 사용한다.

    ㉤ **센터 드릴** : 선반에서 센터 구멍을 뚫을 때 사용한다.

    ㉥ **반월 드릴** : 소총 구멍을 가공할 때 사용한다.

5 드릴의 절삭조건

① 절삭속도

$$v = \frac{\pi d n}{1,000}$$

    ∘ d : 드릴의 지름(mm)   ∘ n : 드릴의 분당 회전속도(rpm)

② 가공시간

$$T = \frac{t+h}{ns} = \frac{\pi d(t+h)}{1,000vs}$$

    ∘ t : 구멍의 깊이(mm)   ∘ h : 드릴 선단의 높이(mm)   ∘ s : 드릴 1회전 당 이송거리(mm)

05 밀링머신

1 밀링머신의 정의

원통이나 원판의 둘레에 많은 날을 가진 밀링 커터가 회전하면서 테이블 위에 고정된 공작물을 절삭가공하는 기계이다.

[밀링머신에 의한 가공의 종류]

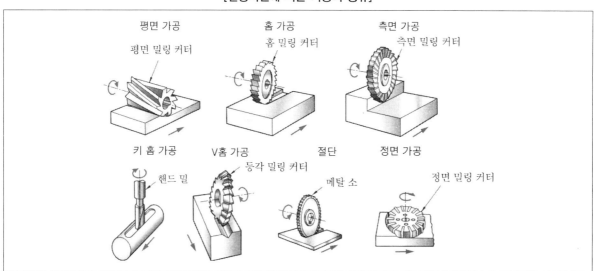

2 밀링머신의 종류

① 니(knee)형 밀링머신
　　㉠ **수평 밀링머신**: 주축이 테이블과 수평을 이루고 주축에 아버(arbor)를 설치하고, 아버에 밀링커터를 설치하여 작업하는 형태로 각도의 등분이나 기어의 치형을 절삭할 수 있다.
　　㉡ **수직 밀링머신**: 주축이 테이블과 수직으로 위치하고, 정면 밀링커터나 엔드밀을 주축에 설치하여 평면이나 홈을 가공하는 데 이용한다.
　　㉢ **만능 밀링머신**: 수평 밀링머신과 비슷하나 테이블이 좌우 45°, 총 90°를 회전할 수 있어 넓은 범위의 작업을 할 수 있다.

② **생산형 밀링머신** ⋯ 여러 개의 커터를 장착하여 여러면을 동시에 가공할 수 있어 대량생산에 적합한 밀링머신으로 주축의 헤드 수에 따라 단두형, 쌍두형, 다두형, 회전테이블형으로 구분된다.

③ 특수 밀링머신 … 모형이나 형판에 의해 커터가 움직여 그것과 같은 형상으로 공작물을 깎을 수 있는 밀링 머신으로 각종 금형제작에 널리 이용되며, 탁상 밀링머신, 공구 밀링머신, 나사 밀링머신 등이 있다.

❸ 밀링작업의 구분

공구의 회전방향과 공작물의 이송방향에 따라 상향절삭과 하향절삭으로 구분된다.

① 상향절삭 … 공구의 회전방향과 공작물의 이송이 서로 반대 방향인 절삭

② 하향절삭 … 공구의 회전방향과 공작물의 이송이 서로 같은 방향인 절삭

상향절삭	하향절삭
이송	이송
• 칩이 잘 빠져나오므로 절삭이 방해되지 않는다. • 백래시가 자연적으로 제거된다. • 공작물이 확실히 고정되어야 한다. • 커터의 수명이 짧고 동력 소비가 크다. • 공구의 접근각이 작아 초기에 공작물이 커터에 물리기 어렵다. • 칩이 가공면으로 옮겨져 가공면이 거칠고 품질이 저하된다.	• 칩이 잘 빠지지 않고 끼어버려 절삭에 방해가 된다. • 백래시 제거가 안 된다. • 공작물 고정에 신경 쓰지 않아도 된다. • 커터의 수명이 길며 동력 소비가 적다. • 공구의 접근각이 커 초기에 공작물이 커터에 물리기 용이하다. • 칩이 가공면으로 옮겨지지 않아 가공면이 깨끗하고 품질이 좋다.

> **TIP**
>
> 백래시(Backlash)
>
> ㉠ 기계에 쓰이는 나사, 톱니바퀴 등의 서로 맞물려 운동하는 기계장치 등에서 운동방향으로 일부러 만들어진 틈이다.
> ㉡ 이 틈에 의해 나사와 톱니바퀴는 자유롭게 움직일 수 있다. 그러나 어떠한 방향으로 회전하던 것을 반대방향으로 회전시킬 때 어긋남과 충격이 일어날 수 있다.
> ㉢ 밀링 머신 등 공작기계를 사용하여 가공을 할 때에는 공작기계가 가진 백래시를 고려하여 치수를 조정해야 한다.
> ㉣ 백래시는 마모에 의해 늘어나기 때문에 진동이나 소음을 발생시키고 기계의 수명을 저하시키는 원인이 된다.

❹ 밀링커터의 종류

① **평면 밀링커터** ⋯ 소비동력이 적고 가공면의 정도가 좋다.

② **측면 밀링커터** ⋯ 평면 밀링커터날에 측면날이 더해진 것으로 폭이 좁은 원통형 커터로 홈, 단면, 평면 가공에 사용된다.

③ **각 밀링커터** ⋯ 원추면에 절인을 갖고 있으며, 각절삭가공에 사용된다.

④ **슬리팅 톱** ⋯ 얇은 폭의 공구로 좁고 깊은 홈가공에 사용된다.

⑤ **총형 밀링커터** ⋯ 외주에 곡선의 윤곽을 가지고 있어 기어, 리머 등의 가공에 사용된다.

⑥ **엔드밀** ⋯ 날이 원주면과 끝면에 있고, 홈이나 곡면 또는 좁은 평면 절삭가공에 사용된다.

⑦ **T홈 커터**

⑧ **반달 키홈 커터**

>**TIP**
평면 밀링커터의 주요각

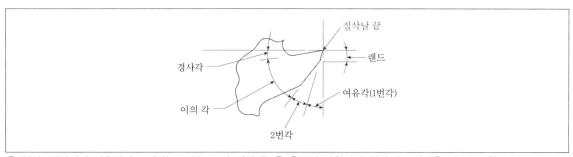

㉠ 인선 : 경사면과 여유면이 교차하는 부분으로서 절삭기능을 충분히 발휘하기 위해서는 연삭을 잘 해야 한다.

㉡ 랜드 : 여유각에 의하여 생기는 절삭날 여유면의 일부로서 랜드의 나비는 작은 커터가 0.5mm 정도이고 지름이 큰 커터는 1.5mm 정도이다.

㉢ 경사각 : 절삭날과 커터의 중심선과의 각도이다.

㉣ 여유각 : 커터의 날 끝이 그리는 원호에 대한 접선과 여유면의 각이다. (일반적으로 재질이 연한 것은 여유각을 크게 하고 단단한 것은 작게 한다.)

㉤ 비틀림각 : 인선의 접선과 커터축이 이루는 각이다.

06 기어의 절삭가공

① 총형 공구에 의한 방법 … 성형법이라고도 하며 기어치형에 맞는 공구를 사용하여 기어를 깎아내는 방법이다.

② 형판에 의한 방법 … 모방절삭법이라고도 하며 형판을 따라 공구가 안내되어 절삭하는 방법으로 대형기어의 절삭에 사용된다.

③ 창성법 … 가장 많이 사용되는 방법으로 인벌류트 곡선을 그리는 성질을 응용하여 기어를 깎는 방법으로 기어절삭 공구인 호브, 래크커터, 피니언커터 등을 사용하여 절삭한다. 기어모양의 피니언공구를 사용하면 내접기어의 가공이 가능하다.

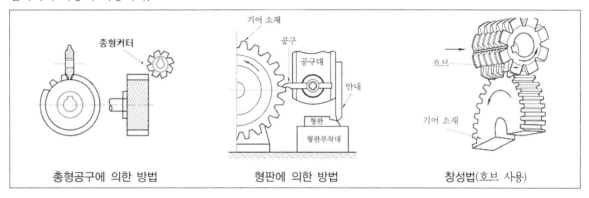

총형공구에 의한 방법   형판에 의한 방법   창성법(호브 사용)

07 브로칭머신

① 브로칭(broaching)의 정의

브로치라는 특수한 공구를 공작물에 눌러 통과시키면서 절삭을 하는 가공방법이다.

▶TIP

브로치

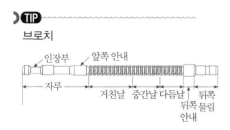

② 브로치의 종류

① 구조에 따라 일체식, 날박음, 조립형 브로치로 나뉜다.

② 브로치의 작용에 따른 분류
- ㉠ 인발식 브로치 : 가장 일반적인 브로치로 작은 구멍, 절삭량이 많은 구멍을 가공할 때 먼저 거칠게 보링한 후 사용한다.
- ㉡ 압입식 브로치 : 큰 구멍이나 절삭량이 적은 공작물을 가공하는 데 사용한다.

③ 작업내용에 따른 분류
- ㉠ 내면 브로치 : 키홈, 스플라인 홈, 다각형 홈 등을 가공한다.
- ㉡ 외면 브로치 : 기어의 치형이나 홈의 특수모양 등을 가공한다.

③ 브로칭머신의 종류

① 수평형 브로칭머신 … 공작물은 면판에 브로치는 브로치 지지부와 풀 헤드에 고정하여 작업한다.
- ㉠ 장점
  - 브로치의 수명이 길다.
  - 긴 행정길이를 확보할 수 있다.
  - 기계조작 및 점검이 쉽다.
- ㉡ 단점 : 작은 구멍을 가공하는데는 어려움이 따른다.

② 직립형 브로칭머신 … 브로치를 이송대에 설치하여 작업한다.
- ㉠ 장점
  - 작은 공작물의 대량생산에 사용된다.
  - 기계 설치면적이 적게 든다.
  - 공작물의 고정방법이 간단하다.
- ㉡ 단점
  - 기계의 높이가 높다.
  - 기계의 안전성이 떨어진다.

기출예상문제

한국가스기술공사

1 다음 중 절삭유의 주된 효과에 대한 설명으로 틀린 것은?

① 가공부분의 치수 정밀도 향상

② 윤활작용에 의한 마찰이나 공구의 마모 저감

③ 가공면의 녹 방지

④ 방부 작용 향상

> **NOTE** 절삭유의 주된 효과
> ㉠ 윤활작용에 의한 마찰이나 공구의 마모 저감
> ㉡ 공구나 피절삭재의 냉각작용에 의한 공구수명의 향상
> ㉢ 가공부분의 치수 정밀도 향상
> ㉣ 구성인선의 억제작용 칩 배제
> ㉤ 가공면의 녹 방지

안산도시공사

2 기계 가공 과정 중 냉각, 마찰 감소, 정밀도 향상, 녹 방지, 등의 역할을 하는 것은?

① 압연유   ② 세정제

③ 절삭유   ④ 방부액

> **NOTE** 절삭유 … 금속 재료를 절삭 가공할 경우, 절삭 공구부를 냉각시키고 윤활해서 공구의 수명을 연장하거나 다듬질면을 깨끗이 하기 위하여 사용하는 윤활유를 절삭유라 한다.

3 스프링 백 현상은 다음 어느 작업할 때 가장 많이 발생하는가?

① 용접   ② 프레스

③ 리벳   ④ 열처리

> **NOTE** 스프링 백(spring back) … 소성재료를 굽힘 가공을 할 때 재료를 굽힌 후 힘을 제거하면 판재의 탄성으로 인하여 탄성변형 부분이 원 상태로 복귀하여 그 굽힘 각도나 굽힘 반지름이 열려 커지는 현상을 말하며 주로 프레스 작업이나 판금가공에 발생한다.

4 다음 중 절삭 가공에 이용되는 성질로 가장 적합한 것은?

① 소성   ② 용접성

③ 용해성   ④ 연삭성

      NOTE 절삭가공에 주로 이용되는 성질은 연삭성이다.

5 다음 중 선반의 크기를 나타내는 것은?

① 주축대와 삽입대 사이의 최대 길이

② 왕복대와 베드 사이의 최대 길이

③ 공작물과 베드 사이의 거리

④ 가공할 수 있는 공작물의 최대 지름과 길이

⑤ 가공할 수 있는 공작물의 길이와 베드 사이의 거리

      NOTE 선반의 크기는 가공할 수 있는 가공물의 최대 지름과 관계가 있는 베드의 길이와 베드에서 센터까지의 높이 또는 베드의
           길이와 스윙으로 나타낸다. 스윙은 베드에서 센터까지 높이의 2배이며, 베드 길이는 주축대가 놓인 부분의 길이를 포함한다.
           ※ 선반의 크기를 나타내는 방법
               ⓐ 베드 위의 스윙
               ⓑ 양 센터간의 최대거리
               ⓒ 왕복대 위의 스윙
               ⓓ 베드의 길이

6 절삭속도 628m/min, 밀링커터의 날수를 10, 밀링커터의 지름을 100mm, 1날당 이송을 0.1mm로 할 경우 테이블의 1분간 이송량[mm/min]은? (단, π 는 3.14이다)

① 1,000   ② 2,000

③ 3,000   ④ 4,000

      NOTE $f = f_z \times z \times n$
           f : 테이블의 이송 속도(mm/mim)
           f_z : 밀링 커터날 1개의 이송(mm)
           z : 밀링 커터 날의 수
           n : 밀링 커터의 회전수(rpm)

Answer. 4.④ 5.④ 6.②

7 바이트 대신 밀링커터를 장착하여 대형공작물을 가공하는 밀링머신은?

① 플래너형
② 니형
③ 생산형
④ 특수형

NOTE ① 대형 가공물의 중절삭에 사용되고 여러 개의 밀링커터를 사용하여 절삭하며, 급속 이송장치가 되어 있어 절삭에 필요하지 않는 부분은 빨리 지나간다.
② 수직 밀링머신이라고도 하며, 주축이 테이블에 수직으로 되어 있고 주축 하단에 공구를 고정시켜 회전을 주어 절삭하는 공구로 니의 조작은 수평밀링머신과 동일하다.
③ 생산성을 향상시키기 위해 주축 헤드 수에 따라서 단두형, 양두형, 회전 테이블식으로 구분하고 테이블의 좌우 이동과 스핀들의 회전운동으로 가공한다.
④ 공구를 전문적으로 가공하는 공구 밀링머신, 나사만을 깎는 나사 밀링머신, 단조나 프레스를 위한 형조각 밀링머신 등이 있다.

8 다음 중 창성법에 의한 기어 절삭에 해당하지 않는 것은?

① 총형커터
② 랙 커터
③ 호빙머신
④ 피니언 커터

NOTE 창성법에 의한 기어 절삭의 분류
㉠ 호브(hob)의 사용에 따라 호빙머신, 스퍼 기어, 헬리컬 기어, 웜 기어를 가공할 수 있다.
㉡ 피니언 커터(pinion cutter)는 세이퍼와 피니언의 형상과 동일한 커터를 사용하며 스퍼기어, 헬리컬 기어, 내접 기어, 단이 있는 기어를 가공할 수 있다.
㉢ 랙 커터(rack cutter)를 사용하여 피니언 커터와 같은 효과로 기어를 가공할 수 있다.

9 절삭기계의 상대운동에 대한 설명으로 옳지 않은 것은?

① 선반 – 일감 회전, 공구 수평이송
② 밀링머신 – 일감 고정, 공구 회전
③ 드릴링 – 일감 고정, 공구 회전
④ 플래너 – 일감 수평운동, 공구 수직이송

NOTE 절삭기계와 재료의 상대운동
㉠ 선반, 밀링머신, 드릴링머신 : 회전운동과 직선운동
㉡ 세이퍼, 플래너 : 직선운동과 직선운동
㉢ 원통 연삭기, 호빙머신, 기어 절삭기계 : 회전운동과 회전운동

Answer. 7.① 8.① 9.②

10 선반을 이용한 가공으로 옳지 않은 것은?

① 나사깎기(threading)

② 보오링(boring)

③ 구멍뚫기(drilling)

④ 브로칭(broaching)

NOTE 브로칭 … 브로치(broach)라는 절삭 공구를 사용하여 브로친 머신에 의해 일감의 내면, 외면을 필요한 모양으로 절삭하여 완성하는 가공법

11 지름이 80mm인 일감을 절삭속도 180m/min으로 가공할 때 선반주축의 회전수는 얼마인가? (단, π = 3.14로 계산하고 소수점 이하는 반올림할 것)

① 314rpm

② 717rpm

③ 816rpm

④ 4.586rpm

NOTE 선박주축의 회전수$(N) = \dfrac{1,000}{\pi D}$ [v: 절삭속도(m/min), D : 지름(mm)]

12 다음 공작기계 중 공구를 회전시키고, 공작물에 이송을 주면서 평면가공이나 홈가공을 하는 데 주로 사용되는 공작기계는?

① 선반

② 보링머신

③ 밀링머신

④ 호빙머신

NOTE 밀링머신 … 공작물은 바이스에 고정되어 이송을 하고, 절삭공구가 고속회전을 한다.

13 선반에서 테이퍼 부분의 길이가 짧고 경사각이 큰 일감의 테이퍼 가공에 이용되는 방법은?

① 복식공구대에 의한 방법

② 심압대 편위에 의한 방법

③ 테이퍼 절삭장치에 의한 방법

④ 총형바이트에 의한 방법

NOTE 복식공구대를 회전시키는 방법 … 공작물의 테이퍼 부분이 비교적 짧고, 테이퍼량이 많을 때 사용하는 방법이다.

Answer. 10.④ 11.② 12.③ 13.①

14 드릴링가공법 중 구멍의 다듬질에 사용되는 가공방법은?

① 카운터싱킹   ② 스폿페이싱

③ 리이머가공   ④ 탭가공

> **NOTE** 이미 뚫은 구멍을 정밀하게 다듬는 가공방법이다.

15 공작물은 회전하고 절삭공구는 전후좌우 이송하는 공작기계는?

① 선반   ② 밀링머신

③ 보링머신   ④ 드릴링머신

> **NOTE** 선반 … 공작물은 척에 고정되어 주축에 의하여 고속으로 회전하고, 절삭공구는 공구대에 고정되어 왕복대에 의해 전후좌우로 이송된다.

16 다음 중 급속귀환운동을 하는 공작기계는?

① 선반   ② 밀링머신

③ 호빙머신   ④ 셰이퍼

> **NOTE** 셰이퍼 … 급속귀환운동을 한다. 절삭행정에 비하여 귀환행정을 빠르게 하여 귀환행정의 시간을 단축시키는 기구이다.

17 다음 중 키홈 또는 다각형 홈 등을 제작하는 데 사용하는 브로치는?

① 내면 브로치   ② 인발식 브로치

③ 압입식 브로치   ④ 외면 브로치

> **NOTE** ① 키홈, 스플라인 홈, 다각형 홈 등을 가공한다.
> ② 가장 일반적인 브로치로 작은 구멍, 절삭량이 많은 구멍을 가공할 때 먼저 거칠게 보링한 후 사용한다.
> ③ 큰 구멍이나 절삭량이 작은 공작물을 가공하는 데 사용한다.
> ④ 기어의 치형이나 홈의 특수모양 등을 가공한다.

Answer. 14.③ 15.① 16.④ 17.①

18 다음 중 두 줄의 비틀림홈드릴의 표준 날끝각은?

① 90°
② 100°
③ 118°
④ 135°
⑤ 150°

> **NOTE** 두 줄의 비틀림홈드릴의 날끝각의 표준각은 118°이다.

19 다음 중 수평형 브로칭머신의 장점으로 옳지 않은 것은?

① 브로치의 수명이 길다.
② 기계조작이 쉽다.
③ 긴 행정길이를 확보할 수 있다.
④ 작은 공작물의 대량생산이 가능하다.

> **NOTE** 수평형 브로칭머신의 장점
> ㉠ 브로치의 수명이 길다.
> ㉡ 긴 행정길이를 확보할 수 있다.
> ㉢ 기계조작 및 점검이 쉽다.

20 다음 중 평면절삭에 적당한 커터는?

① 사이드 커터
② 메탈소
③ 앤드밀
④ 플레인 커터
⑤ 사이드밀

> **NOTE** 플레인 커터 … 밀링커터의 축과 평행한 평면절삭을 말한다.

21 다음 중 대량생산에 사용되는 것으로서 재료의 공급만 하여 주면 자동적으로 가공되는 선반은?

① 다인선반
② 자동선반
③ 모방선반
④ 탁상선반
⑤ 모형선반

> **NOTE** 자동선반 … 선반의 작동을 자동화한 것으로 대량생산에 적합하다.

22 절삭가공 중 칩의 발생유형으로 옳지 않은 것은?

① 유동형   ② 전단형

③ 균열형   ④ 횡단형

⑤ 열단형

> **NOTE** 칩의 유형
> ㉠ 유동형칩 : 칩이 바이트의 경사면을 따라 연속적으로 유동하는 모양으로 가장 안정적인 칩의 형태이다.
> ㉡ 전단형칩 : 칩이 연속적으로 발생되지만 가로방향의 일정한 간격으로 전단이 발생하는 칩의 형태로, 유동형에 비해 미끄러지는 간격이 다소 크다.
> ㉢ 균열형칩 : 취성재료를 저속으로 절삭할 때 공구의 날끝 앞의 면에 균열이 일어나서 작은 조각형태로 불연속적으로 발생하는 칩의 형태이다.
> ㉣ 열단형칩 : 가공물이 경사면에 접착되어 날 끝에서 아래쪽으로 경사지게 균열이 일어나면서 발생하는 칩의 형태이다.

23 다음 중 샤프연필의 끝처럼 갈라진 틈을 조여 공작물을 물리는 척을 무엇이라 하는가?

① 연동척   ② 단동척

③ 콜릿척   ④ 마그네틱척

⑤ 유압척

> **NOTE** 콜릿척 … 지름이 작은 가공물의 고정에 사용된다.

24 다음 중 모형이나 형판에 따라 바이트를 이동시켜 절삭하는 선반은?

① 모방선반   ② 자동선반

③ 정면선반   ④ 보통선반

⑤ 타입선반

> **NOTE** 모방선반 … 가공물과 치수가 같은 모형을 제작하고, 공구대가 자동으로 이 모형의 윤곽을 따라 절삭하는 선반을 말한다.

25 다음 중 드릴의 절삭속도(m/min)를 구하는 공식을 옳게 나타낸 것은?

① $V = \dfrac{2N}{d}$

② $V = \dfrac{\pi dN}{60}$

③ $V = \dfrac{\pi dN}{1,000}$

④ $V = \dfrac{\pi dN}{6,000}$

⑤ $V - \dfrac{\pi dN}{90}$

NOTE 절삭속도 $\cdots V = \dfrac{\pi dN}{1,000}$ (m/min)

26 짧고 지름이 큰 일감을 절삭하는 데 유용한 선반은?

① 터릿선반

② 모방선반

③ 정면선반

④ 수직선반

⑤ 자동선반

NOTE 정면선반 ⋯ 가공물의 길이가 비교적 짧고 지름이 큰 가공물을 절삭하는 데 사용한다.

27 다음 중 절삭가공에 속하지 않는 것은?

① 탭핑

② 밀링가공

③ 프레스가공

④ 선삭

NOTE ③ 프레스가공은 소성가공에 속한다.

28 다음 중 균열형칩이 발생하는 조건으로 옳지 않은 것은?

① 고속절삭을 할 때

② 취성재료를 절삭할 때

③ 공구재질에 비해 절삭깊이가 깊을 때

④ 경사각이 아주 작을 때

NOTE 균열형칩의 발생조건
　　　㉠ 취성재료를 절삭할 때
　　　㉡ 공구재질에 비해 절삭깊이가 깊을 때
　　　㉢ 경사각이 아주 작고, 절삭속도가 아주 느릴 때

Answer. 25.③ 26.③ 27.③ 28.①

29 가공물에 점성이 있을 때 발생되는 칩의 유형은?

① 균열형   ② 전단형

③ 유동형   ④ 열단형

> **NOTE** 열단형 … 가공물이 경사면에 접착되어 날 끝에서 아래쪽으로 경사지게 균열이 일어나면서 발생하는 칩의 형태로 절삭재료가 연성일 때, 절삭속도가 느릴 때, 절입이 클 때 발생한다.

30 다음 중 구성인선의 생성을 방지하는 방법으로 옳지 않은 것은?

① 경사각을 크게 한다.   ② 절삭속도를 줄인다.

③ 절삭유를 사용한다.   ④ 절삭깊이를 작게한다.

> **NOTE** 구성인선 생성 방지법
> ㉠ 경사각을 크게 한다.
> ㉡ 절삭속도를 크게 한다.
> ㉢ 절삭유를 사용한다.
> ㉣ 절삭깊이를 작게 한다.

31 다음 중 구성인선의 발생원인으로 옳지 않은 것은?

① 바이트의 경사각이 작을 때

② 절삭공구의 날 끝의 온도가 상승할 때

③ 절삭속도가 클 때

④ 절입이 크고 이송이 늦을 때

> **NOTE** 구성인선의 발생원인
> ㉠ 바이트의 경사각이 작을 때
> ㉡ 절삭속도가 늦을 때
> ㉢ 절입이 크고 이송이 늦을 때
> ㉣ 절삭공구의 날 끝의 온도가 상승할 때

32 다음 중 절삭조건의 3요소로 옳지 않은 것은?

① 절삭속도

② 절삭깊이

③ 절삭 시 온도

④ 이송속도

> **NOTE** 절삭조건의 3요소
> ㉠ 절삭속도 : 절삭가공 중에 공구와 공작물 속도를 말한다.
> ㉡ 절삭깊이 : 절삭가공 중에 공구가 공작물로 삽입하여 들어간 깊이를 말하며 공구의 수명과 가공 중의 온도상승과 관계된다.
> ㉢ 이송속도

33 다음 중 올바른 구성인선의 생성주기는?

① 발생 → 성장 → 최대성장 → 분열 → 탈락

② 발생 → 분열 → 성장 → 최대성장 → 탈락

③ 성장 → 발생 → 최대성장 → 탈락 → 분열

④ 분열 → 성장 → 최대성장 → 발생 → 탈락

> **NOTE** 구성인선의 생성주기 … 발생 → 성장 → 최대성장 → 분열 → 탈락

34 다음 중 절삭저항에 속하지 않는 것은?

① 전단력

② 주분력

③ 배분력

④ 이송분력

> **NOTE** 절삭저항의 3분력
> ㉠ 주분력 : 절삭방향으로 작용하는 절삭저항 성분으로 공작물을 제거하는 주성분이다.
> ㉡ 횡분력(이송분력) : 공구의 이송방향으로 작용하는 성분으로 공구의 이송을 방해하는 저항력이다.
> ㉢ 배분력 : 공구의 축방향으로 작용하는 성분이다.

35 다음 중 절삭공구 재료의 구비조건으로 옳지 않은 것은?

① 고온경도가 커야 한다.

② 마찰계수가 커야 한다.

③ 내마모성이 커야 한다.

④ 인성이 커야 한다.

> **NOTE** 절삭공구 재료의 구비조건
> ㉠ 고온경도가 커야 한다.
> ㉡ 인성이 커야 한다.
> ㉢ 마찰계수가 작아야 한다.
> ㉣ 가격이 저렴하고 구입이 용이해야 한다.
> ㉤ 내마모성이 커야 한다.

Answer. 32.③ 33.① 34.① 35.②

36 공구의 경사면이 파괴되어 생기는 공구의 마멸 종류는?

① 클래이터 마멸   ② 플랭크 마멸

③ 치핑   ④ 호밍

NOTE 공구마멸의 종류
ⓐ 클래이터 마멸 : 공구의 경사면에 발생하고 마멸깊이로 판단한다.
ⓑ 플랭크 마멸 : 공구의 여유면에 발생하고 공구의 폭으로 판단한다.
ⓒ 치핑 : 공구의 날 끝의 일부가 파괴되어 발생한다.

37 다음 절삭공구의 재료 중 구성인선이 생기지 않는 재료는?

① 합금공구강   ② 고속도강

③ 다이아몬드   ④ 세라믹

NOTE ④ 구성인선의 발생이 없다.

38 다음 중 공작기계의 기본운동으로 옳지 않은 것은?

① 절삭운동   ② 이송운동

③ 왕복운동   ④ 조정운동(위치조정)

NOTE 공작기계의 기본운동 … 절삭운동, 이송운동, 조정운동 등을 한다.

39 다음 중 절삭유의 작용으로 옳지 않은 것은?

① 냉각작용   ② 마찰작용

③ 방청작용   ④ 세척작용

NOTE 절삭유의 작용
ⓐ 냉각작용 : 공구와 가공물의 마찰열을 식혀 준다.
ⓑ 윤활작용 : 공구의 가공물간의 마찰, 마모 등을 방지해 준다.
ⓒ 방청작용 : 부식을 방지해 준다.
ⓓ 세척작용 : 칩을 제거해 준다.

Answer. 36.①   37.④   38.③   39.②

40 절삭저항 중 가장 큰 힘을 작용하는 것은?

① 이송분력   ② 배분력

③ 주분력   ④ 전단력

> **NOTE** 절삭저항 3분력의 대소관계 … 주분력 > 배분력 > 이송분력

41 선반과정 중 미세하게 절삭속도를 조절해야 하는 작업은?

① 정삭   ② 황삭

③ 횡삭   ④ 태핑

> **NOTE** 선반의 작업과정
> ㉠ 황삭 : 칩두께, 공구수명, 선반마력, 공작물이 허용하는 한 크게 절삭하는 방법으로, 가공시간단축과 단단한 표면부를
>   제거하기 위한 목적으로 작업한다.
> ㉡ 정삭 : 필요한 다듬질면을 만들기 위해 충분히 미세한 절삭속도를 조절한다.

42 다음 중 선반의 주요 4부분으로 옳지 않은 것은?

① 베드   ② 왕복대

③ 심압대   ④ 바이트

> **NOTE** 선반의 주요 4부분 … 베드, 주축대, 심압대, 왕복대

43 다음 중 방진구의 사용목적은?

① 불규칙한 공작물을 지지하기 위해서
② 공작물을 센터로 지지할 위치에 구멍이 있을 때 이를 구멍에 끼워 고정하기 위해서
③ 지름이 작고 긴 공작물의 굽힘으로 인한 진동을 방지하기 위해서
④ 바이트의 마모를 방지하기 위해서

> **NOTE** 방진구 … 지름이 작고 긴 공작물을 가공할 때는 공작물이 휘어지기 때문에 안정된 가공을 할 수 없으므로 방진구를 이용
>   하여 공작물의 굽힘과 이로 인한 진동을 방지해 준다.

Answer. 40.③ 41.① 42.④ 43.③

44 척 중 3개의 조(jaw)로 이루어진 것은?

① 단동척　　　　　　　　　　　② 공기척

③ 벨척　　　　　　　　　　　　④ 연동척

> **NOTE** 척의 종류
> ㉠ 단동척 : 4개의 조(jaw)로 되어 있고, 불규칙한 공작물을 고정하는 데 용이하다.
> ㉡ 연동척 : 3개의 조(jaw)로 이루어져 있으며, 동시에 움직이므로 고정시간이 빠르다.
> ㉢ 자석척 : 마그네틱척이라고도 하며 자성체 고정에 용이하다.
> ㉣ 콜릿척 : 지름이 작은 가공물의 고정에 사용된다.
> ㉤ 공기척 : 기계운전을 정지하지 않고, 공작물을 고정하거나 분리시킬 수 있다.
> ㉥ 벨척 : 볼트가 방사형으로 설치되어 불규칙한 짧은 환봉제를 가공할 때 용이하다.

45 다음 중 가공물을 지지해주는 부속품은?

① 센터　　　　　　　　　　　　② 바이트

③ 방진구　　　　　　　　　　　④ 심봉

> **NOTE** 선반의 부속품
> ㉠ 센터 : 센터는 척이나 면판과 함께 가공물을 지지해주는 부속품으로 회전센터는 주축대에 고정되어 있고, 정지센터는 심압대에 고정되어 있다.
> ㉡ 척 : 선반의 주축에 설치되고, 가공물을 고정하여 회전시키는 데 사용된다.
> ㉢ 면판 : 여러 개의 구멍과 홈이 있어 이를 이용하여 형상이 불규칙한 공작물을 지지할 수 있다.
> ㉣ 맨드릴(심봉) : 공작물을 센터로 지지할 위치에 구멍이 있을 때 구멍에 맨드릴을 끼워 공작물을 지지하여 가공하면 편리하게 작업할 수 있다.
> ㉤ 방진구 : 지름이 작고 긴 공작물을 가공할 때는 공작물이 휘어지기 때문에 안정된 가공을 할 수 없으므로 방진구를 이용하여 공작물의 굽힘과 이로 인한 진동을 방지해 준다.

46 다음 중 선반의 크기를 나타내는 방법으로 옳지 않은 것은?

① 바이트의 크기　　　　　　　　② 베드 위의 스윙

③ 양 센터간의 최대거리　　　　　④ 왕복대 위의 스윙

> **NOTE** 선반의 크기를 나타내는 방법 … 베드 위의 스윙, 양 센터간의 최대거리, 왕복대 위의 스윙

47 다음 중 바이트에 공작물과의 마찰을 줄이기 위해 만든 각은?

① 경사각

② 여유각

③ 회전각

④ 절인각

> **NOTE** 바이트 각도
> ㉠ 경사각 : 칩의 흐름을 좋게 하는 각으로 경사각이 클수록 절삭저항이 감소된다.
> ㉡ 여유각 : 공작물과의 미찰이 적도록 한 각이다.

48 다음 중 이송 단위인 것은?

① mm/rev

② mm

③ min/m

④ min/mm

> **NOTE** 이송단위는 공작물 1회전 당 바이트의 이동거리이다.

49 다음 중 가공물이 대형일 때 센터의 각도는?

① 30°

② 60°

③ 90°

④ 120°

> **NOTE** 가공물에 따른 센터의 각도
> ㉠ 보통 크기의 가공물 : 60°
> ㉡ 큰 가공물 : 75° 또는 90°

50 다음 중 철도 차량의 바퀴면을 가공하는데 사용되는 선반은?

① 터릿선반

② 차륜선반

③ 탁상선반

④ 정면선반

> **NOTE** ① 길이방향으로 이송이 가능한 육각형 터릿이 심압대 대신 사용되며, 이것을 차례대로 회전시켜 작업을 순차적으로 진행할 수 있는 선반이다.
> ② 철도 차량의 바퀴면을 가공하는 선반이다.
> ③ 소형 선반으로 계기 또는 시계부품을 절삭하는 데 이용되는 선반이다.
> ④ 외경이 크고 길이가 짧은 공작물의 가공에 이용되는 선반이다.

Answer. 47.② 48.① 49.③ 50.②

51 다음 중 형판의 모양에 따라 바이트를 안내하여 곡면을 모방 가공하기에 적합한 선반은?

① 모형선반
② 수직선반
③ 정면선반
④ 자동선반

> **NOTE** ① 모방선반이라고도 하며, 형판의 모양에 따라 바이트를 안내하여 턱붙이 부분, 테이퍼 및 곡면 등을 모방절삭하는 데 이용된다.
> ② 주축이 수평 테이블에 수직인 선반이다.
> ③ 외경이 크고 길이가 짧은 공작물의 가공에 이용된다.
> ④ 선반의 작동을 자동화한 것으로 대량생산에 적합하다.

52 맨드릴은 어떤 공작물을 가공할 때 사용되는가?

① 구멍이 많이 뚫린 공작물
② 지름에 비해 길이가 긴 공작물
③ 형상이 불규칙한 공작물
④ 센터로 지지할 구멍이 있는 공작물

> **NOTE** 맨드릴(심봉) ⋯ 공작물을 센터로 지지할 위치에 구멍이 있을 때 구멍에 맨드릴을 끼워 공작물을 지지하여 가공하면 편리하게 작업할 수 있다.

53 다음 중 보링작업에 사용되는 절삭공구는?

① 브로치
② 바이트
③ 커터
④ 드릴

> **NOTE** ① 브로칭작업에 사용되는 절삭 공구
> ② 보링작업에 사용되는 절삭 공구
> ③ 밀링작업에 사용되는 절삭 공구
> ④ 드릴링작업에 사용되는 공구

Answer. 51.① 52.④ 53.②

54 다음 중 거친 공작물 절삭에 사용되는 보링공구는?

① 보링 바
② 양날 바이트
③ 보링 헤드
④ 외날 바이트

> **NOTE** 보링공구
> ㉠ 보링 바 : 바이트를 고정하고 주축의 구멍에 끼워 회전시키거나 홀더에 고정하여 사용하는 것으로 구멍을 다듬질하는
> 데 사용히는 봉이디.
> ㉡ 보링 바이트 : 선반용 바이트와 같다.
> • 외날 바이트 : 거친 공작물 절삭에 사용한다.
> • 양날 바이트 : 다듬질 절삭에 사용한다.
> ㉢ 보링 헤드 : 가공할 구멍의 지름이 커 보링 바에 바이트를 고정시키는 것이 곤란할 경우 가공지름을 확장할 수 있도록
> 보링 바에 보링 헤드를 고정시킨 후 바이트를 고정하여 작업을 한다.

55 보링머신의 종류 중 다이아몬드나 초경합금 바이트를 이용하는 것은?

① 정밀 보링머신
② 지그 보링머신
③ 수평식 보링머신
④ 수직 보링머신

> **NOTE** 보링머신의 종류
> ㉠ 수평식 보링머신 : 주축이 수평인 보링머신이다.
> ㉡ 정밀 보링머신 : 원통 내면을 작은 절삭깊이와 이송량으로 높은 정밀도와 빠른 속도로 절삭하는 보링머신이며, 다이아
> 몬드나 초경합금 바이트를 사용한다.
> ㉢ 지그(jig) 보링머신 : 드릴에서 부정확한 구멍가공이나 각종 지그(jig)의 제작 및 정밀한 구멍가공을 할 때 사용하며, 허
> 용오차는 0.002～0.005mm 정도 이다.

56 다음 중 보링의 목적은 무엇인가?

① 구멍을 뚫기 위한 목적
② 평면을 가공하기 위한 목적
③ 편심을 교정하기 위한 목적
④ 불규칙한 가공물을 정밀가공하기 위한 목적

> **NOTE** 보링의 목적
> ㉠ 공작물의 회전중심에 대하여 구멍의 동심도를 완성하기 위한 목적
> ㉡ 편심 교정

57 다음 중 슬로터로 가공할 수 없는 것은?

① 곡면가공　　　　　　　　② 키홈가공

③ 기어가공　　　　　　　　④ 대형 일감의 넓은 평면가공

　　NOTE 슬로터 … 직립형 셰이퍼와도 같은 형태이며, 구멍의 내면이나 곡면 또는 내접기어 등을 가공하는 데 사용한다.

58 다음 셰이퍼의 구조 중 귀환행정의 시간을 단축시키는 기구는?

① 램의 운동기구　　　　　　② 급속귀환기구

③ 이송기구　　　　　　　　④ 공구대

　　NOTE 셰이퍼의 구조
　　㉠ 램의 운동기구 : 회전운동을 직선운동으로 변환하는 기구이다.
　　㉡ 급속 귀환기구 : 절삭행정에 비하여 귀환행정을 빠르게 하여 귀환행정의 시간을 단축시키는 기구이다.
　　㉢ 이송기구 : 테이블을 좌우로 이송시키는 기구이다.
　　㉣ 공구대 : 바이트를 고정하여 수평절삭, 수직절삭 및 경사절삭을 할 수 있는 기구로 바이트의 절삭깊이는 공구대의 이송
　　　핸들을 돌려서 조절한다.

59 다음 중 대형물을 가공할 때 사용되는 공작기계는?

① 슬로터　　　　　　　　　② 셰이퍼

③ 플레이너　　　　　　　　④ 브로칭

　　NOTE ① 직립형 셰이퍼와도 같은 형태이며, 구멍의 내면이나 곡면 또는 내접기어 등을 가공한다.
　　② 공작물을 테이블에 고정시키고, 램의 선단에 위치한 공구대에 고정시킨 바이트를 수평 왕복운동시켜 평면을 가공하는
　　　공작기계이다.
　　③ 셰이퍼나 슬로터처럼 평면가공을 하는 기계이나 대형물을 가공할 때 사용되며, 공구가 이송되어 공작물을 절삭한다는
　　　점이 다르다.
　　④ 다인공구를 공작물에 눌러 통과시키면서 절삭하는 가공방법이다.

60 다음 중 이미 뚫은 구멍을 정밀하게 다듬는 공정은?

① 리밍 　　　　　　　　　　　　② 스폿페이싱

③ 카운터 보링 　　　　　　　　　④ 보링

> **NOTE** ② 볼트, 너트 등의 자리를 만드는 작업이다.
> ③ 작은 나사나 볼트의 머리부분이 공작물에 묻힐 수 있도록 단이 있는 구멍을 뚫는 작업이다.
> ④ 이미 뚫은 구멍의 내경을 넓히는 작업이디.

61 드릴링작업 중 드릴이 부러지는 원인으로 옳지 않은 것은?

① 지름이 큰 드릴로 저속으로 절삭할 때

② 드릴을 경사지게 잘못 고정했을 때

③ 드릴의 지름을 고려하지 않고 절삭속도와 이송량을 정했을 때

④ 가공물을 바이스에 잘못 고정시켰을 때

> **NOTE** 지름이 큰 드릴을 사용할 때는 저속으로 사용하는 것이 옳다.

62 탁상 드릴링머신으로 뚫을 수 있는 구멍의 최대 지름은?

① 10mm 　　　　　　　　　　　② 11mm

③ 12mm 　　　　　　　　　　　④ 13mm

> **NOTE** 탁상 드릴링머신 … 소형 드릴링머신으로, 지름이 작고(13mm 이하) 깊이가 깊지 않을 때 사용하는 머신으로 주로 벨트로 주축을 회전시킨다.

63 공작물의 경도가 높을수록 드릴의 날 끝부분의 각도는 어때야 하는가?

① 재료를 연화시킨다. 　　　　　② 크게 한다.

③ 작게 한다. 　　　　　　　　　④ 상관없다.

> **NOTE** 경도가 높은 재료일수록 드릴의 날 끝부분의 각도는 커져야 한다.

64 드릴의 지름이 3mm이고, 회전수가 600rpm일 때, 절삭 속도는?

① 5.7m/min ② 7.3m/min

③ 5.0m/min ④ 7.9m/min

> **NOTE** 드릴의 절삭속도(V) $= \dfrac{\pi Dn}{1,000} = \dfrac{3.14 \times 3 \times 600}{1,000} = 5.652 ≒ 5.7\text{m/min}$
>
> [D : 공작물 직경(mm), n : 바이트의 분당 회전속도(m/min), V : 절삭속도 (m/min)]

65 다음 중 대량생산이 가능한 드릴링머신은?

① 직립 드릴링머신 ② 레이디얼 드릴링머신

③ 다축 드릴링머신 ④ 만능식 드릴링머신

> **NOTE** ① 대형 공작물의 구멍을 가공하는 데 사용하며, 주축에 역회전 장치가 있어 태핑도 가능하다.
> ② 대형이고 무게가 무거운 공작물에 구멍을 뚫는 데 이용되며, 레이디얼암이 수평으로 회전할 수 있다.
> ③ 여러 개의 스핀들이 평면 위에 있어 다수의 구멍을 동시에 가공할 수 있어 대량생산이 가능하다.
> ④ 레이디얼 드릴링머신과 구조가 같으나 스핀들을 경사시킬 수 있는 기구가 추가되어 있다.

66 드릴의 3부분 중 공작기계의 주축 끝에 고정되는 부분은?

① 생크 ② 선단

③ 본체 ④ 나선형 홈

> **NOTE** 드릴의 3부분
> ㉠ 본체 : 랜드에 의하여 분리된 2개 이상의 나선형 홈을 가지고 있다.
> ㉡ 선단 : 드릴의 가장 끝부분으로 공작물과 초기에 닿는 부분을 말하며, 경사각과 여러가지 여유각을 가지고 있다.
> ㉢ 생크 : 공작기계의 주축 끝에 고정되는 부분을 말한다.

67 다음 중 절단에 가장 적합한 밀링커터는?

① 평면 밀링커터

② 각 밀링커터

③ 엔드밀

④ 슬리팅 톱

> **NOTE** 밀링커터의 종류
> ㉠ 평면 밀링커터 : 소비동력이 적고 가공면의 정도가 좋다.
> ㉡ 측면 밀링커터 : 평면 밀링커터날에 측면날이 더해진 것으로 폭이 좁은 원통형 커터로 홈, 단면, 평면 가공에 사용된다.
> ㉢ 각 밀링커터 : 원추면에 절인을 갖고 있으며, 각절삭가공에 사용된다.
> ㉣ 슬리팅 톱 : 얇은 폭의 공구로 좁고 깊은 홈가공에 사용된다.
> ㉤ 총형 밀링커터 : 외주에 곡선의 윤곽을 가지고 있어 기어, 리머 등의 가공에 사용된다.
> ㉥ 엔드밀 : 날이 원주면과 끝면에 있고 홈이나 곡면, 좁은 평면 절단가공에 사용된다.

68 황동이나 얇은 판에 구멍을 뚫을 때 사용되는 드릴은?

① 트위스트 드릴

② 평드릴

③ 기름홈 드릴

④ 직선홈 드릴

> **NOTE** ① 가장 일반적인 드릴로 절삭성이 좋고 칩의 배출이 좋으며, 정확한 구멍을 뚫을 수 있고 수명도 길다.
> ② 주로 목재용으로 사용되는 드릴로 날끝의 안내가 없어 구멍이 휘어지기 쉽다.
> ③ 칩의 배출이 용이하므로 깊은 구멍을 가공할 때 사용한다.
> ④ 황동이나 얇은 판에 구멍을 뚫을 때 사용되는 드릴로 절삭성이 떨어진다.

69 다음 중 드릴 작업시 유의사항으로 옳지 않은 것은?

① 공작물을 바이스 등으로 단단히 고정한다.

② 회전하는 드릴 주위에 걸레 등을 가까이 두지 않는다.

③ 손이 다칠 염려가 있으므로 장갑을 껴야 한다.

④ 칩제거는 맨손으로 하지 않는다.

> **NOTE** ③ 드릴 작업을 할 때는 회전하는 드릴에 장갑이 감길 수 있으므로 장갑을 끼지 말아야 한다.

70 다음 중 기어 또는 리머 등의 가공에 사용되는 밀링커터는?

① 총형 밀링커터

② 측면 밀링커터

③ 각 밀링커터

④ 평면 밀링커터

> **NOTE** ① 외주에 곡선의 윤곽을 가지고 있어 기어, 리머 등의 가공에 사용된다.

Answer. 67.③ 68.④ 69.③ 70.①

71 다음 중 밀링머신으로 가공할 수 없는 것은?

① 곡면가공   ② 키홈가공

③ 평면가공   ④ 절단가공

NOTE ① 밀링머신으로 곡면가공은 힘들다.

72 밀링커터의 회전방향과 공작물의 이송방향이 서로 반대인 절삭방법은?

① 하향밀링   ② 상향밀링

③ 수평형 밀링머신   ④ 수직형 밀링머신

NOTE 밀링커터의 회전방향과 공작물의 이송방향이 서로 반대인 절삭방법으로 칩의 두께는 공구와 공작물이 접촉 할 때 가장 얇고 이탈시 가장 두껍다.

73 다음 중 하향절삭의 단점은?

① 백래시가 커진다.   ② 날의 마모가 적다.

③ 가공물의 고정이 어렵다.   ④ 커터의 수명이 짧다.

NOTE 하향절삭의 단점
㉠ 칩이 커터와 공작물 사이에 끼어 절삭을 방해한다.
㉡ 백래시가 커진다.

74 다음 중 상향밀링의 특징으로 옳지 않은 것은?

① 동력의 낭비가 많다.

② 백래시가 자연적으로 제거된다.

③ 칩이 가공면으로 옮겨져 절삭을 방해하지 않는다.

④ 가공물의 고정이 쉽다.

 상향밀링

　　㉠ 장점

　　　• 칩이 가공면으로 옮겨져 절삭을 방해하지 않는다.

　　　• 백래시가 자연적으로 제거된다.

　　㉡ 단점

　　　• 칩이 가공면으로 옮겨져 공작물의 품질이 저하된다.

　　　• 커터의 수명이 짧고, 동력낭비가 많다.

　　　• 공구의 접근각이 작아 초기에 공작물이 커터에 물리기 어렵다.

75 다음 중 변환기어 12개를 이용하여 원하는 등분을 분할할 수 있는 분할법은?

① 직접분할법　　　　　　　　　② 차동분할법

③ 단식분할법　　　　　　　　　④ 각도분할

NOTE 분할법의 종류

　　㉠ 직접분할법 : 24등분의 구멍이 있어 24인자로 분할한다.

　　㉡ 단식분할법 : 분할판과 크랭크를 사용해 분할한다.

　　㉢ 차동분할법 : 만능분할법이라고도 하며, 변환기어 12개를 이용하여 원하는 등분으로 분할한다.

　　㉣ 각도분할

Chapter.

06 손 다듬질

01 손 다듬질의 개요

① 손 다듬질의 정의

기계부품 등을 기계로 가공하지 않고 손으로 가공하는 것으로, 보통 주조나 단조에 의해 만들어진 재료를 깎아 손으로 다듬질한다.

② 손 다듬질의 종류

손 다듬질에는 금긋기 작업, 정 작업, 줄 작업, 치공구 작업, 스크레이퍼 작업, 탭 작업 등이 있다.

> TIP
금긋기와 다듬질 공구의 종류

| (a) 홈자 | (b) 브이 블록 | (c) 앵글 플레이트 | (d) 직각자 | (e) 중심내기자 | (f) 스크루 잭 |

(g) 센터펀치   (h) 서피스 게이지   (i) 금긋기 바늘   (j) 컴퍼스   (k) 평행대

02 손 다듬질의 종류

❶ 금긋기 작업

① 금긋기 작업 … 공작물을 가공하기에 앞서 깎아낼 분량을 어림잡는 기준선을 긋거나 펀치로 구멍을 뚫을 위치를 표시하는 작업을 말하며, 그 위치를 표시할 때는 가공여유를 고려해야 한다.

② 금긋기용 공구
　㉠ 정반 : 가공물에 선을 그을 때 기준이 되는 면으로 평평한 면이 있는 작업대이다.
　㉡ 자 : 길이를 재거나 선을 그을 때 사용하는 공구이다.
　㉢ 금긋기 바늘 : 가공물에 선을 긋는 공구이다.
　㉣ 센터펀치 : 각종 재료의 공작물에 구멍을 뚫거나 구멍을 뚫을 부분의 자리를 표시할 때 사용하는 공구이다.
　㉤ 서피어스게이지 : 정반 위에 올려놓고 가공물의 평행선을 그을 때 사용하는 공구이다.
　㉥ V블록 : 원통형의 가공물에 금을 긋거나 공작물을 고정하는 데 사용된다.

③ 금긋기 작업의 종류
　㉠ 직선자를 이용하는 방법 : 공작물에 그어야 할 선상에 2개 이상의 표시점을 찍고, 이 점을 기준으로 직선자로 금을 긋는다.
　㉡ 직각자를 이용하는 방법 : 공작물에 그어야 할 선상에 1개의 표시점을 찍고, 직각자로 금을 긋는다.
　㉢ 서피스게이지를 사용하는 방법 : 그어야 할 치수를 금긋기 바늘의 끝에 맞춘 다음 정반 위에서 금을 긋는다.

> **》TIP**〰〰〰〰〰〰〰〰〰〰〰〰〰
>
> **서피스게이지(surface gauge)** … 정반 위에 올려놓고 공작물에 평행선을 긋는 데에 사용하거나, 선반 작업 시 공작물의 중심을 맞출 때 사용하는 공구

　㉣ 컴퍼스 및 형판을 사용하는 방법 : 일반 컴퍼스로 원을 그리듯이 자를 이용하여 반지름의 치수만큼 컴퍼스를 벌리고, 한 쪽은 원의 중심에 고정하고 다른 한 쪽은 금을 긋는데 이용하며, 형판은 가공물의 기준면에 형판을 고정시킨 후 윤곽을 따라 선을 긋는다.
　㉤ 높이 게이지를 사용하는 방법 : 주로 정밀한 작업에 사용되는 방법으로 높이 게이지를 이용하여 정반 위에서 금을 긋는다.

④ 금긋기 도료
　㉠ 청죽 : 염기성 염료로 푸른색을 띠며, 다듬질면 금긋기를 할 때 주로 사용된다.
　㉡ 백묵 : 간단한 금을 그을 때 사용된다.
　㉢ 묵즙 : 구리와 경합금을 재료로 한 공작물에 금을 그을 때 사용된다.

② 정 작업

① **정 작업의 정의** … 탄소강을 열처리하여 만든 정이라는 공구를 이용하여 공작물의 다듬질 여유가 크거나 톱을 사용할 수 없을 때 가공물의 일부분을 따내는 작업이다.

② **정의 종류**
   ㉠ **평정** : 한쪽 면에 절삭날이 있고 다른 쪽은 둥글게 되어 있는 형태의 정이다.
   ㉡ **홈파기정** : 홈이나 구멍 등을 팔 때 사용되는 정이다.
   ㉢ **둥근코정** : 한쪽 면은 평평하고 다른 면은 둥글게 되어 있는 형태로 홈을 팔 때 사용되는 정이다.

③ **정 작업용 공구**
   ㉠ **정** : 날폭과 전체길이로 크기를 나타내며 단단한 공작물을 가공할수록 크기가 큰 것을 선택한다.
   ㉡ **바이스** : 작업대에 공작물을 고정시키는 기구로 죠의 크기로 그 크기를 나타낸다.
   ㉢ **작업대** : 나무로 만들어진 것으로 정반을 올려 놓거나 바이스를 고정하는 데 사용된다.

④ **정의 공구각** … 공작물의 재질에 따라 정의 공구각이 달라진다.
   ㉠ **황동, 청동** : $40 \sim 50(\theta)$
   ㉡ **연강** : $45 \sim 55(\theta)$
   ㉢ **주철** : $55 \sim 60(\theta)$
   ㉣ **경강** : $60 \sim 70(\theta)$

③ 줄 작업

① **줄 작업** … 정과는 반대로 줄을 사용하여 공작물의 표면을 소량씩 깎아내어 평면이나 곡면을 원하는 모양으로 다듬질하는 작업이다.

② **줄 작업의 목적**
   ㉠ 공작물의 가공 후 조립품이 잘 결합되지 않을 때
   ㉡ 공작물을 기계로 가공하기 곤란할 때
   ㉢ 공작물 가공 후 마무리 작업을 할 때

③ **줄의 종류**
   ㉠ 단면모양에 따라 평줄, 삼각줄, 사각줄, 둥근줄, 반원줄 등으로 나뉜다.
   ㉡ 줄눈의 크기에 따른 종류
   • **황목줄** : 줄의 눈이 거친 줄
   • **중목줄** : 줄의 눈의 거칠기가 중간인 줄
   • **세목줄** : 줄의 눈이 가늘고 조밀한 줄

ⓒ 줄날의 모양에 따른 종류
- 홑줄날(단목) : 주석, 납 등 비철금속 다듬질용
- 겹줄날(복목) : 일반 다듬질용
- 물결줄날(파목) : 납, 알루미늄 등의 다듬질용
- 라이스프줄날(귀목) : 목재, 피혁 등의 다듬질용

④ 줄의 크기
- ㉠ 줄의 크기 : 본체의 길이로 표시
- ㉡ 줄눈의 크기 : 길이 1인치에 대한 눈의 수

⑤ 줄 작업의 종류
- ㉠ 직진법 : 줄을 길이방향으로 움직여 가공물을 가공하는 방법으로, 좁은 면을 다듬질할 때 사용된다.
- ㉡ 사진법 : 줄을 일정한 각도로 기울여 가공물을 가공하는 방법으로, 거친 면을 다듬질할 때 사용된다.
- ㉢ 횡진법 : 줄을 좌우로 움직여 가공물을 가공하는 방법으로, 좁은 면의 최종 다듬질에 사용된다.

❹ 치공구 작업

① **치공구의 정의** … 치공구는 어떤 형상의 제품을 정확한 위치에 설치하기 위한 위치결정기구인 지그(Jig)와 이것을 고정하기 위한 체결기구인 고정구(Fixture)로 나뉜다. 각종 공작물의 가공 및 검사, 조립 등의 작업을 가장 경제적이면서도 정밀도를 향상시키기 위해 사용되는 보조 장치를 말하며, 자동화 지그에서는 자동화 설비 또는 자동화 기계로 말할 수 있다.

② **치공구의 3요소** … 똑같은 다수의 공작물을 가공(또는 조립)하기 위해서는 어느 공작물이나 동일한 위치에 위치 결정이 되어 장착이 되어야 하고 가공(또는 조립)중에 움직이지 않아야 한다. 여기서 공작물이 같은 위치에 위치 결정이 되어 장착된다는 것은 그 각각의 공작물이 같은 위치 결정면에서 기준이 결정된다는 것과 회전방지를 위한 위치 결정구로서 공작물이 움직이지 않고 클램프 되어 외력에 힘에 견디어야 한다.
- ㉠ 위치 결정면 : 일정위치에서 기준면 설정으로 일반적으로 밑면이 된다.
- ㉡ 위치 결정구 : 공작물의 회전방지를 위한 위치 및 자세에 해당되며 일반적으로 측면 및 구멍이 해당된다.
- ㉢ 클램프 : 고정은 공작물의 변형이 없어 자연 상태 그대로 체결되어야 하며 위치 결정면 반대쪽에 클램프가 되는 것이 원칙이다.

③ **치공구 설계의 기본원칙**
- ㉠ 공작물의 수량과 납기 등을 고려하여 공작물에 적합하고 단순하게 치공구를 결정할 것
- ㉡ 표준 범용 치공구의 이용 및 사용하지 않은 치공구를 개조하거나 수리를 고려할 것
- ㉢ 치공구를 설계할 때는 중요구성부품은 전문 업체에서 생산되는 표준규격품을 사용할 것
- ㉣ 손으로 조작하는 치공구는 충분한 강도를 가지면서 가볍게 설계할 것
- ㉤ 클램핑 힘이 걸리는 거리를 되도록 짧게 하고 단순하게 설계할 것

ⓑ 치공구 본체에 가공을 위한 공구위치 및 측정을 위한 세트블록을 설치할 것

ⓢ 치공구 본체에 대해서는 칩과 절삭유가 배출될 수 있도록 설계할 것

ⓞ 가공압력은 클램핑 요소에서 받지 않고 위치 결정면에 하중이 작용하도록 할 것

ⓩ 단조품의 분할면, 주형의 분할면, 탕구 및 삽탕구의 위치는 피할 것

ⓧ 클램핑 요소에서는 되도록 스패너, 핀, 쐐기, 망치와 같이 여러 가지 부품을 사용하지 않도록 설계할 것

ⓚ 치공구의 제작비 손익분기점을 고려할 것

ⓣ 제품의 재질을 고려하여 이에 적합한 것으로 할 것

ⓟ 정밀도가 요구되지 않고 조립이 되지 않는 불필요한 부분에 대해서는 기계가공 등의 작업을 하지 말 것

ⓗ 정확한 작업을 요하는 부분에 대해서는 지나치게 정밀한 공차를 주지 않도록 할 것(치공구의 공차는 제품 공차에 대하여 20~50% 정도)

ⓐ 치공구 도면에 주기 등을 표시하여 최대한 단순화할 수 있도록 할 것

④ 지그(jig) … 공작물을 부착 또는 공작물에 부착되어 가공부분의 위치를 정하고 동시에 가공을 안내하는 특수공구를 말한다.

   ㉠ 형판지그(template jig) : 생산속도보다는 제품의 정밀도가 더 요구가 될 때 사용하며 공작물의 윗부분 또는 내부에 끼워 작업을 하며 일반적으로 고정하지 않고 사용한다.

   ㉡ 평판지그(plate jig) : 템플릿에 클램프를 정착한 것으로서 지그본체에 위치결정핀과 클램핑기구를 갖고 있으며, 공작물의 수량에 따라 부시를 사용할 수도 있다. 구멍을 정확하게 뚫는 데 사용된다.

   ㉢ 박스지그(box jig) : 복잡한 가공물에 구멍을 뚫을 때 이용되며, 드릴링에서 다량생산할 때 주로 사용한다. 공작물의 전체면이 지그로 둘러싸인 것으로서 공작물을 한 번 고정하면 지그를 회전시켜 가면서 전면을 가공할 수 있다.

   ㉣ 앵글판지그(angle plate jig) : 설치된 위치결정구에 대해 직각이 되는 방향으로 공작물을 고정할 때 사용하는 지그로서 풀리, 칼라, 기어 등의 가공에 적합하다.

   ㉤ 테이블지그(table jig) : 대형공작물을 가공할 때 플레이트지그에 다리를 붙여서 공작기계의 테이블로부터 높이 띄워놓고 작업을 하는데 이런 형태의 지그를 말한다.

   ㉥ 채널지그(channel jig) : 박스지그 중에서 가장 간단한 형태의 지그로서 공작물을 지그의 2면 사이에 고정시켜 가공한다.

   ㉦ 다단지그(multistation jig) : 모든 형태의 지그로 구성될 수 있으며 주로 다축공작기계에서 사용되나 단축기계에서도 사용이 가능하다.

   ㉧ 분할지그(indexing jig) : 공작물을 정확한 간격으로 구멍을 뚫거나 다른 기계가공을 하는 데 사용되며 이 때 분할의 기준으로서 공작물 자체 또는 플런저를 사용한다.

   ㉨ 리프지그(leaf jig) : 샌드위치지그의 두 지그판을 힌지로 연결하여 쉽게 열고 닫음으로서 공작물의 착탈을 용이하게 한 지그이다. 클램핑력이 약하여 소형공작물 가공에 적합하다.

ㅊ 트러니언지그(trunnion jig) : 로터리지그의 일종으로서 대형공작물이나 불규칙한 형상의 공작물가공에 사용된다.

ㅋ 샌드위치지그(sandwich jig) : 받침판이 있는 플레이트지그로서 휘거나 뒤틀리기 쉬운 얇은 공작물 또는 연결재료의 공작물을 가공할 때 사용된다.

⑤ 스크레이퍼 작업

① 스크레이퍼 작업 … 최종적으로 가공물의 평면을 스크레이퍼로 매우 정밀하게 다듬는 작업이다.

② 스크레이퍼 날끝 각도

재료 각도	주철, 연강	황동, 청동	연금속
거친 작업시 날끝 각도(°)	70 ~ 90	70 ~ 80	60
다듬질 작업시 날끝 각도(°)	90 ~ 120	75 ~ 85	70

⑥ 탭 작업

① 탭 작업 … 이미 뚫은 구멍에 탭을 이용하여 암나사를 만드는 작업이다.

② 탭과 다이스
  ㉠ 탭 : 암나사를 가공할 때 사용된다.
  ㉡ 다이스 : 수나사를 깎을 때 사용된다.

③ 탭의 종류
  ㉠ 수동 탭 : 가공의 정밀도를 높이기 위해 바깥지름을 몇 종류로 분류한 3개의 탭이 1조로 되어 있다.
   • 1번 탭 : 초벌용으로 55%를 절삭한다.
   • 2번 탭 : 중간 절삭용으로 25%를 절삭한다.
   • 3번 탭 : 나머지 다듬질용으로 20%를 절삭한다.
  ㉡ 기계 탭 : 드릴링머신이나 기타 공작기계에 장치하여 나사를 내는 탭이다.
  ㉢ 파이프 탭 : 파이프용 나사내기에 사용되는 탭이다.
  ㉣ 건 탭 : 고속 절삭이 가능하도록 제작된 탭으로 진행방향으로 칩이 배출된다.
  ㉤ 드릴 탭 : 드릴과 탭이 조합된 것이다.
  ㉥ 마스터 탭 : 다이스나 체이서를 만들 때 다듬질용으로 사용되는 것이다.

④ 탭 기초구멍의 계산

　㉠ 미터 나사인 경우

$$d = D - p$$

　　◦ d : 나사기초 드릴의 지름(mm)　　　◦ p : 나사의 피치　　　◦ D : 나사의 바깥지름

　㉡ 인치 나사인 경우

$$d = 25.4 \times D - \frac{25.4}{N}$$

　　◦ N : 1인치당 산 수

⑤ 탭의 파손원인

　㉠ 나사의 구멍이 작거나 기울어져 있을 때

　㉡ 탭의 구멍이 구부러져 있을 때

　㉢ 탭의 지름에 비해 핸들의 자루가 긴 것을 사용했을 때

　㉣ 공작물의 재질이 너무 경질일 때

　㉤ 탭이 구멍 밑바닥에 닿았는데 무리하게 더 돌릴 때

⑥ 탭 작업시 유의사항

　㉠ 알맞은 크기의 탭을 사용한다.

　㉡ 가공 중 적당하게 절삭유제를 공급한다.

　㉢ 구멍단면과 탭이 정확하게 수직을 이루는지 확인하며 작업한다.

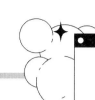

기출예상문제

한국가스기술공사

1 다음 중 길이를 측정하는 것이 아닌 것은?

① 내경 퍼스

② 버니어 캘리퍼스

③ 서피스 게이지

④ 마이크로미터

> **NOTE** 서피스 게이지 … 정반 위에서 금긋기, 중심내기 등에 이용되는 공구이다.

한국가스기술공사

2 다음은 줄에 관한 사항들이다. 이 중 바르지 않은 것은?

① 호칭치수는 자루 부분을 포함한 전체 길이로 한다.

② 줄의 사용 순서는 황목 – 중목 – 세목 – 유목의 순서이다.

③ 줄을 잡을 때에는 손바닥의 중앙에 자루의 끝을 댄다.

④ 줄눈의 크기는 황목이 가장 크며 유목이 가장 작다.

⑤ 평면 줄 작업법에는 직진법, 사진법, 횡진법이 있다.

> **NOTE** 줄의 호칭치수는 자루부분을 제외한 전체 길이로 한다.

3 다음 중 탭 작업 시 주의사항으로 옳지 않은 것은?

① 공작물을 수평으로 단단히 고정한다.

② 구멍의 중심과 탭의 중심을 일치시킨다.

③ 기름을 충분히 넣는다.

④ 탭은 한쪽 방향으로만 계속 돌린다.

> **NOTE** 탭작업 … 암나사를 절삭하는 공구로 작업 시에 가끔씩 역회전을 시켜 칩배출을 용이하게 해주어야 한다.

Answer. 1.③ 2.① 3.④

4 다음 중 탭 작업시 탭이 부러지는 원인으로 옳지 않은 것은?

① 탭의 구멍이 너무 클 때
② 나사의 구멍이 작거나 기울어져 있을 때
③ 작업 중 역회전 할 때
④ 탭이 구멍 밑바닥에 닿았는데 무리하게 더 돌릴 때

> **NOTE** 탭의 파손원인
> ㉠ 나사의 구멍이 작거나 기울어져 있을 때
> ㉡ 탭의 구멍이 구부러져 있을 때
> ㉢ 탭의 지름에 비해 핸들의 자루가 긴 것을 사용했을 때
> ㉣ 공작물의 재질이 너무 경질일 때
> ㉤ 탭이 구멍 밑바닥에 닿았는데 무리하게 더 돌릴 때
> ㉥ 작업 중 역회전 할 때

5 다음 중 손 다듬질 작업으로 옳지 않은 것은?

① 줄 작업   ② 정 작업
③ 스크레이퍼 작업   ④ 브로칭 작업

> **NOTE** ④ 브로칭 작업은 브로칭머신을 이용해서 작업해야 한다.

6 다음 중 다듬질 순서가 옳게 된 것은?

① 금긋기 작업→줄 작업→정 작업→스크레이퍼 작업→조립 작업
② 금긋기 작업→정 작업→줄 작업→조립 작업→스크레이퍼 작업
③ 금긋기 작업→정 작업→줄 작업→스크레이퍼 작업→조립 작업
④ 줄 작업→금긋기 작업→정 작업→스크레이퍼 작업→조립 작업

> **NOTE** 가장 먼저 도면을 따라 금긋기 작업부터 이루어져 가공이 끝난 후 조립 작업을 진행한다. 따라서, 다듬질 순서는 '금긋기 작업→정 작업→줄 작업→스크레이퍼 작업→조립 작업' 순 이다.

Answer. 4.① 5.④ 6.③

7 구리와 경합금을 재료로 한 공작물에 금을 그을 때 사용되는 칠감은?

① 청죽 ② 백묵
③ 묵즙 ④ 매직잉크

NOTE 금긋기 도료
㉠ 청죽 : 염기성 염료로 푸른색을 띠며, 다듬질면 금긋기를 할 때 주로 사용된다.
㉡ 백묵 : 간단한 금을 그을 때 사용된다.
㉢ 묵즙 : 구리와 경합금을 재료로 한 공작물에 금을 그을 때 사용된다.

8 줄 작업이나 정 작업을 할 때 가공물을 고정시키기 위해 사용되는 도구는?

① 서어피스게이지 ② 정반
③ 바이스 ④ 평형대

NOTE ① 정반 위에 올려놓고 공작물에 금을 그을 때 사용하는 도구이다.
② 가공물에 선을 그을 때 기준이 되는 면으로 평평한 면이 있는 작업대이다.
④ 정반 및 기타 기준면과 평행을 유지하면서 공작물을 소요의 높이로 고일 때나 정반과 조합하여 금을 그을 때도 사용되는 도구이다.

9 다음 중 정 작업을 할 때 작업자가 시선을 두어야 할 곳은?

① 공작물 ② 정을 잡은 손
③ 해머를 잡은 손 ④ 해머의 타격점

NOTE 정 작업을 할 때 작업자는 항상 해머의 타격점에 시선을 두어야 한다.

10 다음 중 정 작업시 주의할 점으로 옳지 않은 것은?

① 재료를 자르기 시작할 때와 끝날 때 강하게 타격한다.
② 보안경을 착용한다.
③ 열처리한 재료는 정 작업을 하지 않는다.
④ 줄 손잡이를 뺄 때는 바이스 사이에 끼워 충격을 주어 뺀다.

NOTE ① 정 작업시 공작물을 자르기 시작할 때와 끝날 때는 약하게 타격한다.

Answer. 7.③ 8.③ 9.④ 10.①

11 다음 줄날의 종류 중 얇은 판금가공에 사용되는 줄날은?

① 두줄날   ② 홑줄날

③ 라스프줄날   ④ 곡선줄날

> **NOTE** 줄날의 종류
> ㉠ 두줄날 : 다듬질용
> ㉡ 홑줄날 : 연질의 금속이나 얇은 판금 가장자리의 다듬질용
> ㉢ 라이스프줄날 : 나무, 가죽, 섬유의 다듬질용
> ㉣ 물결줄날 : 철, 납, 알루미늄, 목재 등의 다듬질용

12 다음 중 줄 작업의 목적으로 옳지 않은 것은?

① 공작물의 가공 후 조립품이 잘 결합되지 않을 때
② 공작물 가공 후 마무리 작업을 할 때
③ 공작물을 기계로 가공하기 곤란할 때
④ 공작물의 재질이 경질일 때

> **NOTE** 줄 작업의 목적
> ㉠ 공작물의 가공 후 조립품이 잘 결합되지 않을 때
> ㉡ 공작물을 기계로 가공하기 곤란할 때
> ㉢ 공작물 가공 후 마무리 작업을 할 때

13 다음 중 일반적인 줄의 재질은?

① 탄소공구강   ② 주철

③ 세라믹   ④ 연강

> **NOTE** 일반적인 줄의 재질은 탄소공구강이다.

Answer. 11.② 12.④ 13.①

14 다음 줄질 방법 중 좁은 면을 다듬질 할 때 사용되는 방법은?

① 직진법

② 사진법

③ 횡진법

④ 병진법

> **NOTE** ① 줄을 길이방향으로 움직여 가공물을 가공하는 방법으로, 좁은 면을 다듬질 할 때 사용된다.
> ② 줄을 일정한 각도로 기울여 가공물을 가공하는 방법으로, 거친 면을 다듬질 할 때 사용된다.
> ③ 줄을 좌우로 움직여 가공물을 가공하는 방법으로, 좁은 면의 최종 다듬질에 사용된다.
> ④ 횡진법과 같은 말이다.

15 다음 중 최종적으로 가공물의 평면을 매우 정밀하게 다듬을 때 하는 작업은?

① 금긋기

② 줄 작업

③ 탭 작업

④ 스크레이퍼 작업

> **NOTE** ① 공작물을 가공하기에 앞서 깎아낼 분량을 어림잡는 기준선을 긋거나 펀치로 구멍을 뚫을 위치를 표시하는 작업이다.
> ② 정과는 반대로 공작물의 표면을 소량씩 깎아내어 평면이나 곡면을 원하는 모양으로 다듬질하는 작업이다.
> ③ 이미 뚫은 구멍에 탭을 이용하여 암나사를 만드는 작업이다.

16 다음 중 수나사를 깎을 때 사용되는 공구는?

① 파이프 탭

② 기계 탭

③ 다이스

④ 수동 탭

> **NOTE** ① 파이프용 나사내기에 사용되는 탭이다.
> ② 드릴링머신이나 기타 공작기계에 장치하여 나사를 내는 탭이다.
> ④ 가공의 정밀도를 높이기 위해 바깥지름을 몇 종류로 분류한 3개의 탭이 1조로 되어 있다.

17 다음 공구 중 크기를 무게로 나타내는 것은?

① 해머

② 정

③ 톱

④ 스크레이퍼

> **NOTE** 해머는 중량으로 그 크기를 나타낸다.

18 재질이 주철, 연강인 공작물에 다듬질 스크레이퍼 작업을 할 때 적당한 스크레이퍼의 각도는?

① 100°

② 150°

③ 60°

④ 30°

NOTE 공작물의 재질에 따른 스크레이퍼 날끝 각도

각도 / 재료	주철, 연강	황동, 청동	연금속
거친 작업시 날끝 각도(°)	70 ~ 90	70 ~ 80	60
다듬질 작업시 날끝 각도(°)	90 ~ 120	75 ~ 85	70

19 수동 탭 중 1번 탭의 절삭률은?

① 20%

② 25%

③ 50%

④ 55%

NOTE 수동 탭
㉠ 1번 탭 : 초벌용으로 55%를 절삭한다.
㉡ 2번 탭 : 중간 절삭용으로 25%를 절삭한다.
㉢ 3번 탭 : 나머지 다듬질용으로 20%를 절삭한다.

20 다음 중 고속 절삭이 가능한 탭은?

① 기계 탭

② 건 탭

③ 마스터 탭

④ 드릴 탭

NOTE ① 드릴링머신이나 기타 공작기계에 장치하여 나사를 내는 탭이다.
③ 다이스나 체이서를 만들 때 쓰는 다듬질용 탭이다.
④ 드릴과 탭이 조합된 탭이다.

Chapter.

07 연삭가공 및 특수가공

01 연삭가공

❶ 연삭가공의 개요

① 연삭가공의 정의 … 공구 대신에 경도가 매우 높은 연삭입자를 사용하여 연삭숫돌바퀴를 만든 후 이를 고속으로 회전하여 가공면을 미세하게 가공하는 방법이다. 연삭입자의 모서리각이 예리한 절삭날을 형성하고 이것으로 공작물의 표면을 소량씩 깎아내는 정밀가공법이다. 연삭입자는 경도가 매우 크므로 일반 공작기계에서 가공이 어려운 경질의 소재를 가공할 수 있으며 정밀도가 높은 표면의 가공이 가능하다.

② 연삭가공의 특징
  ㉠ 연삭입자는 기하학적으로 일정한 형상을 갖고 있지 않으며 숫돌의 원주방향으로 임의로 배열되어 있다.
  ㉡ 연삭입자의 날 끝은 일정한 각도를 갖지 않으며 평균적으로 음의 경사각을 갖으며 전단각이 작다.
  ㉢ 절삭속도가 매우 빠르며 매우 단단한 재료의 가공이 가능하며 높은 연삭열의 발생으로 연삭점의 온도가 대단히 높다.
  ㉣ 연삭숫돌의 표면에는 수많은 절인이 존재하며 한 개의 절인이 가공하는 깊이가 작으므로 제거되는 칩은 극히 적어 가공 정밀도가 매우 높다.

③ 연삭기의 분류
  ㉠ 원통연삭기
  ㉡ 평면연삭기
  ㉢ 내면연삭기
  ㉣ 공구연삭기
  ㉤ 특수연삭기

❷ 원통연삭기

① 원통연삭기의 개요
  ㉠ 구조 : 베드, 주축대, 심압대, 숫돌대, 테이블 이송기구로 이루어져 있다.
  ㉡ 연삭깊이 : 생산성을 높이기 위하여 자동치수조절장치 및 자동사이클 운동을 하는 형식이다.

ⓒ 크기표시방법
- 테이블 위의 스윙
- 양 센터간의 최대거리
- 숫돌의 크기

② 원통연삭기의 방식
- 트래버스 연삭 : 연삭숫돌과 일감을 모두 회전시키면서 일감을 좌우로 이송시키거나 연삭숫돌을 좌우로 이송시키는 방식이다.
- 플런지 연삭 : 일감은 이송하지 않고 연삭숫돌만 좌우회전 및 전후로 이송되는 방식이다.

② 원통연삭기의 종류
ⓐ 테이블 왕복형 : 공작물을 설치한 테이블이 왕복하면서 공작물을 연삭한다.
ⓑ 숫돌대 왕복형 : 숫돌대가 왕복하며 공작물을 연삭하므로 대형중량 공작물의 연삭에 적합하다.
ⓒ 플런지 컷형 : 숫돌을 테이블과 직각으로 이동시키며 공작물을 연삭하므로 단이 있는 원통이나 테이퍼형, 곡선 윤곽 등 전체길이를 연삭한다.
ⓓ 만능연삭기 : 테이블, 주축대, 숫돌대를 선회시킬 수 있고, 내면 연삭장치도 설치되어 있어 연삭범위가 넓다.

③ 평면연삭기

① 평면연삭기의 개요
ⓐ 평면연삭기의 구조 : 동력전달 장치, 숫돌대, 테이블 이송기구 등으로 이루어져 있다.
ⓑ 자석척 : 자석척은 테이블 모양에 따라 직사각형과 원형 두 가지가 있으며, 매우 연한 재료로 만들어져 있고, 전자척과 영구자석척 두 종류가 있다.

② 평면연삭기의 종류
ⓐ 수평형 평면연삭기 : 숫돌대가 상하운동을 하고 숫돌바퀴는 회전운동을 한다.
ⓑ 직립형 평면연삭기 : 숫돌바퀴가 직립축에 끼워지고 원형테이블이 회전한다. 이 때, 공작물은 원형 테이블에 고정되어 테이블이 회전하면서 연삭되므로 소형 가공물을 대량으로 가공할 수 있으며 연속회전으로 가공속도도 높일 수 있다.

③ 공작물의 정밀도 검사
ⓐ 평면도와 평행도 : 평면도는 일감의 전체평면의 고른 상태를 나타내는 값으로, 평면부분 중 가장 높은 부분과 낮은 부분을 통하는 두 평면 사이의 거리로 나타내며, 평면도 0.02 또는 평면도 20μ 과 같이 기입한다. 평행도는 평행이 되어야 할 직선과 직선, 직선과 평면 또는 평면과 평면 등의 한쪽을 기준으로 하였을 때, 다른 한쪽이 어느 정도의 평행인가를 나타내는 값이다.

ⓛ **직각도** : 직각도는 직각을 이루는 직선과 직선, 직선과 평면, 또는 평면과 평면 사이에 어느 한쪽을 기준으로 하고, 다른 평면이나 직선쪽이 이에 대해 직각의 정도를 나타내는 값이다.

ⓒ **진직도** : 진직도는 일감의 수평방향이나 수직방향의 직선이 이상적인 직선에 비교하여 그 최대의 차 정도를 나타낸 값이다.

❹ 내면연삭기

① 내면연삭기의 개요

   ㉠ 내면연삭 방식의 특징

     • 외면연삭에 비해 숫돌 소모가 크다.

     • 숫돌축의 회전수가 높아야 한다.

     • 숫돌의 바깥지름이 구멍의 지름보다 작아야 한다.

     • 숫돌축이 가늘므로 가공면의 정밀도가 떨어진다.

② 내면연삭의 조건

   ㉠ 연삭 중 안지름 측정이 힘들므로 자동측정장치를 사용해야 한다.

   ⓛ 알맞은 연삭속도를 위해 고속회전을 시켜야 한다.

   ⓒ 회전 중 강성이 높고 진동이 없어야 한다.

   ⓓ 회전수를 낮게 하기 위해서는 구멍지름에 가까운 연삭숫돌을 사용해야 한다.

③ 내면연삭기의 종류

   ㉠ **보통형** : 공작물이 회전하면서 연삭되는 방식으로 작은 공작물의 연삭에 적합하다.

   ⓛ **유성형** : 공작물은 정지해 있고, 숫돌축이 회전·공전 운동을 하여 연삭하는 방식으로 대형 공작물의 바깥지름의 연삭에 적합하다.

   ⓒ **센티리스형** : 공작물을 고정하지 않고 연삭하는 방식으로 소형, 대량생산에 사용된다.

❺ 공구연삭기

① 공구연삭기의 정의 … 여러가지 가공용 절삭공구를 연삭하는 기계로 높은 정밀도가 요구된다.

② 공구연삭기의 종류

   ㉠ **평형 숫돌바퀴에 의한 연삭** : 밀링커터나 리머 등을 연삭하는 방식으로 상향연삭과 하향연삭 방식이 있다.

   ⓛ **컵형 숫돌바퀴에 의한 연삭**

❻ 특수연삭기

① 나사연삭기
- ㉠ 나사 게이지, 측정기의 이송나사 등과 같이 높은 정밀도를 요하는 나사의 다듬질 연삭에 사용된다.
- ㉡ 1산형 숫돌차에 의한 나사연삭과 다산형 숫돌차에 의한 나사연삭을 하는 경우로 나뉘며, 1산형 숫돌차에 의한 가공은 정밀도는 높으나 생산성이 낮고, 다산형에 의한 가공은 정밀도는 다소 떨어지나 생산성이 높다.
- ㉢ 숫돌바퀴의 윤곽은 공작물에 직접 영향을 주므로 숫돌바퀴는 항상 원하는 형상을 유지한다.

② 기어연삭기
- ㉠ **총형숫돌연삭법** : 숫돌바퀴의 모양을 기어의 홈과 같은 모양으로 만들어 홈을 하나씩 연삭하는 방법이다.
- ㉡ **래크형창성연삭법** : 두 개의 접시형 숫돌바퀴로 가상적인 래크 치형을 만들고 이 기어가 피치선과 피치원에서 정확한 구름운동을 하도록 하고 기어의 축 방향으로 왕복운동을 주어 연삭하는 방법이다.

❼ 센터리스연삭기

① 센터리스연삭기의 정의 … 공작물을 별도의 고정 장치(척이나 센터)로 지지하지 않고 그 대신에 받침판을 사용하여 원통면을 연속적으로 행하는 연삭이다.

② 센터리스연삭기의 장점
- ㉠ 깊이 이송이 거의 연속적이므로 연삭속도가 매우 빠르다.
- ㉡ 자동으로 조절이 가능하기 때문에 작업자의 기술이 거의 필요하지 않다.
- ㉢ 공작물의 뒤틀림이 없어 정확한 치수를 얻을 수 있다.
- ㉣ 대형 연삭숫돌이 사용되어 숫돌의 마멸을 최소화 할 수 있다.
- ㉤ 센터를 필요로 하지 않으므로 센터구멍이 필요없어 중공의 원통을 연삭하는 데 편리하다.
- ㉥ 지름이 작은 공작물을 연속적으로 연삭할 수 있어 대량생산에 적합하다.

③ 센터리스연삭기의 단점
- ㉠ 특수한 전용기계가 필요하다.
- ㉡ 공작물은 항상 원형이어야 하며, 키홈과 같은 평면이 없어야 한다.
- ㉢ 관의 연삭시 외경과 내경의 중심이 일치하지 않을 수도 있다.
- ㉣ 대형 중량물은 연삭할 수 없으며, 연삭 숫돌바퀴의 나비보다 긴 공작물은 전후 이송방법으로 연삭할 수 없다.

④ 센터리스연삭기의 연삭방식
  ㉠ **통과이송방식** : 공작물을 밀어 넣으면 연삭된 후 자동으로 이동되는 방식이다.
  ㉡ **전후이송방식** : 공작물을 받침판 위에 올려놓고 조정 숫돌바퀴를 접근시키거나 수평으로 이송하여 연삭하는 방식이다.

⑧ 연삭숫돌

① 연삭숫돌의 3요소
  ㉠ **입자** : 숫돌의 재질을 말하며 공작물을 절삭하는 날의 역할을 한다.
  ㉡ **기공** : 숫도로가 숫돌 사이의 구멍으로서 칩을 피하는 장소이다.
  ㉢ **결합제** : 숫돌의 입자를 결합시키는 접착제이다.

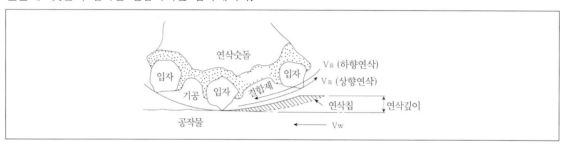

② 연삭숫돌의 5가지 인자 … 숫돌입자, 입도, 조직, 결합제, 결합도

③ 연삭숫돌의 표시방법

A	36	L	M	V	1호	A	300 × 30 × 20
숫돌 입자	입도	결합도	구조	결합 유형	모양	연삭면 모양	바깥지름 × 두께 × 구멍지름

  ㉠ 숫돌입자

종류	기호	적용 금속
알루미나	WA	담금질강
	A	일반 강재
탄화규소	GC	초경합금
	C	주철, 비철금속

  ㉡ **입도** : 입자의 크기를 말하며 메시로 표시하고, 입도가 No.10이면 1인치에 10개의 눈이 있는 채에 걸리는 입자의 크기 정도를 말하는 것이다.

호칭	조립	중간	세립	극세립
입도	10, 12, 14, 16, 20, 24	30, 36, 46, 54, 60	70, 80, 90, 100, 120, 150, 180, 200	240, 280, 320, 400, 500, 600, 700, 800

- 입도가 미세한 숫돌을 사용해야 하는 경우
  - 다듬질 연삭을 할 때
  - 경질의 재료를 연삭할 때
- 조직이 치밀한 숫돌을 사용해야 하는 경우
  - 거친 연삭을 할 때
  - 연질의 재료를 연삭할 때

ⓒ **결합도** : 숫돌입자가 결합하고 있는 세기를 나타내는 것이다.

호칭	극연	연	중간	경	극경
경합도 기호	A, B, C, D, E, F, G	H, I, J, K	L, M, N, O	P, Q, R, S	T, U, V, W, X, Y, Z

- 결합도가 높은 숫돌을 사용해야 하는 경우
  - 연질재료를 연삭할 때
  - 연삭속도가 작을 때
  - 연삭할 면적이 작을 때
  - 연삭깊이가 얕을 때
  - 재료의 표면이 거칠 때
- 결합도가 낮은 숫돌을 사용해야 하는 경우
  - 경질재료를 연삭할 때
  - 연삭속도가 클 때
  - 연삭할 면적이 넓을 때
  - 연삭깊이가 깊을 때
  - 재료의 표면이 부드러울 때

ⓔ **조직** : 숫돌입자의 밀도를 나타내는 것이다.

호칭	밀	중	조
KS기호	C	M	W
숫돌 입자율(%)	50 ~ 54	42 ~ 50	42 이하
기호	0, 1, 2, 3	4, 5, 6	7, 8, 9, 10, 11, 12

- 조직이 거친 숫돌을 사용해야 하는 경우
  - 연질재료를 연삭할 때
  - 거친연삭을 할 때
  - 가공면적이 넓을 때
- 조직이 치밀한 숫돌을 사용해야 하는 경우
  - 경질재료를 연삭할 때
  - 다듬질 연삭을 할 때
  - 가공면적이 좁을 때

㉺ 결합제

• 결합제가 갖추어야 할 조건
- 입자간에 기공이 생기도록 해야 한다.
- 균일한 조직으로 임의 형상 및 크기로 만들 수 있어야 한다.
- 고속회전에 대한 안전한 강도를 가져야 한다.
- 연삭열과 연삭유제에 대하여 안전해야 한다.

• 결합제의 종류와 성질

결합제의 종류		결합제의 성질
유기질결합제	비트리파이드(V)	• 강도가 강하지 않아 얇은 숫돌에는 부적합하다. • 점토와 장석이 주성분이며, 거친연삭 및 정밀연삭에 모두 사용된다.
	실리케이트(S)	• 결합도가 낮아 중연삭에는 적합하지 않다. • 규산나트륨이 주성분이며, 대형숫돌 제작에 사용된다.
무기질결합제	셀락(E)	• 강도와 탄성이 커서 얇은 숫돌바퀴 제작에 용이하다. • 셀락이 주성분이다.
	고무(R)	• 탄성이 커서 얇은 숫돌바퀴 제작에 용이하며, 절단용 숫돌 및 센터리스 연삭기의 조정차로 이용된다. • 고무가 주성분이다.
	레지노이드(B)	• 안정적이고 탄성이 커 건식 절단용 등에 광범위하게 사용된다. • 주성분은 합성수지이다.

❾ 연삭숫돌의 절삭조건

① 연삭량 ⋯ 보통 지름 $100 \sim 200mm$, 길이 $500mm$ 정도까지는 $0.2 \sim 0.5mm$ 정도로 한다.

② 절입량
 ㉠ 거친연삭 : $0.01 \sim 0.05mm$
 ㉡ 다듬질연삭 : $0.002 \sim 0.005mm$

③ 이송량
 ㉠ 거친연삭 : 공작물 1회전 당 숫돌폭의 $\frac{2}{3} \sim \frac{3}{4}$
 ㉡ 다듬질연삭 : 공작물 1회전 당 숫돌폭의 $\frac{1}{8} \sim \frac{1}{4}$

④ 연삭속도
 ㉠ 외면연삭 : $1,700 \sim 2,000(m/min)$
 ㉡ 내면연삭 : $600 \sim 1,800(m/min)$

ⓒ 평면연삭 : $1,200 \sim 1,800(\text{m/min})$

ⓔ 공구연삭 : $1,400 \sim 1,800(\text{m/min})$

⑤ 연삭여유

공작물의 재질	공작물의 길이(mm)					
	100 이하	200 이하	500 이하	1,000 이하	1,500 이하	2,000 이하
구리	0.5	1.0	1.5	2.0	2.5	3.0
주철	0.3	0.5	0.8	0.8	1.0	1.0

⑩ 연삭숫돌의 수정

① 글레이징(무딤현상)

ㄱ 숫돌의 결합도가 클수록 자생작용이 원활히 일어나지 않아 숫돌입자가 탈락되지 않고 마멸되어 무뎌지는 현상을 말한다.

ㄴ 글레이징 발생원인

- 숫돌의 결합도가 높을 때
- 원주속도가 빠를 때
- 숫돌의 재질과 공작물의 재질이 서로 맞지 않을 때

② 로딩(눈메움 현상)

ㄱ 숫돌입자의 표면이나 기공에 칩이 끼어 연삭성이 나빠지는 현상으로 눈메움이라고도 한다.

ㄴ 로딩의 발생원인

- 숫돌의 조직이 치밀할 경우
- 연삭깊이가 너무 깊을 경우
- 원주속도가 느릴 때

③ 드레싱(dressing) … 글레이징이나 로딩현상이 생길 때 강판 드레서 또는 다이아몬드 드레서로 숫돌표면을 정형화하거나 칩을 제거하는 작업이다.

④ 트루잉 … 숫돌의 연삭면을 평행 또는 일정한 형태로 성형시켜주는 방법으로 드레싱과 동반하게 된다.

⑤ 셰딩(shedding) … 자생작용이 과도하게 일어나 숫돌의 소모가 심해지는 현상을 말한다.

⑪ 연삭작업 시 유의사항

① 연삭숫돌이 위험하고 부적절한 속도로 운전되는가 항상 살핀다.

② 연삭숫돌을 떨어뜨리거나 단단한 물체에 부딪치지 않는다.

③ 연삭하도록 되어 있는 부위 외의 다른 부위에서는 연삭을 하지 않는다.

④ 적절한 안전장구를 사용한다.

02 특수가공

❶ 정밀입자가공

① 호닝 … 혼이라는 세립자로 된 각 봉의 공구를 구멍 내에서 회전과 동시에 왕복운동을 시켜 구멍내면을 정밀가공하는 작업을 말한다.
  ㉠ 혼의 재질 공작물의 재질에 따라 WA, GC, 다이아몬드 등을 사용한다.
  ㉡ 호닝의 특징
   • 발열이 적고 정밀가공을 할 수 있다.
   • 표면정밀도와 치수정밀도를 높인다.
   • 진직도, 진원도, 테이퍼 등을 바로 잡아준다.
  ㉢ 가공액은 윤활제의 역할을 하는 것으로 칩을 제거하고, 가공면의 열을 억제한다.

② 래핑 … 연질재료로 된 회전원반인 랩과 공작물 사이에 미세한 가루모양의 입자를 넣고, 랩을 누르면서 서로 상대운동을 시켜 가공하는 방법이다.

[래핑방법]

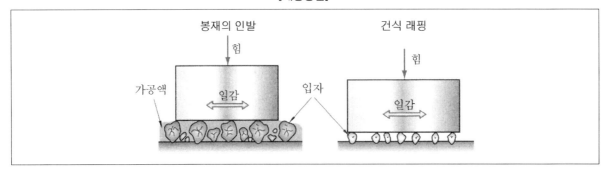

○ 래핑의 특징
  • 거울면과 같은 다듬질면을 얻을 수 있다.
  • 잔류응력 및 열적 영향을 받지 않는다.
  • 다량생산에 적합하다.
  • 랩제가 비산하여 다른 기계나 제품에 부착하면 마멸의 원인이 된다.
  • 고도의 정밀가공을 위해서는 숙련을 요한다.
○ 래핑의 종류
  • 습식법 : 랩제와 래핑액을 혼합하여 공작물과 랩사이에 삽입하여 가공하는 방법으로 작업능률은 높으나 가공면의 정밀도는 떨어진다.
  • 건식법 : 랩제만을 공작물과 랩사이에 삽입하여 가공하는 방법이다.

③ **수퍼피니싱** … 원통면, 평면 또는 구면에 미세한 입자로 된 숫돌을 접촉시키면서 진동을 주는 정밀가공으로 고밀도의 표면을 얻는 것이 목적이다.
  ○ 숫돌의 재료는 공작물의 재질에 따라 Al_2O_3, SiC가 사용된다.
  ○ 공작액은 주로 석유가 사용된다.

2 **특수가공**

① 기계적 특수가공
  ○ 버핑 : 부드러운 헝겊에 미세한 입자를 부착시켜 공작물을 가공하는 방법으로, 치수정밀도 보다는 아름다운 외면을 가공하기 위한 작업이며, 주로 가정용품이나 실내장식품 등의 가공에 사용된다.
  ○ 버어니싱 : 원통의 내면 및 외면을 강구나 롤러로 거칠게 나온 부분을 눌러 골 부분으로 유동시켜서 매끈한 면으로 다듬는 가공방법으로 전성 및 연성이 좋은 공작물 가공에 사용된다.
  ○ 숏트피이닝 : 경화된 작은 숏이라는 입자를 공작물 표면에 고속으로 분사하여 공작물을 다듬질하는 방법으로 공작물의 피로강도, 인장강도 및 기타 기계적 성질을 향상시키며, 주로 스프링류, 축 기어 등의 가공에 사용된다.
  ○ 샌드블리스트 : 주물의 표면 및 도금이나 도장을 하기 위한 전처리작업으로 압축공기를 이용하여 모래를 분사시켜 공작물의 표면을 깨끗하게 하기 위한 작업이다.
  ○ 그릿블리스트 : 샌드블리스트와 같은 가공방법이나 분사되는 물질이 모래 대신에 숏을 파쇄하여 만든 그릿을 가공면에 고속으로 분사하는 방법으로 분진이 없어 위생적이고 능률적이다.

ⓗ **배럴연마**(Barrel Finishing) : 회전 또는 진동하는 통 속에 공작물, 미디어(Media : 숫돌 등 연삭재), 공작액, 컴파운드를 넣고 서로 충돌시켜 공작물의 날카로운 모서리나 표면의 스케일을 제거하고, 매끈한 면을 만드는 가공 방법을 말한다. 공작물을 집어넣는 통을 Barrel이라 하며, Barrel 내부는 보통 고무 등으로 라이닝(Lining) 한다. 금속 재료뿐 아니라 베이클라이트 등 비금속 재료에도 광범위하게 사용이 가능하고, 동시에 다수의 제품을 동일 상태로 다듬질할 수 있어 대량 생산에 적합하고, 다듬질 작업 중에는 작업자가 불필요해 경제적이다.

ⓢ **숏피닝**(shot peening) : 금속표면에 구슬 알갱이를 고속으로 발사해 냉간가공의 효과를 얻고, 표면층에 압축 잔류응력을 부여하여 금속부품의 피로수명을 향상시키는 방법이다.

ⓞ **텀블링** : 배럴연마로서 배럴 가공과 유사한 형태의 가공법으로, 표면 스케일 제거 등을 목적으로 한 가공 방법을 말한다. 표면 조도나 정밀도 개선을 목적으로 하는 가공이 아니므로, 배럴 연마에 비해 다듬질면 상태나 정도 면에서 차이가 많다.

> **TIP** ～～～～～～～～～～～～～～
> 가공 후 거칠기의 우수함은 래핑 > 슈퍼피니싱 > 호닝 > 연삭 > 절삭의 순이다.

② **전기적 특수가공**

㉠ **전해연마** : 전해액 속에 공작물을 양극으로 연결하고, 전기를 통하여 공작물이 거칠게 튀어나온 부분을 용출작용으로 제거함으로써 공작물의 표면을 매끈하고 광택이 나도록 가공하는 방법이다.

㉡ **전해가공** : 기계가공이 어려운 재질의 공작물을 전해액에 넣어 가공물을 전해시켜 구멍을 뚫거나 홈을 파는 가공방법이다. 공작물을 양극으로 하고 공구를 음극으로 하여 전기화학적 작용으로 전기분해시켜 원하는 부분을 제거하는 가공공정이다.
- 가공속도가 방전가공보다 빠르다.
- 한 개의 공구전극으로 여러 개의 제품을 생산할 수 있다.
- 가공경화층이나 가공면에 균열이 발생하지 않는다.
- 공구자국이나 버(burr)가 없이 가공된다.
- 열이나 힘의 작용에 의한 결함이 발생하지 않는다.
- 방전가공에 비해 정밀도가 떨어진다.

㉢ **방전가공** : 방전을 연속적으로 일으켜 가공에 이용하는 가공방법이며, 구멍뚫기, 절단 등에 사용된다. 불꽃방전에 의해 가공물을 용해시켜 금속을 절단하거나 연마하는 가공법으로서 금속 외의 경질 비금속재료(다이아몬드 등) 가공에도 사용된다.
- 방전가공은 공작물의 경도와 관계없이 전기도체이면 쉽게 가공이 된다.
- 무인가공이 가능하다.
- 복잡한 표면형상이나 미세한 가공이 가능하다.
- 가공여유가 적어도 되며, 전가공이 필요 없다.
- 담금질한 강이나 초경합금의 가공이 가능하다.

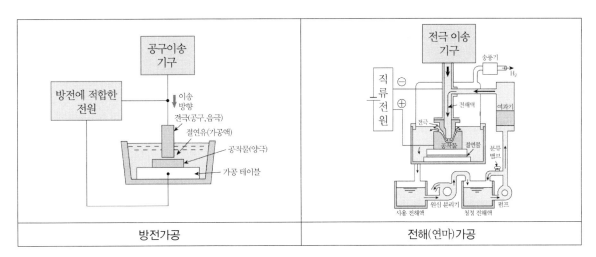

방전가공	전해(연마)가공

③ **초음파 가공** … 초음파 진동수로 기계적 진등면과 공작물 사이 숫돌입자, 물 또는 기름을 주입하면서 상하 진동으로 일감을 때려 표면 다듬는 방법이다. 가공하고자 하는 형의 금속공구를 만들어 이것을 가공물에 근접시키고 공구의 상하진폭을 $10 \sim 30 \mu$ 정도로 하면 공구와 공작물 사이에 있는 연삭입자가 공구의 진동으로 인하여 충격적으로 가공물에 부딪쳐서 정밀하게 다듬는 방법으로 금속 또는 경질재료의 공작물 가공에 이용된다.

㉠ 상하방향으로 초음파 진동하는 공구를 사용한다.

㉡ 진동자는 20kHz 이상으로 진동한다.

㉢ 가공액에 함유된 연마입자가 공작물과 충돌에 의해 가공된다.

㉣ 연마입자는 알루미나, 탄화규소, 탄화붕소 등이 사용된다.

㉤ 주로 경질금속이나 취성의 도자기와 같은 것들을 가공하는 데 사용된다.

기출예상문제

인천교통공사

1 연삭숫돌과 관련하여 다음 〈보기〉에서 설명하고 있는 현상은?

〈보기〉

결합제의 힘이 약해서 작은 절삭력이나 충격에 의해서도 쉽게 입자가 탈락하는 현상이다. 이는 연삭숫돌의 성능에 매우 치명적이므로 철저히 관리를 해야만 한다.

① 트루잉
② 드레싱
③ 글레이징
④ 로딩
⑤ 스필링

> **NOTE** ① 트루잉 : 연삭면을 숫돌과 축에 대하여 평행 또는 일정한 형태로 성형시키는 작업
> ② 드레싱 : 눈메움 또는 무딤 발생 시 숫돌 표면에 드레서라는 공구를 이용하여 숫돌날을 생성시키는 작업
> ③ 글레이징 : 숫돌바퀴의 입자가 탈락되지 않고 마멸에 의해 납작해진 현상
> ④ 로딩 : 숫돌입자의 표면이나 기공에 칩이 끼어있는 현상

2 WA 54 L M V라는 표시에서 54가 나타내는 것은?

① 입자
② 입도
③ 결합도
④ 조직

> **NOTE** WA 54 L M V
> ㉠ WA : 숫돌 입자
> ㉡ 54 : 입도
> ㉢ L : 결합도
> ㉣ M : 조직
> ㉤ V : 결합체

Answer. 1.⑤ 2.②

3 공작물을 양극으로 하고 공구를 음극으로 하여 전기화학적 작용으로 공작물을 전기분해시켜 원하는 부분을 제거하는 가공공정은?

① 전해가공
② 방전가공
③ 전자빔가공
④ 초음파가공

> **NOTE** 전해가공… 가공 형상의 전극을 음극에, 일감을 양극으로 해 가까운 거리(0.02~0.7mm)로 놓고, 그 사이에 전해액을 분출시키며 전기를 통하면 양극에서 용해 용출 현상이 일어나 가공하는 방법이다.

4 상하형에 요철다이를 붙이고 판재에 압력을 주어서 늘려 새기는 것으로 동전이나 메달을 만드는 작업은?

① 비딩
② 코이닝
③ 벌징
④ 엠보싱

> **NOTE** 코이닝… 판 두께의 변화에 의한 가공으로, 화폐·메탈·동전·주화 등에 이용된다.

5 숫돌의 가공부분이 너무 작거나 연질금속을 연삭할 때 나타나는 현상은?

① 드레싱
② 투루잉
③ 로딩
④ 호닝

> **NOTE** 로딩… 숫돌에 구리와 같이 연한 금속을 연삭할 때 숫돌 표면의 가공에 칩이 메워지게 되어 연삭이 잘 되지 않는 현상이다.

6 숫돌에 회전운동, 왕복운동, 작은 진동을 주어 원통, 외면, 내면, 평면 등을 가공하는 방법은?

① 래핑
② 전해연마
③ 슈퍼피니싱
④ 액체호닝

> **NOTE** 슈퍼피니싱… 입도가 아주 작은 숫돌을 공작물에 가볍게 누르고 진동을 주면서 공작물에도 회전과 왕복운동을 동시에 주어 짧은 시간에 공작물의 표면을 매우 정밀하게 다듬는 가공방법이다.

Answer. 3.① 4.② 5.③ 6.③

7 숫돌바퀴, 일감지지대, 조정숫돌바퀴, 조정대 등으로 구성되어 있으며, 지름이 작고 긴 일감의 연속대량 생산에 적합한 연삭기는?

① 원통외면연삭기
② 유성형연삭기
③ 센터리스연삭기
④ 평면연삭기
⑤ 만능공구연삭기

> **NOTE** 센터리스연삭기 … 공작물을 센터나 척에 고정시킬 필요없이 원통의 내면과 외면의 연삭이 가능한 연삭기이다.

8 숫돌바퀴를 이용하여 가공물의 표면을 소량 절삭하는 가공방법은?

① 연삭
② 압연
③ 세이핑
④ 초음파 가공

> **NOTE** 연삭가공 … 공구 대신 숫돌바퀴를 고속으로 회전시켜 공작물의 원통이나 평면을 극소량 깎아내는 가공방법이다.

9 다음 중 센터리스연삭기에 대한 설명으로 옳지 않은 것은?

① 긴 축 재료의 연삭이 용이하다.
② 일감에 센터구멍을 뚫을 필요가 없다.
③ 연삭여유가 적어도 된다.
④ 작업자의 높은 숙련도가 필요하다.
⑤ 연속작업이 가능하여 대량생산에 적합하다.

> **NOTE** 센터리스연삭기의 장점
> ㉠ 깊이 이송이 거의 연속적이므로 연삭속도가 매우 빠르다.
> ㉡ 자동으로 조절이 가능하기 때문에 작업자의 기술이 거의 필요하지 않다.
> ㉢ 공작물의 뒤틀림이 없어 정확한 치수를 얻을 수 있다.
> ㉣ 대형 연삭숫돌이 사용되어 숫돌의 마멸을 최소화 할 수 있다.
> ㉤ 센터를 필요로 하지 않으므로 센터구멍이 필요없어 중공의 원통을 연삭하는 데 편리하다.
> ㉥ 지름이 작은 공작물을 연속적으로 연삭할 수 있어 대량생산에 적합하다.

10 다음 중 연삭속도가 가장 빠른 것은?

① 공구연삭   ② 평면연삭

③ 내면연삭   ④ 외면연삭

> **NOTE** ① 1400 ~ 1800(m/min)
> ② 1200 ~ 1800(m/min)
> ③ 600 ~ 1800(m/min)
> ④ 1700 ~ 2000(m/min)

11 다음 중 주철을 연삭할 때 선택해야 할 숫돌로 옳은 것은?

① WA   ② C

③ GC   ④ A

> **NOTE** 숫돌의 종류
>
> | 종류 | 기호 | 적용 금속 |
> |---|---|---|
> | 알루미나 | WA | 담금질강 |
> | | A | 일반 강재 |
> | 탄화규소 | GC | 초경합금 |
> | | C | 주철, 비철금속 |

12 다음 중 내면연삭기의 특징으로 옳지 않은 것은?

① 숫돌축의 회전수가 높아야 한다.

② 숫돌축이 가늘므로 가공면의 정밀도가 높다.

③ 숫돌의 바깥지름이 구멍의 지름보다 작아야 한다.

④ 외면연삭에 비해 숫돌 소모가 크다.

> **NOTE** 내면연삭 방식의 특징
> ㉠ 외면연삭에 비해 숫돌 소모가 크다.
> ㉡ 숫돌축의 회전수가 높아야 한다.
> ㉢ 숫돌의 바깥지름이 구멍의 지름보다 작아야 한다.
> ㉣ 숫돌축이 가늘므로 가공면의 정밀도가 떨어진다.

Answer. 10.④ 11.② 12.②

13 공작물을 센터나 척에 고정시킬 필요없이 원통의 외면연삭이 가능한 연삭기는?

① 평면연삭기　　　　　　　　　　② 내면연삭기

③ 센터리스연삭기　　　　　　　　④ 외면연삭기

> **NOTE** 센터리스연삭기 … 공작물을 세터나 척에 고정시킬 필요없이 원통의 내면과 외면의 연삭이 가능한 연삭기이다.

14 다음 중 센터리스연삭기의 장점으로 옳지 않은 것은?

① 연삭속도가 느리다.

② 작업자가 작업에 미숙해도 무방하다.

③ 정확한 치수를 얻을 수 있다.

④ 숫돌의 마멸을 최소화 할 수 있다.

> **NOTE** 센터리스연삭기의 장점
> ㉠ 깊이 이송이 거의 연속적이므로 연삭속도가 매우 빠르다.
> ㉡ 자동으로 조절이 가능하기 때문에 작업자의 기술이 거의 필요하지 않다.
> ㉢ 공작물의 뒤틀림이 없어 정확한 치수를 얻을 수 있다.
> ㉣ 대형 연삭숫돌이 사용되어 숫돌의 마멸을 최소화할 수 있다.
> ㉤ 센터를 필요로 하지 않으므로 센터구멍이 필요없어 중공의 원통을 연삭하는 데 편리하다.
> ㉥ 지름이 작은 공작물을 연속적으로 연삭할 수 있어 대량생산에 적합하다.

15 다음 중 연삭숫돌의 3요소로 옳지 않은 것은?

① 입자　　　　　　　　　　　　　② 결합제

③ 조직　　　　　　　　　　　　　④ 기공

> **NOTE** 연삭숫돌의 3요소
> ㉠ 입자 : 공작물을 절삭하는 날이다.
> ㉡ 기공 : 칩을 피하는 장소이다.
> ㉢ 결합제 : 숫돌의 입자를 고정시키는 접착제이다.

16 다음 중 대형이면서 중량인 공작물을 연삭하기에 적합한 연삭기는?

① 테이블 왕복형 연삭기

② 숫돌대 왕복형 연삭기

③ 플런지 컷형 연삭기

④ 만능연삭기

NOTE ① 공작물을 설치한 테이블이 왕복하면서 공작물을 연삭한다.
② 숫돌대가 왕복하며 공작물을 연삭하므로 대형중량 공작물의 연삭에 적합하다.
③ 숫돌을 테이블과 직각으로 이동시키며 공작물을 연삭하므로 단이 있는 원통이나 테이퍼형, 곡선윤곽 등 전체길이를 연삭한다.
④ 테이블, 주축대, 숫돌대를 선회시킬 수 있고, 내면연삭장치도 설치되어 있어 연삭범위가 넓다.

17 다음 중 숫돌의 조직이 가장 치밀한 것부터 나열된 것은?

① C - W - M

② C - M - W

③ W - M - C

④ M - W - C

NOTE 숫돌입자의 조밀도

호칭	밀	중	조
KS기호	C	M	W
숫돌 입자율(%)	50 ~ 54	42 ~ 50	42 이하
기호	0, 1, 2, 3	4, 5, 6	7, 8, 9, 10, 11, 12

18 다음 중 결합도가 높은 숫돌을 사용해야 하는 경우로 옳지 않은 것은?

① 경질의 재료를 연삭할 때

② 연삭속도가 작을 때

③ 연삭깊이가 얕을 때

④ 재료의 표면이 거칠 때

NOTE 결합도가 높은 숫돌을 사용해야 하는 경우
㉠ 연질재료를 연삭할 때
㉡ 연삭속도가 작을 때
㉢ 연삭할 면적이 작을 때
㉣ 연삭깊이가 얕을 때
㉤ 재료의 표면이 거칠 때

19 다음 중 연삭숫돌의 5가지 인자에 속하는 것으로 옳지 않은 것은?

① 입자의 종류

② 입도

③ 결합제의 종류

④ 숫돌의 크기

NOTE 연삭숫돌의 5가지 인자 … 입자의 종류, 입도, 조직, 결합제의 종류, 결합도이다.

20 다음 중 연삭숫돌의 크기표시가 옳게 되어 있는 것은?

① 바깥지름 × 두께 × 구멍지름

② 구멍지름 × 두께 × 바깥지름

③ 두께 × 구멍지름 × 바깥지름

④ 바깥지름 × 구멍지름 × 두께

NOTE 연삭숫돌의 크기표시방법 … 바깥지름 × 두께 × 구멍지름

21 A 36 L M V라고 표시된 숫돌에서 입도의 표시는?

① 36

② M

③ A

④ V

NOTE 숫돌의 표시방법
㉠ A : 숫돌입자
㉡ 36 : 입도
㉢ L : 결합도
㉣ M : 구조
㉤ V : 결합유형

22 다음 중 결합제가 갖추어야 할 조건으로 옳지 않은 것은?

① 입자간에 기공이 생기도록 해야 한다.

② 균일한 조직을 만들 수 있어야 한다.

③ 결합제로 인해 연삭유제를 사용하지 않아도 된다.

④ 고속회전에 대한 안전한 강도를 가져야 한다.

NOTE 결합제가 갖추어야 할 조건
㉠ 입자간에 기공이 생기도록 해야 한다.
㉡ 균일한 조직으로 임의 형상 및 크기로 만들 수 있어야 한다.
㉢ 고속회전에 대한 안전한 강도를 가져야 한다.
㉣ 연삭열과 연삭유제에 대하여 안전해야 한다.

Answer. 19.④ 20.① 21.① 22.③

23 다음 중 연삭숫돌 설치시 주의사항으로 옳지 않은 것은?

① 플랜지 판과 숫돌의 균형을 맞춘다.

② 숫돌바퀴가 잘 끼워지지 않을 때는 망치로 두드려 끼운다.

③ 숫돌바퀴의 구멍은 축지름보다 0.1mm 크게 한다.

④ 너트는 무리하게 조이지 않는다.

> **NOTE** 연삭숫돌 설치시 주의사항
> ㉠ 숫돌에 홈이나 균열이 있는지 플랜지 판에 끼우기 전에 확인한다.
> ㉡ 플랜지 판과 숫돌의 균형을 맞춘다.
> ㉢ 숫돌바퀴의 구멍은 축지름보다 0.1mm 크게 한다.
> ㉣ 너트는 무리하게 조이지 않는다.

24 다음 중 드래싱을 하는 경우는?

① 숫돌바퀴의 조직이 너무 치밀한 경우

② 연삭깊이가 너무 깊을 경우

③ 눈메움 현상이 나타났을 경우

④ 자생작용이 원활히 일어날 경우

> **NOTE** 드래싱 … 드래서를 이용하여 절삭성이 나빠진 숫돌의 면을 깎아내고 새롭고 날카로운 숫돌입자를 생성하는 작업이다.

25 다음 중 입도의 표시방법은?

① 알파벳　　　　　　　　　　② 숫자

③ 알파벳과 숫자의 혼합　　　④ 로마숫자

> **NOTE** 입도 … 입자의 크기를 말하며 메시로 표시하고 입도가 No.10이면 1인치에 10개의 눈이 있는 채에 걸리는 입자의 크기 정도를 말하는 것이다.

Answer. 23.② 24.③ 25.④

26 다음 중 절단용 숫돌에 쓰이는 결합제로 옳지 않은 것은?

① E

② V

③ R

④ B

> **NOTE** 고무(R) … 탄성이 커서 얇은 숫돌바퀴에 제작이 용이하며, 절단용 숫돌 및 센터리스연삭기의 조정차로 이용된다.

27 다음 중 연질인 공작물을 가공할 때 사용하는 숫돌의 인자로 옳지 않은 것은?

① 입도가 큰 연삭숫돌을 사용한다.

② 결합도가 큰 연삭숫돌을 사용한다.

③ 조직이 치밀한 연삭숫돌을 사용한다.

④ 결합도가 높은 연삭숫돌을 사용한다.

> **NOTE** 연질의 공작물을 가공할 때는 조직이 거친 연삭숫돌을 사용해야 한다.

28 다음 중 로딩현상 제거에 사용되는 공구는?

① 라이스프줄

② 드레서

③ 브러쉬

④ 스크레이퍼

> **NOTE** 드레싱 … 드레서를 이용하여 절삭성이 나빠진 숫돌의 면을 깎아내고 새롭고 날카로운 숫돌입자를 생성하는 작업이다.

29 다음 중 숫돌의 입자가 탈락되지 않고, 마멸되어 무뎌지는 현상은?

① 로딩

② 드레싱

③ 글레이징

④ 트루잉

> **NOTE** 글레이징(무딤현상) … 숫돌의 결합도가 클수록 자생작용이 원활히 일어나지 않아 숫돌입자가 탈락되지 않고 마멸되어 무뎌지는 현상이다.

Answer. 26.③ 27.③ 28.② 29.③

30 다음 중 숫돌의 자생작용에 가장 큰 영향을 주는 인자는?

① 입도

② 조직

③ 숫돌의 크기

④ 결합도

> **NOTE** 자생작용 … 표면층의 연삭날이 마멸되어 탈락하고 새로운 입자가 생성되는 작용이며, 결합도에 가장 큰 영향을 받는다.

31 다음 중 숫돌의 연삭면을 평행 또는 일정한 형태로 성형시켜 주는 작업은?

① 로딩

② 드레싱

③ 트루잉

④ 글레이징

> **NOTE** 트루잉 … 숫돌의 연삭면을 평행 또는 일정한 형태로 성형시켜주는 방법으로 드레싱과 동반하게 된다.

32 다음 중 로딩의 발생원인으로 옳지 않은 것은?

① 숫돌의 결합도가 높을 때

② 연삭깊이가 너무 깊을 때

③ 원주속도가 너무 느릴 때

④ 숫돌의 조직이 치밀할 때

> **NOTE** 로딩의 발생원인
> ㉠ 숫돌의 조직이 치밀할 경우
> ㉡ 연삭깊이가 너무 깊을 경우
> ㉢ 원주속도가 느릴 때

33 다음 중 혼의 재질로 사용되는 것은?

① 합금공구강

② 산화알루미나

③ 초경합금

④ 주철

> **NOTE** 혼의 재질은 공작물의 재질에 따라 WA, GC, 다이아몬드 등을 사용한다.

Answer. 30.④ 31.③ 32.① 33.③

34 다음 중 래핑의 특징으로 옳지 않은 것은?

① 거울면과 같은 다듬질면을 얻을 수 있다.

② 잔류응력 및 열적 영향을 받지 않는다.

③ 다량생산에 적합하지 않다.

④ 랩제가 비산하여 다른 기계나 제품에 부착하면 마멸의 원인이 된다.

> **NOTE** 래핑의 특징
> ㉠ 거울면과 같은 다듬질면을 얻을 수 있다.
> ㉡ 잔류응력 및 열적 영향을 받지 않는다.
> ㉢ 다량생산에 적합하다.
> ㉣ 랩제가 비산하여 다른 기계나 제품에 부착하면 마멸의 원인이 된다.

35 다음 중 호닝의 특징으로 옳지 않은 것은?

① 발열이 적고 정밀가공이 가능하다.

② 가공액을 사용할 필요가 없다.

③ 진직도, 진원도, 테이퍼 등을 바로 잡아준다.

④ 표면정밀도와 치수정밀도를 높인다.

> **NOTE** 호닝의 특징
> ㉠ 발열이 적고 정밀가공을 할 수 있다.
> ㉡ 표면정밀도와 치수정밀도를 높인다.
> ㉢ 진직도, 진원도, 테이퍼 등을 바로 잡아준다.
> ㉣ 가공액은 윤활제의 역할을 하는 것으로, 칩을 제거하고 가공면의 열을 억제한다.

36 다음 중 습식래핑에 사용되는 래핑액의 성분으로 옳지 않은 것은?

① 알코올   ② 기계유
③ 올리브유   ④ 경유

> **NOTE** 습식래핑에 사용되는 래핑액은 주로 경유를 사용하고 그 밖에 기계유나 올리브유를 사용한다.

37 다음 중 기계적 특수가공에 속하지 않는 것은?

① 버핑

② 숏트피이닝

③ 전해 가공

④ 샌드블리스트

> **NOTE** 기계적 특수가공에는 버핑, 버어니싱, 숏트피이닝, 샌드블리스트, 그릿블리스트 등이 있다.

38 다음 중 기계가공이 어려운 재질의 공작물을 가공하는 방법을 모두 고르면?

〈보기〉	
㉠ 호닝	㉡ 전해가공
㉢ 방전가공	㉣ 초음파가공

① ㉠

② ㉠, ㉢

③ ㉡, ㉢

④ ㉡, ㉣

> **NOTE** ㉠ 혼이라는 세립자로 된 각 봉의 공구를 구멍 내에서 회전과 동시에 왕복운동을 시켜 구멍 내면을 정밀가공하는 작업을 말한다.
> ㉡ 기계가공이 어려운 재질의 공작물을 전해액에 넣어 가공물을 전해시켜 구멍을 뚫거나 홈을 파는 가공방법이다.
> ㉢ 방전을 연속적으로 일으켜 가공에 이용하는 가공방법이며, 구멍뚫기, 절단 등에 사용된다.
> ㉣ 초음파진동을 하는 방향으로 공구와 공작물 사이에 지립과 공작액을 넣고 지립의 공작물에 대한 충돌에 의하여 다듬질하는 방법으로 금속 또는 경질재료의 공작물 가공에 이용된다.

39 주물의 표면 및 도금이나 도장의 전처리 과정을 위한 특수가공법은?

① 샌드블리스트

② 버어니싱

③ 버핑

④ 숏트피이닝

> **NOTE** ① 주물의 표면 및 도금이나 도장을 하기 위한 전처리 작업으로 압축공기를 이용하여 모래를 분사시켜 공작물의 표면을 깨끗하게 하기 위한 작업이다.
> ② 원통의 내면 및 외면을 강구나 롤러로 거칠게 나온 부분을 눌러 골 부분으로 유동시켜서 매끈한 면으로 다듬는 가공 방법으로 전성 및 연성이 좋은 공작물 가공에 사용된다.
> ③ 부드러운 헝겊에 미세한 입자를 부착시켜 공작물을 가공하는 방법으로 치수정밀도보다는 아름다운 외면을 가공하기 위한 작업이며, 주로 가정용품이나 실내장식품 등의 가공에 사용된다.
> ④ 경화된 작은 숏이라는 입자를 공작물 표면에 고속으로 분사하여 공작물을 다듬질하는 방법으로 공작물의 피로강도, 인장강도 및 기타 기계적 성질을 향상시키며, 주로 스프링류, 축 기어 등의 가공에 사용된다.

40 다음 중 기계적 성질을 향상시켜 축이나 기어 가공에 사용되는 가공법은?

① 호닝

② 숏트피이닝

③ 슈퍼피니싱

④ 래핑

> **NOTE** 숏트피이닝 … 경화된 작은 숏이라는 입자를 공작물 표면에 고속으로 분사하여 공작물을 다듬질하는 방법으로 공작물의 피로강도, 인장강도 및 기타 기계적 성질을 향상시키며, 주로 스프링류, 축 기어 등의 가공에 사용된다.

08 측정기

01 측정기의 개요

1 측정

사물의 특성을 양적으로 정의하고 이를 정량화하기 위한 방법, 장치, 관측의 요소를 조합하여 궁극적으로 이를 활용하는 일을 말한다.

2 측정의 종류

① **직접측정** ⋯ 길이의 일정한 표시기구를 이용하여 직접 눈금을 읽는 방법이다.
　㉠ 측정범위가 넓고, 직접 판독이 가능하며 다품종 소량의 측정에 유리하다.
　㉡ 판독자에 따라 치수가 다를 수 있으며, 측정시간이 길고 정밀측정에는 숙련된 기술이 필요한 단점이 있다.

② **간접측정** ⋯ 기하학적으로 복잡하여 직접측정이 불가능한 경우나 측정이 간단하지 않을 경우 사용되는 방법이다.

③ **상대비교측정** ⋯ 측정량을 미리 알고 있는 표준량과 비교하여 비교량의 차를 읽는 방법이다.
　㉠ 정밀도가 높고 사용범위가 크며, 계산과정이 필요하지 않다.
　㉡ 측정기준이 되는 표준 게이지가 필요하다는 단점이 있다.

④ **절대비교측정** ⋯ 절대측정은 계측기에서 기본단위로 주어지는 양과 비교하여 이루어지는 측정법이며 비교측정은 이미 치수를 알고 있는 표준치와의 차이를 구하여 치수를 알아내는 방법이다.

⑤ **한계 게이지법** ⋯ 부품의 치수가 최대 최소 허용치수 사이에 있는지의 여부를 측정하는 방법이다.
　㉠ 정확한 치수를 얻기보다는 부품의 적합판정을 하는 데 이용된다.
　㉡ 대량측정 및 측정시간이 적게 걸리며 조작도 편리하다.
　㉢ 랜지 조정이 어렵고, 제품의 실제치수를 알 수 없다는 단점이 있다.

③ 측정기의 분류

① **길이 측정기** … 길이를 측정하는 측정기(자, 표준 게이지, 버니어캘리퍼스, 마이크로미터 등)이다.

② **각도 측정기** … 각도를 측정하는 측정기(각도 게이지, 직각자, 사이버, 테이퍼 게이지 등)이다.

③ **평면 게이지** … 수준기, 서피스 게이지, 정반 등이 있다.

> **TIP**
>
> **유체 측정 기기**
> ㉠ 유량 측정 기기 : 노즐, 위어, 오리피스, 벤투리미터
> ㉡ 압력 측정 기기 : 피에조미터, 마노미터, 부르동관 압력계
> ㉢ 유속 측정 기기 : 피토관, 시차 액주계, 열선 속도계, 유속계(초음파, 레이저, 입자영상)

④ 측정오차의 원인

측정에 있어서 참값과 측정값의 차이를 측정오차라고 한다.

① **온도의 영향** … 물체는 온도변화에 따라 팽창 수축하므로, 그 길이를 표시할 때 온도를 규정할 필요가 있으며, 이 온도를 표준측정온도라 하고 20℃로 정한다.

② **시차** … 판독자가 치수를 정확하게 읽지 못함에서 오는 오차이다.

③ **측정기 자체의 오차** … 측정기가 가지고 있는 근본적인 오차를 말한다.

④ **측정압의 영향** … 측정기와 측정면이 접촉됨으로써 생기는 압력에 의한 오차를 말한다.

⑤ **굽힘에 의한 영향** … 긴 물체가 자중 또는 측정압에 의해 생기는 굽힘 오차를 말한다.

⑤ 측정오차의 종류

① **시차** … 눈의 위치에 따라 눈금을 잘못 읽어서 발생한 오차로서 측정기가 치수를 정확하게 지시하더라도 측정자의 부주의에 의해 발생한다.

② **계기오차** … 측정기 자체가 가지고 있는 오차이다.

③ **개인오차** … 측정자의 숙련도 차이에서 발생하는 오차이다.

④ **우연오차** … 외부적 환경요인에 의해 발생하는 오차이다.

⑤ **후퇴오차** … 측정량이 증가, 또는 감소하는 방향이 달라서 생기는 오차이다.

⑥ **샘플링오차** … 전수검사를 하지 않고 샘플링 검사를 실시한 때 시험편을 잘못 선택하여 발생하는 오차이다.

기하공차 … 형상의 뒤틀림, 위치의 어긋남, 흔들림 및 자세에 대하여 어느 정도까지 오차를 허용할 수 있는가를 나타내기 위해 사용하는 공차이다.

02 측정기의 종류

❶ 길이측정기

① **표준자** … 길이를 측정하는 측정기 중 가장 정밀한 것으로, 정밀한 측정기나 공작기계에 부착하여 정밀측정이나 정밀한 입도결정 측정에 사용된다.

② **자** … 형태에 따라 곧은자와 줄자로 나뉘며, 단위에 따라 미터식과 인치식으로 나뉜다.

③ **퍼스** … 2개의 다리를 이용하여 제품의 치수를 재는 것이다.

    ㉠ **외경퍼스** : 제품의 외경을 재는 퍼스이다.

    ㉡ **내경퍼스** : 제품의 내경을 재는 퍼스이다.

    ㉢ **스프링퍼스** : 스프링장치가 되어 있는 퍼스이다.

④ **버니어캘리퍼스** … 어미자와 아들자의 눈금을 이용하여 제품의 치수를 측정하는 기구이다.

    ㉠ 버니어캘리퍼스의 종류는 M형, CB형, CM형이 있으며, M형은 뎁스바가 있어 외경뿐만 아니라 높이 및 깊이도 측정이 가능하다.

    ㉡ 눈금 읽는 방법 : 어미자 한 눈금 1mm의 $\frac{1}{10}$, $\frac{1}{20}$ 또는 $\frac{1}{50}$을 읽을 수 있다.

      • 어미자의 $(n-1)$눈금을 아들자의 n눈금으로 한 것으로 어미자와 아들자의 눈금간격의 관계는 $(n-1)a = nb$ 이다.

      • $\frac{1}{10}$mm를 읽는 방법 : 아들자의 눈금은 어미자를 10등분한 것으로 한 눈금이 0.9mm로 되어있으므로 어미자와 아들자의 눈금의 차는 0.1mm가 되므로 $\frac{1}{10}$mm까지 읽을 수 있다.

      • $\frac{1}{20}$mm를 읽는 방법 : 아들자의 눈금은 어미자를 20등분한 것으로 한 눈금이 0.95mm로 되어 있으므로 어미자와 아들자의 눈금의 차는 0.05mm가 되므로 $\frac{1}{20}$mm까지 읽을 수 있다.

      • $\frac{1}{50}$mm를 읽는 방법 : 아들자의 눈금은 어미자 12mm를 25등분한 것으로 어미자와 아들자의 눈금의 차는 0.48mm가 되고, 어미자의 한 눈금 0.5mm와 눈금의 차가 0.02mm가 되므로 $\frac{1}{50}$mm까지 읽을 수 있다.

ⓒ 버니어캘리퍼스의 사용방법

• 0점 점검방법

－조의 측정면에 홈이 있는지 점검한다.

－어미자와 아들자의 0점이 일치하는지 점검한다.

－슬라이더 고정나사를 적절한 압력으로 조정한다.

• 버니어캘리퍼스로 제품을 측정하는 방법

－외경측정 : 캘리퍼스의 측정면을 측정할 부분에 직각으로 대고 측정한다.

－내경측정 : 캘리퍼스의 조를 제품의 중심선과 일치시킨 후 내측 측정 조가 안쪽으로 닿도록 측정한다.

⑤ **마이크로미터** … 나사를 이용한 길이 측정기로 나사가 1회전하면 축방향으로 1피치만큼 이동하는 원리를 이용한 측정기이다.

㉠ 버니어캘리퍼스나 다이얼게이지와 함께 널리 사용되고 있으나 버니어캘리퍼스보다 정밀도가 높다.

㉡ 측정범위는 0 ~ 25mm, 25 ~ 50mm, 50 ~ 75mm 등과 같이 25mm씩의 차이를 둔 여러 단계가 있으며, 주로 0.01mm와 0.001mm까지 측정할 수 있는 것을 사용한다.

㉢ 눈금 읽는 방법

• $\dfrac{1}{100}$mm를 읽는 방법 : 나사피치를 0.5mm로 하고, 심블의 원주를 50등분 했으므로 스핀들을 1회전시키면 스핀들은 축방향으로 0.5mm 만큼 움직이는데 샘핀들과 심블은 일체이므로 심블이 $\dfrac{1}{50}$ 회전하면 스핀들은 $0.5 \times \dfrac{1}{50} = 0.01$mm 만큼 움직이게 되는 것이다.

• $\dfrac{1}{1,000}$mm를 읽는 방법 : 피치와 심블의 등분은 $\dfrac{1}{100}$mm 마이크로미터와 같으나, 아들자의 심블 9눈금을 10등분하여 슬리브에 길이방향으로 새겨 있어 심블 눈금과 아들자의 눈금이 일치한 눈금에서 $\dfrac{1}{1,000}$mm를 읽을 수 있다.

㉣ 마이크로미터의 0점 조정방법

• 오차가 ±0.01mm 이하일 때

－스핀들을 클램프로 고정시킨다.

－슬리브를 스패너로 돌려 고정시킨다.

• 오차가 ±0.001mm 이하일 때

－스핀들을 클램프로 고정시킨다.

－막대 스패너로 래칫 스톱을 약간 풀어준다.

－심블의 0점을 슬리브의 기준선에 맞추고 고정시킨다.

－심블을 래칫방향으로 힘을 주어 자유로이 움직이게 한다.

ⓜ 마이크로미터의 종류
- 외측 마이크로미터 : 보통 0.01mm까지 측정하도록 되어 있는 것을 많이 사용하며, 디지털 마이크로미터도 상용화되고 있다.
- 지시 마이크로미터 : 다이얼게이지를 조합한 것으로 앤빌이 이동할 수 있도록 되어 있으며, 이 움직임을 다이얼게이지에 전달하는 구조로 되어있다.
- V홈 마이크로미터 : 홀수개의 홈을 가진 제품의 지름을 측정할 수 있는 측정기이다.
- 나사 마이크로미터 : 나사의 유효지름을 측정할 수 있는 측정기이다.
- 내측 마이크로미터 : 제품의 내경이나 평면 홈 사이의 거리를 측정할 수 있는 측정기이다.
- 깊이 마이크로미터 : 일반 마이크로미터의 머리 부분에 측정 기준면을 붙여 깊이를 측정할 수 있도록 만든 측정기이다.

⑥ 하이트 게이지 … 정반 위에서 금을 긋거나 높이를 측정하는 데 사용되는 기구이다.
  ㉠ 종류 : HT형, HB형, HM형, HT형과 HM형의 병용형이 있다.
  ㉡ 사용시 주의사항
  - 시차에 주의한다.
  - 평면도가 좋은 정반을 깨끗이 닦고 사용한다.
  - 사용전 어미자, 아들자의 0점을 일치시킨다.
  - 금긋기 할 때는 스크라이버를 필요이상 길게 하지 않는다.
  - 금긋기 할 때는 고정나사를 단단히 조인다.

❷ 비교측정기

① 다이얼 게이지 … 측정 스핀들의 직선적 움직임을 기어를 이용하여 지침의 회전각으로 변환하여 측정하는 변위측정기이다. 주로 평면의 평형도나 원통의 평면도, 원통의 진원도, 축의 흔들림의 정도 등의 검사나 측정에 사용된다.

② 다이얼 게이지의 종류
  ㉠ 0.01mm 눈금 다이얼 게이지
  ㉡ 0.001mm 눈금 다이얼 게이지

③ 다이얼 게이지 사용시 주의사항
  ㉠ 측정범위가 작을수록 오차는 작다.
  ㉡ 측정하는 제품의 형상에 따라 접촉자의 형상을 선택하여 사용한다.
  ㉢ 다이얼 게이지의 움직이는 방향과 측정방향이 일치하면 오차는 줄어든다.
  ㉣ 다이얼 게이지에 이물질이 끼지 않도록 주의한다.

③ 게이지 측정기

① **블록 게이지** … 정밀도가 높고 이용범위가 넓은 표준기이다.

   ⊙ 블록 게이지의 종류에는 요한슨형, 호크형, 캐리형 등이 있고, 보통 요한슨형이 사용된다.

   ⓒ 블록 게이지의 재질

     • 재료의 조직과 치수가 안정되어야 한다.

     • 경도가 높고 내마멸성이 높아야 한다.

     • 온도에 의한 오차가 적어야 한다.

     • 부식이 잘 되지 않아야 한다.

   ⓒ 블록 게이지의 용도와 등급

구분	사용 목적	등급
공작용	공구, 절삭용의 설치	C
	게이지의 제작	B 또는 C
	측정계기류의 정도 조정	
검사용	기계부품, 공구 등의 검사	B 또는 C
	게이지의 정도 점검	A 또는 B
	측정기류의 정도 조정	
표준용	공작용 게이지블럭의 정도 점검	A 또는 B
	검사용 게이지블럭의 정도 점검	
	측정기류의 정도 점검	
참조용	표준 게이지블럭의 정도 점검	AA
	학술연구용	

   ② 블록 게이지의 사용시 주의사항

     • 블록 게이지의 측면의 제품 측정시 중요한 역할을 하므로 흠집이 가지 않도록 주의한다.

     • 먼지가 적고 건조한 실내에 보관한다.

     • 블록 게이지를 조합하여 사용할 때는 되도록 블록의 개수가 적도록 조합한다.

     • 블록 게이지를 이용한 측정시 온도는 제품과 같은 온도로 한다.

   ⓜ **치수조합방법**

     • 되도록 블록의 개수가 적도록 조합한다.

     • 맨 끝자리부터 고른다.

     • 블록을 밀착시킬 때는 블록 사이를 벤젠이나 솔벤트 등을 적신 헝겊으로 닦은 후 밀착시킨다.

② **실린더 게이지** … 조합된 다이얼 게이지를 이용하여 내경 및 홈의 폭을 측정한다.

   ⊙ 실린더 게이지에 부착된 다이얼 게이지의 눈금에 따라 최소 읽음값이 $\frac{1}{100}$ mm 또는 $\frac{1}{100}$ mm로 되어 있다.

ⓛ 실린더 게이지 사용시 주의사항

　－내경 측정시 측정자를 내경 속에 넣고, 최대점을 찾아 측정한다.

　－0점을 조정할 때에는 작은 바늘의 위치가 중간 위치인 약 4～5에 오도록 한다.

③ 한계 게이지 … 제품을 정확한 치수대로 가공한다는 것이 거의 불가능하므로 오차의 한계를 주고 이 오차한
계를 재는 게이지이다. 두 개의 게이지를 짝지어 한쪽은 허용되는 최대치수, 다른 쪽은 최소치수로 하여 제
품이 이 한도 내에서 제작되는가를 검사하는 게이지이다. 한계게이지는 통과측과 정지측을 가지고 있는데
정지측으로는 제품이 들어가지 않고 통과측으로 제품이 들어가는 경우 제품은 주어진 공차 내에 있음을 나
타내는 것이다. 그 용도에 따라서 공작용 게이지, 검사용 게이지, 점검용 게이지가 있다.

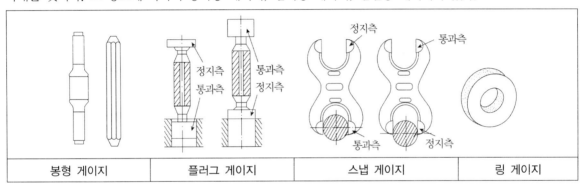

봉형 게이지	플러그 게이지	스냅 게이지	링 게이지

　㉠ 한계 게이지의 종류

　　• 구명용

　　－플러그 게이지 : 작은 구명의 검사에 이용된다.

　　－평 게이지 : 큰 구명의 검사에 이용된다.

　　－봉 게이지 : 내경이 250mm 이상일 때 이용된다.

　　• 축용 : 링 게이지(지름이 작거나 얇은 두께의 공작물 검사에 이용된다)

　　• 나사용

　　－링나사 게이지 : 볼트의 지름을 검사하는 데 이용된다.

　　－플러그 나사 게이지 : 너트의 지름을 검사하는 데 이용된다.

　㉡ 한계 게이지의 재료는 경질의 내마모성을 고려한 합금공구강을 이용한다.

　㉢ 한계 게이지의 장단점

　　• 대량측정 및 측정시간이 적게 걸리며 조작도 편리하다.

　　• 한계게이지 제품 상호간에 호환성이 우수하며 최대한의 분업 방식이 가능하다.

　　• 랭지 조정이 어렵고, 제품의 실제치수를 알 수 없다는 단점이 있다.

　　• 가격이 비싸며 특별한 것은 고급공작기계가 있어야 제작할 수 있다.

④ 기타 게이지

　㉠ 표준 플러그 및 링 게이지

　㉡ 드릴 게이지 : 드릴의 지름을 측정하는 게이지이다.

ⓒ 와이어 게이지 : 얇은 철사의 직경을 번호로 나타낼 수 있도록 만든 게이지이다.

ⓔ 틈새 게이지 : 제품의 미세한 틈새의 폭을 측정하는 게이지이다.

④ 각도 측정기

① 눈금원반 … 원주를 도로 분할하여 눈금한 것으로 각도측정의 선도기이다.

② 다면경 … 폴리곤 거울은 금속 또는 유리제로 광학적으로 평탄하게 연마된 많은 분할면으로 되어있다.

③ 각도 게이지 … 각도측정의 단도기로 블록 게이지와 마찬가지로 서로 조합하여 임의의 각도를 측정한다.

    ⓐ 요한슨식 각도 게이지 : 약 $50 \times 20 \times 1.5mm$의 크기로 된 블록 85개 또는 49개로 구성되어 있으며, 2개의 블록을 조합하여 $10° \sim 350°$까지 1분 간격으로 만들 수 있는데, 측정면이 작고 많은 개수를 필요로 하는 단점이 있다.

    ⓑ NPL식 각도 게이지 : 극히 평탄하게 연마된 측정면을 갖는 12개의 블록을 조합하여 $0° \sim 81°$까지 3초 간격으로 만들 수 있다.

④ 직각자 … 공장 및 검사용으로 많이 사용되고 있으며, 측정순서는 일감의 기준면에 따라 순차적으로 한다. 이 때 일감의 측정면에 직각자를 정확히 대고 일감과 직각자 사이에서 빛이 새는 정도로 측정값을 정한다.

⑤ 만능분도기 … 보통 각도기보다 넓은 범위의 각도를 측정할 수 있어 용도가 다양하며, 구조는 버니어 캘리퍼스의 어미자와 아들자처럼 각도 분할판과 분 분할판으로 되어 있다.

    ⓐ 각도 분할판 : $0° \sim 90°$까지 분할되어 있다.

    ⓑ 분 분할판 : 양쪽으로 $23°$가 12등분되어 있다.

기출예상문제

대전시설관리공단

1 다음 중 각도를 측정하는 계측기는?

① 노기스   ② 콤비네이션

③ 마이크로미터   ④ 다이얼게이지

> **NOTE** 길이를 측정하는 계측기 … 노기스, 마이크로미터, 다이얼게이지, 버니어캘리퍼스 등

2 화재에 대한 방화 조치로서 가장 적당하지 않은 것은?

① 화기는 정해진 장소에서 취급한다.

② 기름걸레 등은 정해진 용기에 보관한다.

③ 흡연은 정해진 장소에서만 한다.

④ 유류 취급 장소에는 방화수를 준비한다.

> **NOTE** 기름 화재에 물은 오히려 불을 더 크게 하고 증발 증기에 대한 위험이 커진다.

3 센터로 가공물을 지지하거나 드릴과 리머 등을 고정하여 작업하는 역할을 하는 선반의 주요 부분은 무엇인가?

① 베드(bed)   ② 주축대(head stock)

③ 심압대(tail stock)   ④ 왕복대(carriage)

⑤ 이송대(feed mechanism)

> **NOTE** 선반의 주요 구성 요소
> ㉠ 베드: 다른 주요 부분의 하중에 변형이 없어야 하고, 선반의 안내운동을 정확하게 전달하는 역할을 한다.
> ㉡ 주축대: 가공품을 지지하면서 회전시키고 회전수의 변경, 바이트를 이송시키는 원동력을 전달하는 원천이다.
> ㉢ 심압대: 센터로 가공물을 지지하거나 드릴과 리머 등을 고정하여 작업하는 역할을 한다.
> ㉣ 이송대: 주축대의 주축의 회전운동을 리드스크루 또는 이송축에 전달할 때 기어연결로써 전달한다.
> ㉤ 왕복대: 베드 상부 주축대와 심압대의 중간에 놓여 있으며 왕복대의 상부에는 바이트를 설치하고 바이트는 가공물에 따라 좌우로 이동하는 작용을 한다.

Answer. 1.② 2.④ 3.③

4 다음 공작기계 중에서 절삭공구가 회전하는 것은?

① 선반　　　　　　　　　　　　② 세이퍼

③ 브로칭　　　　　　　　　　　④ 밀링

> **NOTE** 절삭공구 중에서 회전운동을 하는 것은 밀링이다.(밀링커터가 회전운동)

5 드릴 구멍에 암나사를 깎는 데 사용하는 수공구인 것은?

① 줄　　　　　　　　　　　　　② 선반

③ 탭　　　　　　　　　　　　　④ 다이스

> **NOTE** 탭은 암나사를 깎는 데 사용하고 다이스는 수나사를 깎는 데 사용한다.

6 다음 중 비교 측정기는 어느 것인가?

① 큐폴라　　　　　　　　　　　② 다이얼 게이지

③ 세이퍼　　　　　　　　　　　④ 하이트 게이지

⑤ 퍼스

> **NOTE** ① 일반 주형을 용해할 때 사용하는 용해로의 종류이다.
> ③ 공작물을 테이블에 고정시키고 램의 선반에 위치한 공구대에 고정시킨 바이트를 수평 왕복시켜 평면을 가공하는 공작기계이다.
> ④ 정반 위에서 금을 긋거나 높이를 측정하는 데 사용하는 길이측정기이다.
> ⑤ 2개의 다리를 이용하여 제품의 치수를 재는 길이측정기이다.

7 다음 중 각도 측정에 사용되는 것은?

① 오토 콜리미터　　　　　　　② 옵티컬 플랫

③ 블록 게이지　　　　　　　　④ 원통 스퀘어

⑤ V블록

> **NOTE** 각도를 측정하는 측정기에는 오토 콜리미터, 각도 게이지, 직각자, 사이버, 테이퍼 게이지 등이 있다.

Answer. 4.④ 5.③ 6.② 7.①

8 다이얼 게이지로 0.5mm의 편심작업을 하고자 하여 공작물을 1회전 시켰을 때 최고점과 최저점의 차이는?

① 0.5mm

② 1.0mm

③ 1.5mm

④ 2.0mm

> **NOTE** 편심이 0.5mm이므로 최고점 −최저점은 0.5mm × 2 = 1.0mm이다.

9 작은 길이의 변화를 확대하여 회전체의 흔들림 정도, 진원도, 평행도 및 평면도 등의 정밀도를 검사하는 비교측정기는?

① 마이크로미터

② 다이얼 게이지

③ 블록 게이지

④ 한계 게이지

> **NOTE** 다이얼 게이지 … 지침의 흔들림으로 치수의 정도를 평가하는 비교 측정기이다.

10 다음 중 공차란 무슨 뜻인가?

① 기준치수 – 편차

② 기준치수 – 최대허용치수

③ 최대허용치수 – 기준치수

④ 기준치수 – 최소허용치수

⑤ 최대허용치수 – 최소허용치수

> **NOTE** 공차 … 최대허용치수와 최소허용치수의 차이를 말한다.

11 다음 중 정밀 측정실에 적합한 온도는?

① 30℃

② 40℃

③ 20℃

④ 10℃

> **NOTE** 물체는 온도변화에 따라 팽창 수축하므로, 그 길이를 표시할 때 온도를 규정할 필요가 있으며, 이 온도를 표준측정온도라 하고 20℃로 정한다.

Answer. 8.② 9.② 10.⑤ 11.③

12 다음 중 나사의 원리를 이용한 측정기는?

① 다이얼 게이지

② 버니어캘리퍼스

③ 드릴 게이지

④ 마이크로미터

⑤ 사인바

NOTE 마이크로미터 … 나사의 원리를 이용한 길이 측정기로 나사가 1회전하면 축방향으로 1피치만큼 이동하는 원리를 이용하였다.

13 다음 중 대량측정이 가능한 측정법은?

① 직접측정

② 간접측정

③ 상대비교측정

④ 한계 게이지법

NOTE ① 길이의 일정한 표시기구를 이용하여 직접 눈금을 읽는 방법이다.
② 기하학적으로 복잡하여 직접측정이 불가능한 경우나 측정이 간단하지 않을 경우 사용되는 방법이다.
③ 측정량을 미리 알고 있는 표준량과 비교하여 비교량의 차를 읽는 방법이다.
④ 부품의 치수가 최대 최소 허용치수 사이에 있는지의 여부를 측정하는 방법으로 대량측정에 용이하다.

14 다음 중 이미 치수를 알고 있는 기준 게이지와 공작물의 치수 차이를 이용하여 치수를 구하는 측정법은?

① 직접측정법

② 간접측정법

③ 상대비교측정법

④ 절대측정법

NOTE ① 길이의 일정한 표시기구를 이용하여 직접 눈금을 읽는 방법이다.
② 기하학적으로 복잡하여 직접측정이 불가능한 경우나 측정이 간단하지 않을 경우 사용되는 방법이다.
③ 기준 게이지와 비교하여 비교량의 차를 읽는 방법이다.
④ 임의의 정의 법칙에 따른 측정방법이다.

15 다음 중 길이 측정기로 옳지 않은 것은?

① 하이트 게이지

② 버니어캘리퍼스

③ 마이크로 게이지

④ 테이퍼 게이지

NOTE ④ 테이퍼 게이지는 각도 측정기이다.

Answer. 12.④ 13.④ 14.③ 15.④

16 다음 중 버니어캘리퍼스에서 구멍의 깊이를 측정하기 위해 부착되는 기구는?

① 조오
② 뎁스바
③ 쇠부리
④ 게이지

NOTE 뎁스바가 있는 M형 버니어캘리퍼스는 길이 측정뿐만 아니라 높이 및 깊이도 측정이 가능하다.

17 다음 중 오차의 원인으로 옳지 않은 것은?

① 온도의 영향
② 측정압의 영향
③ 굽힘에 의한 영향
④ 피측정물의 크기에 의한 영향

NOTE 오차의 원인
㉠ 온도의 영향 : 물체는 온도변화에 따라 팽창 수축하므로, 그 길이를 표시할 때 온도를 규정할 필요가 있으며, 이 온도를 표준측정온도라 하고 20℃로 정한다.
㉡ 시차 : 판독자가 치수를 정확하게 읽지 못함에서 오는 오차이다.
㉢ 측정기 자체의 오차 : 측정기가 가지고 있는 근본적인 오차를 말한다.
㉣ 측정압의 영향 : 측정기와 측정면이 접촉됨으로써 생기는 압력에 의한 오차를 말한다.
㉤ 굽힘에 의한 영향 : 긴 물체가 자중 또는 측정압에 의해 생기는 굽힘 오차를 말한다.

18 다음 중 한계 게이지의 특징으로 옳지 않은 것은?

① 취급이 간단하다.
② 정밀한 측정을 할 수 있다.
③ 대량측정이 가능하다.
④ 측정시간이 적게 걸린다.

NOTE 한계 게이지의 특징
㉠ 정확한 치수를 얻기보다는 부품의 적합판정을 하는 데 이용된다.
㉡ 대량측정 및 측정시간이 적게 걸리며 조작도 편리하다.
㉢ 랭지 조정이 어렵고, 제품의 실제치수를 알 수 없다는 단점이 있다.

19 다음 중 블록 게이지의 사용상 주의점으로 옳지 않은 것은?

① 되도록 많은 블록을 조합하여 원하는 치수를 만든다.

② 먼지가 적고 건조한 실내에 보관한다.

③ 측정시 블록 게이지의 온도는 피측정물의 온도와 같은 온도로 맞춘다.

④ 블록 게이지의 측면에 흠집이 가지 않도록 조심한다.

> **NOTE** 블록 게이지의 사용시 주의사항
> ㉠ 블록 게이지의 측면의 제품 측정시 중요한 역할을 하므로 흠집이 가지 않도록 주의한다.
> ㉡ 먼지가 적고 건조한 실내에 보관한다.
> ㉢ 블록 게이지를 조합하여 사용할 때는 되도록 블록의 개수가 적도록 조합한다.
> ㉣ 블록 게이지를 이용한 측정시 온도는 제품과 같은 온도로 한다.

20 다음 중 마이크로미터의 최소 측정치는?

① 0.01mm

② 0.1mm

③ 0.05mm

④ 0.02mm

> **NOTE** 마이크로미터의 최소 측정값은 0.01mm이다.

21 다음 중 블록 게이지 등급 중 참조용은?

① AA

② B

③ C

④ A

> **NOTE** ① 참조용
> ② 검사용
> ③ 공작용
> ④ 표준용

22 블록 게이지를 이용한 측정 시 2개의 블록을 서로 밀착시키는 것을 무엇이라 하는가?

① 리밍

② 탭핑

③ 링깅

④ 슬로팅

> **NOTE** 링깅 … 필요한 치수가 없을 때는 두 개 이상의 블록을 밀착시켜 일정한 치수로 결합하여야 한다. 두 게이지면을 충분히 겹치면 서로 당기어 떨어지지 않게 되는데 이것을 링깅이라 한다.

Answer. 19.① 20.① 21.① 22.③

23 다음 중 블록 게이지의 재질로 알맞지 않은 것은?

① 부식이 잘 되지 않아야 한다.　　　② 경도가 낮아야 한다.

③ 온도에 의한 오차가 적어야 한다.　④ 재료의 조직과 치수가 안정되야 한다.

> **NOTE** 블록 게이지의 재질
> ㉠ 재료의 조직과 치수가 안정되야 한다.
> ㉡ 경도가 높고 내마멸성이 높아야 한다.
> ㉢ 온도에 의한 오차가 적어야 한다.
> ㉣ 부식이 잘 되지 않아야 한다.

24 다음 중 한계 게이지에 속하지 않는 것은?

① 블록 게이지　　　　　　② 링나사 게이지

③ 플러그 나사 게이지　　　④ 봉 게이지

> **NOTE** 한계 게이지의 종류
> ㉠ 구멍용
> • 플러그 게이지 : 작은 구멍의 검사에 이용된다.
> • 평 게이지 : 큰 구멍의 검사에 이용된다.
> • 봉 게이지 : 내경이 250mm 이상일 때 이용된다.
> ㉡ 축용(링 게이지) : 지름이 작거나 얇은 두께의 공작물 검사에 이용된다.
> ㉢ 나사용
> • 링나사 게이지 : 볼트의 지름을 검사하는 데 이용된다.
> • 플러그 나사 게이지 : 너트의 지름을 검사하는 데 이용된다.

25 다음 중 여러 게이지를 조합하여 각도를 측정하는 기구는?

① 눈근 원반　　　　　　② 요한슨식 각도 게이지

③ 다면경　　　　　　　　④ 블록 게이지

> **NOTE** 각도 게이지 … 각도측정의 단도기로 블록 게이지와 마찬가지로 서로 조합하여 임의의 각도를 측정한다.
> ㉠ 요한슨식 각도 게이지 : 약 50 × 20 × 1.5(mm)의 크기로 된 블록 85개 또는 49개로 구성되어 있으며, 2개의 블록을 조합하여 10° ~ 350°까지 1분 간격으로 만들 수 있는데 측정면이 작고 많은 개수를 필요로 하는 단점이 있다.
> ㉡ NPL식 각도 게이지 : 극히 평탄하게 연마된 측정면을 갖는 12개의 블록을 조합하여 0° ~ 81°까지 3초 간격으로 만들 수 있다.

26 다음 중 평면 게이지에 속하지 않는 것은?

① 수준기

② 서피스 게이지

③ 테이퍼 게이지

④ 정반

> **NOTE** ③ 각도 측정기에 해당한다.
> ※ 평면 게이지의 종류 … 수준기, 서피스 게이지, 정반 등

27 마이크로미터의 0점 조정방법 중 오차가 ±0.01mm 이하일 경우에 해당하는 것은?

① 막대 스패너로 래칫 스톱을 약간 풀어준다.

② 심블의 0점을 슬리브의 기준선에 맞추고 고정시킨다.

③ 심블을 래칫방향으로 힘을 주어 자유로이 움직이게 한다.

④ 슬리브를 스패너로 돌려 고정시킨다.

> **NOTE** ①②③ 오차가 ±0.001mm 이하일 경우 조정하는 방법에 해당한다.
> ※ 오차가 ±0.01mm 이하일 경우의 마이크로미터 0점 조정방법
> ㉠ 스핀들을 클램프로 고정시킨다.
> ㉡ 슬리브를 스패너로 돌려 고정시킨다.

28 하이트 게이지 사용 시 주의해야 할 사항으로 옳지 않은 것은?

① 금긋기를 할 경우 고정나사를 단단히 조인다.

② 사용전 어미자, 아들자의 0점을 일치시킨다.

③ 평면도가 좋은 정반을 깨끗이 닦고 사용한다.

④ 금긋기를 할 경우 스크라이버를 길게 한다.

> **NOTE** 하이트 게이지 사용 시 주의사항
> ㉠ 시차에 주의한다.
> ㉡ 평면도가 좋은 정반을 깨끗이 닦고 사용한다.
> ㉢ 사용전 어미자, 아들자의 0점을 일치시킨다.
> ㉣ 금긋기를 할 때는 스크라이버를 필요 이상 길게 하지 않는다.
> ㉤ 금긋기를 할 때는 고정나사를 단단히 조인다.

29 삼침법은 나사의 무엇을 측정하는 데 사용되는가?

① 유효지름   ② 리드

③ 바깥지름   ④ 골지름

> **NOTE** 나사의 부위별 측정방법
> ㉠ 유효경 : 나사 마이크로미터, 삼침법
> ㉡ 외경 : 외경 마이크로미터
> ㉢ 골경 : 포인트 마이크로미터, 공구 현미경
> ㉣ 피치 : 공구현미경, 피치 게이지

30 구멍의 직경을 측정할 때 사용할 수 있는 측정기가 아닌 것은?

① 실린더 게이지   ② 공기마이크로미터

③ 오토 콜리미터   ④ 3점 측정기

⑤ 측장기

> **NOTE** ③ 각도 측정기이다.

기계제도

1 제도 일반 사항

① 제도용지의 세로와 가로의 비는 $1 : \sqrt{2}$ 이며, 일반적으로 도면에 가장 많이 쓰이는 사이즈는 A3이지만 A4 사이즈로 반접이하여 도면책을 만들어서 보게 된다.

② NS표시 … 척도가 비례하지 않을 경우 NS(Not to Scale의 약자)표시를 하는데 이는 치수수치 아래에 밑줄을 긋는 것으로 표시한다.

③ 일반적으로 가는 선 : 굵은 선 : 아주 굵은 선의 두께의 비는 $1 : 2 : 4$를 이룬다.

④ 실물보다 작게 축소해서 그리는 것을 축척, 실물보다 크게 확대해서 그리는 것을 배척, 실물과 동일한 크기로 그리는 것을 현척이라고 한다.

⑤ 척도 A : B는 도면에서의 크기 : 물체의 실제크기를 의미한다.

⑥ **표제란** … 도면 관리에 필요한 사항과 도면 내용에 관한 중요 사항으로서 도면명, 도면번호, 작성자, 척도, 작성년월일 등이 표시된다.

2 치수기입 및 작성의 원칙

① 치수는 될 수 있는 대로 정면도에 집중시킨다.

② 불필요한 치수의 기입이나 중복기입을 피한다.

③ 필요한 치수는 계산할 필요가 없게 기입한다.

④ 치수선은 일직선으로 맞춘다.

⑤ 원형의 그림에서는 치수선을 방사상(放射狀)으로 기입하지 않는다.

⑥ 치수는 필요에 따라 기준이 되는 점, 선, 면을 기초로 한다.

⑦ 참고치수에 대해서는 치수 숫자에 괄호( )를 붙인다.

⑧ 도형이 비례대로 그려지지 않을 때는 치수 밑에 밑줄을 그린다.

⑨ 관련되는 치수는 되도록 한곳에 모아서 기입한다.

⑩ 치수 숫자의 단위수가 많은 경우 3단위 마다 숫자 사이를 조금 띄우고, 콤마는 찍지 않는다.

⑪ 치수는 되도록 주투상도에 기입한다.

⑫ 치수는 중복 기입을 피하는 것이 치수 기입 원칙이다.

⑬ 치수는 되도록 공정마다 배열을 분리하여 기입한다.

⑭ 치수 중 참고 치수에 대해여는 치수 수치에 괄호를 붙인다.

⑮ 치수는 되도록 계산해서 구할 필요가 없도록 기입한다.

φ	R	C	P	$S\varphi$	SR	□	t
지름	반지름	45° 모따기	피치	구면지름	구면반지름	정사각형	두께

3 치수의 종류

① **재료치수** … 탱크, 압력용기, 철골 구조물 등을 만들 때 필요한 재료가 되는 강판 형강, 관 등의 치수로서 잘림살, 다듬살 또는 톱밥이 될 부분을 모두 포함한 치수이다.

② **소재 치수** … 반제품, 즉 주물공장에서 주조한 그대로의 치수로서 기계로 다듬기 전의 미완성품의 치수이므로 물론 다듬살이 포함된 치수이며, 가상선을 이용하여 치수를 기입한다.

③ **다듬질 치수** … 마지막 다듬질을 한 완성품으로서의 완성치수(마무리 치수)로 다듬살은 포함되지 않는다.

4 선의 종류

용도에 의한 명칭	선의 종류	선의 용도
외형선	굵은 실선	대상물이 보이는 부분의 모양을 표시하는 데 쓰인다.
치수선	가는 실선	치수를 기입하기 위해 쓰인다.
치수보조선		치수를 기입하기 위하여 도형으로부터 끌어내는 데 쓰인다.
지시선		기술·기호 등을 표시하기 위하여 끌어내는 데 쓰인다.
회전단면선		도형 내에 그 부분의 끊은 곳을 90° 회전하여 표시하는 데 쓰인다.
중심선		도형의 중심선(4,1)을 간략하게 표시하는 데 쓰인다.
수준면선		수면, 유면 등의 위치를 표시하는 데 쓰인다.
숨은선	가는 파선 굵은 파선	대상물의 보이지 않는 부분의 모양을 표시하는 데 쓰인다.

중심선	가는 1점 쇄선	• 도형의 중심을 표시하는 데 쓰인다. • 중심이 이동한 중심궤적을 표시하는 데 쓰인다.
기준선		특히 위치 결정의 근거가 된다는 것을 명시할 때 쓰인다.
피치선		되풀이하는 도형의 피치를 취하는 기준을 표시하는 데 쓰인다.
특수지정선	굵은 1점 쇄선	특수한 가공을 하는 부분 등 특별한 요구 사항을 적용할 수 있는 범위를 표시하는 데 사용한다.
가상선	가는 2점 쇄선	• 인접부분을 참고로 표시하는 데 사용한다. • 공구, 지그 등의 위치를 참고로 나타내는 데 사용한다. • 가동부분을 이동 중의 특정한 위치 또는 이동한계의 위치로 표시하는 데 사용한다. • 가공 전 또는 가공 후의 모양을 표시하는 데 사용한다. • 되풀이하는 것을 나타내는 데 사용한다. • 도시된 단면의 앞쪽에 있는 부분을 표시하는 데 사용한다.
무게중심선		단면의 무게중심을 연결한 선을 표시하는 데 사용한다.
파단선	불규칙한 파형의 가는 실선 또는 지그재그선	대상물의 일부를 파단한 경계 또는 일부를 떼어낸 경계를 표시하는 데 사용한다.
절단선	가는 1점 쇄선으로 끝부분 및 방향이 변하는 부분을 굵게 한 것	단면도를 그리는 경우, 그 절단 위치를 대응하는 그림에 표시하는 데 사용한다.
해칭	가는 실선으로 규칙적으로 줄을 늘어놓은 것	도형의 한정된 특정부분을 다른 부분과 구별하는 데 사용한다. 보기를 들면 단면도의 절단된 부분을 나타낸다.
특수용도선	가는 실선	• 외형선 및 숨은선의 연장을 표시하는 데 사용된다. • 평면이란 것을 나타내는 데 사용한다. • 위치를 명시하는 데 사용한다.
	아주 굵은 실선	얇은 부분의 단면을 도시하는 데 사용된다.

① 두 종류 이상의 선이 중복되는 경우 선의 우선순위 ··· 숫자나 문자 – 외형선 – 숨은선 – 절단선 – 중심선 – 무게중심선 – 치수보조선

② 위의 표를 요약하자면 다음과 같으며 이 중 가는 실선이 일반적으로 가장 많이 사용된다.
   ㉠ **굵은 실선** : 외형선
   ㉡ **가는 실선** : 치수선, 치수보조선, 지시선, 회전 단면선, 중심선, 수준면선
   ㉢ **가는 파선, 굵은 파선** : 숨은 선
   ㉣ **가는 1점 쇄선** : 중심선, 기준선, 피치선
   ㉤ **굵은 1점 쇄선** : 특수 지정선

③ 해칭은 단면인 부분을 가는 실선을 대각선 모양으로 연속해서 그어 단면표시를 하는 것이며 스머징은 물체의 단면을 표시하기 위하여 단면 부분에 흐리게 온통 칠하는 것이다.

> **TIP**
>
> **계단단면도** … 절단면을 여러 개를 두고 그린 단면도로서 복잡한 물체의 투상도 수를 줄일 목적으로 그려진다.

❺ 스케치의 작성순서

① 기계를 분해하기 전에 조립도 또는 부분조립도를 그리고 주요 치수를 기입한다.

② 기계를 분해하여 부품도를 그리고 세부치수를 기입한다.

③ 분해한 부품에 꼬리표를 붙이고 분해 순서대로 번호를 기입한다.

④ 각 부품도에 가공법, 재질, 개수, 다듬질 기호, 끼워맞춤 기호 등을 기입한다.

⑤ 완전한가를 검토하여 주요 치수 등의 틀림이나 누락을 살핀다.

> **TIP**
>
> **스케치를 할 때 주의할 점**
> ㉠ 필요한 스케치용구를 잊지 않도록 한다.
> ㉡ 스케치도는 간략하고 보기 쉽게 그려야 한다.
> ㉢ 정리 번호는 기초가 되는 것부터 기입해야 한다.
> ㉣ 표준부품은 약도와 호칭방법을 표시해야 한다.
> ㉤ 조합되는 부품에 대해서는 반드시 양쪽에 맞춤표시를 해야 한다.
> ㉥ 대칭형인 것은 생략화법으로 도시한다.

6 투상도

투상도는 하나의 평면 위에 물체의 한 면 또는 여러 면을 그린 것으로 그 종류는 다음과 같다.

			정투상도	제1각법, 제3각법
투상도	평행투상도	수직투상도	축측투상도	등각투상, 부등각투상
		사투상도		
	투시투상도			

① **정투상도** … 물체를 직교하는 두 투상면에 투사시켜 그리는 것으로 물체의 형상을 가장 간단하고 정확하게 나타낸다. 정투상도의 도법으로는 제1각법과 3각법이 있으며 일반적으로 제3각법을 사용한다.

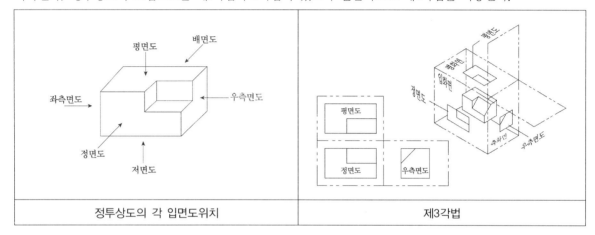

정투상도의 각 입면도위치	제3각법

② **사투상도** … 투상선이 투상면을 사선으로 지나는 평행 투상을 말한다. 일반적으로 하나의 투상면으로 나타낸다. 투상선이 서로 평행하고 투상되는 면은 경사지게 그리는 방법이다.

③ **축측투상도** … 대상물의 좌표면이 투상면에 대하여 경사를 이룬 직각 투상이다. 정육면체의 한 정점에서 모이는 세 개의 능선이 모두 화면에 경사가 되도록 배치하는 수직 투상이다. 축측 축의 각도에 따라서 등각 투상, 2등각 투상, 부등각 투상으로 구분된다.

> **TIP**
>
> **축측투상도의 종류**
> ㉠ 등각 투상도 : 3면(정면, 평면, 측면)을 하나의 투상면 위에 동시에 볼 수 있도록 표현된 투상도이며, 밑면의 모서리 선은 수평선과 좌우 각각 30°씩 이루며, 세 축이 120°의 등각이 되도록 입체도로 투상한 것이다.
> ㉡ 이등각 투상도 : 화면의 중심으로 좌우의 각이 같고, 상하의 각이 좌우 각과 다를 때의 축측 투상을 말한다. 대상물의 정확한 치수를 정하여 입체 형태를 정확하게 파악한다.
> ㉢ 부등각 투상도 : 화면의 중심으로 좌우와 상하의 각도가 각기 다른 축측 투상을 말한다. 세 개의 모서리 중 두 모서리는 같은 척도로 그리고 나머지 한 모서리는 현척으로 그리거나 1/2 또는 3/4으로 축소하여 시각석 효과를 날리하여 나타내는 방법이다. 수평선과 이루는 각은 30°와 60°를 많이 사용한다.

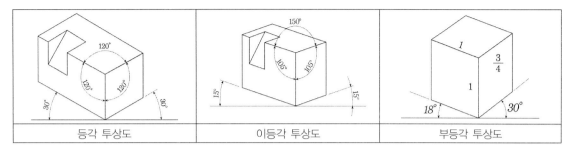

등각 투상도	이등각 투상도	부등각 투상도

④ **투시투상도** … 멀고 가까운 원근감을 느낄 수 있도록 하나의 시점과 물체의 각 점을 방사선으로 그리는 투상법이다.

⑤ **회전투상도** … 각도를 가진 물체의 실제 모양을 나타내기 위하여 그 부분을 회전해서 나타낸다.

⑥ **부분투상도** … 그림의 일부를 도시하는 것만으로도 충분한 경우에는 필요한 부분만 투상하여 그린 것이다.

⑦ **보조투상도** … 경사면을 지니고 있는 물체는 그 경사면의 실제 모양을 표시할 필요가 있으며 이 경우 보이는 부분의 전체 또는 일부분을 나타내는 것이다.

▶**TIP**～～～～～～～～～～～～～～～～～～
　　표면의 상태 표시

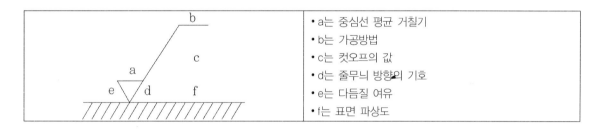

• a는 중심선 평균 거칠기
• b는 가공방법
• c는 컷오프의 값
• d는 줄무늬 방향의 기호
• e는 다듬질 여유
• f는 표면 파상도

❼ 측정의 원칙

① **아베의 원리** … '측정하려는 시료의 표준자는 측정 방향에 있어서 동일축 선상의 일직선상에 배치해야 한다.'는 것으로서 콤퍼레이터의 원리라고도 한다.

② **테일러의 원리** … 통과측은 전길이에 대한 치수 또는 결정량이 동시에 검사되고 정지측은 각각의 치수가 따로따로 검사가 되어야 한다. 즉 통과측 게이지는 제품의 길이와 같은 원통상의 것이면 좋고 정지측은 그 오차의 성질에 따라 선택해야 한다.

⑧ 측정기

① **마이크로미터** … 마이크로미터는 외측마이크로미터, 내측마이크로미터, 깊이마이크로미터, 하이트마이크로미터, 나사마이크로미터, 포인트 마이크로미터 등 여러 종류가 있다.

② **오토콜리메이터** … 망원경의 원리와 콜리메이터의 원리를 조합시켜서 만든 광학적 측정기기로서 계측기와 시준기, 십자선, 조명 등을 장착한 망원경을 이용하여 미소한 각도의 측정이나 평면의 측정에 이용하는 측정기기로 안내면의 원통도는 측정이 불가하다.

③ **다이얼게이지** … 측정자의 직선 또는 원호운동을 기계적으로 확대하여 그 움직임을 지침의 회전변위로 파악할 수 있는 측정기로서 일종의 비교측정기이므로 직접 제품의 치수를 읽을 수는 없다.

④ **선도기** … 도구에 표시된 눈금선과 눈금선 사이의 거리로 측정하는 측정기의 통칭이다.

⑤ **단도기** … 도구 자체의 면과 면 사이의 거리로 측정하는 측정기의 통칭이다.

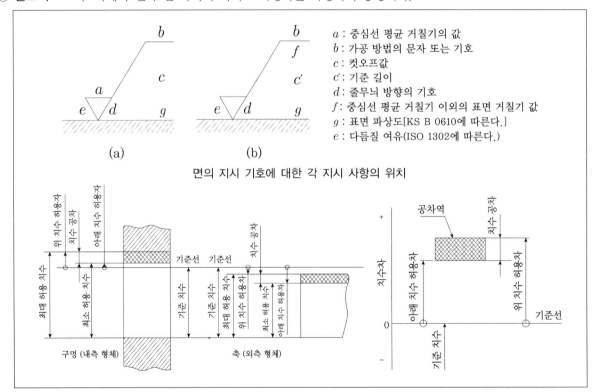

a : 중심선 평균 거칠기의 값
b : 가공 방법의 문자 또는 기호
c : 컷오프값
c' : 기준 길이
d : 줄무늬 방향의 기호
f : 중심선 평균 거칠기 이외의 표면 거칠기 값
g : 표면 파상도[KS B 0610에 따른다.]
e : 다듬질 여유(ISO 1302에 따른다.)

면의 지시 기호에 대한 각 지시 사항의 위치

> **TIP**
> **진원도** … 원형 측정물의 단면 부분이 진원으로부터 어긋남의 크기

❾ 축의 공차역

① 축의 공차역 클래스

기준 구멍	축의 공차역 클래스																
	헐거운 끼워맞춤							중간 끼워맞춤			억지 끼워맞춤						
H6						g5	h5	js5	ks	m5							
					f6	g6	h6	js6	k6	m6	n6[1]	p6[1]					
H7					f6	g6	h6	js6	k6	m6	n6	p6[1]	r6[1]	s6	t6	u6	x6
				e7	f7		h7	js7									
H8					f7		h7										
				e8	f8		h8										
H9			d9	e9													
			d8	e8			h8										
H10		c9	d9	e9			h9										
	b9	c9	d9														

② 구멍의 공차역 클래스

기준 구멍	축의 공차역 클래스																
	헐거운 끼워맞춤							중간 끼워맞춤			억지 끼워맞춤						
h5							H6	JS6	K6	M6	N6[1]	P6					
					F6	G6	H6	JS6	K6	M6	N6	P6[1]					
h6					F7	G7	H7	JS7	K7	M7	N7	P7[1]	R7	S7	T7	U7	X7
				E7	F7		H7										
h7					F8		H8										
			D8	E8	F8		H8										
h8			D9	E9			H9										
			D8	E8			H8										
h9		C9	D9	E9			H9										
	B10	C10	D10														

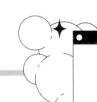

기출예상문제

1 제도에서 다듬질 방법을 지정하지 않는 것을 표시하는 보조기호는?

① C
② G
③ M
④ F
⑤ E

> **NOTE** ① C : 대패처럼 다듬질
> ② G : 그라인더 다듬질인 경우
> ③ M : 기계 다듬질인 경우
> ④ F : 다듬질 방법을 지정하지 않을 경우
> ⑤ E는 다듬질 보조기호가 아니다.

2 도면의 분류 중 형태에 의한 분류가 아닌 것은?

① 스케치도
② 공정도
③ 원도
④ 트레이스도
⑤ 복사도

> **NOTE** 형태에 의한 분류 … 스케치도, 원도, 트레이스도, 복사도

3 기계제도에서 제1각법과 제3각법의 설명 중 틀린 것은?

① 제1각법은 물체를 1상한에 놓고 정투상법으로 나타낸 것이다.
② 제3각법은 눈 - 투상면 - 물체의 순서로 나타낸 것이다.
③ 제3각법은 물체를 3상한에 놓고 정투상법으로 나타낸 것이다.
④ 한 도면에 제1각법과 제3각법을 같이 사용해서는 안 된다.

> **NOTE** ② 제3각법은 제1각법에 비해 도면을 이해하기 쉬우며, 눈 - 화면 - 물체 순서로 표시된다. 제1각법은 눈 - 물체 - 화면 순서로 표시된다.

Answer. 1.④ 2.② 3.②

4 다음은 제도에 관한 여러 가지 기본적 사항들이다. 이 중 바르지 않은 것은?

① 도면의 크기는 가로 : 세로가 1 : 1.4 정도이다.

② 표제란에는 도면의 번호, 도면의 명칭 등을 기재한다.

③ 도면을 접을 때는 그 크기가 원칙적으로 A4사이즈가 되도록 한다.

④ 배척은 2/1, 5/1, 10/1, 20/1, 50/1을 주로 사용하며 100/1은 되도록 사용하지 않는다.

⑤ 겹치는 선의 우선순위는 외형선 − 절단선 − 숨은선 − 치수보조선 − 무게중심선 순이다.

> **NOTE** ① 도면의 크기는 세로 : 가로가 1 : 1.4 정도이다.

5 다음 중 치수기입 방법으로 가장 적절하지 않은 것은?

① 동일한 치수를 중복해서 기입하지 않는다.

② 치수문자가 객체, 치수선, 치수보조선 등과 겹치지 않도록 한다.

③ 외형선은 가는 실선, 중심선은 가는 1점 쇄선, 치수선은 굵은 실선으로 도시한다.

④ 계산이 필요하지 않도록 기입한다.

⑤ 치수선은 일직선으로 정렬한다.

> **NOTE** 외형선은 굵은 실선, 중심선은 가는 1점 쇄선, 치수선은 가는 실선으로 도시한다.

6 다음은 스프링의 도시법에 관한 사항들이다. 이 중 바르지 않은 것은?

① 스프링은 원칙적으로 하중인 상태로 그린다.

② 특별한 단서가 없는 한 모두 왼쪽 감기로 도시한다.

③ 스프링의 종류와 모양만을 도시할 때에는 재료의 중심선만을 굵은 실선으로 그린다.

④ 조립도나 설명도 등에서 코일 스프링은 그 단면만으로 표시하여도 좋다.

⑤ 하중과 높이(또는 길이) 또는 처짐과의 관계를 표시할 필요가 있을 때에는 선도 또는 항목표에 나타난다.

> **NOTE** 스프링은 원칙적으로 무하중인 상태로 그린다.

Answer. 4.① 5.③ 6.①

7 배관 제도에서 유체에 대한 색의 표시로 옳은 것은?

① 공기 : 적색

② 가스 : 백색

③ 유류 : 암황색

④ 수증기 : 청색

⑤ 물 : 청색

> **NOTE** 배관제도에서 유체에 대한 색의 표시
> ㉠ 유류 : 암황적색
> ㉡ 공기 : 백색
> ㉢ 가스 : 황색
> ㉣ 수증기 : 암적색
> ㉤ 물 : 청색

8 제1각법의 투상순서를 바르게 나열한 것은?

① 눈 - 물체 - 투상

② 물체 - 눈 - 투상

③ 눈 - 투상 - 물체

④ 투상 - 물체 - 눈

⑤ 물체 - 투상 - 눈

> **NOTE** ① 제1각법의 투상순서는 눈 - 물체 - 투상 순이다.
> ※ 제3각법은 물체를 제3각 안에 놓고 투상한 것을 말하는데 투상순서는 눈 - 투상 - 물체의 순이다.

9 mm식 자는 눈금이 십진법으로 되어 있다. 그렇다면 인치(inch)식 자에는 1인치(25.4mm)를 몇 등분한 눈금이 새겨져 있는가?

① 8

② 10

③ 12

④ 14

> **NOTE** 인치식 자는 1인치(25.4mm)를 8등분한 1/8인치를 기준눈금으로 한다. 그리고 추가로 다시 16등분, 32등분, 64등분, 128등분으로 나눈다.

10 다음은 치수기입의 원칙에 관한 사항들이다. 이 중 바르지 않은 것은?

① 치수는 될 수 있는 대로 정면도에 집중시킨다.
② 원형의 그림에서는 치수선을 방사상으로 기입한다.
③ 불필요한 치수의 기입이나 중복기입을 피한다.
④ 도형이 비례대로 그려지지 않을 때는 치수 밑에 밑줄을 그린다.
⑤ 치수는 되도록 공정마다 배열을 분리하여 기입한다.

NOTE 치수작성의 원칙
ㄱ 치수는 될 수 있는 대로 정면도에 집중시킨다.
ㄴ 불필요한 치수의 기입이나 중복기입을 피한다.
ㄷ 필요한 치수는 계산할 필요가 없게 기입한다.
ㄹ 치수선은 일직선으로 맞춘다.
ㅁ 원형의 그림에서는 치수선을 방사상으로 기입하지 않는다.
ㅂ 치수는 필요에 따라 기준이 되는 점, 선, 면을 기초로 한다.
ㅅ 참고치수에 대해서는 치수 숫자에 괄호( )를 붙인다.
ㅇ 도형이 비례대로 그리지 않을 때는 치수 밑에 밑줄을 그린다.
ㅈ 관련되는 치수는 되도록 한곳에 모아서 기입한다.
ㅊ 치수 숫자의 단위수가 많은 경우 3단위마다 숫자 사이를 조금 띄우고, 콤마는 찍지 않는다.
ㅋ 치수는 되도록 주투상도에 기입한다.
ㅌ 치수는 중복 기입을 피하는 것이 치수 기입 원칙이다.
ㅍ 치수는 되도록 공정마다 배열을 분리하여 기입한다.

PART

02

기계재료

기계재료의 개요

01 기계재료의 개요

❶ 기계재료의 성질

기계는 많은 부품으로 구성되어 있으며, 이 부품들은 각자의 기능에 따라 여러가지 재료로 만들어지는데 우수하고 튼튼한 기계나 부품을 만들기 위해서는 적합한 재료의 선택을 해야 하며, 그러기 위해서는 재료의 성질을 잘 알고 있어야 한다.

① 기계재료의 일반적인 성질
  ㉠ 가공성 및 열처리성이 좋아야 한다.
  ㉡ 소성, 주조성 및 표면 처리성이 좋아야 한다.
  ㉢ 안정성이 높아야 한다.
  ㉣ 경량화가 가능해야 한다.
  ㉤ 재료 보급이 용이하고, 대량생산이 가능하며 저렴해야 한다.
  ㉥ 기계적 성질과 화학적 성질이 우수해야 한다.

그 외에 사용조건이나 환경에 대하여 안전성·내식성·내열성이 우수해야 하며, 외관 및 인간공학적 측면에서의 구조와 기능에도 알맞은 성질이 요구되어야 한다.

② 기계재료가 갖추어야 할 성질
  ㉠ 가공에 필요한 성질
    • 아무리 좋은 기계적 성질을 가진 재료라도 부품을 가공하는 데 있어서 가공성이 떨어지면 그 재료는 사용에 제한을 받게 된다.
    • 가공시 고려해야 할 기계적 성질에는 강도, 경도, 내마멸성, 열팽창 계수, 열전도율, 내열성, 내식성, 내산성 등이 있다.
  ㉡ 기능에 필요한 성질
    • 하중에 대한 강도
    −하중에 의해 변형되거나 파괴되지 않도록 적절한 강도를 가지고 있어야 한다.
    −구조물이 받는 하중에는 정하중과 동하중이 있으며, 하중에 대한 정적강도, 충격강도, 피로강도 등이 있다.

• 사용조건이나 환경에 대한 성질

–운동을 전달하는 데 사용되는 기계의 부품 : 내마멸성이 우수해야 한다.

–열기관에 사용되는 기계의 부품 : 열기관이나 열간 가공기에 사용되는 기계의 부품들은 항상 고온에 노출되어 있기 때문에 열팽창 계수 및 열전도율이 요구되는 조건을 만족해야 하며, 내열성 및 고온강도 등도 우수해야 한다.

–저온 상태에서 사용되는 기계의 부품 : 연성이 우수해야 한다.

–물, 산, 알카리 등에 사용되는 기계의 부품 : 내식성이 우수해야 한다.

③ 기계재료의 선정

㉠ 각 기계 부품의 기능을 분석하여 그 사용에 맞는 강도나 기계적 성질을 검토하여 선정한다.

㉡ 사용조건이나 환경을 고려하여 내마멸성, 내식성, 내열성, 열전도율 등의 필요성을 검토하여 선정한다.

㉢ 재료를 원하는 모양과 치수로 가공할 수 있는지 가공의 용이성을 검토하여 선정한다.

㉣ 소재의 가격과 구입의 용이성 등을 검토하여 같은 기계적 성질을 가진 재료라도 저렴하고 손쉽게 구할 수 있는 재료를 선정한다.

2 기계재료의 분류

기계재료에는 금속재료와 비금속재료가 있으며, 다시 금속재료는 철강재료와 비철금속재료로 나뉜다.

① 금속재료

㉠ **철강재료** : 순철, 탄소강, 주철

㉡ **비철금속재료** : 알루미늄과 그 합금, 구리와 그 합금, 마그네슘과 그 합금, 니켈과 그 합금, 그 밖의 비철 금속

② **비금속재료** … 합성수지, 다이아몬드, 내화재료, 보온재료, 플라스틱, 도료, 접착재료

02 금속 및 합금의 상태변화

❶ 금속의 특징

① 순금속의 특징
- ㉠ 상온에서 고체이다(Hg 제외).
- ㉡ 광택이 있으며, 빛을 잘 반사한다.
- ㉢ 연성과 전성이 좋으며, 변형이 용이하다.
- ㉣ 열전도율, 전기전도율이 좋다.
- ㉤ 용융점이 높다.
- ㉥ 비중 및 경도가 크고, 용접이 용이하다.

② 합금의 특징
- ㉠ 용융점이 낮다.
- ㉡ 강도와 경도가 크다.
- ㉢ 전성과 연성이 작다.
- ㉣ 전기전도율과 열전도율이 낮다.
- ㉤ 담금질 효과가 크다.

❷ 금속의 성질

① 물리적 성질
- ㉠ **비중** : 비중은 재료의 무게와 관계가 있다.
- ㉡ **열적 성질** : 금속의 온도는 비열에 따라 변하며, 온도에 따른 금속의 길이와 부피의 변화는 열팽창 계수에 따라 변한다.
- ㉢ **비열** : 물질 1kg의 온도를 1K 만큼 올리는 데 필요한 열량을 말한다.
- ㉣ **열팽창 계수** : 물체의 온도가 1℃ 상승하였을 경우 늘어난 금속의 길이나 부피와 늘어나기 전의 금속의 길이나 부피의 치수비를 말한다.
- ㉤ **열전도율** : 열의 이동을 열전도라 하며 열의 이동 정도를 열전도율이라 한다.

② 화학적 성질

　㉠ 부식 : 환경에 따라 금속이 화학적 또는 전기적 작용에 의해 비금속성 화합물을 만들어 점차 손실되어 가는 현상을 말한다.

　㉡ 내식성 : 부식에 대한 저항력을 말한다.

③ 기계적 성질

　㉠ 탄성 : 외력에 의해 변형된 물체가 외력을 제거하면 다시 원래의 상태로 되돌아가려는 성질을 말한다.

　㉡ 소성 : 물체에 변형을 준 뒤 외력을 제거해도 원래의 상태로 되돌아오지 않고 영구적으로 변형되는 성질이다.

　㉢ 전성 : 넓게 퍼지는 성질로 가단성으로도 불린다.

　㉣ 연성 : 탄성한도 이상의 외력이 가해졌을 때 파괴되지 않고 잘 늘어나는 성질을 말한다.

　㉤ 취성 : 물체가 외력에 의해 늘어나지 못하고 갑자기 파괴가 되는 성질로서 연성에 대비되는 개념이다. 취성재료는 연성이 거의 없으므로 항복점이 아닌 탄성한도를 고려하여 다뤄야 한다.

〉TIP

취성의 종류

　㉠ 상온취성 : 강의 온도가 상온 이하로 내려가면 충격치가 감소되어 쉽게 파괴되는 현상으로서 특히 인(P)의 함유량이 많은 탄소강이 상온에서 취성이 커지는 현상을 말한다.

　㉡ 저온취성 : 일반적으로 물질은 온도가 내려갈수록 단단해지고 취성이 증가하나 강은 0도 이하, 특히 영하 20~영하 30도 구간(천이온도)에서 급격하게 취성이 증가하게 되어 부스러지기 매우 쉬운 상태가 된다. 이것을 저온취성이라 한다.

　㉢ 적열취성(고온취성) : 철이 붉게 달궈진 상태로 S(황)의 함유량이 많은 탄소강이 900도 정도의 온도에서 적열상태가 되었을 때 갑자기 파괴가 되어버리는 성질이다. 철이 S(황)을 많이 포함하게 되면 황화철이 되기 쉬우며 결정립계 부근의 황이 망상으로 분포하면서 결정립계가 파괴가 된다. 900도에 이르는 높은 온도에서 발생하므로 고온취성으로도 불리며 이를 방지하려면 Mn(망간)을 합금처리하여 S(황)을 MnS(황화망간)으로 석출시키면 된다.

　㉣ 청열취성 : 강은 일반적으로 온도가 올라가면 조직이 연해지지만 200~300도 구간에서는 오히려 인장강도와 경도값이 상온일 때보다 커지게 되며 청색의 산화피막을 형성하게 된다. 반면, 연신율이나 성형성은 오히려 작아져서 취성이 커지게 되는데 이를 청열취성이라 하며 따라서 탄소강은 200~300도에서는 가공을 피해야 한다. 이 온도 범위에서는 절의 표면에 푸른 산화피막이 형성되므로 청열취성이라고 불린다.

　㉥ 인성 : 재료가 파괴되기(파괴강도) 전까지 에너지를 흡수할 수 있는 능력이다.

　㉦ 강도 : 외력에 대한 재료 단면의 저항력을 나타낸다.

　㉧ 경도 : 재료 표면의 단단한 정도를 나타낸다.

　㉨ 재결정 : 금속이 재결정이 되면 불순물이 제거가 되어 더욱 순수한 결정을 얻어낼 수 있는데 이 재결정은 금속의 순도나 조성, 소성변형 정도, 가열시간에 큰 영향을 받는다. 1시간의 가열로, 95% 이상의 결정이 재결정되는 온도를 재결정 온도라고 한다.

　㉩ 크리프 : 고온에서 재료에 일정한 크기의 정하중을 작용시키면 시간이 경과함에 따라 변형이 증가되는 현상이다.

④ 가공상의 성질

  ㉠ **주조성** : 금속이나 합금을 녹여서 주물을 만들 수 있는 성질을 말하며, 유동성, 수축성, 가스의 흡수성 등이 포함된다.

  ㉡ **소성 가공성** : 금속이나 합금에 힘을 가하여 여러 모양으로 변형시키는 데 용이한 성질로, 단조성, 압연성, 프레스 성형성 등으로 불린다.

  ㉢ **접합성** : 금속이나 합금 등 재료의 용융성을 이용하여 두 부분을 반영구적으로 접합할 수 있는 난이도를 나타내는 성질이다.

  ㉣ **절삭성** : 금속이나 합금 등 절삭공구에 의해 재료가 절삭되는 성질을 말한다.

⑤ 응력집중현상과 잔류응력

  ㉠ 응력집중현상

    • 국부적으로 가장 큰 응력이 발생하는 것을 지칭한다.

    • 응력집중계수는 단면부의 평균응력(공칭응력)에 대한 최대응력의 비로 정의한다.

    • 응력집중을 경감하기 위해 필렛 반지름을 크게 한다.

    • 응력집중은 주로 단면이 크게 변하는 부분에서 발생한다.

  ㉡ 응력집중현상 완화법

    • 단면의 변화가 완만하게 변화하도록 테이퍼 지게 한다.

    • 몇 개의 단면 변화부를 순차적으로 설치한다.

    • 표면 거칠기를 정밀하게 한다.

    • 단이 진 부분의 곡률반지름을 크게 한다.

    • 응력집중부에 보강재를 결합한다.

  ㉢ 잔류응력

    • 표면에 남아 있는 인장잔류응력은 피로수명과 파괴강도를 저하시킨다.

    • 잔류응력은 물체 내의 온도구배(temperature gradient)에 의해 생길 수 있다.

    • 풀림처리(annealing)를 하거나 소성변형을 추가시키는 방법을 통하여 잔류응력을 제거하거나 감소시킬 수 있다.

    • 실온에서도 충분한 시간을 두고 방치하면 잔류응력을 줄일 수 있다.

  ㉣ 잔류응력의 종류

    • 용접잔류응력 : 용접 시 발생하는 열량, 판의 두께, 모재의 크기와 형상 등에 의해 발생할 수 있으며 용접부의 가열과 냉각에 수반되는 열응력의 최종상태로 발생한다. 일반적으로 정적강도에는 크게 영향을 미치지 않는다고 알려져 있으나, 피로강도 및 응력부식에는 큰 영향을 미칠 수 있다.

    • 주조잔류응력 : 주조품의 후육부와 박육부의 두께 차이로 기인되는 냉각속도 차이, 응고 및 고상변태 시의 체적변화, 주형의 수분함량 및 경도 등에 의해 발생된다. 이러한 주조잔류응력은 주물 내 미세균열 유발, 후가공 시 파단 유발, 박육제품의 경우 뒤틀림 등의 영향을 줄 수 있다.

    • 코팅잔류응력 : 도금공정 전류 및 시간, 도금액의 종류에 의해 발생될 수 있으며, 코팅 점착성 불량, 주기적인 온도차 환경에서 코팅층의 큰 응력구배는 코팅층의 크랙 유발, 내마모성 불량에 저하가 발생할 수 있다.

• 단조잔류응력 : 단조가공 중 소재를 고온으로 가열한 후 상온으로 급냉함에 따라 응력이 발생될 수 있으며, 이는 가공변형, 내마모성, 피로강도 등에 영향을 미칠 수 있다.

② 금속의 변태

① **자기변태** … Fe, Ni, Co 등과 같은 강자성체인 금속을 가열하면 특정온도(퀴리점) 이상에서 금속의 결정구조는 변하지 않으나 자성을 잃어버리게 되어 상자성체로 변하게 되는 현상

② **공석변태** … 일정 온도 이상에서는 1개의 고체상인 고용체가 그보다 낮은 온도에서는 2개의 상으로 분해되는 현상

③ **동소변태** … 동일한 원소 내에서 온도변화에 따라 원자배열이 바뀌는 현상

④ 금속의 결정

① **결정** … 물질을 구성하는 원자가 3차원 공간에서 규칙저긍로 배열되어 있는 것이다.

② **결정의 성장순서** … 온도가 낮은 곳에서 핵 발생 → 결정의 성장(수지상) → 결정의 경계형성(불순물이 결합됨)

> **TIP**
> 수지상 결정이란 용융금속이 냉각 시 금속 각부에 핵이 생겨 이것이 나뭇가지와 유사한 형상을 한 모양의 결정을 이루기 때문이다.

③ **결정의 크기** … 냉각속도가 빠르면 핵 발생이 증가되어 결정입자가 미세해지게 된다.

④ **결정격자** … 결정 입자 내의 원자가 금속 특유의 형태로 배열되어 있는 것

⑤ **단위포** … 결정 격자 중 금속 특유의 형태를 결정짓는 원자의 모임(기본격자형태)

⑥ **격자상수** … 단위포 한 모서리의 길이

⑦ **결정립** … 다결정 물질을 구성하는 작은 결정 입자

> **TIP**
> 결정립의 특성
> ㉠ 결정립이 작을수록 단위 체적당 결정립계의 면적이 넓기 때문에 금속의 강도가 커진다.
> ㉡ 결정립의 크기는 용융금속이 급속히 응고되면 작아지고, 천천히 응고되면 커진다.
> ㉢ 결정립 자체는 이방성이지만, 다결정체로 된 금속편은 평균적으로 등방성이 된다.
> ㉣ 피로현상은 결정립계에서의 미끄러짐과 관련이 없다.
> ㉤ 수많은 결정립들의 집합체를 다결정이라고 하며, 다결정과 결정립 간의 경계를 결정립계라고 한다.

⑤ 금속의 결정구조

금속의 결정구조는 체심입방격자, 면심입방격자, 조밀육방격자로 나뉜다.

[금속의 결정구조와 성질]

구분	체심입방격자	면심입방격자	조밀육방격자
결정구조			
성질	용융점이 비교적 높고, 전연성이 떨어진다.	전연성은 좋으나, 강도가 충분하지 않다.	전연성이 떨어지고 강도가 충분하지 않다.

종류	특징과 주요원소	단위격자	배위수	원자충진율
체심입방격자	• 입방체의 각 모서리에 한 개씩의 원자와 입방체의 중심에 한 개의 원자가 존재하는 매우 간단한 결정구조이다. • 강도가 크며 용융점이 높으나 전성과 연성이 작다. • 대표적인 원소로는 Cr, Mo, V, Na, K, W가 있다.	2개	8	68%
면심입방격자	• 입방체의 각 모서리와 면의 중심에 각각 한 개씩의 원자가 있고 이것들이 정연하게 쌓이고 겹쳐져서 결정을 만든 구조이다. • 전기전도도가 크다고 전성과 연성이 높고, 가공성이 우수하나 강도가 떨어진다. • 대표적인 원소로는 Al, Ag, Au, Cu, Ni, Pb, Pl, Ca가 있다.	4개	12	74%
조밀육방격자	• 육각기둥의 꼭짓점과 상하면의 중심, 정육각기둥을 형성하고 있는 6개의 정삼각기둥 중 한 개씩 띄워서 삼각기둥의 중심에 한 개씩의 원자가 있는 격자구조이다. • 전성과 연성이 낮고, 가공성과 접착성이 좋지 않으며 강도가 떨어진다. • 대표적인 원소로는 Mg, Zn, Zr, Ti, Hg, Be, Cd, Ce, Os가 있다.	2개	12	74%

⑥ 합금의 상태도

① **공정반응** … 2개의 금속이 기계적으로 혼합된 조직을 형성할 때의 온도를 공정온도, 이 점을 공정점이라 하며, 이와 같이 생성된 조직을 공정조직이라 한다.

② **공석반응** … 고체상태에서 어느 일정한 온도에 도달하면 동시에 2개의 고용체를 석출하는 현상으로 이 때의 온도를 공석온도, 이 점을 공석점이라 하며, 이와 같이 생성된 결정을 공석정이라 한다.

③ **고용체** … 고체의 결정 속에 다른 원소의 원자가 혼입해서 균일하게 분포하여 각 성분을 기계적 방법으로 구분할 수 없는 금속을 말한다. 고용체의 종류는 다음과 같다.

    ㉠ **치환형 고용체** : 어떤 두 금속의 원자크기가 비슷한 금속들을 합금하는 경우 어떤 금속성분의 결정격자의 원자가 다른 성분의 결정격자원소와 위치가 바뀌어서 고용되는 고용체이다.

    ㉡ **침입형 고용체** : 어떤 두 금속에서 원자의 크기가 매우 다른 금속을 합금하는 경우 어떤 금속성분의 결정격자의 원자와 다른 성분의 결정격자원소가 침입되어 고용되는 고용체이다.

    ㉢ **규칙격자형 고용체** : 어떤 두 금속성분의 결정격자의 원자에 규칙적으로 치환하여 고용되는 고용체이다.

    ㉣ **포정반응** : 용융상태에서 냉각하면 일정한 온도에서 고용체가 정출되고, 이와 동시에 공존된 용액이 반응을 하여 새로운 별도의 고용체를 형성하는 반응이다.

    ㉤ **편정반응** : 냉각 중 액상이 처음의 액상과는 다른 조성의 액상과 고상으로 변하는 반응이다.

    ㉥ **초정 · 정출 · 석출** : 액체 속에서 처음 생긴 고체결정을 초정이라고 하며 액체 속에서 새로운 고체결정이 생기는 현상을 정출, 고체 속에서 새로운 고체가 생기는 현상을 석출이라고 한다.

공정반응	포정반응	편정반응
액체 $\underset{\text{가열}}{\overset{\text{냉각}}{\rightleftarrows}}$ 고체A+고체B	고체A+액체 $\underset{\text{가열}}{\overset{\text{냉각}}{\rightleftarrows}}$ 고체B	고체+액체A $\underset{\text{가열}}{\overset{\text{냉각}}{\rightleftarrows}}$ 액체B

7 금속의 소성변형

① **전위** ··· 재료에 외력을 가했을 때, 격자의 일부분에 미끄럼이 생겨 그것이 차례로 이동하여 미끄럼이 진행되는데 이렇게 생긴 국부적인 격자의 결함을 말한다.

② **쌍정** ··· 소성변형이 일어날 때 그 부분만 일정한 각도만큼 회전하여 생기는 것으로, 변형 전과 변형 후의 상태가 어떠한 면을 경계로 서로 대칭이 되는 상태를 말한다.

③ **슬립** ··· 금속에 인장력을 가하면 원자가 원자면을 따라 미끄럼변형을 일으키는 것을 말한다.

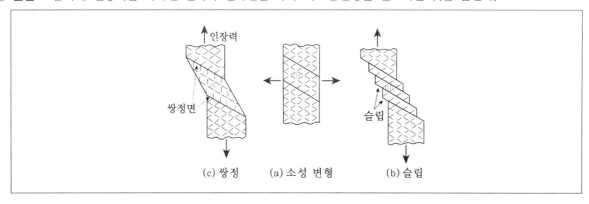

(c) 쌍정　　(a) 소성 변형　　(b) 슬립

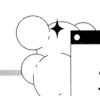

기출예상문제

한국환경공단

1 다음은 여러 가지 공구재료에 관한 사항들이다. 이 중 바르지 않은 것은?

① 탄소공구강은 열처리가 쉽고 값이 싸나 경도가 떨어져 고속절삭용으로 부적합하다.

② 합금공구강은 주로 바이트 냉간 인발 다이스 등에 사용된다.

③ 고속도강은 절삭가공에 사용되는 재료로 카바이드(carbide) 공구재료를 지칭한다.

④ 초경합금은 고속도강보다 절삭속도가 느리며 열처리가 필요없다.

NOTE 초경합금은 W, Ti, Ta, Mo, Co가 주성분이며 고온에서 경도저하가 없고 고속도강의 4배의 절삭속도를 낼 수 있어 고속 절삭에 사용된다. 또한, 따로 열처리를 할 필요가 없다.

대전시시설관리공단

2 다음 중 금속재료의 기계적 성질은?

① 내열성   ② 부식

③ 경도   ④ 내식성

NOTE 금속재료의 화학적 성질에는 내열성, 부식, 내식성 등이 있으며 기계적 성질에는 강도, 경도, 피로, 마멸, 충격 등이 있다.

3 다음 중 질긴 성질, 즉 충격에 대한 재료의 저항을 나타내는 성질은?

① 인성   ② 전성

③ 연성   ④ 탄성

NOTE 금속의 질긴 성질, 즉 충격에 대한 재료의 저항을 나타내는 성질은 인성이다.

4 금속재료의 물리적 성질이 아닌 것은?

① 비중   ② 탄성

③ 열전도율   ④ 선팽창계수

NOTE 금속재료의 물리적 성질 … 비중, 비열, 열전도율, 선팽창계수, 전기 전도율, 자성이 있다.

Answer. 1.④ 2.③ 3.① 4.②

5 강철 재료를 순철, 강 및 주철의 3종류로 분류할 때 순철로 구분되는 재료의 탄소함유량으로 적합한 것은?

① 0.01% 이하
② 0.02% 이하
③ 0.03% 이하
④ 0.04% 이하

> **NOTE** 순철의 탄소함유량은 0.02% 이하이다.

6 다이아몬드 구를 붙인 추를 일정 높이에서 낙하시켜 반발한 높이로 경도를 측정하는 방법은?

① 브리넬
② 비커스
③ 로크웰
④ 쇼어

> **NOTE** 경도시험의 분류
> ㉠ 압입 경도시험 : 정적 하중이 볼, 원추, 피라미드, 쐐기 등과 같은 압입체에 작용하여 사용되는 시편에 압흔을 남겨 경도를 측정하는 방법으로 브리넬 경도계, 로브웰 경도계, 비커스 경도계, 마이어 경도계가 있다.
> ㉡ 반발 경도시험 : 다이아몬드의 첨단을 갖는 낙하하중을 지정된 높이에서 측정하고자 하는 시편의 표면에 낙하시켜, 이 때 반발한 높이로서 경도를 측정하는 방법으로 쇼어 경도계가 이에 해당한다.

7 가공 후 길이가 48cm, 연신율이 20%라면 처음 길이는?

① 38
② 40
③ 42
④ 45

> **NOTE** 연신율
> $$\epsilon = \frac{l - l_0}{l_0} \times 100$$
> $$20 = \frac{48 - l_0}{l_0} \times 100$$
> $$\therefore \; l_0 = 40\text{cm}$$

Answer. 5.② 6.④ 7.②

8 금속의 재료시험 중에서 비파괴 검사에 해당하는 것은?

① 초음파 탐상법   ② 경도시험

③ 인장시험   ④ 충격시험

> **NOTE** 재료시험
> ㉠ 파괴시험 : 인장시험, 경도시험, 충격시험, 피로시험, 크리프시험
> ㉡ 비파괴시험 : 자분 탐상법, 침투 탐상법, 초음파 탐상법, 방사선 탐상법
> ㉢ 조직시험 : 매크로 조직시험, 현미경 조직시험, 파면해석

9 다음 중 금속의 공통된 성질로 옳지 않은 것은?

① 열 전도율이 크다.

② 실온에서 고체이며 결정체이다(Hg 제외).

③ 용융점 및 비중이 낮고 경도는 비교적 크다.

④ 금속 특유의 광택을 가지고 있다.

> **NOTE** 순금속의 특징
> ㉠ 상온에서 고체이다.(Hg 제외)
> ㉡ 광택이 있으며, 빛을 잘 반사한다.
> ㉢ 연성과 전성이 좋으며, 변형이 용이하다.
> ㉣ 열전도율, 전기전도율이 좋다.
> ㉤ 용융점이 높다.

10 완성 가공된 제품의 경도시험을 하려고 한다. 경도시험 후 자국이 남는 것을 되도록 적게 하려면, 어떤 방법이 가장 적절한가?

① 브리넬 경도(Brinell Hardness, H_B)

② 비커스 경도(Vickers Hardness, H_V)

③ 록웰 경도(Rockwell Hardness, H_R)

④ 쇼어 경도(Shore Hardness, H_S)

> **NOTE** 경도시험 후 자국이 남는 것을 되도록 적게 하기 위해서는 쇼어 경도법이 가장 적합하다.

11 금속 파단면의 기름기를 제거하고 부식제로 표면을 부식시켜 재료의 결정입도, 개재물 및 결함 등을 검사하는 시험법은?

① 방사선 탐상법 ② 침투 탐상법

③ 매크로 검사법 ④ 초음파 탐상법

> **NOTE** 매크로 검사법 … 재료의 파단면의 기름기를 제거하고 부식제를 이용하여 표면을 부식시킨 후 파단면의 조직을 육안으로 직접 관찰하거나 10배 이내의 확대경을 사용하어 관찰하는 방법이다.

12 금속 속 재료의 가공성을 바르게 나열하고 있는 것은?

① 주조성, 내마멸성, 절삭성, 용접성

② 절삭성, 용접성, 소성가공성, 주조성

③ 용접성, 내열성, 고온강도, 내식성

④ 내식성, 전연성, 소성가공성, 내마멸성

> **NOTE** 금속의 가공상의 성질
> ㉠ 주조성 : 금속이나 합금을 녹여서 주물을 만들 수 있는 성질을 말하며, 유동성, 수축성, 가스의 흡수성 등이 포함된다.
> ㉡ 소성 가공성 : 금속이나 합금에 힘을 가하여 여러 모양으로 변형시키는 데 용이한 성질로, 단조성, 압연성, 프레스 성형성 등으로 불린다.
> ㉢ 접합성(용접성) : 금속이나 합금 등 재료의 용융성을 이용하여 두 부분을 반영구적으로 접합할 수 있는 난이도를 나타내는 성질이다.
> ㉣ 절삭성 : 금속이나 합금 등 절삭공구에 의해 재료가 절삭되는 성질을 말한다.

13 합금은 순수한 금속에 비하여 다음과 같은 성질의 변화가 있다. 다음 중 옳지 않은 것은?

① 전기전도율이 낮아진다. ② 전성과 연성이 커진다.

③ 융해점이 낮아진다. ④ 담금질 효과가 크다.

> **NOTE** 합금의 성질
> ㉠ 용융점이 낮다.
> ㉡ 강도와 경도가 크다.
> ㉢ 전성과 연성이 작다.
> ㉣ 전기전도율과 열전도율이 낮다.
> ㉤ 담금질 효과가 크다.

Answer. 11.③ 12.② 13.②

14 다음 중 기계재료의 선정시 고려할 사항으로 옳지 않은 것은?

① 사용조건이나 환경을 고려하여 선정한다.

② 제작할 기능을 분석하여 그 사용에 맞는 기계적 성질을 검토한다.

③ 무조건 강도가 높고 내마멸성, 내식성, 내열성이 좋은 재료를 선택한다.

④ 가공의 용이성을 검토한다.

> **NOTE** 기계재료 선정시 고려사항
> ㉠ 각 기계 부품의 기능을 분석하여 그 사용에 맞는 강도나 기계적 성질을 검토하여 선정한다.
> ㉡ 사용조건이나 환경을 고려하여 내마멸성, 내식성, 내열성, 열전도율 등의 필요성을 검토하여 선정한다.
> ㉢ 재료를 원하는 모양과 치수로 가공할 수 있는지 가공의 용이성을 검토하여 선정한다.
> ㉣ 소재의 가격과 구입의 용이성 등을 검토하여 같은 기계적 성질을 가진 재료라도 저렴하고, 손쉽게 구할 수 있는 재료를 선정한다.

15 다음 중 비파괴 검사법으로 옳지 않은 것은?

① 초음파 탐상법

② 방사선 탐상법

③ 크리프 시험법

④ 쇼어 경도 시험법

⑤ 침투 탐상법

> **NOTE** ③ 크리프 시험법은 파괴시험에 해당한다.

16 다음 중 기계적 성질로 옳지 않은 것은?

① 연성

② 전성

③ 비중

④ 인성

> **NOTE** 금속의 성질
> ㉠ 기계적 성질 : 강도, 경도, 피로, 크리프, 연성, 인성, 취성 등
> ㉡ 물리적 성질 : 비중, 비열, 열팽창계수, 열전도성, 전기전도율 등
> ㉢ 가공상 성질 : 용해도, 주조성, 열처리성, 소성가공성, 용접성 등
> ㉣ 화학적 성질 : 내식성

17 다음 중 인장강도를 구하는 공식은?

① $\sigma_u = \dfrac{최대하중}{시험편의\ 단면적}$ ② $\sigma_u = \dfrac{상부항복하중}{시험편의\ 단면적}$

③ $\sigma_u = \dfrac{단면적}{최대하중}$ ④ $\sigma_u = \dfrac{탄성한계}{시편의\ 단면적}$

> **NOTE** 인장강도 … $\sigma_u = \dfrac{W}{A} = \dfrac{최대하중}{시험편의\ 단면적}$

18 시편의 늘어난 길이와 원래의 길이의 비를 백분율로 나타낸 값은?

① 경도 ② 열전도율
③ 연신율 ④ 인장강도

> **NOTE** 연신율 … $\epsilon = \dfrac{l - l_0}{l_0} \times 100 = \dfrac{시험\ 후\ 늘어난\ 길이}{표점거리} \times 100$

19 다음 중 동적 시험에 속하는 파괴시험 방법은?

① 인장강도 ② 피로시험
③ 굽힘시험 ④ 경도시험

> **NOTE** 피로시험법 … 재료가 피로강도에 견딜 수 있는 능력을 측정하는 시험법으로서, 하중과 방향과 주기를 변화시키면서 시험한다.

20 다음 중 용융점이 비교적 높은 금속의 결정구조는?

① 체심입방격자 ② 면심입방격자
③ 조밀육방격자 ④ 용융점과 금속의 결정구조는 아무 관계가 없다.

> **NOTE** 금속의 결정구조
> ㉠ 체심입방격자 : 용융점이 비교적 높고, 전연성이 떨어진다.
> ㉡ 면심입방격자 : 전연성은 좋으나 강도가 충분하지 않다.
> ㉢ 조밀육방격자 : 전연성이 떨어지고 강도가 충분하지 않다.

Answer. 17.① 18.③ 19.② 20.①

21 다음 금속 중 결정구조가 조밀 육방격자의 구조가 아닌 것은?

① 마그네슘   ② 아연

③ 카드뮴   ④ 은

> **NOTE** 금속의 결정구조
> ㉠ 체심입방격자 : 크롬(Cr), 몰리브덴(Mo), 리튬(Li), α-철, δ-철 등
> ㉡ 면심입방격자 : 금(Au), 은(Ag), 알루미늄(Al), 구리(Cu), δ-철 등
> ㉢ 조밀육방격자 : 마그네슘(Mg), 아연(Zn), 카드뮴(Cd), 티타늄(Ti), 수은(Hg) 등

22 경도시험기 중 B스케일과 C스케일을 가진 경도계는?

① 쇼어   ② 브리넬

③ 록웰   ④ 비커스

> **NOTE** 록웰 경도 … 경질의 재료에는 다이아몬드 원뿔로, 연질의 재료에는 강구로 시편에 일정한 하중을 가해 압입된 깊이로 경도를 구한다.
> ㉠ B스케일 : 1.588mm 강구
> ㉡ C스케일 : 120℃의 다이아몬드 원뿔

23 다음 중 자속의 흐름으로 재료의 결함의 유무를 확인하는 방법은?

① 침투 탐상법   ② 자분 탐상법

③ 초음파 탐상법   ④ 방사선 탐상법

> **NOTE** ① 재료의 표면에 침투제를 침투시킨 후 나머지 표면의 침투제를 닦아낸 뒤 현상제(MgO, $BaCo_3$)를 이용하여 결함을 찾는 방법이다.
> ② 재료의 표면에 자분 또는 자분을 혼합한 액체를 뿌린 후 재료에 자속을 흘려 자속의 흐트러짐을 보고 결함을 찾는 방법이다.
> ③ 초음파의 파장을 이용하여 재료 내부의 결함을 찾아내는 방법이다.
> ④ 방사선을 재료 내부에 투과시켜 방사선의 세기를 측정하여 재료 내부의 결함을 찾아내는 방법이다.

Answer. 21.④ 22.③ 23.②

24 다음 중 물리적 성질로 옳지 않은 것은?

① 비중

② 내식성

③ 비열

④ 열전도율

NOTE 금속의 성질
 ㉠ 기계적 성질 : 강도, 경도, 피로, 크리프, 연성, 인성, 취성 등
 ㉡ 물리적 성질 : 비중, 비열, 열팽창계수, 열전두성, 전기전두율 등
 ㉢ 가공상 성질 : 용해도, 주조성, 열처리성, 소성가공성, 용접성 등
 ㉣ 화학적 성질 : 내식성

25 다음 중 조직시험방법으로 옳지 않은 것은?

① 매크로 조직시험

② 충격시험

③ 현미경 조직시험

④ 파면해석

NOTE ② 충격시험은 파괴시험방법이다.
 ※ 조직시험
 ㉠ 매크로 조직시험 : 재료의 파단면의 기름기를 제거하고 부식제를 이용하여 표면을 부식시킨 후 파단면의 조직을 육안으로 직접 관찰하거나 10배 이내의 확대경을 사용하여 관찰한다.
 ㉡ 현미경 조직시험 : 시편의 파단면을 매끈하게 연마한 후 부식제로 부식시켜 현미경으로 파단면을 관찰한다.
 ㉢ 파면해석 : 재료의 파단면을 육안이나 광학현미경 및 전자현미경을 이용해 결함을 찾는 방법이다.

26 다음 중 전기전도율이 가장 큰 금속은?

① Cu

② Pb

③ Zn

④ Al

NOTE 전기전도율 … Ag(은) > Cu(구리) > Au(금) > Al(알루미늄) > Mg(마그네슘) > Zn(아연) > Ni(니켈) > Fe(철) > Pb(납)

27 다음 중 기계적 시험에 들지 않는 것은?

① 피로 시험

② 충격 시험

③ 경도 시험

④ 초음파 시험

NOTE 기계적 시험 … 인장, 경도, 굽힘, 비틀림, 충격, 피로 시험 등

Answer. 24.② 25.② 26.① 27.④

28 다음 기계적 성질 중 잘 부서지거나 잘 깨지는 성질은?

① 인성   ② 취성

③ 연성   ④ 전성

NOTE ① 충격에 대한 재료의 저항
③ 가느다란 선으로 늘일 수 있는 성질
④ 얇은 판으로 넓게 펼 수 있는 성질

29 다음 중 금속의 조직검사로 측정이 불가능한 것은?

① 결함   ② 기공

③ 내부응력   ④ 내부 균열

NOTE 내부응력은 응력을 가한 하중을 시편의 단면적으로 나눈 계산에 의해 구해진다.

30 다음 중 시편에 반복하중을 가했을 때 파괴되는 현상은?

① 피로 파괴   ② 충격 파괴

③ 연성 파괴   ④ 취성 파괴

NOTE 피로 파괴 … 재료에 변동하는 외력이 반복적으로 가해지면 어떤 시간이 경과된 후 재료가 파괴되는 현상을 말한다.

31 다음 중 고체 내에서 원자의 배열은 변화하지 않고 자기의 강도만 변하는 현상은?

① 동소 변태   ② 슬립

③ 자기 변태   ④ 전위

NOTE ① 고체 내에서 원자의 배열이 변하는 현상이다.
② 금속에 인장력을 가하면 원자가 원자면을 따라 미끄럼변형을 일으키는 것이다.
④ 재료에 외력을 가했을 때 격자의 일부분에 미끄럼이 생겨 그것이 차례로 이동하여 미끄럼이 진행되어 생긴 국부적인 격자의 결함을 말한다.

32 다음 중 철의 동소 변태 온도는?

① 480℃

② 910℃

③ 150℃

④ 1,200℃

> **NOTE** 동소 변태 온도
> ㉠ Fe : 910℃, 1,400℃
> ㉡ Co : 480℃
> ㉢ Sn : 18℃

33 다음 중 알루미늄과 니켈의 결정구조는?

① 조밀육방격자

② 체심입방격자

③ 면심입방격자

④ 선심육방격자

> **NOTE** 금속의 결정구조
> ㉠ 체심입방격자 : 크롬(Cr), 몰리브덴(Mo), 리튬(Li), α - 철, δ - 철 등
> ㉡ 면심입방격자 : 금(Au), 은(Ag), 알루미늄(Al), 구리(Cu), δ - 철 등
> ㉢ 조밀육방격자 : 마그네슘(Mg), 아연(Zn), 카드뮴(Cd), 티타늄(Ti), 수은(Hg) 등

34 다음 중 2가지 이상의 원자가 섞여 각 성분을 기계적 방법으로 구분할 수 없는 금속을 뜻하는 것은?

① 공정점

② 공석정

③ 공정조직

④ 고용체

> **NOTE** 합금의 상태도
> ㉠ 공정반응 : 2개의 금속이 기계적으로 혼합된 조직을 형성할 때의 온도를 공정온도, 이 점을 공정점이라 하며, 이와 같이 생성된 조직을 공정조직이라 한다.
> ㉡ 공석반응 : 고체상태에서 어느 일정한 온도에 도달하면 동시에 2개의 고용체를 석출하는 현상으로 이 때의 온도를 공석온도, 이 점을 공석점이라 하며, 이와 같이 생성된 결정을 공석정이라 한다.
> ㉢ 고용체 : 고체의 결정 속에 다른 원소의 원자가 혼입해서 균일하게 분포하여, 각 성분을 기계적 방법으로 구분할 수 없는 금속을 말한다.

Answer. 32.② 33.③ 34.④

35 다음 중 얇은 판으로 가공하기 좋은 성질은?

① 연성　　　　　　　　　　　② 전성

③ 취성　　　　　　　　　　　④ 인성

> **NOTE** ① 가느다란 선으로 늘일 수 있는 성질
> ② 얇은 판으로 넓게 펼 수 있는 성질
> ③ 잘 부서지거나 잘 깨지는 성질
> ④ 충격에 대한 재료의 저항

철과 강의 재료

01 철강의 제조법

1 철강재료의 분류

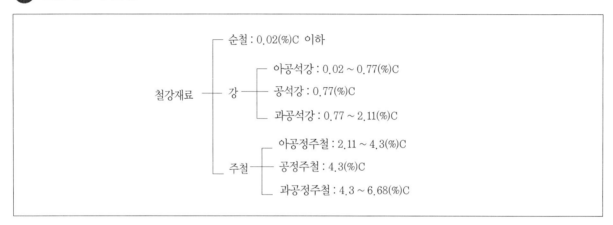

철강재료 ┬ 순철 : 0.02(%)C 이하

├ 강 ┬ 아공석강 : 0.02 ~ 0.77(%)C
│   ├ 공석강 : 0.77(%)C
│   └ 과공석강 : 0.77 ~ 2.11(%)C

└ 주철 ┬ 아공정주철 : 2.11 ~ 4.3(%)C
       ├ 공정주철 : 4.3(%)C
       └ 과공정주철 : 4.3 ~ 6.68(%)C

2 철강의 제조법

① 제선법
  ㉠ 용광로에 석회석, 코크스를 번갈아 넣고 연소시키면서 선철을 만드는 공정이다.
  ㉡ 용광로에서 생산된 선철은 불순물과 탄소 함유량이 많아 경도가 높고, 여리기 때문에 소성 가공이 불가능하다.
  ㉢ 용광로의 용량은 1일 동안 생산된 선철의 무게를 톤(ton)으로 표시한 것이다.

② 제강법 … 용광로에서 만들어진 선철을 다시 제강로에서 용해시켜 탄소 함유량을 2% 이내로 감소시켜 강을 만드는 과정이다.
  ㉠ **평로 제강법** : 바닥이 넓은 반사로인 평로를 이용하여 선철을 용해시키고, 여기에 고철, 철광석 등을 첨가하여 강을 만드는 제강법으로 평로의 크기는 1회에 용해할 수 있는 양을 톤(ton)으로 표시힌다.

ⓒ **전로 제강법** : 용해된 선철을 전로에 주입한 후 연료 사용없이 노 밑에 뚫린 구멍을 통하여 공기를 송풍 시켜 탄소, 규소와 그 밖의 불순물을 제거시켜 강을 만드는 방법으로 전로의 용량은 1회에 정련할 수 있는 무게를 톤(ton)으로 표시한다.

ⓒ **전기로 제강법** : 전열을 이용하여 선철, 고철 등의 제강원료를 용해시켜 강을 만드는 제강법으로 전로의 용량은 1회에 용해할 수 있는 양을 톤(ton)으로 표시한다.

> **TIP**
>
> **전기로의 특성**
> ㉠ 온도 조절이 쉽다.
> ㉡ 탈산, 탈황이 쉽다.
> ㉢ 양질의 강을 만들 수 있다.
> ㉣ 전력비가 많이 들어 제품의 가격이 비싸다.

[철강재료를 만드는 과정]

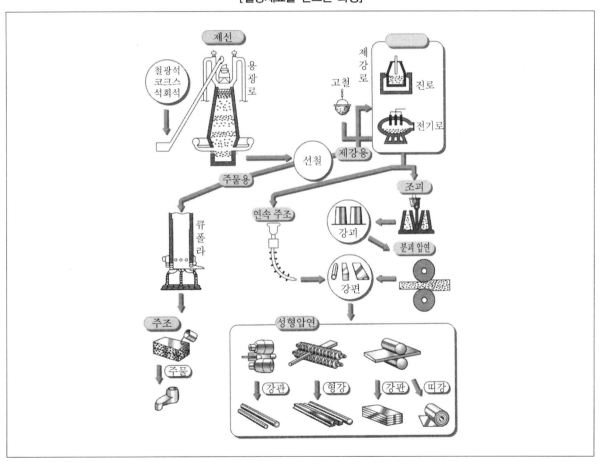

③ 강괴의 탈산 정도에 따른 분류

① 림드강

 ㉠ 전로나 평로에서 제조된 것을 페로망간(Fe-Mn)으로 가볍게 탈산시킨 강이다.

 ㉡ 기공과 비금속의 편석으로 인하여 강의 질이 나쁘나 저렴한 가격으로 생산할 수 있다.

② 세미킬드강

 ㉠ 림드강과 킬드강의 중간 정도로 탈산된 강이다.

 ㉡ 림드강에 비해 재질이 균일하고 용접성이 우수하며 킬드강보다 압연이 잘 된다.

 ㉢ 적당한 양의 기공이 형성되어 응고에 의한 수축을 보충한다.

③ 킬드강

 ㉠ 페로망간, 페로실리콘 등으로 완전 탈산시킨 강이다.

 ㉡ 질이 좋고 고탄소강, 합금강의 원료로 사용된다.

 ㉢ 결정립이 미세하고, 가스반응이 없으므로 조성이 림드강보다 균일하다.

 ㉣ 상부에 작은 수축관과 소수의 기포만이 존재하며 탄소함유량이 0.15~0.3% 정도이다.

④ **캡트강** ⋯ 림드강을 주형에 주입한 후 탈산제를 넣거나 주형에 뚜껑을 덮고 리밍작용을 억제하여 표면을 림드강처럼 깨끗하게 만듦과 동시에 내부를 세미킬드강처럼 편석이 적은 상태로 만든 강이다.

02 순철 및 탄소강

❶ 순철

① 순철 ⋯ 탄소 함유량이 0.02% 이하인 철을 말한다.

② 순철의 성질

 ㉠ 유동성 및 열처리성이 떨어진다.

 ㉡ 항복점, 인장강도가 낮다.

 ㉢ 단면수축률, 충격 및 인성이 높다.

 ㉣ 인장강도는 18 ~ 25kgf/mm^2, 비중은 7.87, 용융온도는 1,538℃이다.

③ 순철의 변태

 ㉠ 순철은 용융상태에서 냉각시키면 1,538℃에서 응고되기 시작하고, 그 후 실온까지 냉각되는 동안 원자배열이 변화하는 동소변태와 자기 강도가 변화하는 자기변태가 일어난다.

ⓛ 순철에는 α 철, γ 철, δ 철의 3가지 동소체가 있는데, α 철은 911℃ 이하에서 안정된 체심입방격자를, γ 철은 911~1,394℃에서 안정된 면심입방격자를 가진다. 911℃에서 α 철이 γ 철로 되는 변태를 A_3 동소변태, 1,394℃에서 γ 철이 δ 철로 되는 변태를 A_4 동소변태라고 한다.

❷ 탄소강

① 탄소강의 정의

ⓖ 순수한 철에 탄소를 2‰까지 합금한 것으로 내식성은 탄소량이 감소할수록 증가하나 일정량 이하가 되면 내식성이 계속 증가하지 않고 일정하게 된다.

ⓛ 탄소의 함유량에 따른 철강의 분류는 다음과 같다.

성질	순철	강	주철
탄소함유량	0.02% 이하	0.02~2.0%	2.0%~6.5%
강도 · 경도	연하고 약함	우수함	경도는 우수, 강도는 약함
담금질	불가	좋음	잘 안 됨
용도	전기재료	기계재료	주조용 철
제조	전기로	전로	큐폴라

ⓒ 변태점: 일종의 불변점으로서 금속의 결정 중에는 온도 또는 압력변화에 의해 전혀 다른 결정구조를 가지게 되는데 이를 변태라고 한다. (변태점이 없으면 열처리 효과가 없다.) 강의 변태점은 아래와 같이 총 A0, A1, A2, A3, A4의 5가지이다.

• A0 변태(210도): 시멘타이트가 자성을 잃는 변태점
• A1 변태(730도): 동소(공석)변태점 (오스테나이트 → 펄라이트)
• A2 변태(770도): 자기변태점 (순철이 자성을 잃는 변태점)
• A3 변태(910도): 동소변태점 (체심입방격자 → 면심입방격자)
• A4 변태(1,400도): 동소변태점 (면심입방격자 → 체심입방격자)

> **TIP** ~~~~~~~~~~~~~~~~~~~~~~~~~~~~~~~~~~
> 강의 분류
>
> | 함유성분에 의한 분류 | 탄소함량에 따른 분류 | 암코철, 극연강, 연강, 반연강, 경강, 최경강 |
> |---|---|---|
> | | 포함한 특수성분에 따른 분류 | 망간강, 크롬강, 텅스텐강, 니켈강, 니켈·크롬강, 기타 |
> | 제조법에 의한 분류 | 제강방법에 의한 분류 | 전로강, LD강, 평로강, 전기로강, 기타 |
> | | 탈산도에 따른 분류 | 림드강, 세미킬드강, 킬드강 |
> | | 주입 후 처리법에 의한 분류 | 압연강, 단강, 주강 |
> | 용도에 의한 분류 | 구조용강 | 보통강, 저합금강, 침탄강, 질화강 |
> | | 공구강 | 탄소공구강, 특수공구강, 다이스강, 고속도강, 기타 |
> | | 특수목적용강 | 베어링강, 자석강, 내식강, 내열강, 스프링강, 쾌삭강, 기타 |

② 탄소강의 5대 원소

    ㉠ **규소(Si)** : 강의 인장강도, 탄성한계, 경도 및 주조성을 좋게 하며, 연신율, 충격값, 전성, 가공성 등은 떨어진다.

    ㉡ **망간(Mn)** : 황과 화합하여 적열취성을 방지하고, 결정성장을 방지하며, 강도, 경도, 인성 및 담금질 효과를 증가시킨다.

    ㉢ **인(P)** : 경도와 강도를 증가시키나 메짐과 가공 시 균열의 원인이다.

    ㉣ **황(S)** : 인장강도, 연신율, 충격치, 유동성, 용접성 등을 저하시키며 적열취성의 원인이 된다.

    ㉤ **구리(Cu)** : 인장강도, 탄성한도, 내식성이 증가하나 압연 시 균열의 원인이 된다.

③ **강의 표준조직** … 강을 오스테나이트 상태까지 가열한 후 노중에서 서서히 냉각시키면 펄라이트가 생성되며, 공기 중에서 냉각시키면 소르바이트 조직이 생성된다. 또한 오스테나이트를 유중에서 냉각시키면 트루스타이트가 생성되며 수중에서 급냉시키면 마텐자이트가 생성된다.

③ 탄소강의 성질 및 용도

① 탄소강의 성질

    ㉠ **인장강도** : 탄소의 함유량이 증가할수록 커진다.

    ㉡ **경도** : 탄소의 함유량이 증가할수록 좋아진다.

    ㉢ **연성** : 탄소의 함유량이 증가할수록 작아진다.

    ㉣ **인성** : 탄소의 함유량이 증가할수록 작아진다.

    ㉤ **열처리성** : 탄소의 함유량이 증가할수록 좋아진다.

    ㉥ **용접성** : 탄소의 함유량이 증가할수록 떨어진다.

② 탄소강의 용도

    ㉠ **구조용 탄소강**

        • 일반구조용 압연강 : 건출물, 교량, 철도 차량, 조선, 자동차 등에 사용된다.

        • 기계구조용 탄소강 : 기계의 중요 부품의 재료로 사용된다.

    ㉡ **탄소 공구강** : 공작기계의 공구재료로 사용되며 경도가 높고 내마멸성이 있다.

4 강의 열처리

① 열처리

　　㉠ **노멀라이징(불림)** : 강을 A_3 또는 A_{cm} 점보다 $30 \sim 50℃$ 정도 높은 온도로 가열하여 균일한 오스테나이트 조직으로 만든 다음 대기중에서 냉각하는 열처리방법으로 결정립을 미세화시켜서 어느 정도의 강도 증가를 꾀하고, 주조품이나 단조품에 존재하는 편석을 제거시켜서 균일한 조직을 만들기 위한 것이 목적이다.

　　㉡ **어닐링(풀림)** : 기본적으로 경화를 목적으로 행하는 열처리로서, 일반적으로 적당한 온도까지 가열한 다음 그 온도에서 유지한 후 서냉하는 방법으로 경화된 재료를 연화시키기 위한 것이 목적이다.

　　㉢ **퀜칭(담금질)** : 강을 A_3 또는 A_1점 보다 $30 \sim 50℃$ 정도 높은 온도로 가열한 후 기름이나 물에 급냉시키는 방법으로, 강을 가장 연한 상태에서 가장 강한 상태로 급격하게 변화시킴으로서 강도와 경도를 증가시키기 위한 것이 목적이다.

　　㉣ **템퍼링(뜨임)** : 담금질한 강을 A_1점 이하의 온도에서 재가열한 후 냉각시키는 방법으로, 담금질한 강의 인성을 증가시키기 위한 것이 목적이다.

> **TIP**
>
> 뜨임을 할 때 표면에 생기는 산화피막의 색에 의해 그 정도를 알 수 있다. 5분 정도 가열을 했을 때 온도와 뜨임색의 분포는 대략 다음과 같다.
>
> | 200도 | 240도 | 300도 | 350도 | 400도 |
> |---|---|---|---|---|
> | 담황색 | 갈색 | 청색 | 회청색 | 회색 |

　　㉤ **심랭처리** : 퀜칭한 강을 $0℃$ 이하의 온도로 냉각하여 조직을 마르텐사이트화하는 방법으로 내마모성을 향상시키고, 치수안정성을 제고시키기 위한 것이 목적이다.

② 항온열처리법

　　㉠ **항온열처리법의 정의** : 변태점 이상으로 가열한 재료를 연속적으로 냉각하지 않고 어느 일정한 온도의 염욕 중에 냉각하여 그 온도에서 일정한 시간 동안 유지시킨 뒤 냉각시켜 담금질과 뜨임을 동시에 할 수 있는 방법이다. 이 방법은 온도, 시간, 변태의 3가지 변화를 도표(항온변태곡선)로 표시하여 목적한 조직 및 경도를 얻을 수 있다.

　　㉡ **항온열처리의 특징**
　　　• 계단 열처리보다 균열 및 변형이 감소하고 인성이 좋아진다.
　　　• Ni, Cr 등의 특수강 및 공구강에 좋다.
　　　• 고속도강의 경우 $1,250 \sim 1,300℃$에서 $580℃$의 염욕에 담금하여 일정시간 유지 후 공랭한다.

　　㉢ **항온열처리의 종류**
　　　• 항온풀림 : 풀림온도로 가열한 강재를 펄라이트 변태가 진행되는 온도(600~700도)까지 열욕 중 냉각시켜 그 온도에서 항온변태시킨 후 공기 중 냉각한 열처리법이며 공구강, 특수강 등의 풀림에 적합하다.

- 오스템퍼링 : 오스테나이트 상태에서 Ar′와 Ar″ 변태점 간의 염욕에 항온변태 후 상온까지 냉각처리한 열처리로서 베이나이트 조직이 되며 뜨임이 필요 없고 담금질 균열이나 변형이 생기지 않는다.
- 마템퍼링 : 담금질 온도로 가열한 강재를 오스테나이트 상태에서 Ms와 Mf구간 사이 염욕(100~200도) 중에 담금질하여 과냉 오스테나이트의 변태가 거의 완료될 때까지 항온상태를 유지한 후 꺼내어 공냉 처리를 하는 열처리로서 마텐자이트와 베이나이트의 혼합조직이며 경도와 인성이 크다.
- 마퀜칭 : 가열하여 오스테나이트 상태가 된 후 Ms(Ar″)점 보다 약간 높은 온도의 염욕 중에 담금질한 후 마텐자이트로 변태를 시켜서 담금질균열과 변형을 방지하는 방법으로 목삽하거나 변형이 낮은 상새에 적합하다.
- Ms퀜칭 : 담금질 온도로 가열한 강재를 Ms점보다 약간 낮은 온도의 열욕에 넣어 강의 내외부가 동일 온도가 될 때까지 항온을 유지한 후 꺼내어 물 또는 기름에 냉각 처리한 열처리이다.
- 패턴팅(patenting) : 재료의 조직을 소르바이트 모양의 펄라이트 조직으로 만들어 인장강도를 부여하기 위한 것으로서 냉간가공전에 한다. 주로 피아노선 등을 냉간가공할 때 사용된다.
- 항온뜨임 : Ms점(약250도) 부근의 열욕에 넣어 유지시킨 후 공냉하여 마텐자이트와 베이나이트의 혼합된 조직을 얻는다. 고속도강이나 다이스강 등의 뜨임에 이용된다.

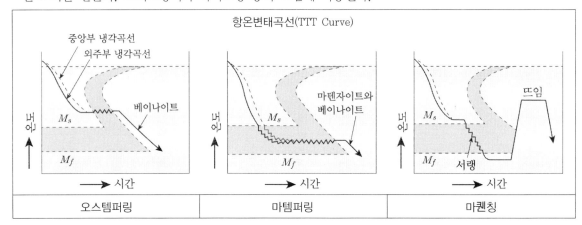

③ 표면경화 및 처리법

ⓐ **화염경화법** : 산소-아세틸렌가스 불꽃을 사용하여 강의 표면을 담금질 온도로 가열한 후 냉각시켜 재료 표면만을 담금질하는 방법이다.

ⓑ **고주파경화법** : 고주파 전류를 이용하여 담금질 시간이 짧고 복잡한 형상에 이용하는 표면경화법이다.

ⓒ **침탄경화법** : 탄소의 함유량이 적은 저탄소강을 탄소 또는 탄소를 많이 함유한 목탄, 골탄 등으로 표면에 탄소를 침투시켜 고탄소강으로 만든 다음에 900~950℃, 4~5시간 동안 유지시켜 0.5~2.0mm의 침탄층을 얻은 후 이것을 급냉시켜 표면을 경화시키는 방법이다.

ⓓ **질화법** : 강을 암모니아가스 중에서 장시간 가열(500~600℃ 정도의 온도에서 50~100시간 가열하여 계속해서 가스를 공급하면서 서냉시킴)하여 강의 표면에 질화층을 형성시키는 방법으로 게이지 또는 측정기의 측정면의 경화 등에 이용되며 치수변화가 적고 담금질을 할 필요가 없다.

ⓔ **청화법** : NaCN, KCN 등의 청화물질이 철과 작용하여 금속표면에 질소와 탄소가 동시에 침투되도록 하는 것

ⓕ **하드페이싱**(hardfacing) : 금속의 표면에 스텔라이트(Co-Cr-W 합금)나 경합금 등의 특수금속을 용착시켜 표면경화층을 만드는 방법이다.

ⓖ **양극산화법**(어노다이징) : 알루미늄에 많이 적용되며 다양한 색상의 유기 염료를 사용하여 소재 표면에 안정되고 오래가는 착색피막을 형성하는 표면처리 방법이다.

ⓗ **열산화법**(oxidation) : 산화막을 형성시키는 방법에는 여러 가지 방법이 있는데 열 산화는 그 중에서 가장 대표적인 방법으로, 산화제를 실리콘 표면에 뿌려서 산화막을 형성시키는 공정이다. 화학기상증착법에 비해서 산화막의 품질이 우수하다.

ⓘ **화학기상증착법** : 외부와 차단된 챔버 안에 기판을 넣고 증기 상태의 가스를 공급하여 열, 플라즈마, 빛(자외선 or 레이저), 또는 임의의 에너지에 의하여 분해를 일으켜 기판의 성질을 변화시키지 않고 고체막을 증착하는 박막을 형성하는 대표적인 방법이다.

》TIP 〰〰〰〰〰〰〰〰〰〰〰〰〰〰〰〰〰〰〰〰〰〰〰〰〰

침탄법과 질화법의 비교

구분	침탄법	질화법
열처리	필요하다	필요없다
변형	크다	작다
취성	낮다	높다
경화층	깊다	얕다
처리시간	짧다	길다
수정가능여부	가능하다	불가능하다
경도	낮다	높다

03 합금강

① 구조용 합금강

탄소강에 니켈, 크롬, 몰리브덴, 망간, 규소 등을 첨가하여 기계적 성질을 향상시킨 합금강이다.

① **강인강** … 담금질 성질이 좋고, 담금질에 의해서 강도와 경도가 높아지며, 뜨임을 통해서 강인한 성질을 가진다.

　ⓗ **니켈(Ni)강**

　　• 강에 1.5 ~ 5%의 니켈(Ni)을 첨가한 합금강이다.

　　• 강도, 경도, 내마멸성, 내식성이 좋아진다.

　　• 기어, 체인, 레버, 스핀들 등을 제작하는 데 사용된다.

　ⓛ **크롬(Cr)강**

　　• 강에 1 ~ 2%의 크롬(Cr)을 첨가한 합금강이다.

　　• 내마모성, 내식성, 내열성 및 경도가 좋아진다.

　　• 실린더 라이너, 기어, 캠축, 밸브, 볼트, 너트 등을 제작하는 데 사용된다.

　ⓒ **니켈(Ni) – 크롬(Cr)강**

　　• 니켈(Ni)강에 1% 이하의 크롬(Cr)을 첨가한 합금강이다.

　　• 내마모성, 내식성이 우수하고, 뜨임취성이 있다.

　ⓔ **니켈(Ni) – 크롬(Cr) – 몰리브덴(Mo)강**

　　• 니켈(Ni) – 크롬(Cr)강에 0.15 ~ 0.3%의 몰리브덴(Mo)을 첨가한 합금강이다.

　　• 내열성, 담금질성이 좋다.

② **스프링강** … 규소와 망간이 첨가되어 탄성한계, 항복점이 좋다.

③ **표면 경화용 강** … 내부는 인성이 강하고, 표면은 경도가 좋다.
  ㉠ 표면 경화강
  • 탄소의 함량이 0.2% 이하이다.
  • 인장 강도가 크고 용접성, 가공성, 내식성이 좋다.
  ㉡ 질화강

❷ 공구용 합금강

① 합금 공구강
  ㉠ 크롬(Cr), 텅스텐(W), 몰리브덴(Mo), 바나듐(V) 등을 첨가하여 공구강에 필요한 여러가지 성질을 향상시킨 합금강이다.
  ㉡ 절삭용 공구나 프래스 금형 및 다이케스트용 금형 등의 재료로 사용된다.

② 고속도강
  ㉠ 텅스텐(W) 18%, 크롬(Cr) 4%, 바나듐(V) 1%, 탄소(C) 0.8%를 표준형으로 하는 공구강으로 500~600℃에서 뜨임하면 담금질했을 때보다 경도가 높다.
  ㉡ 고속 절삭용 공구나 다이케스트용 금형 등의 재료로 사용된다.

③ 초경합금
  ㉠ 탄화 텅스텐 분말과 코발트 분말을 섞어서 성형한 후 고온에서 가열하여 만든 소결 합금으로 강은 아니다.
  ㉡ 고온경도, 내마멸성, 내열성이 좋고 취성이 크다.
  ㉢ 절삭공구의 재료로 사용된다.

④ 스텔라이트
  ㉠ 따로 열처리 할 필요가 없으며, 인성과 내구력이 작다.
  ㉡ 강철, 주철, 스테인리스강 절삭용 공구의 재료로 사용된다.

⑤ **주조경질합금** … 주조한 상태의 것을 연삭성형하여 사용하는 공구로 열처리를 하지 않아도 충분한 경도를 가진 것을 말하며 절삭공구, 다이스, 드릴, 의료기구 등의 재료로 사용된다.

⑥ **소결초경합금** … 탄화텅스텐(WC), 탄화티탄(TiC), 탄화탈탄(TaC) 등의 분말에 Co분말을 결합제로 하여 혼합한 다음, 금형에 넣고 가압성형한 것으로 800~1,000도에서 예비 소결한 후 원하는 모양으로 가공하고 이것을 수소기류층에서 1,300~1,600도로 가열, 소결시켜서 제작한다.

⑦ **게이지강** … 게이지는 치수의 표준이 되므로 강도와 경도가 높고 열팽창계수가 낮아야 하는데 게이지제작에 사용되는 저합금강(1.0% 이하의 탄소강에 Cr, Mn, Ni 등을 첨가한 저합금강)이 주로 사용된다.

③ 내열성과 내식성을 가진 강

① 내열강

　㉠ 내열강의 성질

　　• 고온에서 기계적 · 화학적 성질이 안정해야 한다.

　　• 고온에서 산화되지 않고, 충분한 강도를 유지해야 한다.

　㉡ 크롬(Cr), 알루미늄(Al), 규소(Si), 니켈(Ni)이 주성분이다.

　㉢ 내연기관의 밸브나 내산성 재료에 사용된다.

② 스테인리스강

　㉠ 스테인리스강의 특징

　　• 철의 내식성을 개선할 목적으로 만들어진 내식용 강의 총칭이다.

　　• 스테인레스강은 뛰어난 내식성과 높은 인장강도의 특성을 갖는다.

　　• 스테인레스강은 산소와 접하면 얇고 단단한 크롬산화막을 형성한다.

　　• 스테인레스강에서 탄소량이 많을수록 내식성이 저하된다.

　　• 마텐자이트계, 페라이트계, 오스테나이트계 등이 있다.

　　• 오스테나이트계 스테인레스강은 주로 크롬, 니켈이 철과 합금된 것으로 연성이 크다.

　　• 스테인레스강의 사용량에서 있어서도 내식성이 우수한 오스테나이트계인 304 스테인레스강이 가장 많다.

　㉡ Cr(13%) 스테인레스강

　　• 내식성 및 기계적 성질이 우수하다.

　　• 터빈 날개, 기계부품, 의료기기 등의 재료로 사용된다.

　㉢ Cr(18%)-Ni(8%) 스테인레스강

　　• 내식성, 용접성, 기계적 성질이 매우 좋다.

　　• 화학공업장치, 가정용품, 내식강판 등의 재료로 사용된다.

③ 불변강 … 온도가 변해도 선팽창계수와 탄성률 등은 변하지 않는 강이다.

　㉠ 인바(invar) : 니켈(Ni) 36%, 탄소(C) 0.02% 이하, 망간(Mn) 0.4% 정도를 함유하는 Fe-Ni 합금으로서 상온에서 열팽창계수가 매우 적고 내식성이 대단히 좋으므로 줄자, 정밀 기계부품, 시계추, 바이메탈 등에 사용된다.

> **TIP**
> **초인바**(super invar) … 인바보다도 열팽창계수가 한층 더 작은 Fe-Ni-Co합금이다.

　㉡ **초불변강** : 니켈(Ni) 29~40%, 코발트(Co) 5% 이하가 주성분이며, 인바보다 열팽창률이 작다.

　㉢ **엘린바**(elinvar) : 니켈(Ni) 36%, 크롬(Cr) 13%가 주성분이며 시계부품, 정밀계측기 등의 재료로 사용된다. 상온에 있어서 실용상 탄성계수가 거의 변화하지 않는 30%Ni-12%Cr 합금으로 고급시계, 정밀저울 등의 스프링 및 기타 정밀계기의 재료에 적합한 불변강이다.

② 코엘린바(coelinvar) : 니켈(Ni) 16.5% 이하, 크롬(Cr) 10~11%, 코발트(Co) 26~58%가 주성분이며, 온도변화에 대한 탄성율의 변화가 극히 적고 공기층이나 수중에서 부식되지 않으므로 스프링, 태엽, 기상관측용 기구 등의 재료로 사용된다.

⑩ 플래티나이트 : 철(Fe), 니켈(Ni), 코발트(Co)가 주성분이며, 전구나 진공관 전선 등의 재료로 사용된다.

ⓑ 퍼멀로이(permalloy) : Ni 75~80%, Co 0.5% 함유, 약한 자장으로 큰 투자율을 가지므로 해저전선의 장하코일용으로 사용된다.

④ 기타 특수 합금강

① 쾌삭강 … 절삭가공시 칩 처리가 잘 되고, 절삭하기 쉽도록 처리한 강이다.

　㉠ 황 쾌삭강 : 칩이 작게 갈라지므로 작은 부품 가공에 사용되나 기계적 성질이 떨어진다.

　㉡ 납 쾌삭강 : 절삭성이 좋고 열처리 효과도 변하지 않아 자동차부품이나 정밀기계부품에 사용된다.

② 스프링강

　㉠ 인장 강도, 탄성 한계, 충격, 피로한도가 좋아야 한다.

　㉡ 탄소(C) 0.5 ~ 1(%)의 고탄소강이 사용되며, 기타 망간(Mn), 크롬(Cr) 등이 섞인 합금강도 사용된다.

04 주철

① 주철의 개요

탄소 1.7 ~ 6.68%를 함유하며, 철 외에 탄소(C), 규소(Si), 망간(Mn), 인(P), 황(S)을 포함한다.

① 주철의 조직

　㉠ 흑연 : 탄소가 응고함에 따라 즉시 분리되어 생성된다.

　㉡ 시멘타이트 : 탄소가 Fe와 결합하여 화합물을 이룬 것으로 경도가 매우 높다.

　㉢ 페라이트 : Fe을 주체로 한 고용체이다.

　㉣ 펄라이트 : 시멘타이트와 페라이트의 층상조직이다.

② 주철의 성질

　　㉠ 용융점이 낮고, 유동성이 우수하다.

　　㉡ 가격이 저렴하다.

　　㉢ 내식성이 우수하다.

　　㉣ 마찰저항이 우수하다.

　　㉤ 압축강도가 크다.

　　㉥ 인장강도, 휨강도 및 충격값이 작다.

③ 주철의 성장

　　㉠ 600℃ 이상의 온도에서 가열 및 냉각을 반복하면 부피가 팽창하여 변형, 균열이 발생하는 현상을 말한다.

　　㉡ 원인

　　　• 시멘타이트의 흑연화에 의한 팽창

> **TIP** ～～～～～～～～～～～
>
> **시멘타이트의 흑연화** ⋯ 주철조직에 함유되어 있는 Fe_3C는 고온에서는 불안정한 상태로 존재하는데 이에 따라 450～600도에서 철과 흑연으로 분해하기 시작하여 800도 부근에서 철과 탄소로 분해가 되어버리는 현상이다.

　　　• 페라이트 중에 고용되어 있는 규소(Si)의 산화에 의한 팽창

　　　• A_1변태에서 부피변화로 인한 팽창

　　　• 불균일한 가열로 생기는 균열에 의한 팽창

　　　• 흡수된 가스에 의한 팽창

　　㉢ 방지책

　　　• 조직을 치밀화한다.

　　　• 산화하기 쉬운 규소(Si) 대신 내산화성이 큰 니켈(Ni)로 치환한다.

　　　• 크롬(Cr), 바나듐(V), 텅스텐(W), 몰리브덴(Mo) 등을 첨가하여 Fe_3C의 흑연화를 방지한다.

　　　• 편상흑연을 구상화하고 탄소량을 저하시킨다.

② 주철의 종류

① 보통주철(GC100～GC200)

　　㉠ 조직 : 편상흑연＋페라이트

　　㉡ 인장강도 : $10～20kgf/mm^2$

　　㉢ 성분 : 탄소(C) 3.2～3.8%, 규소(Si) 1.4～2.5%, 망간(Mn) 0.4～1.0%, 인(P) 0.3～0.8%, 황(S) 0.06% 이하

ㄹ 특징 : 기계가공성과 주조성이 좋고, 값이 저렴하다. 그러나 주철 중에서 인장강도가 가장 낮고 취성이 커서 연신율이 거의 없으며 탄소함유량이 높기 때문에 고온에서 기계적 성질이 좋지 않은 단점이 있다.

ㅁ 용도 : 일반기계부품, 수도관, 공작기계의 베드, 프레임 등에 사용된다.

> **TIP** ~~~~~~~~~~~~~~~~~~~~~~~~~~~~~
주철의 기호로 GC300과 같이 표시할 때 300이 의미하는 것은 최저인장강도(300MPa)이다.

② **고급주철(GC250~GC350)**

ㄱ 조직 : 펄라이트+흑연

ㄴ 인장강도 : 25kgf/mm^2 이상

ㄷ 특성 : 편상흑연주철 중 인장강도가 250MPa 이상의 주철로 조직이 펄라이트라서 펄라이트 주철로도 불리며 고강도와 내마멸성을 요구하는 기계 부품에 주로 사용된다.

ㄹ 용도 : 브레이크 실린더, 기어 등의 기계부품에 사용된다.

③ **가단주철**

ㄱ 주철의 결점인 여리고 약한 인성을 개선하기 위하여 먼저 백주철을 만들고 이것을 장시간 열처리하여 탄소상태를 분해 또는 소실시켜 인성 또는 연성을 증가시킨 주철이다.

ㄴ 탄소(C) 2.0~2.6%, 규소(Si) 1.1~1.6%의 백주철을 가열하여 탈탄, 흑연화 방법으로 제조한다.

ㄷ 조직 내에 존재하는 흑연의 모양은 회주철에 존재하는 흑연처럼 날카롭지 않고 비교적 둥근 모양으로 연성을 증가시킨다. (파단 시 단면감소율이 10% 정도에 이를 정도로 연성이 우수하다.)

ㄹ 백심가단주철과 흑심가단주철로 나뉘며, 인장강도와 연신율이 연강에 가깝고 주철의 주조성을 갖고 있어 주조가 용이하고 절삭성이 좋아 자동차 부품, 관이음 등에 많이 사용된다.

ㅁ 그러나 제작공정이 복잡하고 열처리를 위한 시간과 비용이 상대적으로 많이 드는 단점이 있다.

> **TIP** ~~~~~~~~~~~~~~~~~~~~~~~~~~~~~
주철이 강에 비해 강도와 연성이 좋지 않은 이유는 주로 흑연이 편상으로 되어 있기 때문이다. 가단주철은 열처리를 하여 편상흑연을 괴상화시킴으로써 강도와 연성을 향상시킨 것이다.

④ **구상흑연주철**

ㄱ 보통 주철의 편상인 흑연을 구의 형상을 띤 흑연으로 만든(구상화) 것이다.

ㄴ 구상화를 하기 위해서 일반주철에 Ni, Cr, Mg, Cu, Mo 등을 첨가하여 재질을 개선한 주철로 내마멸성, 내열성, 내식성이 매우 우수하여 자동차용 주물이나 주조용 재료로 사용된다.

ㄷ 종류로는 펄라이트형과 페라이트형, 시멘타이트형이 있다.

흑연의 모양과 분포 ⋯ 흑연의 모양은 판상, 파상, 구상 등이 주를 이루고 있으며 편상흑연이라도 크기와 모양, 분포상태가 용융조성과 응고조건 등에 의해 다양하게 존재한다. 다이아몬드와 구성성분은 C로 동일하나 매우 연하고 취성이 있어 철에 함유되면 전체적으로 메지게 되는 특성이 있다.

| 공정성 흑연 | 편상 흑연 | 괴상 흑연 | 장미 흑연 | 국화상 흑연 | 구상 흑연 |

⑤ **칠드주철** ⋯ 주물의 일부 또는 전체 표면을 높은 경도 또는 내마모성으로 만들기 위해 금형에 접해서 주철 용탕을 응고 및 급랭시켜서 제조한 주철이다. 주로 롤러, 철도차륜, 차축, 롤러, 실린더 라이너 등에 사용 한다.

⑥ **회주철(GC200)**

　㉠ 주철 중의 탄소의 일부가 유리되어 흑연화되어 있는 것을 말하며, 인장강도를 크게 하기 위하여 강 스 크랩을 첨가하여 C와 Si를 감소시켜 백선화되는 것을 방지한 것이다.

　㉡ 주조와 절삭가공이 용이하고 유동성이 좋아 복잡한 형태의 주물을 만들 수 있다.

　㉢ 탄소가 흑연 박편의 형태로 석출되며 내마모성과 진동흡수 능력이 우수하고 압축강도가 좋아서 엔진블 록이나 브레이크드럼용 재료, 공작기계의 베드용 재료로 사용된다. (회주철 조직에 가장 큰 영향을 미치 는 원소는 C와 Si이다.)

　㉣ 그러나 인장력에 약하고 깨지기 쉬운 단점이 있다.

⑦ **백주철**

　㉠ 회주철을 급랭하여 얻을 수 있으며 파단면이 백색이다.

　㉡ 흑연을 거의 함유하고 있지 않으며 탄소가 시멘타이트(cementite)로 존재하므로 다른 주철에 비해 단단 하지만 취성이 큰 단점이 있다.

　㉢ 마모가 심하게 되는 기계요소의 재료로 사용된다.

⑧ **합금주철**

　㉠ **고력합금주철**

　　• 0.5~2.0% 니켈(Ni), 크롬(Cr), 몰리브덴(Mo)이 첨가된다.

　　• 경도와 내마멸성이 우수하다.

　　• 크랭크 축, 캠축, 실린더, 압연용 롤 등에 사용된다.

　㉡ **내마멸성 주철**

　　• 크롬(Cr), 몰리브덴(Mo), 구리(Cu) 등이 첨가된다.

　　• 경도가 좋다.

　　• 대형기관의 실린더 라이너, 브레이크용 슈 등에 사용된다.

㉠ 미하나이트주철: 바탕이 펄라이트조직으로 인장강도가 400MPa에 이르는 주철로서 담금질이 가능하고 인성과 연성이
매우 크며 두께 차이에 의한 성질의 변화가 매우 작아서 내연기관의 실린더 재료로 사용된다.

㉡ 고규소주철: 탄소가 0.5~1.0%, 규소가 15% 정도 합금된 내식용 주철재료로 화학공업분야에 널리 사용되는 주철이다.
경도가 높아서 가공성이 낮으며 재질이 여리다는 결점이 있다.

㉢ ADI주철: 재질을 경화시키기 위하 구상흑연주철을 항온열처리법인 오스템퍼링으로 열처리한 주철이다.

❸ 주철 관련 주요사항

① 마우러 조직도 ⋯ 1924년에 마우러(Maurer)가 만든 도표로서 C와 Si의 조성에 따른 주철의 특성을 표시한
그래프로서 1,400도 정도의 온도에서 용융된 주철을 1,250도에서 75mm의 건조상형에 주입한 주물의 시편
으로 측정한 결과를 반영하였다.

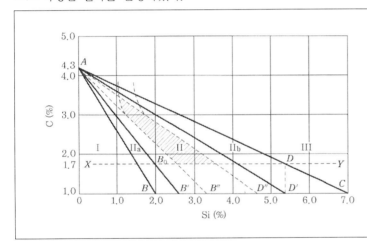

영역	조직
I	백주철
II$_a$	반주철
II	펄라이트주철
II$_b$	회주철
III	페라이트주철

② 주철의 성장 ⋯ 주철을 A1변태점 이상의 온도에서 장시간 방치하거나 다시 되풀이하여 가열을 하면 점차로
그 부피가 증가하게 되는 현상

③ 강(Cast Iron) ⋯ 용강을 주형에 주입하여 만든 제품의 재질을 말하며 주철에 비해 대량생산이 용이하고 기
계적 성질이 우수하며 용접에 의한 보수가 용이하나 용융점이 높고 수축률이 크므로 주조가 어렵다.

기출예상문제

시흥시시설관리공단

1 다음은 강과 탄소량의 관계에 관한 사항들이다. 이 중 바르지 않은 것은?

① 강의 탄소함유량이 많아지면 연신율이 감소한다.

② 강의 탄소함유량이 많을수록 용접이 어려워진다.

③ 탄소강은 탄소를 0.03%~2.0% 함유한 철이다.

④ 강은 순철보다는 탄소함량이 많으나 주철보다는 적다.

⑤ 강의 탄소함유량이 많아지면 경도가 감소한다.

> **NOTE** 강과 탄소량과의 관계
> ㉠ 강의 탄소함유량이 많아지면 경도는 증가한다.
> ㉡ 강의 탄소함유량이 많아지면 연신율이 감소한다.
> ㉢ 강의 탄소함유량이 많을수록 용접이 어려워진다.
> ㉣ 탄소강은 탄소를 0.03%~2.0% 함유한 주철이다.
> ㉤ 강은 순철보다는 탄소함량이 많으나 주철보다는 적다.

대전시시설관리공단

2 강의 냉각속도가 빠를 때 조직의 변화는?

① 조직과는 아무런 관계가 없다.   ② 경도가 커진다.

③ 불순물이 적어진다.   ④ 전성의 변화는 없다.

> **NOTE** 강의 냉각속도가 빠르면 경도가 커지며, 반면에 전성은 감소하고 불순물은 증가하게 된다.

3 탄소강에서 황(S)으로 인하여 발생되는 취성은?

① 적열취성   ② 고온취성

③ 뜨임취성   ④ 풀림취성

> **NOTE** 황(S)은 적열취성을 일으키며, 인장강도, 연신율, 충격 값을 저하시킨다.

Answer. 1.⑤ 2.② 3.①

4 탄소강에 어떤 성분을 결합하면 연신율을 감소시키지 않고 강도 및 소성을 증가시키고, 황에 의한 취성을 방지하는가?

① P ② Mn

③ Si ④ S

> **NOTE** Mn(망간)을 탄소강에 첨가하면 연신율을 그다지 감소시키지 않고 강도 및 소성을 증가시키고, 황에 의한 취성을 방지한다.

5 강의 표면을 경화하는 침탄법에 대한 질화법의 특징 설명으로 틀린 것은?

① 질화법은 담금질할 필요가 없다.

② 경화층이 얇으나 경도는 침탄한 것보다 크다.

③ 질화법은 마모 및 부식에 대한 저항이 작다.

④ 질화법은 변형이 적으나 경화시간이 많이 걸린다.

> **NOTE** 질화법의 특징
> ㉠ 침탄법보다 경도가 높다.
> ㉡ 질화한 후의 열처리가 필요 없다.
> ㉢ 경화에 의한 변형이 적다.
> ㉣ 질화층이 얇다.
> ㉤ 질화 후 수정이 불가능하다.
> ㉥ 고온으로 가열을 하여도 경도가 낮아지지 않는다.

6 다음 중 Si를 표면에 침투시키는 표면 경화법은?

① 크로마이징 ② 세라다이징

③ 실리코나이징 ④ 카퍼라이징

⑤ 니켈라이징

> **NOTE** ① 강의 표면에 크롬(Cr)을 확산, 침투시키는 처리방법이다.
> ② 강의 표면에 아연(Zn)을 확산, 침투시키는 처리방법이다.
> ④ 강의 표면에 구리(Cu)를 확산, 침투시키는 처리방법이다.
> ⑤ 강의 표면에 니켈(Ni)을 확산, 침투시키는 처리방법이다.

Answer. 4.② 5.③ 6.③

7 스테인레스강(stainless steel)의 구성 성분 중에서 함유율이 가장 높은 것은?

① Mo

② Mn

③ Cr

④ Ni

> **NOTE** 스테인리스강(STS : stainless steel) … 강에 Cr과 Ni 등을 첨가하여 내식성을 갖게 한 강
> ㉠ 13Cr스테인리스강 : 페라이트계 스테인리스강
> ㉡ 18Cr - 8Ni 스테인리스강 : 오스테나이트계, 비자성체, 담금질 않됨, 13Cr 보다 내식, 내열 우수

8 케이스 하드닝(case hardening)에 관한 정의 중 옳은 것은?

① 가스 침탄법을 말한다.

② 고체 침탄법을 말한다.

③ 침탄법을 말한다.

④ 침탄 후의 담금질 열처리를 말한다.

> **NOTE** 케이스 하드닝(case hardening) … 침탄 후 담금질을 하여 중심부의 조직을 미세화하고 표면층을 정화하기 위해 다시 담금질을 따로 실시하는 열처리를 말한다.

9 다음 중 옳지 않은 것은?

① 아공석강의 서냉조직은 페라이트(ferrite)와 펄라이트(pearlite)의 혼합조직이다.

② 공석강의 서냉조직은 페라이트로 변태종료 후 온도가 내려가도 조직의 변화는 거의 일어나지 않는다.

③ 과공석강의 서냉조직은 펄라이트와 시멘타이트(cementite)의 혼합조직이다.

④ 시멘타이트는 철과 탄소의 금속간 화합물이다.

> **NOTE** ㉠ 아공석강 : 0.02~0.77%의 탄소를 함유한 강을 말하며 페라이트와 펄라이트의 혼합 조직으로 탄소량이 많아질수록 펄라이트의 양이 증가하므로 경도와 인장 강도가 증가한다.
> ㉡ 과공석강 : 0.77~2.11%의 탄소를 함유한 강을 말하며, 시멘타이트와 펄라이트의 혼합 조직으로 탄소량이 증가할수록 경도가 증가한다. 그러나 인장 강도가 감소하고 메짐 성질이 증가하여 깨지기 쉽다.
> ㉢ 시멘타이트 : 철에 6.67%의 탄소를 함유하고 있는 금속간 화합물(Fe_3C)을 시멘타이트라 하며 매우 단단하고 취약한 성질을 가지고 있다.

10 다음 중 크랭크축, 기어, 볼트 등의 재료로 가장 적합한 것은?

① 강인강

② 합금공구강

③ 내열강

④ 스프링강

NOTE 강인강 … 담금질 성질이 좋고, 담금질에 의해서 강도와 경도가 높아지며 뜨임을 통해서 강인한 성질을 가진다.
  ㉠ 니켈(Ni)강
  • 강에 1.5 ~ 5%의 니켈(Ni)을 첨가한 합금강이다.
  • 강도, 경도, 내마멸성, 내식성이 좋아진다.
  • 기어, 체인, 레버, 스핀들 등을 제작하는 데 사용된다.
  ㉡ 크롬(Cr)강
  • 강에 1 ~ 2%의 크롬(Cr)을 첨가한 합금강이다.
  • 내마모성, 내식성, 내열성 및 경도가 좋아진다.
  • 실린더 라이너, 기어, 캠축, 벨브, 볼트, 너트 등을 제작하는 데 사용된다.
  ㉢ 니켈(Ni) – 크롬(Cr)강
  • 니켈(Ni)강에 1% 이하의 크롬(Cr)을 첨가한 합금강이다.
  • 내마모성, 내식성이 우수하고, 뜨임취성이 있다.
  ㉣ 니켈(Ni) – 크롬(Cr) – 몰리브덴(Mo)강
  • 니켈(Ni) – 크롬(Cr)강에 0.15 ~ 0.3%의 몰리브덴(Mo)을 첨가한 합금강이다.
  • 내열성, 담금질성이 좋다.

11 다음 중 탄소강의 열처리에 대한 설명으로 옳지 않은 것은?

① 담금질하면 경도가 증가한다.

② 탬퍼링(뜨임)하면 강의 인성이 증가된다.

③ 풀림하면 연성 및 전성이 증가된다.

④ 노멀라이징(불림)하면 내부응력이 증가된다.

NOTE 탄소강의 열처리
  ㉠ 노멀라이징(불림) : 강을 A_3 또는 A_{cm}점보다 30 ~ 50℃ 정도 높은 온도로 가열하여 균일한 오스테나이트 조직으로 만든 다음 대기 중에서 냉각하는 열처리 방법으로, 결정립을 미세화시켜서 어느 정도의 강도증가를 꾀하고, 주조품이나 단조품에 존재하는 편석을 제거시켜서 균일한 조직을 만들기 위한 것이 목적이다.
  ㉡ 어닐링(풀림) : 기본적으로 경화를 목적으로 행하는 열처리로서, 일반적으로 적당한 온도까지 가열한 다음 그 온도에서 유지한 후 서냉하는 방법으로 경화된 재료를 연화시키기 위한 것이 목적이다.
  ㉢ 퀜칭(담금질) : 강을 A_3 또는 A_1점 보다 30 ~ 50℃ 정도 높은 온도로 가열한 후 기름이나 물에 급냉시키는 방법으로, 강을 가장 연한 상태에서 가장 강한 상태로 급격하게 변화시킴으로써 강도와 경도를 증가시키기 위한 것이 목적이다.
  ㉣ 탬퍼링(뜨임) : 담금질한 강을 A_1점 이하의 온도에서 재가열한 후 냉각시키는 방법으로 담금질한 강의 인성을 증가시키기 위한 것이 목적이다.
  ㉤ 심랭처리 : 퀜칭한 강을 0℃ 이하의 온도로 냉각하여 조직을 마르텐사이트화하는 방법으로 내마모성을 향상시키고, 치수안정성을 제고시키기 위한 것이 목적이다.

12 탄화텅스텐, 티탄, 티탈 등의 작은 분말을 코발트 분말과 혼합하여 프레스로 성형한 뒤 고온에서 소결한 것으로 고온·고석절삭에 있어서도 높은 경도를 유지하는 절삭공구는?

① 고속도강공구
② 세라믹공구
③ 스텔라이트공구
④ 초경합금공구

> **NOTE** ① 텅스텐(W) 18%, 크롬(Cr) 4%, 바나듐(V) 1%, 탄소(C) 0.8%를 표준형으로 하는 공구강으로 500 ~ 600℃에서 뜨임하면 담금질했을 때보다 경도가 높다.
> ② 산화알루미늄을 주성분으로 기타 산화물을 혼합하여 고온에서 소결한 것으로 구성인선의 발생이 없다.
> ③ 따로 열처리할 필요가 없으며, 인성과 내구력이 작고, 강철, 주철, 스테인리스강 절삭용 공구의 재료로 사용된다.
> ④ 탄화 텅스텐 분말과 코발트 분말을 섞어서 성형한 후 고온에서 가열하여 만든 소결 합금으로 강은 아니며 고온경도, 내마멸성, 내열성이 좋고 취성이 크다.

13 다음 중 주철과 주강에 대한 비교설명으로 옳은 것은?

① 주강에 비해 주철의 수축률이 크다.
② 주강에 비해서 주철의 용융온도가 낮다.
③ 주강에 비해서 주철이 주조하기가 어렵다.
④ 주강에 비해서 주철이 기계적 성질이 우수하다.

> **NOTE** 주철은 용융점이 낮고, 쇳물상태에서 유동성이 우수하며, 응고할 때 수축률이 적기 때문에 주로 주조에 이용된다.

14 다음 중 특수강에 자경성을 주는 금속은?

① W
② Fe
③ Al
④ Cu

> **NOTE** 자경성(기경성) … 수원소 첨가로 가열 후 공랭하여도 자연히 경화되어 담금질 효과를 얻는 것으로 크롬(Cr), 니켈(Ni), 망간(Mn), 텅스텐(W), 몰리브덴(Mo)이 있다.

15 강의 열처리에 대한 설명 중 풀림처리의 설명은?

① 기공성 향상 및 전성, 연성을 높이기 위한 열처리 방법이다.
② 재료의 내부응력 제거, 결정조직의 균일화를 목적으로 한다.
③ 강인성을 부여하고 경도를 높이기 위한 열처리 방법이다.
④ 열처리시의 결함개선, 강의 인성 부여를 목적으로 한다.

NOTE 어닐링(풀림) … 기본적으로 경화를 목적으로 행하는 열처리로서, 일반적으로 적당한 온도까지 가열한 다음 그 온도를 유지한 후 서냉하는 방법으로 경화된 재료를 연화시키기 위한 것이 목적이다.

16 다음 중 스프링, 태엽, 기상 관측용 기구의 재료로 사용되는 것은?

① 플랜티나이트   ② 초불변강
③ 엘린바   ④ 코엘린바

NOTE ① 철(Fe), Ni(니켈), 코발트(Co)가 주성분이며, 전구나 진공관 전선 등의 재료로 사용된다.
② 니켈(Ni) 29 ~ 40%, 코발트(Co) 5% 이하가 주성분이며, 인바보다 열팽창률이 작다.
③ 니켈(Ni) 36%, 크롬(Cr) 13%가 주성분이며 시계부품, 정밀계측기 등의 재료로 사용된다.
④ 니켈(Ni) 16.5% 이하, 크롬(Cr) 10 ~ 11%, 코발트(Co) 26 ~ 58%가 주성분이며, 스프링, 태엽, 기상 관측용 기구 등의 재료로 사용된다.

17 다음 중 주철의 인장 강도는?

① $5 \sim 10 \text{kgf/mm}^2$ ② $10 \sim 20 \text{kgf/mm}^2$
③ $20 \sim 30 \text{kgf/mm}^2$ ④ $30 \sim 40 \text{kgf/mm}^2$

NOTE 주철의 인장 강도는 $10 \sim 20 \text{kgf/mm}^2$이다.

18 다음 중 주철을 용해시키는 대표적인 노는?

① 화로   ② 전로
③ 큐폴라   ④ 도가니로
⑤ 반사로

NOTE 보통 주철은 주로 큐폴라에서 용해되며 가단주철, 합금주철, 구상흑연주철 등은 전기로에서 용해된다.

Answer. 15.① 16.④ 17.② 18.③

19 탄화텅스텐 가루와 코발트 가루를 혼합하여 금형에 넣어 가압 성형한 후 고온에서 가열하여 만든 소결 합금은?

① 초경합금   ② 세라믹

③ 고탄소강   ④ 고속도강

⑤ 내열강

> **NOTE** 초경합금공구 … 탄화 텅스텐 분말과 코발트 분말을 섞어서 성형한 후 고온에서 가열하여 만든 소결합금으로 강은 아니며 고온경도, 내마멸성, 내열성이 좋고 취성이 크다.

20 다음 중 강의 5대 원소로 옳지 않은 것은?

① S   ② Si

③ Mn   ④ P

⑤ Ni

> **NOTE** 강의 5대 원소
> ㉠ 규소(Si) : 강의 인장강도, 탄성한계, 경도 및 주조성을 좋게 하며, 연신율, 충격값, 전성, 가공성 등은 떨어진다.
> ㉡ 망간(Mn) : 황과 화합하여 적열취성을 방지하며, 결정성장을 방지하고 강도, 경도, 인성 및 담금질 효과를 증가시킨다.
> ㉢ 인(P) : 경도와 강도를 증가시키나 메짐과 가공시 균열의 원인이 된다.
> ㉣ 황(S) : 인장강도, 연신율, 충격치, 유동성, 용접성 등을 저하시키며 적열취성의 원인이 된다.
> ㉤ 구리(Cu) : 인장강도, 탄성한도, 내식성이 증가하나 압연시 균열의 원인이 된다.

21 다음 철강재료 중 탄소함량이 가장 많은 것은?

① 나사못   ② 철사

③ 철판   ④ 쇠톱

⑤ 파이프

> **NOTE** 고탄소강은 경도가 높아 쇠톱날, 줄 등을 만드는 데 이용되는 철재료이다.

---

22 다음 중 인바강의 특징을 잘 나타낸 것은?

① 경도의 불변강

② 길이의 불변강

③ 탄성의 불변강

④ 내마모성강

⑤ 내식성강

> **NOTE** 인바강 … 니켈(Ni) 36%, 탄소(C) 0.02% 이하, 망간(Mn) 0.4%가 주성분이며 줄자, 정밀기계부품, 시계 추 등의 재료로 사용되는 길이의 불변강이다.

23 담금질한 강의 내부응력을 제거시켜 강인한 성질로 개선시키기 위한 열처리방법을 무엇이라 하는가?

① 풀림

② 노멀라이징

③ 템퍼링

④ 표면경화

⑤ 질화

> **NOTE** 강의 열처리
> ㉠ 노멀라이징(불림) : 강을 A_3 또는 A_{cm}점보다 30 ~ 50℃ 정도 높은 온도로 가열하여 균일한 오스테나이트 조직으로 만든 다음 대기 중에서 냉각하는 열처리 방법으로 결정립을 미세화시켜서 어느 정도의 강도증가를 꾀하고, 주조품이나 단조품에 존재하는 편석을 제거시켜서 균일한 조직을 만들기 위한 것이 목적이다.
> ㉡ 어닐링(풀림) : 기본적으로 경화를 목적으로 행하는 열처리로서, 일반적으로 적당한 온도까지 가열한 다음 그 온도를 유지한 후 서냉하는 하는 방법으로, 경화된 재료를 연화시키기 위한 것이 목적이다.
> ㉢ 퀜칭(담금질) : 강을 A_3 또는 A_1점 보다 30 ~ 50℃ 정도 높은 온도로 가열한 후 기름이나 물에 급냉시키는 방법으로, 강을 가장 연한 상태에서 가장 강한 상태로 급격하게 변화시킴으로서 강도와 경도를 증가시키기 위한 것이 목적이다.
> ㉣ 템퍼링(뜨임) : 담금질한 강을 A_1점 이하의 온도에서 재가열한 후 냉각시키는 방법으로 담금질한 강의 인성을 증가시키기 위한 것이 목적이다.

24 다음 중 연료의 사용없이 공기를 통풍시켜 불순물을 제거하여 강을 만드는 제강법은?

① 평로 제강법

② 제선법

③ 전기로 제강법

④ 전로 제강법

> **NOTE** 제강법의 종류
> ㉠ 평로 제강법 : 바닥이 넓은 반사로인 평로를 이용하여 선철을 용해시키고, 여기에 고철, 철광석 등을 첨가하여 강을 만드는 제강법이다.
> ㉡ 전로 제강법 : 용해된 선철을 전로에 주입한 후 연료의 사용없이 노 밑에 뚫린 구멍을 통하여 공기를 송풍시켜 탄소, 규소와 그 밖의 불순물을 제거시켜 강을 만드는 제강법이다.
> ㉢ 전기로 제강법 : 전열을 이용하여 선철, 고철 등의 제강 원료를 용해시켜 강을 만드는 제강법이다.

25 다음 중 전기로 제강법의 특성으로 옳지 않은 것은?

① 온도조절이 쉽다.

② 탈산, 탈황이 쉽다.

③ 저렴한 비용으로 강을 생산할 수 있다.

④ 양질의 강을 만들 수 있다.

> **NOTE** 전기로 제강법의 특성
> ㉠ 온도조절이 쉽다.
> ㉡ 탈산, 탈황이 쉽다.
> ㉢ 양질의 강을 만들 수 있다.
> ㉣ 전력비가 많이 들어 제품의 가격이 비싸다.

26 다음 중 선철을 만드는 공정에서 용광로에 넣지 않는 것은?

① 목탄

② 석회석

③ 코크스

④ 철광석

> **NOTE** 제선법 … 용광로에 석회석, 코크스, 철광석을 번갈아 넣고 연소시키면서 선철을 만드는 공정으로 용광로에서 생산된 선철은 불순물과 탄소 함유량이 많아 경도가 높고, 여리기 때문에 소성가공이 불가능하다.

27 다음 중 가격은 저렴하지만 기공과 편석으로 질이 떨어지는 강은?

① 세미킬드강

② 림드강

③ 킬드강

④ 세미림드강

> **NOTE** 림드강의 특성
> ㉠ 전로나 평로에서 제조된 것을 페로망간으로 가볍게 탈산시킨 강이다.
> ㉡ 기공과 비금속의 편석으로 인하여 강의 질이 나쁘다.
> ㉢ 저렴한 가격으로 생산할 수 있다.

28 다음 중 탈산제로 완전히 탈산시킨 강은?

① 킬드강

② 림드강

③ 세미킬드강

④ 세미림드강

> **NOTE** 킬드강의 특성
> ㉠ 페로망간, 페로 실리콘 등으로 완전 탈산시킨 강이다.
> ㉡ 질이 좋고 고탄소강, 합금강의 원료로 사용된다.
> ㉢ 결정립이 미세하고, 가스반응이 없으므로 조성이 림드강보다 균일하다.

29 다음 중 탄소 함유량이 가장 많은 것은?

① 순철

② 선철

③ 탄소강

④ 주철

> **NOTE** 철의 탄소 함유량
> ㉠ 순철 : 0.02% 이하
> ㉡ 탄소강 : 0.02 ~ 2.0%
> ㉢ 주철 : 2.08 ~ 6.68%

30 다음 중 탄소강에서 적열메짐의 원인이 되는 것은?

① 수소

② 질소

③ 산소

④ 탄소

> **NOTE** 탄소강에 가스가 미치는 영향
> ㉠ 수소 : 백점이나 헤어크랙의 원인이 된다.
> ㉡ 산소 : 적열메짐의 원인이 된다.
> ㉢ 질소 : 경도와 강도를 증가시킨다.

31 다음 중 순철에 가까운 조직을 가지고 있는 것은?

① 오스테나이트

② 페라이트

③ 펄라이트

④ 시멘타이트

> **NOTE** 페라이트 … 순철에 가까운 조직이며, 강자성체이고 연성, 전성이 좋다.

Answer. 28.① 29.④ 30.③ 31.②

32 다음 중 0.77%의 탄소를 함유하고 있는 공석 조직은?

① 오스테나이트

② 페라이트

③ 펄라이트

④ 시멘타이트

> **NOTE** 펄라이트
> ㉠ 오스테나이트가 페라이트와 시멘타이트의 층상으로 된 조직이다.
> ㉡ 페라이트보다 강도 경도가 크고 자성이 있다.
> ㉢ 0.77C%의 탄소를 함유하는 공석조직이다.

33 다음 중 탄소강의 탄소 함유량에 따른 기계적 성질이 바르게 연결된 것은?

① 인성은 탄소의 함유량이 증가할수록 증가한다.

② 용접성은 탄소의 함유량이 증가할수록 떨어진다.

③ 연성은 탄소의 함유량이 증가할수록 커진다.

④ 인장강도는 탄소의 함유량이 증가할수록 작아진다.

> **NOTE** 탄소강의 탄소 함유량에 따른 기계적 성질
> ㉠ 인장강도 : 탄소의 함유량이 증가할수록 커진다.
> ㉡ 경도 : 탄소의 함유량이 증가할수록 좋아진다.
> ㉢ 연성 : 탄소의 함유량이 증가할수록 작아진다.
> ㉣ 인성 : 탄소의 함유량이 증가할수록 작아진다.
> ㉤ 열처리성 : 탄소의 함유량이 증가할수록 좋아진다.
> ㉥ 용접성 : 탄소의 함유량이 증가할수록 떨어진다.

34 다음 중 시멘타이트 조직의 성질은?

① 경질에 취성이 크다.

② γ 철에 탄소가 최대 2.11C%까지 고용된 γ 고용체이다.

③ 인성이 크다.

④ 상자성체이다.

> **NOTE** 시멘타이트 … 탄화철이며, 경질에 취성이 크다.

35 다음 중 담금질 할 때 냉각속도가 가장 빠른 냉각제는?

① 기름 ② 물
③ 석유 ④ 소금물

NOTE 냉각속도 … 소금물 > 물 > 기름

36 다음 중 퀴리점은 무엇이라 하는가?

① 비점 ② 용융점
③ 자기변태점 ④ 동소변태점

NOTE A_2변태점(자기변태점)을 퀴리점이라 한다.

37 다음 중 강의 표준조직으로 옳지 않은 것은?

① 스텔라이트 ② 펄라이트
③ 페라이트 ④ 오스테나이트

NOTE 스텔라이트는 공구용 합금강이다.

38 다음 중 강의 강도와 경도를 증가시키기 위한 열처리 방법은?

① 심랭처리 ② 템퍼링
③ 어닐링 ④ 퀜칭

NOTE 열처리 방법의 종류
㉠ 심랭처리 : 퀜칭한 강을 0℃ 이하의 온도로 냉각하여 조직을 마르텐사이트화하는 방법으로 내마모성을 향상시키고, 치수안정성을 제고시키기 위한 것이 목적이다.
㉡ 템퍼링(뜨임) : 담금질한 강을 A_1점 이하의 온도에서 재가열한 후 냉각시키는 방법으로 담금질한 강의 인성을 증가시키기 위한 것이 목적이다.
㉢ 어닐링(풀림) : 기본적으로 경화를 목적으로 행하는 열처리로서, 일반적으로 적당한 온도까지 가열한 다음 그 온도에서 유지한 후 서냉하는 방법으로 경화된 재료를 연화시키기 위한 것이 목적이다.
㉣ 퀜칭(담금질) : 강을 A_3 또는 A_1점 보다 30 ~ 50℃ 정도 높은 온도로 가열한 후 기름이나 물에 급냉시키는 방법으로, 강을 가장 연한 상태에서 가장 강한 상태로 급격하게 변화시킴으로서 강도와 경도를 증가시키기 위한 것이 목적이다.

Answer. 35.④ 36.③ 37.① 38.④

39 다음 중 암모니아 가스를 이용하여 강의 표면을 열처리하는 방법은?

① 화염 경화법   ② 질화법

③ 고주파 경화법   ④ 침탄법

> **NOTE** ① 산소 – 아세틸렌가스 불꽃을 사용하여 강의 표면을 담금질 온도로 가열한 후 냉각시켜 재료 표면만을 담금질하는 방법
> 이다.
> ② 강은 암모니아 가스 중에서 고온으로 장시간 가열하여 강의 표면에 질화층을 형성시키는 방법이다.
> ③ 고주파 전류를 이용하여 표면만 가열한 후 급랭시키는 방법이다.
> ④ 저탄소강으로 만든 제품의 표면에 탄소를 침탄시켜 재료 표면에 침탄층을 형성시키는 방법이다.

40 다음 중 철강의 분류기준은?

① 각종 원소의 함유량   ② 탄소의 함유량

③ 철강의 조직 상태   ④ 함유성분의 용융점

> **NOTE** 철강의 분류기준은 탄소의 함유량이다.

41 다음 중 탄소강에 함유되어 압연시 균열의 원인이 되는 원소는?

① Mn   ② S

③ Cu   ④ Si

> **NOTE** ① 황과 화합하여 적열취성을 방지하며, 결정성장을 방지하고 강도, 경도, 인성 및 담금질 효과를 증가시킨다.
> ② 인장강도, 연신율, 충격치, 유동성, 용접성 등을 저하시키며 적열취성의 원인이 된다.
> ③ 인장강도, 탄성한도, 내식성이 증가하나 압연시 균열의 원인이 된다.
> ④ 강의 인장강도, 탄성한계, 경도 및 주조성을 좋게하며 연신율, 충격값, 전성, 가공성 등은 떨어진다.

42 다음 중 주철에 함유되어 있는 원소 중 내열성과 강인성을 좋게 하는 원소는?

① C

② Mn

③ P

④ S

> **NOTE** ① 주철에 가장 큰 영향을 미치는 원소로 탄소함유량이 증가하면 용융점이 저하되고, 주조성이 좋아진다.
> ② 적당한 양의 망간은 강인성과 내열성을 좋게 한다.
> ③ 쇳물의 유동성을 좋게 하고, 주물의 수축을 적게한다.
> ④ 쇳물의 유동성을 저하시키고, 기공이 생기기 쉽고 수축률이 증가된다.

43 다음 중 내연기관의 밸브나 내산성 재료에 사용되는 강은?

① 내열강

② 스테인리스강

③ 세라믹

④ 고속도강

> **NOTE** 내열강
> ㉠ 내열강의 성질
> • 고온에서 기계적·화학적 성질이 안정되어야 한다.
> • 고온에서 산화되지 않고, 충분한 강도를 유지되야 한다.
> ㉡ 크롬(Cr), 알루미늄(Al), 규소(Si), 니켈(Ni)이 주성분이다.
> ㉢ 내연기관의 밸브나 내산성 재료에 사용된다.

44 다음 중 기어, 켐축 밸브 등을 제작하는 데 사용되는 강은?

① 강인강

② 내열강

③ 탄소강(쾌삭강)

④ 선철

> **NOTE** 강인강 … 담금질 성질이 좋고, 담금질에 의해서 강도와 경도가 높아지며, 뜨임을 통해서 강인한 성질을 가진다.
> ㉠ 니켈(Ni)강 : 강에 1.5 ~ 5%의 니켈(Ni)을 첨가한 합금강으로 기어, 체인, 레버, 스핀들 등을 제작하는 데 사용된다.
> ㉡ 크롬(Cr)강 : 강에 1 ~ 2%의 크롬(Cr)을 첨가한 합금강으로 실린더 라이너, 기어, 캠축, 밸브, 볼트, 너트 등을 제작하는 데 사용된다.
> ㉢ 니켈(Ni) – 크롬(Cr)강 : 니켈(Ni)강에 1% 이하의 크롬(Cr)을 첨가한 합금강이다.
> ㉣ 니켈(Ni) – 크롬(Cr) – Mo(몰리브덴)강 : 니켈(Ni) – 크롬(Cr)강에 0.15 ~ 0.3%의 몰리브덴(Mo)을 첨가한 합금강이다.

Answer. 42.② 43.① 44.①

45 다음 중 강인성이 우수하여 롤 제작에 사용되는 주철은?

① 미하나이트주철   ② 칠드주철

③ 덕타일주철   ④ 가단주철

> **NOTE** 칠드주철
> ㉠ 표면은 단단하고, 내부는 연하므로 강인성이 우수하다.
> ㉡ 압연용 롤, 철도 차륜, 분쇄용 롤, 제지용 롤 등에 사용된다.

46 다음 중 강도, 경도를 증가시키기 위해 마그네슘, 세륨, 칼슘을 넣어 흑연을 구상화시킨 주철은?

① 미하나이트주철   ② 백주철

③ 구상흑연주철   ④ 가단주철

> **NOTE** 구상흑연주철
> ㉠ 성질
> • 주조성, 가공성, 강도, 내마멸성이 우수하다.
> • 인성, 연성, 경화능이 강과 비슷하다.
> ㉡ 조성
> • 인(P)과 황(S)의 양이 회주철보다 $\frac{1}{10}$ 정도 낮게 유지된다.
> • 마그네슘(Mg), 세륨(Ce), 칼슘(Ca) 등을 첨가한다.

47 다음 중 초경 합금의 주성분은?

① W, C   ② W, Co

③ Mo, C   ④ Mo, Co

> **NOTE** 내열강
> ㉠ 탄화 텅스텐 분말과 코발트 분말을 섞어서 성형한 후 고온에서 가열하여 만든 소결 합금으로 강은 아니다.
> ㉡ 고온경도, 내마멸성, 내열성이 좋고, 취성이 크다.
> ㉢ 절삭공구의 재료로 사용된다.

48 다음 중 내열강의 주 원소로 옳지 않은 것은?

① Mn

② Cr

③ Al

④ Ni

NOTE 내열열강의 주 성분 크롬(Cr), 알루미늄(Al), 규소(Si), 니켈(Ni)이 주성분으로 내연기관의 밸브나 내산성 재료에 사용된다.

49 다음 중 주철의 용도로 옳지 않은 것은?

① 공작 기계의 베드

② 기계 구조물

③ 철사

④ 수도관

NOTE ③ 주철은 취성이 강하므로 철사나 시계태엽과 같이 연성이 필요한 제품에는 사용되지 않는다.

50 다음 중 스테인리스강에 대한 설명으로 옳지 않은 것은?

① 주성분은 Cr, Ni이다.

② 내식성이 우수하다.

③ 기계적 성질이 조금 떨어진다.

④ 화학공업장치, 가정용품, 내식강판 등의 재료로 사용된다.

NOTE 스테인리스강

㉠ Cr(13%) 스테인레스강

• 내식성 및 기계적 성질이 우수하다.

• 터빈 날개, 기계부품, 의료기기 등의 재료로 사용된다.

㉡ Cr(18%) − Ni(8%) 스테인레스강

• 내식성, 용접성, 기계적 성질이 매우 좋다.

• 화학공업장치, 가정용품, 내식강판 등의 재료로 사용된다.

Chapter. 03 비철금속재료

01 알루미늄과 그 합금

① 알루미늄의 성질

① 물리적 성질

    ㉠ 비중 2.7, 용융점 660℃, 면심입방격자이다.

    ㉡ 열 및 전기의 양도체이다.

② 기계적 성질

    ㉠ 불순물이 증가할수록 강도가 증가한다.

    ㉡ 전성과 연성이 좋다.

    ㉢ **가공경화** : 가공에 따라 강도 및 경도가 증가한다.

③ **화학적 성질** … 산화피막으로 인해 표면의 내식성이 좋다.

② 알루미늄의 제조방법

① 알루미늄 광석(보크사이트)을 이용하여 순수 알루미늄을 만든다.

② Al의 제조법 … Al 광석 → Al_2O_3(알루미나) → 순수 Al

③ Al은 지각 중에 약 8% 존재하며, 대부분 보크사이트로 존재한다.

③ 알루미늄 합금

① 내식 알루미늄 합금

    ㉠ 마그네슘(Mg), 망간(Mn), 규소(Si) 등을 첨가한 합금이다.

      • 하이드로날륨 : Al – Mg계로 내식성과 용접성이 우수하다.

      • 알민 : Al – Mn계로 내식성, 가공성 및 용접성이 우수하다.

      • 일드리 : Al – Mg – Si계로 내식성과 강도가 우수하다.

      • 알클래드 : 두랄루민에 알루미늄(Al)을 피복한 것이다.

ⓛ 강도는 낮으나 내식성이 우수하다.

ⓒ 차량, 선박, 창틀, 고압 송전선 등에 사용된다.

② 고력 알루미늄 합금

　ⓐ 알민

　　• Al – Mn계 합금이다.

　　• 가공성과 용접성이 우수하다.

　ⓑ 두랄루민

　　• 대표적인 단조용 알루미늄 합금이다.

　　• Al – Cu – Mg – Mn계 합금이다.

　　• 고온에서 수냉하여 시효 경화로 강인성을 증가시켜 강인성이 좋다.

　　• 항공기, 자동차 바디에 사용된다.

　ⓒ 초두랄루민

　　• 두랄루민에 마그네슘(Mg)을 증가시키고, 규소(Si)를 감소시킨 합금이다.

　　• 항공기 구조용 재료에 사용된다.

③ 내열 알루미늄

　ⓐ Al – Cu – Ni계 내열합금이다.

　ⓑ 니켈(Ni)의 영향으로 300 ~ 450℃에서 단조가 가능하다.

　ⓒ 피스톤, 공랭식 실린더 등 자동차용 기관의 부품에 사용된다.

④ 주조용 합금

　ⓐ Al – Cu계 합금

　　• Cu 8%가 첨가된 합금이다.

　　• 주조성과 절삭성이 우수하나 고온메짐과 수축균열이 발생된다.

　ⓑ 실루민

　　• Al – Si계 합금에 미량의 마그네슘(Mg)과 망간(Mn)이 함유되어 있다.

　　• 주조성이 좋으나 절삭성이 좋지 않다.

　　• 열처리 효과가 없고, 개량처리로 성질을 개선할 수 있다.

　　• 실린더헤드, 크랭크케이스 등의 다이캐스팅에 사용된다.

　ⓒ Y합금

　　• Al – Cu – Mg – Ni계 합금이다.

　　• 각 원소의 함유량 : 구리(Cu) 4%, 니켈(Ni) 2%, 마그네슘(Mg) 1.5%

　　• 내열성이 좋고, 열팽창계수가 적으며, 적열메짐이 없다.

　　• 피스톤, 실린더헤드에 사용된다.

   ② 로엑스 합금
- Al – Si계 합금으로 실루민에 Mg를 첨가한 것이다.
- 내열성이 Y합금보다 우수하고 열팽창계수가 작다.
- 내마멸성과 내식성이 크다.
- 내연기관의 피스톤 재료에 사용된다.

   ⑩ 하이드로날륨
- Al – Mg계 합금이다.
- 각 원소의 함유량 : 마그네슘(Mg) 4 ~ 7%, 망간(Mn) 0.5%
- 내식성이 매우 우수하나 주조성과 내열성이 떨어진다.

   ⑪ 다이캐스팅용 알루미늄 합금
- Al – Cu, Al – Si계 합금이다.
- 내식성, 저온강도, 도전율이 크다.
- 유동성이 우수하다.
- 가전제품, 카메라, 자동차 부품의 재료로 사용된다.

02 구리와 그 합금

❶ 구리의 성질

① 물리적 성질
   ㉠ 용융점 1,083℃, 비중 8.96, 변태점이 없다.
   ㉡ 비자성체이다.
   ㉢ 열 및 전기의 양도체이다.
   ㉣ 내식성이 좋다.
   ㉤ 연성, 전성이 좋고 가공이 쉽다.
   ㉥ 강도가 약하므로 가공 경화해서 사용해야 한다.

② 기계적 성질
   ㉠ 연성, 가공성이 풍부하여 냉간가공시 강도가 증가한다.
   ㉡ 인장강도가 좋으며, 소성변형에 의해 90%까지 가공이 가능하다.

③ 화학적 성질
   ㉠ 산에 용해된다.
   ㉡ 해수나 습기 등에 의해 녹이 생긴다.

❷ 구리의 종류

① 전기 구리
- ㉠ 전기분해로 얻어지는 구리이다.
- ㉡ 순도는 높지만 메짐성으로 인해 가공이 곤란하다.

② 전해인성 구리
- ㉠ 0.02 ~ 0.05%의 산소(O)가 함유된 구리로, 400℃ 이상에서 수소와 산화구리가 작용하여 수소 메짐성이 발생한다.
- ㉡ 선, 봉, 판, 스트립의 재료로 사용된다.

③ 무산소 구리
- ㉠ 전기구리를 진공용해하여 산소의 함량을 0.005% 이하로 한 구리로 전기전도도와 가공성이 매우 우수하다.
- ㉡ 탈산제가 거의 없다.
- ㉢ 전도성과 가공성이 우수하고 수소 메짐성이 없다.
- ㉣ 전자기기, 진공관용 구리에 사용된다.

④ 탈산 구리
- ㉠ 용해 시 흡수한 산소를 인(P)으로 탈산하여 산소를 0.01% 이하로 한 구리이다.
- ㉡ 고온에서 수소 메짐성이 없고, 산소를 흡수하지 않는다.
- ㉢ 용접성이 좋다.
- ㉣ 가스관, 열교환관, 중유버너관 등에 사용된다.

⑤ 정련 구리 ⋯ 전기 구리를 반사로에서 용해하고 정련ㆍ탈산시킨 후 이를 금형에 주입하여 만든 것이다.

❸ 구리 합금

① 황동 ⋯ 구리(Cu)와 아연(Zn)의 합금이다.
- ㉠ 저황동 : 아연의 함유량에 따라 톰백과 커머셜 브론즈로 나뉜다.
  - 톰백
  - −8 ~ 20%의 아연(Zn)을 함유한다.
  - −연성이 크고, 색깔은 황금색이다.
  - −금모조품, 황동단추, 금박 등에 사용된다.
  - 커머셜 브론즈
  - −10 ~ 20%의 아연(Zn)을 함유한다.
  - −성질은 톰백과 같다.

ⓛ 고황동
- 7 : 3 황동(카트리지 브라스)
-구리(Cu) 70%, 아연(Zn) 30%
-연신율이 크고 인장강도가 우수하다.
-가공성이 좋다.
-판, 막대, 관, 전구소켓, 장식품 등에 사용된다.
- 6 : 4 황농(문쯔메탈)
-구리(Cu) 60%, 아연(Zn) 40%
-전연성 및 내식성이 낮다.
-탈아연 부식이 일어나며, 가공성이 떨어진다.
-강도가 우수하여 기계부품 등에 사용된다.
ⓒ 특수 황동
- 납황동(연황동)
-6 : 4 황동에 납(Pb) 1.5 ~ 3%를 첨가한 것이다.
-절삭성이 우수하고, 대량생산이 가능하다.
-정밀가공품(시계부품), 스크루 등에 사용된다.
- 주석 황동
-주석(Sn) 1%를 첨가한 것이다.
-애드미럴티 황동 : 7 : 3 황동에 주석(Sn) 1%를 첨가한 것으로 전연성이 우수하다.
-네이벌 황동 : 6 : 4 황동에 주석(Sn) 1%를 첨가한 것으로 내해수성이 우수하다.
- 델타 메탈
-6 : 4 황동에 1 ~ 2%의 철(Fe)을 첨가한 것이다.
-결정립 미세화로 강인성, 내식성이 증가한다.
-광산, 선박용, 화학기계 등에 사용된다.
- 경력 황동
-6 : 4 황동에 망간(Mn), 알루미늄(Al), 니켈(Ni), 철(Fe) 등을 첨가한 것이다.
-주조성, 가공성, 내해수성이 증가한다.
- 양은(양백, 백동)
-7 : 3 황동에 니켈(Ni) 7 ~ 30%를 첨가한 것이다.
-니켈(Ni)의 탈색효과로 은백색이며, 탄성과 내식성이 우수하다.
-냉간 가공성은 떨어지나 열간 가공성은 우수하다.
-장식용, 악기, 식기, 은 대용품, 탄성재료 등에 사용된다.

② 청동 ··· 구리(Cu)와 주석(Sn)의 합금이다.

    ㉠ 청동의 성질

- 구리(Cu)와 주석(Sn)의 합금이다.
- 주조성, 강도, 내마멸성이 우수하다.
- 주석(Sn) 4%에서 연신율이 최대이다.
- 주석(Sn) 15% 이상에서 주석(Sn) 함유량에 비례하여 강도, 경도가 급격히 증가한다.

    ㉡ 청동의 종류

- 청동 주물(포금)

  −주석(Sn)의 함유량이 8 ~ 12%이다.

  −강도, 내식성, 내마멸성이 우수하다.

  −기계부품, 밸브, 콕 등에 사용된다.

- 베어링용 청동

  −주석(Sn)의 함유량이 10 ~ 14%이다.

  −연성은 떨어지나 경도 및 내마멸성 우수하다.

  −베어링, 차축 등에 사용된다.

- 켈밋

  −납(Pb)의 함유량이 30 ~ 40%이다.

  −고속 베어링, 토목 기계 등에 사용된다.

- 인 청동

  −주석(Sn)의 함유량이 9%이고, 0.6% 이하의 인(P)을 첨가한 것이다.

  −유동성 및 내마멸성이 우수하다.

  −냉간가공으로 인장강도, 탄성한계가 증가된다.

  −스프링 제품베어링, 밸브 시트 등에 사용된다.

- 알루미늄 청동

  −알루미늄(Al)의 함유량이 8~12%이다.

  −내식성, 내열성, 내마멸성이 우수하다.

  −주조성, 단조성, 용접성이 떨어진다.

  −화학공업, 기계, 선박, 항공기 부품 등에 사용된다.

- 코슨 합금

  −니켈(Ni) 3 ~ 4%와 규소(Si) 1%가 함유된 합금이다.

  −인장강도가 우수하다.

  −통신선, 스프링 등에 사용된다.

03 니켈과 그 합금

1 니켈의 성질

① 상온에서는 강자성체이며, 360℃ 이상에서는 자성을 잃는다.

② 내식성이 좋다.

③ 열전도와 전연성이 우수하다.

④ 질산에는 부식성이 떨어지나 황산에는 부식성이 좋다.

⑤ 알칼리에 대한 저항력이 크다.

2 니켈 합금

① Ni – Cu계
  ㉠ 콘스탄탄
  - 40 ~ 45%의 니켈(Ni)이 함유된 것이다.
  - 전기저항성이 크고, 온도계수가 적다.
  - 저항선 등에 사용된다.
  ㉡ 모넬메탈
  - 니켈(Ni) 60 ~ 70%, 철(Fe) 1 ~ 3%가 함유된 것이다.
  - 내식성, 내열성, 내마멸성이 우수하다.

② Ni – Fe계
  ㉠ 인바
  - 니켈(Ni) 36%, 탄소(C) 0.2.%, 망간(Mn) 0.4%가 함유된 것이다.
  - 온도가 변해도 재료의 길이가 변하지 않는 특성을 가지고 있다.
  - 측량용 테이프, 미터표준용 재료 등에 사용된다.
  ㉡ 엘린바
  - 니켈(Ni) 36%, 크롬(Cr) 12%, 철(Fe) 52%가 함유된 것이다.
  - 온도가 변해도 재료의 탄성이 변하지 않는 특성을 가지고 있다.
  - 고급시계, 스프링 재료 등에 사용된다.
  ㉢ 플래티나이트
  - 니겔(Ni) 42 ~ 48%가 함유된 것이다.
  - 열팽창계수가 유리와 비슷하다.

③ Ni – Cr계

　　㉠ 알루멜

　　　• 니켈(Ni) 78 ~ 80%, 크롬(Cr) 12%, 철(Fe) 4 ~ 6%가 함유된 것이다.

　　　• 내식성이 우수하다.

　　㉡ 크로멜

　　　• 니켈(Ni) 90%, 크롬(Cr) 10%가 함유된 것이다.

　　　• 열전대 재료 등에 사용된다.

04 마그네슘 합금

① 마그네슘의 성질

① 물리적 성질

　　㉠ 비중 1.74, 용융점 650℃, 조밀육방격자이다.

　　㉡ 산화 연소가 잘 된다.

② 기계적 성질

　　㉠ 냉간 가공성은 떨어지나 열간 가공성은 우수하다.

　　㉡ 강도가 크고 절삭성이 좋다.

③ 화학적 성질

　　㉠ 산, 염류에 침식되나 알칼리에 강하다.

　　㉡ 해수에 약하다.

② 마그네슘 합금의 종류

① 다우메탈

　　㉠ Mg – Al계 합금으로 알루미늄(Al) 2 ~ 8.5%가 첨가된 것이다.

　　㉡ 주조성과 단조성이 좋다.

　　㉢ Al 6%에서 인장강도가 최대이며, Al 4%에서 연신율이 최대이다.

　　㉣ 경도는 Al 10%에서 급격히 증가한다.

② 일렉트론

ㄱ Mg – Al – Zn계 합금이다.

ㄴ 내열성이 우수하고, Al의 함유량이 많은 것은 고온에서 내식성이 향상된다.

ㄷ 주조용 합금으로 내연기관의 피스톤이나 자동차 부품 등에 사용된다.

05 그 밖의 비철금속 재료

① 주석과 그 합금

① 주석의 성질

ㄱ 비중 7.3, 용융점 232℃이다.

ㄴ 연질이며 값이 싸다.

② 주석 합금

ㄱ 광택이 있고 소성이 커서 박판의 제조가 용이하다.

ㄴ 독성이 없어 의약품, 식품의 포장용 튜브 등에 사용된다.

ㄷ **퓨즈용 합금**: 납(Pb), 주석(Sn), 비스무트(Bi), 카드뮴(Cd) 등의 저용융 합금 첨가로 화재경보장치나 안전밸브, 전기용 퓨즈에 사용된다.

② 납과 그 합금

① 납의 성질

ㄱ 비중 11.34, 용융점 325.6℃, 면심입방격자이다.

ㄴ 용융점이 낮고, 내식성이 좋으나 전기전도율이 떨어진다.

ㄷ 방사선 차단력이 좋다.

② **납합금** … 방사선 차단력이 좋아 원자로나 X선의 차단재료 등에 사용된다.

❸ 아연과 그 합금

① 아연의 성질

  ㉠ 비중 7.14, 용융점 419℃, 조밀육방격자이다.

  ㉡ 색깔은 청백색이다.

② 아연 합금의 종류

  ㉠ 다이캐스팅용 합금 : Zn－Cu－Al계 합금으로 강도와 내식성을 증가시킨 것이며 가전제품의 부품이나 몸체 등에 사용된다.

  ㉡ 베어링용 합금 : 비중이 적고 경도가 크며, 내마멸성이 우수하다.

  ㉢ 금형용 합금 : 강도와 경도가 크다.

  ㉣ 가공용 합금 : 강도와 고온 크리프가 우수하다.

기출예상문제

한국가스기술공사

1 다음은 구리의 특성에 관한 사항들이다. 이 중 바르지 않은 것은?

① 가공경화로 경도가 증가한다.

② 경화 정도에 따라 연질, 1/4경질, 1/2연질로 구분한다.

③ 인장강도는 가공도 70%에서 최대이다.

④ 열간가공에 적당한 온도는 450 ~ 550도이다.

⑤ 융점 이외에 변태점이 존재하지 않는다.

> **NOTE** 구리의 열간가공에 적당한 온도는 750 ~ 850도이다.

한국중부발전

2 다음은 구리의 특성에 관한 사항들이다. 이 중 바르지 않은 것은?

① 접합성과 연성이 우수하다.

② 가공이 용이하며 내식성이 우수하다.

③ 아름다운 색을 가지고 있으며 합금을 통하여 귀금속의 성질을 얻는다.

④ 유연성과 전연성이 좋다.

⑤ 안티몬(sb)을 혼합하면 소성과 전기전도도가 증가한다.

> **NOTE** 안티몬과 혼합하면 소성과 전기전도도가 감소한다.

3 다음 주철 중 인장강도가 높아 차량의 프레임이나 캠 및 기어용 부품 등에 적합한 것은?

① 회주철   ② 칠드주철

③ 백주철   ④ 가단주철

> **NOTE** 가단주철은 인장강도가 높아 차량의 프레임이나 캠 및 기어용 부품 등에 적합하다.

Answer. 1.④ 2.⑤ 3.④

4 주석, 안티몬, 구리를 주성분으로 하며, 고속고하중용 베어링 합금으로 사용되는 것은?

① 알루미나
② 배빗메탈
③ 두랄루민
④ 델타메탈

> **NOTE** 배빗메탈은 주석(Sn) 80~90%, 안티몬(Sb) 3~12%, 구리(Cu) 3~7%가 표준 조성이고, 이 밖에 납(Pb), 아연(Zn) 등이 포함된 것도 있다.

5 다음 중 Cu + Pb의 합금을 나타내는 것은?

① 켈멧
② 베빗 메탈
③ 델타 메탈
④ 크로멜
⑤ 다우 메탈

> **NOTE** ② 구리, 아연, 안티몬, 주석 등이 주성분인 합금으로 고온에서는 열전도율이 좋지 않으며 강도가 낮으나 취급이 용이하고 내부식성이 좋아 베어링에 사용한다.
> ③ 황동에 철이 첨가된 것으로 강인성, 내식성이 증가된다. 광산, 선박용, 화학기계 등에 사용한다.
> ④ 니켈에 크롬이 첨가된 것으로 열전대 재료에 사용한다.
> ⑤ 마그네슘에 알루미늄이 첨가된 것으로 주조성과 단조성이 좋다. 알루미늄의 양에 따라 경도, 연신율, 인장강도 등이 달라진다.

6 다음 중 방전가공의 전극으로 사용되지 않는 것은?

① 아연
② 탄소
③ 구리
④ 텅스텐

> **NOTE** 방전가공 … 금속전극 사이에 전압을 가하면 전극 사이에 발생하는 방전에 의해 전극이 소모되어 가는 현상을 이용하여 구멍뚫기, 조각, 절삭 등을 하는 가공방법이다. 전극의 재료는 보통 탄소, 구리, 텅스텐을 사용한다.

7 다음 중 청동의 재료로 옳은 것은?

① Cu, Cr
② Cu, Mg
③ Cu, Zn
④ Cu, Sn

> **NOTE** 청동은 구리(Cu)와 주석(Sn)의 합금이다.

8 다음 중 실루민 합금의 주성분은?

① Fe – Sn

② Mg – Zn

③ Cu – Pb

④ Al – Si

> **NOTE** 실루민
> ㉠ Al – Si계 합금에 미량의 마그네슘(Mg)과 망간(Mn)이 함유되어 있다.
> ㉡ 주조성은 좋으나 절삭성이 좋지 않다.
> ㉢ 열처리 효과가 없고, 개량처리로 성질을 개선할 수 있다.

9 다음 중 베어링 합금에 대한 설명으로 옳지 않은 것은?

① 자동차나 철도차량에는 주석과 납의 합금인 화이트메탈이 쓰인다.

② 철, 구리 등의 금속가루를 소결한 후 윤활유를 침투시킨 오일리스베어링이 있다.

③ 구리에 납을 23 ~ 43% 넣은 켈밋합금은 고속 · 고하중용으로 쓰인다.

④ 켈밋합금에 아연을 넣은 인청동은 항공기 엔진에 쓰인다.

> **NOTE** 베어링용 합금
> ㉠ 화이트 메탈 : 납과 주석의 합금으로 연강, 청동 등의 뒷면에 입혀서 저속 회전부에 사용된다.
> ㉡ 켈밋 : 구리에 납을 23 ~ 43%를 첨가한 합금으로 연강의 뒷면에 입혀서 고속, 고하중용으로 사용된다.
> ㉢ 인청동 : Cu – Pb – Sn의 합금으로 내마멸성이 좋아 공작기계에 주로 사용한다.
> ㉣ 오일리스 베어링 : 철, 구리 등의 금속가루를 소결한 후 윤활유를 침투시킨 베어링이다.

10 다음 중 황동의 합금원소로 옳은 것은?

① 철, 구리

② 구리, 주석

③ 주석, 아연

④ 구리, 아연

⑤ 구리, 주석

> **NOTE** 구리합금
> ㉠ 황동 : 구리(Cu) + 아연(Zn)
> ㉡ 청동 : 구리(Cu) + 주석(Sn)

11 다음 중 내열성이 있고 고온강도가 커서 실린더, 피스톤 등에 사용되는 합금은?

① 6 : 4 황동
② 7 : 3 황동
③ Y합금
④ 두랄루민
⑤ 화이트 메탈

> **NOTE** ㉠ 6 : 4 황동(문쯔메탈) : Cu 60%, 아연 40% 합금으로 전연성과 내식성이 낮으나 탈아연 부식이 일어나고, 가공성이 떨어지며, 기계부품 등에 사용된다.
> ㉡ 7 : 3 황동(카트리지 브라스) : Cu 70%, 아연 30% 합금으로 연신율이 크고, 인장강도가 우수하며, 가공성이 좋아 판, 막대, 관, 전구소켓, 장식품 등에 사용된다.
> ㉢ Y합금 : Al – Cu – Mg – Ni계 합금으로 내열성이 좋고, 열팽창계수가 적으며, 적열메짐이 없어 피스톤, 실린더헤드에 사용된다.
> ㉣ 두랄루민 : Al – Cu – Mg – Mn계 합금으로 고온에서 수냉하여 시효 경화로 강인성을 증가시켜 강인성이 좋아 항공기, 자동차 바디에 사용된다.
> ㉤ 화이트 메탈 : 납과 주석의 합금으로 연강, 청동 등의 뒷면에 입혀서 저속 회전부에 사용된다.

12 알루미늄 재료의 특징에 대한 설명으로 옳지 않은 것은?

① 열과 전기가 잘 통한다.
② 전연성이 좋은 성질을 가지고 있다.
③ 공기 중에서 산화가 계속 일어나는 성질을 가지고 있다.
④ 같은 부피이면 강보다 가볍다.

> **NOTE** 알루미늄은 비중이 2.7이고 용융점이 660℃인 은백색의 가볍고 전연성이 좋은 금속으로 가공 및 주조가 용이하고, 다른 금속과 합금이 용이하며, 상온 및 고온에서 가공이 용이하다.

13 다음 중 알루미늄 제조에 쓰이는 알루미늄 광석은?

① 주석
② 선철
③ 보크사이트
④ 슬래그울

> **NOTE** Al의 제조법 … Al 광석(보크사이트) → Al_2O_3(알루미나) → 순수 Al

Answer. 11.③ 12.③ 13.③

14 다음 중 두랄루민의 성분 원소로 옳지 않은 것은?

① Al

② Mg

③ W

④ Cu

> **NOTE** 두랄루민
> ㉠ 대표적인 단조용 알루미늄 합금이다.
> ㉡ Al – Cu – Mg – Mn계 합금이다.
> ㉢ 고온에서 수냉하여 시효 경화로 강인성을 증가시켜 강인성이 좋다.
> ㉣ 항공기, 자동차 바디에 사용된다.

15 다음 중 Y합금의 용도는?

① 가전제품용

② 절삭 공구용

③ 시계부품용

④ 내연 기관용

> **NOTE** Y합금 … Al – Cu – Mg – Ni계 합금으로 내열성이 좋고, 열팽창계수가 적으며, 적열메짐이 없어 피스톤, 실린더헤드에 사용된다.

16 다음 내식 알루미늄 합금 중 용접성이 우수한 것은?

① 알민

② 하이드로날륨

③ 알드리

④ 알크레드

> **NOTE** ① Al – Mn계로 내식성, 가공성 및 용접성이 우수하다.
> ② Al – Mg계로 내식성과 용접성이 우수하다.
> ③ Al – Mg – Si계로 내식성과 강도가 우수하다.
> ④ 두랄루민에 알루미늄(Al)을 피복한 것이다.

17 다음 중 알루미늄 합금으로 옳지 않은 것은?

① 포금

② 실루민

③ 로우엑스

④ 라우탈

> **NOTE** ① 주석이 10% 함유된 구리합금으로 내식성, 내마멸성이 우수하여 밸브, 기어, 프로펠러 등에 사용된다.

18 다음 중 카메라나 가전용품의 부품으로 사용되는 알루미늄 합금은?

① 실루민

② 로엑스 합금

③ 다이캐스팅용 알루미늄 합금

④ 하이트드로날륨

NOTE 다이캐스팅용 알루미늄 합금

㉠ Al – Cu, Al – Si계 합금이다.

㉡ 내식성, 저온강도, 도전율이 크다.

㉢ 유동성이 우수하다.

㉣ 가전제품, 카메라, 자동차 부품의 재료로 사용된다.

19 다음 중 구리의 종류 중 선, 봉, 판 스트립의 재료로 사용되는 것은?

① 전기 구리

② 무산소 구리

③ 탈산 구리

④ 전해인성 구리

NOTE 전해인성 구리

㉠ 0.02 ~ 0.05%의 산소(O)가 함유된 구리로 400℃ 이상에서 수소와 산화구리가 작용하여 수소 메짐성이 발생한다.

㉡ 선, 봉, 판, 스트립의 재료로 사용된다.

20 다음 중 구리의 물리적 성질로 옳지 않은 것은?

① 용융점 1083℃, 비중 8.96, 변태점이 없다.

② 자성체이다.

③ 열 및 전기의 양도체이다.

④ 강도가 약하다.

NOTE 구리의 물리적 성질

㉠ 용융점 1,083℃, 비중 8.96, 변태점이 없다.

㉡ 비자성체이다.

㉢ 열 및 전기의 양도체이다.

㉣ 내식성이 좋다.

㉤ 연성, 전성이 좋고 가공이 쉽다.

㉥ 강도가 약하므로 가공 경화해서 사용해야 한다.

21 다음 중 황동으로 옳지 않은 것은?

① 켈밋　　　　　　　　　　　　　② 톰백
③ 델타메탈　　　　　　　　　　　④ 문쯔메탈

NOTE ① 구리와 납의 합금이다.

22 다음 중 연황동이란?

① 7 : 3 황동에 1.5 ~ 3% 정도의 납을 첨가한 합금
② 7 : 4 황동에 1.5 ~ 3% 정도의 철을 첨가한 합금
③ 6 : 4 황동에 1.5 ~ 3% 정도의 납을 첨가한 합금
④ 6 : 4 황동에 1.5 ~ 3% 정도의 철을 첨가한 합금

NOTE 납황동(연황동)
ⓐ 6 : 4 황동에 납(Pb) 1.5 ~ 3%를 첨가한 것이다.
ⓑ 절삭성이 우수하고, 대량생산이 가능하다.
ⓒ 정밀가공품(시계부품), 스크루 등에 사용된다.

23 다음 중 금모조품이나 황동 단추를 만드는 데 사용되는 황동은?

① 델타메탈　　　　　　　　　　　② 강력황동
③ 연황동　　　　　　　　　　　　④ 톰백

NOTE 톰백
ⓐ 8 ~ 20%의 아연(Zn)을 함유한다.
ⓑ 연성이 크고, 색깔은 황금색이다.
ⓒ 금모조품, 황동단추, 금박 등에 사용된다.

24 다음 중 절삭성이 좋아 쾌삭황동이라 불리우는 것은?

① 커머셜 브론즈　　　　　　　　② 연황동
③ 7 : 3 황동　　　　　　　　　　④ 문쯔메탈

NOTE 납황동(연황동)
ⓐ 6 : 4 황동에 납(Pb) 1.5 ~ 3%를 첨가한 것이다.
ⓑ 절삭성이 우수하여 쾌삭황동이라 하고, 대량생산이 가능하다.
ⓒ 정밀가공품(시계부품), 스크루 등에 사용된다.

Answer. 21.① 22.③ 23.④ 24.②

25 다음 중 색깔이 은백색이며, 탄성과 내식성이 우수한 구리 합금은?

① 콜슨 합금

② 알루미늄 청동

③ 양은

④ 포금

> **NOTE** 양은(양백, 백동)
> ㉠ 7 : 3 황동에 니켈(Ni) 7 ~ 30%를 첨가한 것이다.
> ㉡ 니켈(Ni)의 탈색효과로 은백색이며, 탄성과 내식성이 우수하다.
> ㉢ 냉간 가공성은 떨어지나 열간 가공성은 우수하다.
> ㉣ 장식용, 악기, 식기, 은 대용품, 탄성재료 등에 사용된다.

26 다음 중 상온에서는 강자성체이나 360℃ 이상에서 자성을 잃는 금속은?

① Ni

② Fe

③ Au

④ Pb

> **NOTE** 니켈의 성질
> ㉠ 상온에서는 강자성체이며, 360℃ 이상에서는 자성을 잃는다.
> ㉡ 내식성이 좋다.
> ㉢ 열전도와 전연성이 우수하다.
> ㉣ 질산에는 부식성이 떨어지나 황산에는 부식성이 좋다.
> ㉤ 알칼리에 대한 저항력이 크다.

27 다음 중 인청동에 대한 설명으로 옳지 않은 것은?

① 0.6% 이하의 인(P)을 첨가한 것이다.

② 유동성 및 내마멸성이 우수하다.

③ 인장강도가 좋다.

④ 탄성한계가 떨어진다.

> **NOTE** 인청동
> ㉠ 주석(Sn)의 함유량이 9%이고, 0.6% 이하의 인(P)을 첨가한 것이다.
> ㉡ 유동성 및 내마멸성이 우수하다.
> ㉢ 냉간가공으로 인장강도, 탄성한계가 증가된다.
> ㉣ 스프링 제품베어링, 밸브 시트 등에 사용된다.

28 다음 중 전기저항성이 커서 저항선 등의 재료로 사용되는 합금은?

① 모넬메탈

② 엘린바

③ 콘스탄탄

④ 크로멜

> **NOTE** 콘스탄탄
> ㉠ Ni – Cu계 합금으로 40~45%의 니켈(Ni)이 함유된 것이다.
> ㉡ 전기저항성이 크고, 온두계수가 적다.
> ㉢ 저항선 등에 사용된다.

29 다음 중 마그네슘의 성질로 옳지 않은 것은?

① 해수에 약하다.

② 강도가 크다.

③ 절삭성이 떨어진다.

④ 비중 1.74, 용융점 650℃, 조밀육방격자이다.

> **NOTE** 마그네슘의 성질
> ㉠ 물리적 성질
> • 비중 1.74, 용융점 650℃, 조밀육방격자이다.
> • 산화 연소가 잘 된다.
> ㉡ 기계적 성질
> • 냉간 가공성은 떨어지나 열간 가공성은 우수하다.
> • 강도가 크고 절삭성이 좋다.
> ㉢ 화학적 성질
> • 산, 염류에 침식되나 알칼리에 강하다.
> • 해수에 약하다.

30 다음 중 가장 가벼운 금속은?

① Ag

② Hg

③ Mg

④ Sn

> **NOTE** 마그네슘은 비중이 1.74로 실용금속 중 가장 가벼운 금속에 속한다.

31 다음 중 주조용 합금으로 사용되는 마그네슘 합금은?

① 일렉트론
② 다우메탈
③ 초두랄루민
④ 콘스탄탄

> **NOTE** 일렉트론
> ㉠ Mg – Al – Zn계 합금이다.
> ㉡ 내열성이 우수하고, Al의 함유량이 많은 것은 고온에서 내식성이 향상된다.
> ㉢ 주조용 합금으로 내연기관의 피스톤이나 자동차 부품 등에 사용된다.

32 다음 중 퓨즈용 합금에 사용되는 금속은?

① Zn
② Co
③ Au
④ Sn

> **NOTE** 퓨즈용 합금 … 납(Pb), 주석(Sn), 비스무트(Bi), 카드뮴(Cd) 등의 저용융 합금 첨가로 화재경보장치나 안전밸브, 전기용 퓨즈에 사용된다.

33 다음 중 연성을 증가시키기 위해서 알루미늄 합금에 첨가하는 원소는?

① Fe
② Zn
③ Sn
④ Pb

> **NOTE** 6 : 4 황동에 납(Pb) 1.5 ~ 3%를 첨가하면 연성이 증가되어 절삭성이 우수하고, 대량생산이 가능해진다.

34 다음 중 베어링용 합금으로 사용되지 않는 것은?

① 화이트 메탈
② 라우탈
③ 켈밋
④ 인청동

> **NOTE** 베어링용 합금
> ㉠ 화이트 메탈 : 납과 주석의 합금으로 연강, 청동 등의 뒷면에 입혀서 저속 회전부에 사용된다.
> ㉡ 켈밋 : Cu – Pb 합금이며, 연강의 뒷면에 입혀서 고속, 고하중용으로 사용된다.
> ㉢ 인청동 : Cu – Pb – Sn 합금이며, 내마멸성이 높아 공작기계용으로 주로 사용된다.

Answer. 31.① 32.④ 33.④ 34.②

35 다음 중 연납과 경납의 구별온도는?

① 350℃

② 400℃

③ 450℃

④ 500℃

> **NOTE** 연납과 경납의 구별온도는 납의 용융점인 450℃를 기준으로 450℃보다 높은 온도에서 녹으면 경납, 낮은 온도에서 녹으면 연납이라고 한다.

36 다음 중 오일리스 베어링의 특성으로 옳지 않은 것은?

① 철, 구리 등의 금속가루를 소결시켜 윤활유를 침투시킨 베어링이다.

② 자주 급유하는 곳에 사용된다.

③ 급유에 의해 더러워져서는 안 되는 곳에 사용된다.

④ 녹음기, 식품제조기, 선풍기 등의 베어링으로 많이 사용된다.

> **NOTE** 오일리스 베어링의 특성
> ㉠ 철, 구리 등의 금속가루를 소결시켜 윤활유를 침투시킨 베어링이다.
> ㉡ 자주 급유해서는 안 되는 곳과 급유에 의해 더러워져서는 안 되는 곳에 사용된다.
> ㉢ 녹음기, 식품제조기, 선풍기 등의 베어링으로 많이 사용된다.

37 다음 중 마찰에 대한 저항이 우수한 합금은?

① 금형용 합금

② 가공용 합금

③ 베어링용 합금

④ 다이케스팅 합금

> **NOTE** 베어링용 합금의 특징
> ㉠ 강도와 경도가 크다.
> ㉡ 강도와 고온 크리프가 우수하다.
> ㉢ 비중이 적고, 경도가 크고, 내마멸성이 우수하며 마찰저항도 우수하다.
> ㉣ Zn - Cu - Al계 합금으로 강도와 내식성을 증가시킨 것이며, 가전제품의 부품이나 몸체 등에 사용된다.

38 다음 중 X선의 차단제로 사용되는 금속은?

① Pb

② Hg

③ Si

④ Fe

> **NOTE** 납 합금 … 방사선 차단력이 좋아 원자로나 X선의 차단재료 등에 사용된다.

Answer. 35.③ 36.② 37.③ 38.①

Chapter. 04 비금속재료

01 합성수지

❶ 합성수지의 특성

① 장점
- ㉠ 가볍고 튼튼하다.
- ㉡ 방음, 방전, 단열 효과가 좋다.
- ㉢ 연성, 전성이 크다.
- ㉣ 가공성이 크고, 성형이 간단하여 대량생산이 가능하다.
- ㉤ 광택이 풍부하며 색소에 의해서 원하는 색깔로 착색시킬 수 있다.
- ㉥ 내식성, 내수성이 크다.
- ㉦ 내구성이 좋다.

② 단점
- ㉠ 열에 약하다.
- ㉡ 기후에 노화, 갈라짐, 변색, 변형을 일으킨다.
- ㉢ 선팽창 계수가 비교적 크다.

❷ 합성수지의 종류

① 열경화성 수지
- ㉠ 열과 압력을 가하면 융용되어 유동상태로 되고, 일단 고화되면 다시 열을 가하더라도 용융되지 않으므로 재사용이 불가능한 수지이다. (경화과정에서 화학적 반응으로 새로운 합성물을 형성하기 때문이다.)
- ㉡ 중합이 일어나는 동안에 분자의 반응부분이 긴 분자간의 가교결합을 형성하고, 일단 고화가 일어나면 수지는 가열하여도 연화하지 않는다.
- ㉢ 높은 열안정성, 크리프 및 변형에 대한 치수안정성, 높은 강성과 경도를 특징으로 한다.

② 페놀수지, 우레아수지, 에폭시수지, 멜라민수지, 알키드수지 등이 있다.

페놀수지	• 페놀류와 알데히드류를 산 또는 알칼리로 축합시켜 얻은 열경화성 수지를 통틀어 말하는 것이다. • 내열성이 우수하고 화학양품에 대해 안정하며 절기전연성이 우수하여 자동차 부품, 도료, 접착제 등에 사용된다.
요소수지	• 요소와 포름알데히드를 축합반응시켜 얻는 중합체로서 아름다운 광택이 있는 것이 특징이며 색이 없으므로 임의 색깔로 착색이 가능하다. • 전기질연싱, 내악품싱은 페놀수지보나 우수하나 내널성과 내수성이 좋지 않다. • 가격이 저렴하여 주로 일회용품에 널리 사용된다.
멜라민	• 멜라민과 알데히드를 축합 반응시켜 얻은 중합체로 요소수지보다 내열성, 내수성, 내약품성이 우수하며, 표면 경도가 크다. • 사용목적에 따라 멜라민과 프로말린, 석탄산, 요소 등을 합성하여 다양한 성형품, 접착제 등에 사용된다.
애폭시	• 다른 재료와 잘 고착되며 기계적 성질, 전기 절연성 등이 좋아 고압 절연기, 스위치기어, 트랜지스터 캡슐화 등에 사용된다.
푸란수지	• 내약품성, 내화학성, 접착성이 우수하여 화학물질의 저장탱크에 주로 사용된다. • 콘크리트나 목재에 침투시켜 기계적강도와 내식성을 향상시키는 데 사용된다.
규소수지 (실리콘)	• 유기 실리콘 중간체를 축합 반응시켜 얻은 중합체로서 물질의 종류와 결합기의 개수에 따라 수지상, 고무상, 그리스상 등이 있다. • 내열성과 내식성이 우수하고 전기절연성도 우수하다.
폴리에스테르수지	• 넓은 의미로는 다가 알코올과 다염기산과의 중축합에 의해 생성하는 수지를 말하며 알키드 수지, 말레산 수지, 불포화 폴리에스테르 수지를 포함한 총칭이고, 좁은 의미로는 열경화성의 불포화 폴리에스테르를 말한다. • 알코올과 다염기산의 중합체로서 유리섬유를 넣어 섬유보강 플라스틱으로 제조하여 가볍고 큰 강도를 요하는 항공기나 차량 등의 구조재로 사용된다.
폴리우레탄수지	• 열가소성 중합체로 섬유, 도료, 고무, 거품 폴리우레탄 등의 네 가지 형태로 생산된다.

② 열가소성수지

㉠ 열을 가하면 용융되고 고화된 수지라 할지라도, 다시 가열하면 용융되어 재사용이 가능하다. 반복해서 가열연화와 냉각경화를 시킬 수가 있다.

㉡ 긴 분자들로 구성되어 있으며, 이 분자들을 다른 분자들과 서로 연결되지 않는 분자군으로 되어 있다. (가교결합이 되어 있지 않다)

㉢ 사출성형에 주로 사용되며, 전기 및 열의 절연성이 좋다.

㉣ 성형하기가 쉽고 가공이 용이하며 착색이 자유로우며 외관이 아름답다.

㉤ 열팽창계수가 크며 연소성이 있다.

㉥ 고온에서 사용할 수 없으며 내후성이 한계가 있다.

ⓐ 폴리에틸렌, 폴리아세탈수지, 폴리스티렌수지, 염화비닐수지, 나일론, ABS수지, 아크릴수지 등이 있다.

폴리에틸렌	• 에틸렌의 중합체로 전기 절연성, 내수성, 방습성, 내한성 등이 좋아 전선피복 재료나 냉장 및 코팅 재료, 연료탱크 등에 사용된다.
폴리프로필렌	• 프로필렌의 중합체로 필라멘트의 형상으로 제작되어 주로 방직섬유, 카펫, 로프 등에 사용된다.
폴리염화비닐 (PVC)	• 염화비닐의 중합체로 성형, 압출 및 캘린더링 용으로 나뉜다. • 내산, 내알칼리성이 우수하며 전기와 열의 절연성이 우수하여 전선피복, 파이프, 접착제 등에 매우 많이 사용된다.
폴리스티렌	• 스티렌의 단독 중합체와 고무로 개량한 스티렌 중합체를 말하며, 투명하고 딱딱하며 내수성을 가지고 있다. • 사출성형하기에 이상적인 중합체로서 전기절연성이 좋고 광0학적 성질이 우수하며 착색도 자유롭게 할 수 있어 장식용, 광학제품, 조명신호, 계량기판 등의 재료로 널리 사용된다.
폴리카보네이트	• 투시성과 높은 강도와 충격인성을 가지고 있으며, 내산성이나 강알칼리성 염수와 용매에는 부식된다.
폴리아미드	• 일반적으로 나일론으로 형성된 것을 말하며, 강하고 탄력성이 좋아 기어, 베어링, 캠 등에 사용된다.
아크릴수지	• 투명하며 내수성, 내약품성, 내유성이 좋고 충격에 잘 견딘다.
플루오르수지	• 부식성 화학양품이나 용매에 대한 저항성이 우수하며 전기절연성이 매우 우수하여 전기절연 재료나 코팅재료로 사용된다. • 표면의 마찰계수가 작아 매끄러운 표면을 만들 수 있다.

③ 그 밖의 합성수지
　㉠ 합성고무 : 고분자 화합물로, 사용온도 범위 내에서 물리적 고무상 탄성 또는 그와 비슷한 성질을 가지고 있다.
　㉡ 화학섬유 : 플라스틱 섬유를 말하며, 가늘고 긴 실모양의 고분자가 방향성을 가지고 배열하고 있는 결정성이 특징이다.
　㉢ 플라스틱 베어링 : 플라스틱이 베어링 재료로 사용되며, 태플론, 나일론, 페놀수지 등이 각종 베어링의 재료로 사용된다.

사출성형 불량의 종류

㉠ 싱크마크(Sink mark) : 성형품은 성형 후 온도가 낮아짐에 따라 체적이 감소하게 되는데 그 중 성형품의 냉각이 비교적 높은 부분에서 발생하는 부분적인 성형수축으로 인해 표면에 나타나는 오목한 부분의 결함을 말한다. 성형품의 벽 두께가 부분적으로 두꺼운 부분이나 리브, 보스 부위에 자주 발생한다. 이를 제거하기 위해서는 성형품의 두께를 균일하게 하고, 스프루, 러너, 게이트를 크게 하여 금형 내의 압력이 균일하도록 하며, 성형온도를 낮게 억제한다. 두께가 두꺼운 위치에 게이트를 설치하여 성형온도를 낮게 억제한다.

㉡ 플로마크(Flow mark) : 사출성형 시 용융된 수지의 흐름선단 부위가 온도저하에 따라 순차적으로 표피층을 형성해 물결무늬가 생기는 현상이다. 게이트를 중심으로 동심원을 그리며 사람의 지문모양과 비슷하게 나타난다.

㉢ 웰드마크(Weld mark, Weld line) : 용융된 수지가 금형 캐비티 내에서 분류하였다가 합류하는 부분에 생기는 가느다란 선 모양으로서 둘 이상의 흐름이 완전히 융합되지 않은 경우에 생기는 줄무늬얼룩형상을 띤다. 2개 이상의 다짐게이트의 경우 수지가 합류하는 곳, 구멍이 있는 성형품에 있어서 수지가 재합류 하는 곳, 벽 두께가 국부적으로 얇은 곳에서 발생한다.

㉣ 플래싱현상(Flashing) : 금형의 파팅라인이나 이젝터핀 등의 틈에서 흘러나와 고화 또는 경화된 얇은 조각 모양의 수지가 생기는 것을 말하는 것으로 이를 방지하기 위해서는 금형 자체의 밀착성을 좋게 하도록 체결력을 높여야 한다.

㉤ 주입부족(short shot) : 용융수지가 금형 공동을 완전히 채우기 전에 고화되어 발생하는 결함으로, 성형 압력을 높임으로써 해결될 수 있다. 금형온도, 수지온도가 낮아서 유동성이 나쁜 경우가 있고 성형품의 벽 두께가 얇아서 생기는 경우도 있다.

㉥ 수축(shrinkage) : 수지가 금형공동에서 냉각되는 동안 발생하는 수축에 의한 치수 및 형상변화로, 성형수지의 온도를 높이거나 압력을 가해야 해결할 수 있다.

㉦ 은줄(Silver Streak) : 성형품의 표면에 수지의 흐름방향으로 생기는 가는 선과 같은 줄 모양으로서 폴리카보네이트수지나 PVC수지 등에서 흔히 발생한다.

㉧ 흑줄(Black streak) : 성형품의 내부가 고열에 의해 산화되거나 수지층의 첨가제 및 윤활제가 과열되면서 분해 및 태움(Burn)에 의해 검은 줄무늬로 나타나는 현상인데 이를 해결하기 위해서는 금형 내의 공기가 압축되지 않도록 가스빼기 설치가 필요하고 수지의 열분해현상이 생기지 않도록 성형온도를 낮추고 가열실린더 내에 수지가 장시간 머무르지 않도록 해야 한다.

㉨ 제팅(Jetting) : 성형품의 표면에 뱀이 지나가는 것과 같이 구불구불한 모양을 말하며 주로 얇고 평평한 성형품의 사이드 게이트에서 잘 나타나며 금형온도, 수지온도가 낮아서 냉각된 수지가 금형 캐비티 내로 흘러 들어와서 생긴다.

02 내열재료와 보온재료

① 내열재료 중 노에 쓰이는 내화벽돌의 종류

① 산성 내화 벽돌 … 이산화규소(SiO_2)가 주성분이다.

② 중성 내화 벽돌 … 알루미나(Al_2O_3)가 주성분이다.

③ 염기성 내화 벽돌 … 마그네시아(MgO)가 주성분이다.

② 내열재료의 종류

① 서멧과 세라믹
  - ㉠ 금속의 특성을 가지는 초고온 내열재료이다.
  - ㉡ 900℃ 이상에서 내열성이 우수하다.
  - ㉢ 제트기, 가스 터빈 날개 등에 사용된다.
  - ㉣ 세라믹 : 고융점에서 산화에 대한 저항성이 강하다.
  - ㉤ 서멧 : 세라믹(Ceramic)과 메탈(Metal)의 합성어로서 금속과 세라믹의 복합물질이다.
    - 고온에서 안정되며, 높은 열충격에 강하다.
    - 강도가 높다.

② 세라믹 코팅
  - ㉠ 고온에서 발생하는 부식 및 침식을 방지하기 위한 대표적인 내열피복이다.
  - ㉡ 제트엔진, 로켓엔진 등의 내열부품에 사용된다.
  - ㉢ 금속소지의 종류, 용도에 따라 적당한 세라믹 코팅의 조성과 가열방법을 선택한다.

③ 보온재료

① 열에너지는 고온에서 저온으로 이동하는 성질이 있으므로 이에 따른 열손실을 방지하기 위해 보온재료를 사용한다.

② 열이 바깥쪽으로 발산되는 것을 방지하는 보온재와 외부에서 안쪽으로 들어오는 열의 흡수를 방지하기 위한 단열재가 있다.

③ 유기질 보온재, 무기질 보온재, 금속 보온재로 나뉜다.

03 윤활제·절삭유제·작동유

❶ 윤활제

① 기계의 수명을 길게 하기 위하여 미끄럼면의 마찰을 적게 하기 위해 사용하는 것을 윤활제라 한다.

② 윤활제의 작용

    ㉠ 마찰 부분을 윤활한다.

    ㉡ 마찰 부분의 열을 제거한다.

    ㉢ 피스톤과 실린더틈의 밀봉작용, 청정작용, 밀폐작용 등을 한다.

③ 윤활제의 선택시 고려사항

    ㉠ 재료를 부식시키지 않고, 접촉면이 잘 퍼지는 것을 사용한다.

    ㉡ 온도, 압력 등에 따라 윤활제의 성질이 쉽게 변하지 않는 것을 사용한다.

    ㉢ 운동 부분의 속도, 하중, 재질 및 온도 등을 고려하여 적합한 것을 사용한다.

④ 액체 윤활유

    ㉠ **광물유** : 비등점의 차이에 따라 나눈 스핀들유, 머신유, 실린더유 등이 있고, 비등점이 작을수록 점성이 적다.

    ㉡ **식물유** : 채종유, 낙화생유, 올리브유, 피마자유, 야자유 등이 있다.

    ㉢ **동물유** : 소기름, 돼지기름, 고래기름 등이 있다.

    ㉣ 경하중 고속도일 경우 점성이 작은 것을, 중하중 저속도일 경우 점성이 큰 윤활제를 사용한다.

⑤ 반유동체 및 고체 윤활제

    ㉠ **반유동체** : 그리스, 지방, 왁스 등이다.

    ㉡ **그리스** : 동·식물 유지와 알칼리를 반응시킨 비누에 석유 윤활유를 혼합한 것을 말한다.

    ㉢ **고체 윤활제** : 흑연, 운모, 활성 등이다.

    ㉣ 고온에서 윤활제가 연소할 우려가 있을 경우 마찰면에 고체 윤활제를 사용한다.

❷ 절삭유제

① 금속 또는 비금속 재료를 절삭할 때 사용된다.

② 절삭유제의 종류에는 동, 식물유, 광물유, 유화유, 비눗물, 물 등이 있다.

③ 절삭유제의 역할

　　㉠ 공구의 수명을 길게 한다.

　　㉡ 다듬질면을 좋게 한다.

　　㉢ 냉각작용 및 윤활작용을 한다.

④ 저속에서 중절삭할 때는 윤활성이 큰 것을, 고속에서 경절삭할 때는 냉각성이 큰 절삭유제를 사용한다.

❸ 작동유

① 유압장치에 사용되는 기름을 말한다.

② 작동유의 역할

　　㉠ 동력을 전달한다.

　　㉡ 활동부에 윤활작용을 한다.

　　㉢ 금속면의 방청작용을 한다.

③ 유압작동유에 요구되는 특성

　　㉠ 동력을 전달하기 위하여 비압축성이어야 하며, 충분한 유동성이 있어야 한다.

　　㉡ 온도에 의한 점도변화가 작아야 하며 유연하게 유동할 수 있는 점도가 유지되어야 한다.

　　㉢ 적당한 유막강도를 가져야 하며 윤활성이 좋아야 한다.

　　㉣ 기포발생이 적어야 하며 방청성이 우수해야 한다.

　　㉤ 열팽창계수가 적을수록 좋으나 비열은 커야 한다.

　　㉥ 증기압은 낮고 비등점과 인화점(발화점 포함)은 높아야 한다.

　　㉦ 물, 먼지 등의 불용성 불순물을 신속히 분리할 수 있어야 한다.

> **TIP**
>
> **유압작동유의 점도**
>
> ㉠ 유압작동유의 점도가 높은 경우 발생할 수 있는 현상
> - 유동저항이 증가하여 압력손실이 증가한다.
> - 소음이 유발되며 공동현상이 발생한다.
> - 내부의 마찰 증가로 인해 온도가 상승된다.
> - 유입기기의 올바른 작동이 어려워진다.
> - 동력손실이 증가하여 기계효율이 낮아진다.
>
> ㉡ 유압유의 점도가 너무 낮은 경우 발생할 수 있는 현상
> - 구동부의 마찰저항이 높아져 기기가 마모된다.
> - 압력의 발생 및 일정한 압력의 유지가 어렵게 된다.
> - 내부의 오일이 누설되기 쉬워진다.
> - 유압펌프의 용적효율이 낮아지게 된다.

④ 작동온도, 사용시간, 오염정도 등에 따라 점성, 밀도 등이 변화한다.

04 그 밖의 비금속 재료

1 유리

① 비결정 구조를 가지고 있는 재료이다.

② 이산화규소, 붕산, 인산 등과 같은 산성성분과 수산화나트륨, 수산화칼륨, 탄산칼슘, 금속 산화물류 등의 염기성 성분을 알맞게 조합하여 1,300 ~ 1,600℃의 고온에서 용융·고화시켜 만든다.

③ 용융상태에서 고화시킬 때 결정이 생기지 않도록 해야 하는데, 만약 결정이 생기면 불투명한 유리가 된다.

2 접착제

① 접착제의 원료
- ㉠ 동물성 단백질 : 동물의 뼈와 가죽 등에서 얻어지는 아교, 우유의 카세인 등이 있다.
- ㉡ 식물성 단백질 : 콩과 밀 등에서 얻어지는 접착제이다.
- ㉢ 석회석, 탄수화물, 시멘트 등의 광물질 피지가 있다.
- ㉣ 아스팔트의 석유제품 등의 천연 고분자 물질이 있다.

② 공업용 접착제는 대부분 합성수지나 합성고무를 원료로 한다. 열안정성, 내충격성을 필요로 하는 것은 페놀수지, 에폭시수지 등과 같은 열경화성 수지를 주원료로 사용하며, 그 밖의 용도는 비닐수지, 아크릴수지 등의 열가소성 수지나 합성고무가 주원료로 사용된다.

3 도료

① 녹과 부식을 방지하고, 장식 등을 위해서 사용된다.

② 도료의 종류
- ㉠ 니스 : 천연수지와 합성수지 등을 지방유에 가열 중합하여 적당한 용제로 녹인 것으로 천연의 것에는 옻이 있고, 질산세롤로오스에 녹인 래커가 있다.
- ㉡ 페인트 : 안료를 기름, 물, 니스 등과 섞은 것으로 기름과 섞은 것을 유성 페인트, 물과 섞은 것을 수성 페인트, 니스와 섞은 것을 에나멜이라고 한다.

③ 녹을 방지하기 위한 도료에는 산화납(Pb_3O_4), 산화철(Fe_2O_3), 그롬산납($PbCrO_4$), 알루미늄 가루 등을 사용한 유성페인트를 사용한다.

④ 자동차나 전기기구 등 특히 광택에 신경을 써야할 때에는 도료를 칠한 후 $50 \sim 200℃$로 가열하여 건조, 경화시킨다.

⑤ **도료가 갖추어야 할 요건**
- ㉠ 농도가 진하고, 점도는 작아야 한다.
- ㉡ 빨리 마를 수 있어야 한다.
- ㉢ 경화성을 가지고 있어야 한다.
- ㉣ 매끄럽고 광택이 좋은 도막면을 형성해야 한다.
- ㉤ 도료층이 굳고 질기며, 충분한 부착성을 가지고 있어야 한다.
- ㉥ 도료층은 외부환경 변화나 화학약품에 대한 충분한 내구성을 가지고 있어야 한다.

❹ 고무

① 고무의 종류
- ㉠ 천연고무
  - 고무나무에서 나오는 액체를 원료로 하여 만든 고무이다.
  - 고무나무에서 채취한 라텍스를 응고시켜 만든 생고무에 황을 첨가하여 $100\sim150℃$로 가열하여 만든다.
- ㉡ 인조고무 : 화학공업 제품이다.

② 황의 함량에 따라 황이 15% 이하이면 연하고 탄성이 좋은 연질의 고무가 생성되고, 30%이상이면 경질의 고무가 된다.

③ 경질의 고무는 연질의 고무보다 내산성과 내알칼리성이 좋고, 전기 절연성도 좋아 전기 절연 재료에 사용된다.

④ **실리콘 고무** … 내열성, 내한성이 우수하고 특히 내수성과 전기 절연성이 좋아 여러가지 개스킷(gasket)이나 도관의 내열재료, 전기 절연 재료 등에 사용된다.

⑤ **우레탄 고무** … 내마멸성과 경도가 좋으며 탄성, 내유성 등이 좋아 타이어의 표면이나 소형 공업용 바퀴 등의 재료로 사용된다.

⑥ **플루오르 고무** … 내열성, 내약품성이 특히 우수하여 오일실(oil seal)이나 개스킷의 재료에 사용된다.

기출예상문제

인천교통공사

1 다음 중 열경화성 수지를 모두 고르면?

(a) 폴리염화비닐수지   (b) 초산비닐수지
(c) 페놀수지   (d) 요소수지
(e) 폴리아미드수지   (f) 실리콘수지

① (a), (b), (d)   ② (a), (c), (e)
③ (b), (d), (f)   ④ (c), (d), (f)
⑤ (c), (e), (f)

> **NOTE** 열경화성 수지
> ㉠ 페놀수지
> ㉡ 요소수지
> ㉢ 멜라민수지
> ㉣ 폴리에스테르수지
> ㉤ 에폭시수지
> ㉥ 실리콘수지
> ㉦ 프란수지

한국가스기술공사

2 다음 중 열전도율이 가장 낮은 것은?

① 콘크리트   ② 석탄
③ 벽돌   ④ 청동

> **NOTE** 열전도율이란 물체 속을 열전도에 의해 열이 이동하는 비율로서, 고체 내에서 1m 간격의 2개의 평행 평면 사이에 단면적 1m²에 대해 온도차 1도, 1시간에 전달하는 열량이다.
> ② 석탄은 열전도율이 0이다.

Answer. 1.④ 2.②

3 다음 중 열가소성 수지에 속하는 것은?

① 페놀수지   ② 에폭시

③ 폴리에틸렌   ④ 폴리에스테르

> **NOTE** ①②④ 열경화성 수지에 해당한다.
>
> ※ 열가소성 수지의 종류 ⋯ 폴리에틸렌, 폴리프로필렌, 폴리염화비닐, 폴리스티렌, 폴리카보네이트, 폴리아미드

4 다음 중 윤활유의 특징이 아닌 것은?

① 인화점이 낮아야 한다.

② 점도가 높아야 한다.

③ 유막 형성이 잘 되어야 한다.

④ 마찰저항과 마모를 감소시킬 수 있어야 한다.

> **NOTE** 윤활유의 특징
> ㉠ 유막 형성이 잘 되어야 한다.
> ㉡ 점도가 높아야 한다(사용 부위에 따라 다름).
> ㉢ 인화점이 높아야 한다.
> ㉣ 마찰저항과 마모를 감소시킬 수 있다.
> ㉤ 마찰열로 인한 가열된 부위를 냉각시킬 수 있어야 한다.

5 다음 중 경화된 제품을 다시 가열해도 연해지지 않는 것은?

① 열경화성 수지   ② 열가소성 수지

③ 폴리프로필렌 수지   ④ 폴리아미드 수지

> **NOTE** 합성수지의 종류
> ㉠ 열경화성 수지 : 한 번 경화되면 가열해도 연화되지 않는 것을 말한다.
> ㉡ 열가소성 수지 : 경화된 제품을 다시 가열하면 연하게 되는 것을 말한다.

Answer. 3.③ 4.① 5.①

6 다음 중 합성수지의 장점으로 옳지 않은 것은?

① 가볍고 튼튼하다.

② 열에 강하다.

③ 연질이다.

④ 연성과 전성이 크다.

> **NOTE** 합성수지의 장점
> ㉠ 가볍고 튼튼하다.
> ㉡ 연질이며 방음, 방전, 단열 효과가 좋다.
> ㉢ 연성, 전성이 크다.
> ㉣ 가공성이 크고, 성형이 간단하여 대량생산이 가능하다.
> ㉤ 광택이 풍부하며 색소에 의해서 원하는 색깔로 착색시킬 수 있다.
> ㉥ 내식성, 내수성이 크다.
> ㉦ 내구성이 좋다.

7 다음 중 열경화성 수지에 속하지 않는 것은?

① 폴리에스테르 수지

② 애폭시 수지

③ 폴리에틸렌 수지

④ 폴리우레탄 수지

> **NOTE** 열경화성 수지
> ㉠ 페놀 : 페놀류와 알데히드류를 산 또는 알칼리로 축합시켜 얻은 것을 통틀어 말하는 것이다.
> ㉡ 애폭시 : 다른 재료와 잘 고착되며, 기계적 성질, 전기 절연성 등이 좋아 고압 절연기, 스위치 기어, 트랜지스터 캡슐화 등에 사용된다.
> ㉢ 멜라민 : 내열성, 내수성, 내약품성이 우수하며, 표면 경도가 크다.
> ㉣ 실리콘 : 유기 실리콘 중간체를 축합 반응시켜 얻은 중합체를 말한다.
> ㉤ 폴리에스테르 : 알콜과 다염기산의 중합체이다.
> ㉥ 폴리우레탄 : 열가소성 중합체로 섬유, 도료, 고무, 거품 폴리우레탄 등의 네 가지 형태로 생산된다.

8 다음 중 산성 내화벽돌의 주성분은?

① 알루미나

② 마그네시아

③ 슬래그 울

④ 이산화규소

> **NOTE** 내열재료 중 노에 쓰이는 내화벽돌
> ㉠ 산성 내화벽돌 : 이산화규소(SiO_2)가 주성분이다.
> ㉡ 중성 내화벽돌 : 알루미나(Al_2O_3)가 주성분이다.
> ㉢ 염기성 내화벽돌 : 마그네시아(MgO)가 주성분이다.

Answer. 6.② 7.③ 8.④

9 다음 중 방직섬유, 카펫, 로프 등에 사용되는 것은?

① 폴리카보네이트 수지
② 폴리프로필렌 수지
③ 폴리아미드 수지
④ 폴리스티렌 수지

> **NOTE** ① 투시성과 높은 강도와 충격인성을 가지고 있으며, 내산성이나 강알칼리성 염수와 용매에는 부식된다.
> ② 프로필렌의 중합체로 방직섬유, 카펫, 로프 등에 사용된다.
> ③ 일반적으로 나일론으로 형성된 것을 말하며, 강하고 탄력성이 좋아 기어, 베어링, 캠 등에 사용된다.
> ④ 스티렌의 단독 중합체와 고무로 개량한 스티렌 중합체를 말하며, 내수성을 가지고 있다.

10 다음 중 내열성이 우수하여 제트기, 가스 터빈 날개 등에 사용되는 재료는?

① 세라믹
② 고무
③ 탄소강
④ 델타메탈

> **NOTE** 세라믹과 서멧
> ㉠ 금속의 특성을 가지는 초고온 내열재료이다.
> ㉡ 900℃ 이상에서 내열성이 우수하다.
> ㉢ 제트기, 가스 터빈 날개 등에 사용된다.
> ㉣ 세라믹 : 고융점에서 산화에 대한 저항성이 강하다.
> ㉤ 서멧
> • 고온에서 안정되며, 높은 열충격에 강하다.
> • 강도가 높다.

11 다음 중 윤활제의 선택시 고려사항으로 옳지 않은 것은?

① 재료를 부식시키지 않아야 한다.
② 온도, 압력 등에 따라 윤활제의 성질이 변해야 한다.
③ 접촉면에 잘 퍼져야 한다.
④ 운동 부분의 여러가지 기계적 성질을 고려하여 적합한 것을 사용한다.

> **NOTE** 윤활제의 선택시 고려사항
> ㉠ 재료를 부식시키지 않고, 접촉면이 잘 퍼지는 것을 사용한다.
> ㉡ 온도, 압력 등에 따라 윤활제의 성질이 쉽게 변하지 않는 것을 사용한다.
> ㉢ 운동 부분의 속도, 하중, 재질 및 온도 등을 고려하여 적합한 것을 사용한다.

12 다음 중 광물유를 나누는 기준이 되는 것은?

① 끓는점

② 어는점

③ 경화점

④ 용융점

NOTE 광물유 … 비등점의 차이에 따라 나눈 스핀들유, 머신유, 실린더유 등이 있고, 비등점이 작을수록 점성이 적다.

13 다음 중 절삭유제의 역할으로 옳지 않은 것은?

① 공구의 수명을 짧게 한다.

② 다듬질면을 좋게 한다.

③ 냉각작용을 한다.

④ 윤활작용을 한다.

NOTE 절삭유제의 역할
㉠ 공구의 수명을 길게 한다.
㉡ 다듬질면을 좋게 한다.
㉢ 냉각작용 및 윤활작용을 한다.

14 다음 중 작동유의 역할으로 옳지 않은 것은?

① 동력을 전달한다.

② 금속면에 방청작용을 한다.

③ 활동부에 윤활작용을 한다.

④ 금속면에 광택을 준다.

NOTE 작동유의 역할
㉠ 동력을 전달한다.
㉡ 활동부에 윤활작용을 한다.
㉢ 금속면의 방청작용을 한다.

15 다음 중 유압장치에 사용되는 기름은?

① 윤활유

② 작동유

③ 절삭유

④ 머신유

NOTE 작동유 … 유압장치에 사용되는 기름으로 동력을 전달하고 활동부에 윤활작용을 하며 금속면의 방청작용을 한다.

Answer. 12.③ 13.① 14.④ 15.②

16 다음 중 비결정구조를 가지고 있는 재료는?

① 탄소강   ② 고무

③ 세라믹   ④ 유리

> **NOTE** 유리
> ㉠ 비결정 구조를 가지고 있는 재료이다.
> ㉡ 1300 ~ 1600℃의 고온에서 용융, 고화시켜 만든다.
> ㉢ 결정이 생기면 불투명한 유리가 된다.

17 다음 중 안료를 니스와 섞은 것을 무엇이라 하는가?

① 에나멜   ② 유성 페인트

③ 수성 페인트   ④ 유성 안료

> **NOTE** 페인트 … 안료를 기름, 물, 니스 등과 섞은 것으로 기름과 섞은 것을 유성 페인트, 물과 섞은 것을 수성 페인트, 니스와 섞은 것을 에나멜이라고 한다.

18 다음 중 도료가 갖추어야 할 조건으로 옳지 않은 것은?

① 빨리 말라야 한다.

② 경화성을 가지고 있어야 한다.

③ 농도가 진하고 점도도 커야 한다.

④ 외부 환경에 대한 충분한 내구성을 가지고 있어야 한다.

> **NOTE** 도료가 갖추어야 할 요건
> ㉠ 농도가 진하고, 점도는 작아야 한다.
> ㉡ 빨리 마를 수 있어야 한다.
> ㉢ 경화성을 가지고 있어야 한다.
> ㉣ 매끄럽고 광택이 좋은 도막면을 형성해야 한다.
> ㉤ 도료층이 굳고 질기며, 충분한 부착성을 가지고 있어야 한다.
> ㉥ 도료층은 외부 환경 변화나 화학약품에 대한 충분한 내구성을 가지고 있어야 한다.

Answer. 16.④ 17.① 18.③

19 다음 중 녹을 방지하기 위해 도료에 첨가하는 것으로 옳지 않은 것은?

① 산화납

② 마그네슘 가루

③ 산화철

④ 크롬산납

> **NOTE** 녹을 방지하기 위한 도료에 산화납(Pb_3O_4), 산화철(Fe_2O_3), 크롬산납($PbCrO_4$), 알루미늄 가루 등을 첨가한다.

20 고무에 15% 이하의 황이 함유되어 있을 때 생성되는 고무의 성질은?

① 연하나 탄성이 떨어진다.

② 경질에 탄성이 좋아진다.

③ 연하고 탄성이 좋아진다.

④ 경질이고, 탄성이 떨어진다.

> **NOTE** 황의 함량에 따라 황이 15% 이하이면 연하고 탄성이 좋은 연질의 고무가 생성되고, 30% 이상이면 경질의 고무가 된다.

Chapter. 05

신소재

01 형상기억합금

① 형상기억합금의 개요

형상기억이란 어떤 온도에서 변형시킨 것을 온도를 올리면 당초의 형태로 되돌아가는 현상을 말하며, 형상기억합금이란 어떤 형상을 기억하여 여러 가지 형태로 변형시켜도 적당한 온도로 가열하면 다시 변형 전의 형상으로 돌아오는 성질을 가진 합금을 말한다.

② 형상기억합금의 종류

① 니켈(Ni) – 티탄(Ti)계 합금
    ㉠ 내식성, 내마멸성 및 내피로성이 우수하다.
    ㉡ 합금의 가격이 비싸다.
    ㉢ 소성가공이 쉽지 않다.
    ㉣ 기계나 전기 분야에 두루 사용되고 있다.

② 구리(Cu)계 합금
    ㉠ 내피로성, 내마멸성이 Ni – Ti계 합금에 비해 떨어진다.
    ㉡ 합금의 가격이 저렴하다.
    ㉢ 소성가공이 용이하다.
    ㉣ 반복 사용하지 않는 이음쇠에 사용된다.

③ 형상기억합금의 응용

① 산업계
    ㉠ 우주개발에는 수신용 안테나, 항공기에는 유압 배관용 파이프 이음쇠 등에 주로 사용된다.
    ㉡ 각종 기계장치에 사용되며, 고정 핀, 냉·난방 겸용 에어콘, 커피 메이커 등에 대표적으로 사용된다.

② **의료용** … 주로 정형외과나 외과 및 치과에서 사용되고 있으며, 실용형상기억합금 중 인플랜트재로 사용할 수 있는 것은 Ni – Ti계 합금이다.

③ **초탄성 합금의 응용** … 형상기억효과와 같이 한 금속에 외력을 가하여 소성변형시킨 후에도 외력을 제거하면 원래의 모양으로 돌아오는 현상을 말하며, 치과 교정용 와이어, 안경테, 여성용 브래지어 등에 사용된다.

> **)TIP** ~~~~~~~~~~~~~~~~~~~~~~~~~~~~~
> **초탄성 재료** … 일반 항복점을 훨씬 넘는 변형을 주어도 본래의 형상으로 되돌아가는 특수합금이다. 형상기억합금은 열을 가해줘야 변형이 없어지지만 초탄성 재료는 열을 가할 필요가 없다는 차이가 있다.

02 초전도 합금

❶ 초전도 재료의 개요

어떤 임계온도에서 전기 저항이 완전히 소실되어 0이 되는 것을 초전도라 하며, 이러한 재료를 초전도 합금이라 한다.

❷ 초전도 재료의 종류

① **Nb – Ti계 합금** … 가격이 싸고 가공이 용이하여 실용 선재의 대부분을 차지하고 있다.

② **Nb_3Sn 화합물** … 4.2K에서 10T 이상의 강자기장을 발생하므로 실용성이 높다.

③ **Nb_3Ge 화합물** … 액체수소 중에서도 초전도성을 나타내는 화합물로 진공증착, 화학증착 등으로 합성된다.

④ **Nb_3Al 화합물** … 임계온도는 20K를 넘으며, 임계 자기장이 40T의 높은 값을 가지는 합금이다.

❸ 초전도 재료의 응용

① **초전도 자석** … 자속밀도를 증가시켜 자성체의 크기를 줄일 수 있다.

② **자기분리와 여과** … 자기분리 장치의 자화계에 초전도체를 이용하여 강화시키면 원광석으로부터 약자성을 띤 불순물을 제거할 수 있다.

③ **자기부상열차** … 시속 500km 이상의 속도를 낼 수 있는 수송수단을 개발하기 위해서는 자기현가 장치와 추진 장치의 개발이 필요하다.

④ **원자로 자기장치** … 낮은 전력소모로 높은 자속밀도를 낼 수 있는 대형의 초전도성 자석은 원자핵 융합에서 자기제어에 유용한 방법이다.

03 파인 세라믹스

❶ 파인 세라믹스의 개요

흙이나 모래 등의 무기물을 이용하여 가마에서 높은 온도로 가열하여 만든 제품을 말하며, 도자기, 유리, 시멘트, 타일 등 천연원료를 주로 사용하는 것과 전기, 전자, 광, 열, 핵에너지 등 기능성을 부여한 합성원료를 주로 사용하는 것으로 나눌 수 있다.

❷ 파인 세라믹스의 성질

① 내마멸성이 크다.

② 내열, 내식성이 우수하다.

③ 충격, 저항성 등이 약하다.

④ 특수 타일, 인공 뼈, 자동차 엔진 등에 사용된다.

04 자성재료

❶ 자성재료의 개요

연자성 재료와 경자성 재료로 나누어지는 것으로 전기공학분야에 있어서 필수적인 재료이다.

② 자성과 자기장

① 강자성 금속 … 철(Fe), 니켈(Ni), 코발트(Co)는 상온에서 자화시켜 강한 자기장을 얻을 수 있는 금속들이다.

② 자기장은 전류가 통하는 도체에 의해서 발생한다.

③ 자기장의 강도는 A/m 또는 Oe로 나타내며, $1A/m = 4\pi \times 10^{-3}Oe$이다.

③ 자성재료의 종류

① 연자성 재료
 - ㉠ 쉽게 자화되고, 탈자화되는 재료를 말한다.
 - ㉡ 강자성체인 철(Fe), 니켈(Ni), 코발트(Co)와 비금속인 붕소(B), 규소(Si)와의 다양한 조합으로 이루어진다.
 - ㉢ 변압기, 전동기, 발전기의 철심재료 등에 사용된다.

② 경자성 재료
 - ㉠ 연자성 재료와는 반대로 한번 자화되면 탈자화하기가 매우 어렵다.
 - ㉡ 보자력과 잔류 자기유도가 높다.
 - ㉢ 인체 내에 이식이 가능한 펌프나 밸브 등의 얇은 전동기 같은 의료용 기기나 전자 손목시계 등에 사용된다.

③ 페라이트
 - ㉠ Fe_2O_3와 다른 산화물, 탄산염을 분말형태로 섞어 고온에서 압축 소결한 자성 세라믹 재료이다.
 - ㉡ 자화는 강자성 재료보다 약하나 강자성체와 비슷한 자기구역 구조와 자기이력 루프를 가지고 있다.

05 복합재료

① 복합재료의 개요

두 종류 이상의 재료를 조합시켜 각 재료가 가지고 있지 않은 우수한 성질을 부여한 재료를 말한다.

❷ 복합재료의 구성요소

복합재료의 구성요소로는 섬유, 입자, 층 등이 있으며, 일반적으로 연속강화 복합재료, 단섬유강화 복합재료, 입자강화 복합재료, 층상 복합재료 등으로 구분된다.

① 섬유강화플라스틱, 섬유강화콘크리트처럼 성분이나 형태가 서로 다른 두 종류 이상의 소재가 거시적으로 조합되어 단일재료보다 우수한 특성을 가지는 재료이다.

② 강도, 강성, 내부식성, 고온특성, 전기절연성, 내마모성, 내충격성 등이 우수하며 이방성재료로서 단일재료에서 얻을 수 없는 기능들이 있고 대량생산이 가능하여 항공우주 용품이나 자동차 등에 널리 사용된다.

③ 구성요소는 강화재(주로 섬유상), 입자, 기지개(강화재를 적절한 위치에 고정시키고 구조적 형태를 갖추도록 하는 물질), 층이 있다.

　두 종류 이상의 재료가 미시적으로 조합되어 가시적 균질성을 갖는 한 방향 응고합금은 복합재료로 보지 않는다.

[복합재료의 구분]

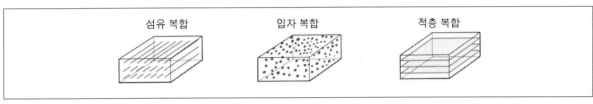

❸ 복합재료의 특성

① 가볍고, 높은 강도를 가지고 있다.

② 이방성 재료이다.

③ 단일 재료로서는 얻을 수 없는 기능성을 갖추고 있다.

④ 우주 항공용 부품, 고급 스포츠 용품 등에 주로 사용되어 왔으나, 대량생산으로 생산가격이 낮아지면서 경량화를 위한 자동차 등에도 사용된다.

❹ 복합재료의 예

① **강화플라스틱**(Fiber Reinforced Plastic, FRP) … 일반적으로 섬유강화플라스틱을 말한다. 열가소성수지에 보강재(유리섬유)를 사용하여 강도가 향상된 플라스틱제품을 만드는 것이다. 기계와 건축에서 매우 자주 사용되는 소재이다.

　㉠ 분산상의 섬유와 플라스틱 모재로 구성되어 있다.

　㉡ 최대 강도는 인장력이 작용하는 방향과 섬유방향이 동일한 경우 최대강도가 발현된다.

　㉢ 비강도 및 비강성이 높고 이방성이 크다.

　㉣ 섬유와 플라스틱 모재 간의 경계면에서 하중이 전달되기 때문에 두 재료의 접착력이 매우 중요하다.

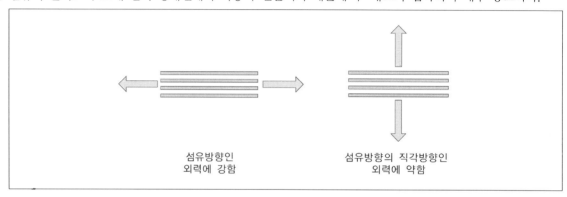

섬유방향인　　　　　　　　　섬유방향의 직각방향인
외력에 강함　　　　　　　　　외력에 약함

② **신소재**

　㉠ **액정** : 액체결정의 줄임말로 액체와 고체의 성질을 모두 가진다. 분자가 고체결정처럼 규칙적으로 배열되어 있지는 않으나 액체처럼 전혀 불규칙하지도 않은 중간적 성질을 가지므로 액체처럼 흐르면서도 이방성을 가진 특수물질이다.

　㉡ **수소저장합금** : 금속과 수소가 반응하여 생성된 금속수소화물로서 수소를 흡입하여 저장하는 성질을 가진 합금이므로, 폭발할 염려 없이 수소를 저장할 수 있다.

　㉢ **초소성재료** : 초소성이란 금속을 어떤 특정한 온도, 변형 조건하에서 인장변형하면, 국부적인 수축을 일으키지 않은 커다란 연성을 보이는 현상이다. 이러한 초소성을 가지는 재료를 말한다.

> **▶TIP**
> **초소성 성형** … 얇은 금속 제품을 고온의 성형틀에 넣은 후 열과 압력을 가해 접합하는 방식

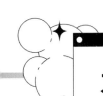

기출예상문제

시흥시시설관리공단

1 다음 중 펄라이트(pearlite)의 특징이 아닌 것은?

① 진주(pearl)와 같은 광택이 나타나므로 펄라이트라 이름이 붙었다.

② 페라이트(ferrite)와 시멘타이트(cementite)의 공석정(eutectoid)이다.

③ 펄라이트 속의 탄소 농도는 온도에 따라 변화한다.

④ 펄라이트는 경도가 작고 자력성이 있다.

> **NOTE** 펄라이트 속의 탄소 농도는 항상 일정하며 약 0.85%이다.

한국가스기술공사

2 다음 담금질 조직 중 경도가 가장 높은 것은?

① 오스테나이트

② 마텐자이트

③ 트루스타이트

④ 소르바이트

⑤ 페라이트

> **NOTE** 강도, 경도의 크기 … 마텐자이트 > 트루스타이트 > 소르바이트 > 펄라이트 > 오스테나이트
> 열처리 조직변화 순서 … 오스테나이트 → 마텐자이트 → 트루스타이트 → 소르바이트 → 펄라이트

3 다음 중 금속을 변형시켜도 적당한 온도로 가열하면 다시 변형 전의 형상으로 돌아가는 합금은?

① 복합 재료

② 초전도 합금

③ 형상기억합금

④ 파인 세라믹스

> **NOTE** 형상기억합금 … 형상기억이란 어떤 온도에서 변형시킨 것을 온도를 올리면 당초의 형태로 되돌아가는 형상을 말하며, 형상기억합금은 어떤 형상을 기억하여 여러가지 형태로 변형시켜도 적당한 온도로 가열하면 다시 변형 전의 형상으로 돌아오는 성질을 가진 합금을 말한다.

Answer. 1.③ 2.② 3.③

4 다음 중 Cu계 형상기억합금의 성질로 옳지 않은 것은?

① 합금의 가격이 비싸다.

② 소성가공이 용이하다.

③ 반복 사용하지 않는 이음쇠에 사용된다.

④ 내피로성, 내마멸성이 Ni – Ti계 합금에 비해 떨어진다.

> **NOTE** Cu계 형상기억합금
> ㉠ 내피로성, 내마멸성이 Ni – Ti계 합금에 비해 떨어진다.
> ㉡ 합금의 가격이 저렴하다.
> ㉢ 소성가공이 용이하다.
> ㉣ 반복 사용하지 않는 이음쇠에 사용된다.

5 다음 중 형상기억합금이 사용되지 않는 것은?

① 항공기의 유압 배관용 파이프

② 인공 뼈

③ 커피 메이커

④ 치과 교정 와이어

> **NOTE** 형상기억합금의 응용
> ㉠ 산업계
> • 우주개발에는 수신용 안테나, 항공기에는 유압 배관용 파이프 이음쇠 등에 주로 사용된다.
> • 각종 기계장치에 사용되며, 고정 핀, 냉·난방 겸용 에어컨, 커피 메이커 등에 대표적으로 사용된다.
> ㉡ 의료용 : 주로 정형외과나 외과 및 치과에서 사용되고 있으며, 실용 형상기억합금 중 인플랜트재로 사용할 수 있는 것은 Ni–Ti계 합금이다.
> ㉢ 초탄성 합금의 응용 : 형상기억효과와 같이 한 금속에 외력을 가하여 소성변형시킨 후에도 외력을 제거하면 원래의 모양으로 돌아오는 현상을 말하며, 치과 교정용 와이어, 안경테, 여성용 브래지어 등에 사용된다.

6 다음 중 파인 세라믹스의 특성으로 옳지 않은 것은?

① 내마멸성이 크다

② 내열, 내식성이 우수하다.

③ 충격, 저항성이 좋다.

④ 특수 타일, 자동차 엔진 등에 사용된다.

> **NOTE** 파인 세라믹스의 성질
> ㉠ 내마멸성이 크다.
> ㉡ 내열 내식성이 우수하다.
> ㉢ 충격, 저항성 등이 약하다.
> ㉣ 특수 타일, 인공 뼈, 자동차 엔진 등에 사용된다.

Answer. 4.① 5.② 6.③

7 다음 중 한번 자화되면 탈자화하기 어려운 재료는?

① 연자성 재료

② 페라이트

③ 세라믹

④ 경자성 재료

> **NOTE** 자성재료
> ㉠ 연자성 재료 : 쉽게 자화되고 탈자화된다.
> ㉡ 경자성 재료 : 한번 자화되면 탈자화 하기 매우 어렵다.
> ㉢ 페라이트 : 자화는 강자성 재료보다 약하나 강자성체와 비슷한 자기구역 구조와 자기이력 루프를 가지고 있다.

8 다음 중 변압기, 전동기, 발전기의 철심재료에 사용되는 것은?

① 연자성 재료

② 경자성 재료

③ 페라이트

④ 초전도 합금

> **NOTE** 연자성 재료
> ㉠ 쉽게 자화되고 탈자화되는 재료를 말한다.
> ㉡ 강자성체인 철(Fe), 니켈(Ni), 코발트(Co)와 비금속인 붕소(B), 규소(Si)의 다양한 조합으로 이루어진다.
> ㉢ 변압기, 전동기, 발전기의 철심재료 등에 사용된다.

9 다음 중 복합재료의 특성으로 옳지 않은 것은?

① 우주 항공용 부품, 고급 스포츠 용품 등에 사용된다.

② 대량생산이 불가능하다.

③ 이방성 재료이다.

④ 단일 재료로서는 얻을 수 없는 기능성을 갖추고 있다.

> **NOTE** 복합재료의 특성
> ㉠ 가볍고 높은 강도를 가지고 있다.
> ㉡ 이방성 재료이다.
> ㉢ 단일 재료로서는 얻을 수 없는 기능성을 갖추고 있다.
> ㉣ 우주 항공용 부품, 고급 스포츠 용품 등에 주로 사용되어 왔으나 대량생산으로 생산가격이 낮아지면서 경량화를 위한 자동차 등에도 사용된다.

Answer. 7.④ 8.① 9.②

PART

03

기계요소

Chapter.

01 체결용 기계요소

01 나사 · 볼트 · 너트

① 나사

① 나사의 개요

㉠ 나사곡선 : 원통에 직각 삼각형의 종이를 감았을 때 직각 삼각형의 빗변이 원통면상에 그리는 곡선을 말한다.

㉡ 나사 각 부의 명칭

• 리이드 : 나사를 한 바퀴 돌렸을 때 축 방향으로 움직인 거리를 말한다.

• 피치 : 나사산과 나사산 사이의 축방향의 거리를 말한다.

• 골지름 : 나사의 골부분으로 수나사에서는 최소지름이고, 암나사에서는 최대지름이다.

• 바깥지름 : 수나사의 바깥지름으로 나사의 호칭지름이다.

• 유효지름 : $\dfrac{\text{바깥지름} + \text{골지름}}{2}$

㉢ 나사의 분류

• 수나사와 암나사

－수나사 : 원통 또는 원뿔의 바깥 표면에 나사산이 있는 나사를 말한다.

－암나사 : 원통 또는 원뿔의 안쪽에 나사산이 있는 나사를 말한다.

[수나사와 암나사]

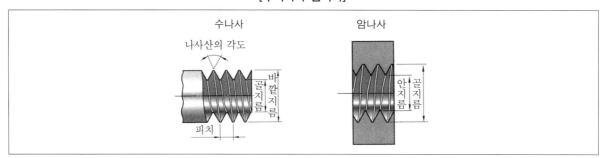

• 오른나사와 왼나사

－오른나사 : 시계방향으로 돌리면 들어가는 나사를 말한다.

－왼나사 : 반시계방향으로 돌리면 들어가는 나사를 말한다.

[오른나사와 왼나사]

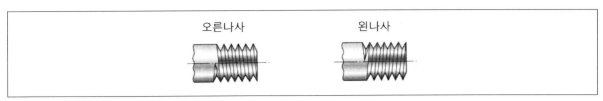

오른나사 · · · · · 왼나사

- 한 줄 나사와 여러 줄 나사
- 한 줄 나사 : 한 줄의 나사산을 감아서 만든 나사를 말한다.
- 여러 줄 나사 : 1회전에 대해 리드가 피치의 몇 배가 되는 나사를 말한다.

[여러 종류의 줄 나사]

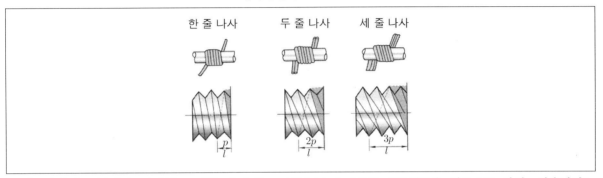

한 줄 나사 · · · 두 줄 나사 · · · 세 줄 나사

 ㉣ **나사의 호칭지름** : 나사의 크기를 나타내는 지름으로 수나사의 바깥지름을 기준으로 하며, 관용나사는 관의 호칭방법에 따라 표시한다.

② **나사의 종류**

 ㉠ **삼각나사**(체결용 나사) : 기계부품을 결합하는 데 쓰이는 것으로 나사산의 모양에 따라 미터 나사, 유니파이 나사로 나뉜다.

- 미터나사 : 나사산의 지름과 피치를 mm로 나타내고, 나사산의 각도는 $60°$, 기호는 M으로 나타낸다. 보통나사와 가는나사로 나뉘며, 보통나사는 지름에 대하여 피치가 한 종류이지만, 가는나사는 피치의 비율이 보통나사보다 작게 되어 있어 강도를 필요로 하거나 두께가 얇은 원통부, 기밀을 유지하는 데 쓰인다.

- 유니파이나사 : 피치를 1인치 사이에 들어있는 나사산의 수로 나타내는 나사로 나사산의 각도는 $60°$, 기호는 U로 나타낸다. 이 나사 역시 유니파이 보통나사와 유니파이 가는나사로 나뉘며, 유니파이 가는나사는 항공용 작은나사에 사용된다.

- 관용나사 : 주로 파이프의 결합에 사용되는 것으로, 관용 테이퍼 나사와 관용 평행 나사로 나뉘며, 나사산의 각도는 $55°$, 피치는 1인치에 대한 나사산의 수로 나타낸다.

ⓛ 운동용 나사
- 사각나사 : 나사산의 단면이 정사각형에 가까운 나사로 비교적 작은 힘으로 축방향에 큰 힘을 전달하는 장점이 있으며 잭, 나사 프레스 등에 사용된다.
- 사다리꼴나사 : 나사산이 사다리꼴로 되어 있는 나사로, 고정밀도의 것을 얻을 수 있어 선반의 이송나사 등 스러스트를 전하는 운동용 나사에 사용되며, 나사산의 각도가 30°와 29° 두 종류가 있다.
- 톱니나사 : 나사산의 단면 형상이 톱니모양으로 축방향의 힘이 한 방향으로 작용하는 경우 등에 사용되며, 가공이 쉽고 맞물림 상태가 좋으며, 마멸이 되어도 어느 정도 조정할 수가 있으므로 공작기계의 이송나사로 널리 사용된다.
- 둥근나사 : 나사산의 모양이 둥근 것으로 결합작업이 빠른 경우나 쇳가루, 먼지, 모래 등이 많은 곳이나 진동이 심한 경우에 사용된다.
- 볼나사 : 수나사와 암나사 대신에 홈을 만들어 홈 사이에 볼을 넣어, 마찰과 뒤틈을 최소화한 것으로 항공기, NC, 공작기계의 이동용 나사에 사용된다.

[운동용 나사]

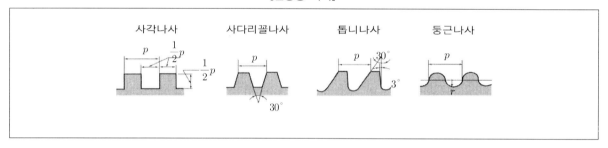

❷ 볼트 및 너트

① 볼트의 종류
　ⓝ 육각볼트 : 머리모양이 육각형인 볼트로 각종 부품을 결합하는 데 사용되는 대표적인 볼트이다.
　ⓛ 죔 볼트

[죔 볼트의 종류]

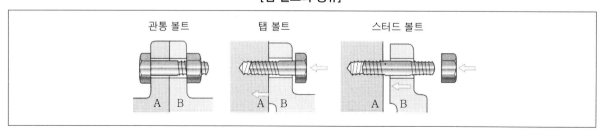

- 관통볼트 : 연결할 두 개의 부품에 구멍을 뚫고 볼트를 관통시킨 후 너트로 죄는 볼트이다.
- 탭 볼트 : 결합할 부분이 두꺼워서 관통구멍을 뚫을 수 없을 때 한 쪽 부분에 탭핑작업을 하고, 다른 한 쪽에 구멍을 뚫어 나사를 고정시키는 방법으로 너트는 사용되지 않는다.
- 스터드볼트 : 양 끝을 깎은 머리가 없는 볼트로서 한 쪽은 몸체에 고정시키고, 다른 쪽에는 결합할 부품을 대고 너트를 끼워 죄는 볼트로 자주 분해, 결합하는 경우에 사용된다.

© 특수볼트
- T볼트 : 머리가 T자형으로 된 볼트를 말하며, 공작기계에 일감이나 바이스 등을 고정시킬 때에 사용된다.
- 아이볼트 : 물체를 끌어올리는데 사용되는 것으로 머리 부분이 도너츠 모양으로 그 부분에 체인이나 훅을 걸 수 있도록 만들어져 있다.
- 기초볼트 : 기계나 구조물의 기초 위에 고정시킬 때 사용된다.

[특수볼트의 종류]

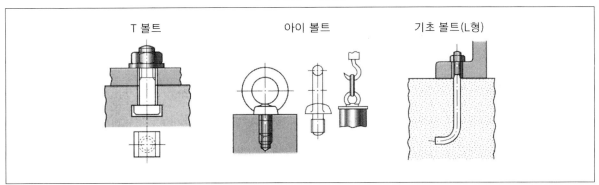

T 볼트　　　　　아이 볼트　　　　　기초 볼트(L형)

② 너트의 종류
　㉠ **육각너트** : 육각기둥 모양의 너트로 가장 널리 사용된다.
　㉡ **특수너트**
- 캡너트 : 육각너트의 한 쪽 부분을 막은 것으로 유체의 유출을 방지할 때 사용된다.
- 나비너트 : 나비 날개 모양으로 만든 것으로 손으로 죌 수 있는 곳에 사용된다.
- 아이너트 : 아이볼트와 같은 용도로 사용되는 것으로 머리부분이 도너츠 모양으로 그 부분에 체인이나 훅을 걸 수 있도록 만들어져 있다.
- 둥근너트 : 자리가 좁아 보통 육각너트를 사용할 수 없거나 너트의 높이를 작게 할 경우에 사용된다.

[특수너트의 종류]

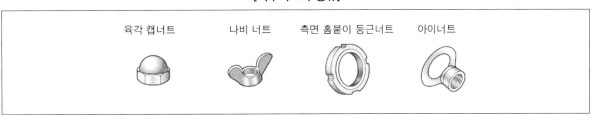

육각 캡너트　　　나비 너트　　　측면 홈붙이 둥근너트　　아이너트

❸ 와셔

① **와셔의 용도**

　ㄱ 볼트의 구멍이 클 때

　ㄴ 볼트 자리의 표면이 거칠 때

　ㄷ 압축에 약한 목재, 고무, 경합금 등에 사용될 때

　ㄹ 풀림을 방지하거나 가스켓을 조일 때

② **와셔의 종류**

　ㄱ **평와셔** : 둥근와셔와 각와셔로 육각볼트, 육각너트와 함께 주로 사용된다.

　ㄴ **특수와셔** : 풀림방지에 주로 쓰이며, 스프링 와셔, 이붙이 와셔, 접시 스프링 와셔, 스프링판 와셔, 로크
　너트 등이 있다.

[마찰력을 증가시키는 방법]

02 핀 · 키 · 코터

❶ 핀(Pin)

① **핀의 용도** … 핸들을 축에 고정할 때나 부품을 설치, 분해, 조립하는 경우 등 경하중이 작용하거나 기계를
　분해 수리해야 하는 곳에 사용된다.

② **핀의 종류**

　ㄱ **평행핀** : 부품의 위치결정에 사용된다.

　ㄴ **테이퍼핀** : 정밀한 위치결정에 사용된다.

　ㄷ **분할핀** : 부품의 풀림방지나 바퀴가 축에서 빠지는 것을 방지할 때 사용된다.

　ㄹ **스프링핀** : 세로방향으로 쪼개져 있어서 해머로 충격을 가해 물체를 고정시키는 데 사용된다.

② 키(Key)

① **키의 용도** … 비틀림에 의하여 주로 전단력을 받으며, 회전체를 축에 고정시켜서 회전운동을 전달시킴과 동시에 축방향에도 이동할 수 있게 할 때 사용된다.

② **키의 종류**

ㄱ **묻힘키**(sunk key) : 벨트풀리 등의 보스(축에 고정시키기 위해 두껍게 된 부분)와 축에 모두 홈을 파서 때려 박는 키이다. 가장 일반적으로 사용되는 것으로, 상당히 큰 힘을 전달할 수 있다.

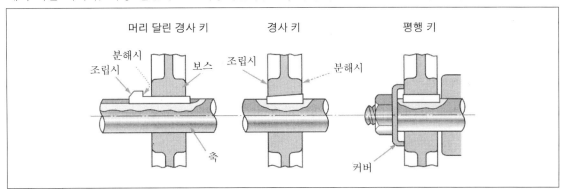

ㄴ **미끄럼키**(sliding key) : 테이퍼(기울기)가 없는 키이다. 보스가 축에 고정되어 있지 않고 축 위를 미끄러질 수 있는 구조로 기울기를 내지 않는다.

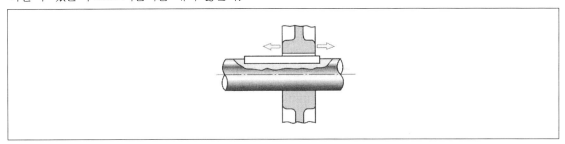

ㄷ **반달키**(woodruff key) : 반달 모양의 키로 축에 테이퍼가 있어도 사용할 수 있으므로 편리하다. 축에 홈을 깊이 파야 하므로 축이 약해지는 결점이 있다. 큰 힘이 걸리지 않는 곳에 사용된다.

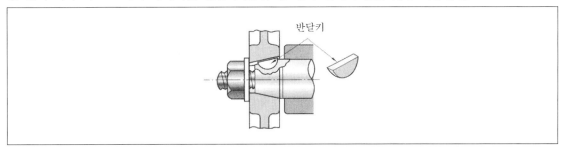

ㄹ **원추키**(cone key) : 마찰력만으로 축과 보스를 고정하며 키를 축의 임의의 위치에 설치가 가능하다. 필요한 위치에 정확하게 고정시킬 필요가 있는 곳에 사용되며, 바퀴가 편심되지 않는 장점이 있다.

ⓜ 스플라인축(spline shaft) : 축에 평행하게 4~20줄의 키 홈을 판 특수키이다. 보스에도 끼워 맞추어지는 키 홈을 파서 결합한다. (스플라인 : 큰 토크를 전달하기 위해 묻힘키를 여러 개 사용한다고 가정하면 축에 여러 개의 키홈을 파야 하므로 축의 손상에 따른 강도 저하는 물론 공작 또한 매우 어렵게 된다. 그러므로 강도저하를 방지하면서 큰 토크를 전달하기 위해 축 둘레에 몇 개의 키 형상을 방사상으로 가공하여 키의 기능을 가지도록 하는데 이렇게 가공한 축을 스플라인 축이라고 하고 보스에 가공한 것을 스플라인이라 한다.)

ⓗ 안장키(saddle key) : 축은 그대로 두고 보스에만 키홈을 가공하여 큰 회전력을 전달하거나 역회전에 용이하게 만든 키이다. 축에는 가공하지 않고 축의 모양에 맞추어 키의 아랫면을 깎아서 때려 박는 키이다. 축에 기어 등을 고정시킬 때 사용되며, 큰 힘을 전달할 수는 있으나 불안정하므로 큰 힘의 전달에는 일반적으로 사용되지 않는다.

ⓢ 둥근키(round key) : 단면은 원형이고 테이퍼핀 또는 평행핀을 사용하고 핀키(pin key)라고도 한다. 축이 손상되는 일이 적고 가공이 용이하나 큰 토크의 전달에는 부적합하다.

ⓞ 납작키(flat key) : 축의 윗면을 편평하게 깎고, 그 면에 때려 박는 키이다. 안장키보다 큰 힘을 전달할 수 있다.

ⓩ 접선키(tangent key) : 기울기가 반대인 키를 2개 조합한 것이다. 큰 힘을 전달할 수 있다.

ⓒ 페더키(feather key) : 벨트풀리 등을 축과 함께 회전시키면서 동시에 축 방향으로도 이동할 수 있도록 한 키이다. 따라서 키에는 기울기를 만들지 않는다.

③ 코터(Cotter)

① 코터의 용도 … 단면이 평판모양의 쐐기이며, 주로 인장 또는 압축을 받는 두 축을 흔들림 없이 연결하는 데 사용된다.

② 코터의 3요소
  ㉠ 로드
  ㉡ 코터
  ㉢ 소켓

③ 코터의 기울기

  ㉠ 자주 분해하는 것 : $\frac{1}{5} \sim \frac{1}{10}$

  ㉡ 일반적인 것 : $\frac{1}{25}$

  ㉢ 영구 결합하는 것 : $\frac{1}{50} \sim \frac{1}{100}$

④ 코터의 자립조건 … 코터는 사용 중 기울기로 인한 자연풀림현상을 방지하기 위해 일정한 자립조건을 가지고 있어야 한다(α : 코터의 기울기, ρ : 마찰각).

ⓐ 한쪽 기울기 : $\alpha \geqq 2\rho$

ⓑ 양쪽 기울기 : $\alpha \geqq \rho$

03 리벳과 리벳이음

❶ 리벳

리벳은 판재나 형강을 영구적인 이음을 할 때 사용하는 결합용 기계요소로서 구조가 간단하고 시공이 용이하여 기밀이 요구되는 곳의 이음에 주로 사용된다.

① 머리형상에 의한 분류 … 둥근머리 리벳, 접시머리 리벳, 납작머리 리벳, 냄비머리 리벳이 있다.

[리벳의 종류]

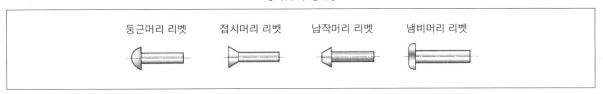

② 제조방법에 의한 분류

ⓐ 냉간 리벳 : 호칭지름 1~13mm의 냉간에서 성형된 비교적 작은 지름의 리벳이다.

ⓑ 열간 리벳 : 호칭지름 10~44mm의 열간에서 성형된 큰 지름의 리벳이다.

❷ 리벳이음

겹쳐진 금속판에 구멍을 뚫고, 리벳을 끼운 후 머리를 만들어 영구적으로 결합시키는 방법을 말한다.

① 리벳이음의 종류 … 리벳이음의 종류는 사용한 목적, 판의 이음방법 그리고 리벳의 열수에 따라 각각 나뉘어진다.

ⓐ 사용목적에 따른 분류

• 관용리벳 : 주로 기밀을 요하는 보일러나 압력용기에 사용된다.

• 저압용 리벳 : 주로 수밀을 요하는 물탱크나 연통에 사용된다.

• 구조용 리벳 : 주로 힘의 전달과 강도를 요하는 구조물이나 교량에 사용된다.

ⓛ 판의 이음방법에 따른 분류
- 겹치기 이음 : 결합할 판재를 겹치기 한 이음으로, 힘의 전달이 동일 평면으로 옳지 않은 편심 하중으로 된다.
- 맞대기 이음 : 한쪽 덮개판 맞대기 이음, 양쪽 덮개판 맞대기 이음이 있다.

ⓒ 리벳의 열수
- 한줄 리벳 이음
- 복줄 리벳 이음 : 2줄 리벳 이음, 3줄 리벳 이음

② 리벳이음의 작업순서

㉠ 강판이나 형판을 구멍이나 드릴을 이용하여 구멍을 뚫는다.

㉡ 뚫린 구멍을 리머로 정밀하게 다듬은 후 리벳팅한다.

㉢ 기밀을 필요로 하는 경우는 코킹을 만든다.

③ 리벳이음의 작업방법

㉠ **리베팅**(Rivetting) : 스냅공구를 이용하여 리벳의 머리를 만드는 작업방법이다.

㉡ **코킹**(Caulking) : 리벳의 머리 주위 또는 강판의 가장자리를 끌을 이용하여 그 부분을 밀착시켜 틈을 없애는 작업방법이다.

㉢ **풀러링**(Fullering) : 완벽한 기밀을 위해 끝이 넓은 끌로 때려 붙이는 작업방법이다.

④ 리벳접합의 기본용어

㉠ **게이지라인** : 리벳의 중심선을 연결하는 선이다.

㉡ **게이지** : 게이지라인과 게이지라인 사이의 거리이다.

㉢ **피치** : 볼트 중심 간의 거리이다.

㉣ **그립** : 리벳으로 접합하는 판의 총 두께이다.

㉤ **클리어런스** : 작업 공간 확보를 위해서 리벳의 중심부터 리베팅하는 데 장애가 되는 부분까지의 거리를 말한다.

㉥ **연단거리** : 최외단에 설치한 리벳중심에서 부재 끝까지의 거리를 말한다.

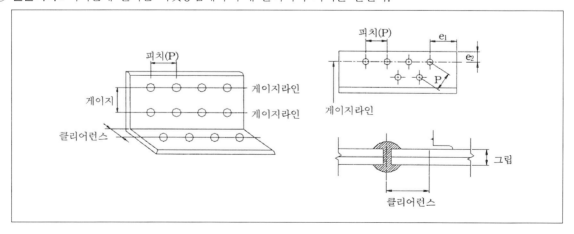

❸ 용접이음

① 개념 … 두 개 이상의 금속을 용융온도 이상의 고온으로 가열하여 접합하는 금속적 결합으로 영구적인 이음을 말한다.

② 용접이음의 장·단점

장점	단점
• 제작비가 적게 들며 이음효율이 우수하다. • 이음의 형태가 자유롭고 구조가 간단하며 이음효율이 높다. • 용접부의 내마멸성, 내식성, 내열성을 가지게 한다. • 접합부에 틈새가 생기지 않아 기밀성과 수밀성이 우수하다. • 작업공정이 줄고 자동화하기 용이하며 초대형품도 제작이 가능하다.	• 열에 의한 변형이 발생하며, 취성파괴 및 균열이 발생하기 쉽다. • 용접부의 내부 결함을 판단하기 어렵다. • 용융된 부분은 재질의 특성이 변하게 된다. • 용접 후 잔류응력이 남아있게 되며 용접이음부분에 응력이 집중된다. • 접합완료 후 수정이 매우 어렵다.

③ 용접부의 모양

ⓐ 홈 용접 : 접합하고자 하는 부위에 홈을 만들어 용접하는 방법이다.

ⓑ 필릿 용접 : 직교하는 면을 접합하는 용접방법이다.

ⓒ 플러그 용접 : 접합할 재료의 한 쪽에만 구멍을 내어 그 구멍을 통해 판의 표면까지 비드를 쌓아 접합하는 용접방법이다.

ⓓ 비드 용접 : 재료를 구멍을 내거나 가공을 하지 않은 상태에서 비드를 용착시키는 용접방법이다.

④ 용접이음의 종류

ⓐ 맞대기 용접이음 : 재료를 맞대고 홈을 낸 뒤 두 모재가 거의 같은 평면을 이루면서 용접을 하는 방법이다.

ⓑ 겹치기 용접이음 : 모재의 일부를 겹친 용접이음으로서, 이것에는 필릿용접, 스폿용접, 심용접, 땜납 등의 용접법이 있다. (참고로 T형 용접은 필릿용접이음에 속한다.)

ⓒ 덮개판 용접이음 : 모재표면과 판과의 끝면을 필릿용접으로 처리한 것으로서 한면덮개판 이음법과 양면 덮개판 이음법이 있다.

ⓓ 단붙임 겹치기 용접이음 : 겹치기 이음의 한쪽 부재에 단을 만들어 모재가 거의 동일 평면이 되도록 한 용접이음이다.

⑤ 용접이음의 강도

　㉠ 맞대기 용접이음

　　ⓐ 인장응력 : $\sigma_1 = \dfrac{P_1}{tl}$

　　ⓑ 전단응력 : $\tau = \dfrac{P_2}{tl}$

　　　　◦ P_1 : 재료에 가해진 하중　◦ t : 판의 두께　◦ l : 용접의 길이

　㉡ 필릿이음

$$\sigma_t = \frac{P}{2tl} = \frac{P}{2 \cdot f \cdot \cos 45° \cdot l} = \frac{0.707 \cdot P}{f \cdot l}$$

　　◦ P : 재료에 가해진 하중　◦ t : 판의 두께　◦ l : 용접의 길이　◦ f : 용접사이즈

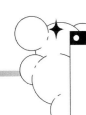

기출예상문제

대전시시설관리공단

1 다음 중 헬리컬기어(helical gear)에 대한 설명으로 틀린 것은?

① 두 축이 평행하다.

② 제작하기가 어렵다.

③ 전달 장치나 감속기에 사용한다.

④ 스퍼기어보다 접촉선의 길이가 짧아 작은 힘을 전달한다.

> **NOTE** 헬리컬기어는 원통기어의 하나로 톱니 줄기가 경사져 있으며 톱니줄이 나선 곡선인 원통기어로서 2축의 상대적 위치는 스퍼기어보다 접촉선의 길이가 길어서 큰 힘을 전달할 수 있고, 원활하게 회전하므로 소음이 작다. 단점으로는 제작하기가 어렵고 톱니가 경사져 있어서 추력이 작용한다.

안산도시공사

2 기계의 구성 요소 중 중요 부품으로 많이 사용되는 스프링의 역할을 설명한 것 중 바르지 않은 것은?

① 충격흡수

② 진동흡수

③ 취성에너지의 이용

④ 탄성에너지의 이용

> **NOTE** 물질에 변형을 주었을 때 변형이 매우 작은데도 불구하고 파괴되는 경우, 그 물질은 깨지기 쉽다고 하는데 그러한 금속의 성질을 취성이라 한다.

3 키(key)에 대한 설명으로 틀린 것은?

① 기어, 벨트, 풀리 등을 축에 고정하여 토크를 전달한다.

② 키는 축보다 강도가 약한 재료를 사용한다.

③ 일반적으로 키의 윗면에는 1/100의 기울기를 붙인다.

④ 가장 널리 사용되는 키는 묻힘 키이다.

> **NOTE** 키(key) … 기어나 벨트풀리 등을 회전축에 고정할 때, 토크를 전달하는 동시에 축방향으로 이동할 때 키의 재질은 축보다 훨씬 강한 것을 사용한다.

Answer. 1.④ 2.③ 3.②

4 보스(boss)를 축 방향으로 미끄럼 이송시킴과 동시에 회전력을 전달하기 위한 키로 다음 중 가장 적합한 것은 어느 것인가?

① 안장 키   ② 미끄럼 키

③ 성크 키   ④ 반달 키

NOTE 미끄럼 키는 페더키로서 보스를 축방향으로 미끄럼 이송시킴과 동시에 회전력을 전달하기 위한 키이다.

5 키가 전달할 수 있는 토크의 크기가 큰 순서부터 작은 순으로 나열된 것은?

① 성크키, 스플라인, 새들키, 평키

② 스플라인, 성크키, 평키, 새들키

③ 세레이션, 성크키, 스플라인, 평키

④ 평키, 스플라인, 새들키, 성크키

NOTE 토크의 크기순서 … 스플라인 – 성크키 – 평키 – 새들키

6 다음 중 마찰이 적어 공작기계 등에 사용하는 나사는?

① 사각나사   ② 볼나사

③ 톱니나사   ④ 삼각나사

NOTE 볼나사의 장·단점
    ㉠ 장점
      • 나사의 효율이 매우 높다.
      • 윤활이 필요하지 않다.
      • 기계의 정밀도가 오래 유지된다.
    ㉡ 단점
      • 자동 결합이 곤란하다.
      • 상대적으로 가격이 비싸다.
      • 피치를 작게 할 수가 없다.
      • 너트의 크기가 크게 된다.
      • 고속 회전시 소음이 발생한다.

Answer. 4.② 5.② 6.②

7 다음 중 삼각나사가 쓰이는 곳은?

① 선반의 주축

② 가스 파이프 연결

③ 프레스

④ 바이스

> **NOTE** 삼각나사(체결용 나사)
> ⊙ 미터 나사 : 나사산의 지름과 피치를 mm로 나타내고, 나사산의 각도는 60°, 기호는 M으로 나타낸다. 보통 나사와 가는나사로 나뉘며, 보통나사는 지름에 대하여 피치가 한 종류이지만, 가는나사는 피치의 비율이 보통나사보다 작게 되어 있어 강도를 필요로 하거나 두께가 얇은 원통부, 기밀을 유지하는 데 쓰인다.
> ⓛ 유니파이 나사 : 피치를 1인치에 대한 나사산의 수로 나타내는 나사로 나사산의 각도는 60°, 기호는 U로 나타낸다. 이 나사 역시 유니파이 보통나사와 유니파이 가는나사로 나뉘며, 유니파이 가는나사는 항공용 작은나사에 사용된다.
> ⓒ 관용 나사 : 주로 파이프의 체결용으로 사용되는 것으로, 관용 테이퍼 나사와 관용 평행 나사로 나뉘며, 나사산의 각도는 55°, 피치는 1인치에 대한 나사산의 수로 나타낸다.

8 다음 중 리벳이음의 장점으로 옳지 않은 것은?

① 용접이음의 손실이 적다.

② 구조물 등 현장조립이 용이하다.

③ 용접이 곤란한 경합금의 접합에 유리하다.

④ 이음부가 열에 의한 변형이 없다.

> **NOTE** ① 리벳이음은 용접이음과는 달리 응력에 의한 잔류변형이 생기지 않으므로 파괴가 일어나지 않고, 구조물을 현지에서 조립할 때에는 용접이음보다 쉽다.

9 둥근막대의 양 끝에 나사를 깎은 머리없는 볼트는?

① 기초 볼트

② 세트 스크루

③ 스터드 볼트

④ 관통 볼트

> **NOTE** 볼트의 종류
> ⊙ 기초 볼트 : 기계류 및 구조물을 설치할 때 볼트 밑 부분을 먼저 파놓은 구덩이에 묻고 시멘트로 고정한 다음 윗 부분을 너트로 조여주는 볼트이다.
> ⓛ 세트 스크루 : 나사의 끝을 이용하여 보스의 축을 고정하거나 키 대신에 사용하며, 기계부품 사이의 이동을 방지하는 볼트이다.
> ⓒ 스터드 볼트 : 양 끝을 깎은 머리가 없는 볼트로서 한 쪽은 몸체에 고정시키고, 다른 쪽에는 결합할 부품을 대고 너트를 끼워 죄는 볼트로 자주 분해, 결합하는 경우에 사용되는 볼트이다.
> ⓔ 관통 볼트 : 가장 많이 쓰이는 볼트의 한 종류로 관통되는 구멍에 볼트를 끼우고 너트를 조여 두 부분을 채결하는 볼트이다.

10 리드가 10mm인 2줄 나사가 90° 회전할 때 나사가 움직인 거리는?

① 1.25mm

② 1.5mm

③ 2.5mm

④ 3.0mm

> **NOTE** 리드 = 피치 × 줄수
>
> 90° 회전시켰을 때, $h = \dfrac{10 \times 90}{360} = 2.5mm$

11 다음 중 너트의 풀림 방지법으로 옳지 않은 것은?

① 로크 너트에 의한 방법

② 작은나사에 의한 방법

③ 와셔에 의한 방법

④ 턴버클에 의한 방법

> **NOTE** 너트의 풀림 방지법
> ㉠ 분할 핀이나 세트나사를 사용한다.
> ㉡ 탄성이 있는 와셔를 사용한다.
> ㉢ 로크 너트를 사용한다.
> ㉣ 클로우 또는 철사를 사용한다.
> ㉤ 자동 죔너트를 사용한다.
> ㉥ 작은나사, 멈춤나사를 사용한다.

12 다음 중 용접의 장점으로 옳지 않은 것은?

① 자재가 절약된다.

② 공정수가 감소된다.

③ 열 영향을 받지 않는다.

④ 제품의 성능과 수명이 향상된다.

⑤ 이음효율이 향상된다.

> **NOTE** 용접이음의 장·단점
> ㉠ 용접이음의 장점
> • 수밀, 기밀성이 우수하다.
> • 이음효율이 높다.
> • 초대형품도 제작이 가능하다.
> • 용접부의 내마멸성, 내식성, 내열성을 가지게 한다.
> • 설계가 자유로우며, 강도가 크고 용접할 판의 두께의 제한이 없다.
> ㉡ 용접이음의 단점
> • 열에 의한 변형과 크랙이 생길 수 있다.
> • 용접이음 부분에 응력이 집중된다.
> • 용접부의 검사가 어렵다

Answer. 10.③ 11.④ 12.③

13 작은 동력을 전달하며, 축에는 키의 폭만큼 평탄하게 깎아서 키의 자리를 만들고 보스에 키홈을 파서 사용하는 것은?

① 반달키   ② 미끄럼키

③ 성크키   ④ 접선키

⑤ 평키

> **NOTE** 키의 종류
> ㉠ 반달키 : 반달모양의 키로 가공 및 분해 · 조립이 용이한 장점이 있으며, 직경이 작은 축이나 테이퍼축에 사용된다.
> ㉡ 미끄럼키 : 키의 기울기가 없는 키로 키와 보스가 축 방향으로 자유롭게 이동할 수 있도록 만들어진 키이다.
> ㉢ 묻힘키(성크키) : 가장 널리 사용되는 키로 축과 보스 양쪽에 키홈이 있다.
> ㉣ 접선키 : 큰 회전력을 전달하거나 역회전을 용이하게 하기 위하여 120°각도로 두 곳에 키를 설치한 키이다.
> ㉤ 평키 : 보스에 키홈이 있고, 축과 키가 닿는 부분은 편평하게 깎아 사용하는 키로 주로 경하중에 사용된다.

14 나사의 이완방지의 방법으로 옳지 않은 것은?

① 로크 너트   ② 분할핀

③ 세트 스크루   ④ 와셔

⑤ 캠 너트

> **NOTE** 너트의 풀림 방지법
> ㉠ 분할 핀이나 세트나사에 의한 방법
> ㉡ 탄성이 있는 와셔에 의한 방법
> ㉢ 로크 너트에 의한 방법
> ㉣ 너트의 회전방향에 의한 방법
> ㉤ 철사를 이용한 방법

15 나사에서 리드란 무엇을 뜻하는가?

① 나사를 한 바퀴 돌렸을 때 축 방향으로 움직인 거리
② 나사의 골부분으로 수나사에서는 최소지름이고, 암나사에서는 최대지름
③ 수나사의 바깥지름으로 나사의 호칭지름
④ 나사산과 나사산 사이의 축방향 거리

NOTE 나사 각 부의 명칭
㉠ 리이드 : 나사를 한 바퀴 돌렸을 때 축 방향으로 움직인 거리
㉡ 피치 : 나사산과 나사산 사이의 축방향의 거리
㉢ 골지름 : 나사의 골부분으로 수나사에서는 최소지름이고, 암나사에서는 최대지름
㉣ 바깥지름 : 수나사의 바깥지름으로 나사의 호칭지름
㉤ 유효지름 : $\dfrac{\text{바깥지름} + \text{골지름}}{2}$

16 원통 또는 원뿔의 안쪽에 나사산이 있는 나사의 종류는?

① 수나사
③ 왼나사
② 오른나사
④ 암나사

NOTE 나사의 종류
㉠ 수나사 : 원통 또는 원뿔의 바깥표면에 나사산이 있는 나사
㉡ 암나사 : 원통 또는 원뿔의 안쪽에 나사산이 있는 나사
㉢ 오른나사 : 시계방향으로 돌리면 들어가는 나사
㉣ 왼나사 : 반시계방향으로 돌리면 들어가는 나사

17 다음 중 체결용 나사의 종류로 옳지 않은 것은?

① 미터나사
③ 사각나사
② 유니파이나사
④ 관용나사

NOTE 체결용 나사의 종류
㉠ 미터나사 : 나사산의 지름과 피치를 mm로 나타내고, 나사산의 각도는 60°, 기호는 M으로 나타낸다. 보통 나사와 가는나사로 나뉘며, 보통나사는 지름에 대하여 피치가 한 종류이지만, 가는나사는 피치의 비율이 보통나사보다 작게 되어 있어 강도를 필요로 하거나 두께가 얇은 원통부, 기밀을 유지하는 데 쓰인다.
㉡ 유니파이나사 : 피치를 1인치에 대한 나사산의 수로 나타내는 나사로 나사산의 각도는 60°, 기호는 U로 나타낸다. 이 나사 역시 유니파이 보통나사와 유니파이 가는나사로 나뉘며, 유니파이 가는나사는 항공용 작은나사에 사용된다.
㉢ 관용나사 : 주로 파이프의 체결용으로 사용되는 것으로 관용 테이퍼 나사와 관용 평행 나사로 나뉘며, 나사산이 각도는 55°, 피치는 1인치에 대한 나사산의 수로 나타낸다.

Answer. 15.① 16.④ 17.③

18 다음 중 미터나사의 나사산의 각도와 그 기호를 옳게 나타낸 것은?

① $W = 55°$

② $M = 60°$

③ $N = 55°$

④ $U = 60°$

> **NOTE** 삼각나사의 기호와 나사산의 각도
> ㉠ 미터나사 : $M = 60°$
> ㉡ 유니파이나사 : $U = 60°$
> ㉢ 관용나사 : $W = 55°$

19 다음 중 나사의 용도가 옳지 않게 연결된 것은?

① 사각나사 – 잭, 나사 프래스

② 사다리꼴나사 – 선반의 이송나사

③ 톱니나사 – 체결용 나사

④ 볼나사 – 항공기, NC, 공작기계의 이동용 나사

> **NOTE** 나사의 용도
> ㉠ 사각나사 : 나사산의 단면이 정사각형에 가까운 나사로 비교적 작은 힘으로 축방향에 큰 힘을 전달하는 장점이 있으며, 잭, 나사 프레스 등에 사용된다.
> ㉡ 사다리꼴나사 : 나사산이 사다리꼴로 되어 있는 나사로 고정밀도의 것을 얻을 수 있어 선반의 이송나사 등 스러스트를 전하는 운동용 나사에 사용된다.
> ㉢ 톱니나사 : 가공이 쉽고 맞물림 상태가 좋으며, 마멸이 되어도 어느 정도 조정할 수가 있으므로 공작 기계의 이송나사로 널리 사용되는 운동용 나사이다.
> ㉣ 볼나사 : 수나사와 암나사 대신에 홈을 만들어 홈 사이에 볼을 넣어, 마찰과 뒤틈을 최소화한 것으로 항공기, NC, 공작기계의 이동용 나사에 사용된다.

20 다음 중 정밀한 위치를 결정할 때 사용되는 핀은?

① 평행핀

② 스프링핀

③ 분할핀

④ 테이퍼핀

> **NOTE** 핀의 종류
> ㉠ 평행핀 : 위치 결정에 사용한다.
> ㉡ 스프링핀 : 세로방향으로 쪼개져 있어서 해머로 충격을 가해 물체를 고정시키는 데 사용된다.
> ㉢ 분할핀 : 부품의 풀림방지나 바퀴가 축에서 빠지는 것을 방지할 때 사용된다.
> ㉣ 테이퍼핀 : 정밀한 위치 결정에 사용된다.

Answer. 18.② 19.③ 20.④

21 다음 중 자리가 좁아 보통 육각너트를 사용할 수 없을 때 사용되는 너트의 종류는?

① 둥근너트 ② 나버너트
③ 아이너트 ④ 캡너트

> **NOTE** ① 자리가 좁아 보통 육각너트를 사용할 수 없거나 너트의 높이를 작게 할 경우에 사용된다.
> ② 나비의 날개모양으로 만든 것으로 손으로 죌 수 있는 곳에 사용된다.
> ③ 아이볼트와 같은 용도로 사용되는 것으로, 머리부분이 도너츠 모양으로 그 부분에 체인이나 훅을 걸 수 있도록 만들어져 있다.
> ④ 육각너트의 한 쪽 부분을 막은 것으로 유체의 유출을 방지할 때 사용된다.

22 다음 중 와셔의 용도로 옳지 않은 것은?

① 볼트 자리의 표면이 미끄러울 때
② 압축에 약한 목재, 고무, 경합금 등에 사용될 때
③ 풀림을 방지할 때
④ 볼트의 구멍이 클 때

> **NOTE** 와셔의 용도
> ㉠ 볼트의 구멍이 클 때
> ㉡ 볼트 자리의 표면이 거칠 때
> ㉢ 압축에 약한 목재, 고무, 경합금 등에 사용될 때
> ㉣ 풀림을 방지하거나 가스켓을 죌 때

23 다음 중 볼트와 사용 용도가 바르게 연결된 것은?

① 탭 볼트 – 기계나 구조물의 기초 위에 고정시킬 때 사용된다.
② 관통 볼트 – 자주 분해, 결합하는 경우에 사용된다.
③ 아이 볼트 – 물체를 끌어올리는 데 사용된다.
④ T볼트 – 결합할 부분이 두꺼워서 관통구멍을 뚫을 수 없을 때 사용된다.

> **NOTE** ① 결합할 부분이 두꺼워서 관통 구멍을 뚫을 수 없을 때 한 쪽 부분에 탭핑작업을 하고, 다른 한 쪽에 구멍을 뚫어 나사를 고정시키는 방법으로 너트는 사용되지 않는다.
> ② 연결할 두 개의 부품에 구멍을 뚫고 볼트를 관통시킨 후 너트로 죄는 볼트이다.
> ③ 물체를 끌어올리는 데 사용되는 것으로 머리부분이 도너츠 모양으로 그 부분에 체인이나 훅을 걸 수 있도록 만들어져 있다.
> ④ 머리가 T자형으로 된 볼트를 말하며, 공작기계에 일감이나 바이스 등을 고정시킬 때에 사용된다.

Answer. 21.① 22.① 23.③

24 다음 중 가장 큰 토크를 전달하는 키는?

① 반달키

② 스플라인

③ 새들키

④ 성크키

> **NOTE** 토크의 전달크기의 순서 … 세레이션 축 > 스플라인 축 > 접선키 > 성크키 > 반달키 > 안장키

25 다음 중 동력전달이 커서 자동차의 핸들에 주로 사용되는 것은?

① 원추키

② 안장키

③ 평키

④ 세레이션 축

> **NOTE** ① 필요한 위치에 정확하게 고정시킬 필요가 있는 곳에 사용되며, 바퀴가 편심되지 않는 장점이 있다.
> ② 큰 회전력을 전달하거나 역회전에 용이하게 만든 키로, 큰 동력을 전달 할 수는 있으나 불안정하다.
> ③ 보스에 키홈이 있고, 축과 키가 닿는 부분은 편평하게 깎아 사용하는 키로 주로 경하중에 사용된다.
> ④ 작은 삼각형의 키홈을 많이 만들어 동력전달이 큰 관계로 자동차의 핸들에 주로 사용된다.

26 키의 치수가 15 × 30 × 200이라면 키의 길이는?

① 15

② 30

③ 200

④ 450

> **NOTE** 키의 호칭 … 폭 × 높이 × 길이

27 다음 중 일반적인 코터의 기울기는?

① $\frac{1}{5} \sim \frac{1}{10}$

② $\frac{1}{25}$

③ $\frac{1}{50}$

④ $\frac{1}{50} \sim \frac{1}{100}$

> **NOTE** 코터의 기울기
> ㉠ 자주 분해하는 것 : $\frac{1}{5} \sim \frac{1}{10}$
> ㉡ 일반적인 것 : $\frac{1}{25}$
> ㉢ 영구 결합하는 것 : $\frac{1}{50} \sim \frac{1}{100}$

Answer. 24.② 25.④ 26.③ 27.②

28 다음 중 기밀을 유지하기 위하여 행해지는 작업은?

① 리벳팅   ② 스냅팅

③ 풀러링   ④ 풀림

> **NOTE** 리벳이음의 작업방법
> ㉠ 리베팅(Rivetting) : 스냅공구를 이용하여 리벳의 머리를 만드는 작업
> ㉡ 코킹(Caulking) : 리벳의 머리 주위 또는 강판의 가장자리를 끌을 이용하여 그 부분을 밀착시켜 틈을 없애는 작업
> ㉢ 풀러링(Fullering) : 완벽한 기밀을 위해 끝이 넓은 끌로 때려 붙이는 작업

29 다음 중 수밀을 요하는 물탱크나 연통에 사용되는 리벳은?

① 관용 리벳   ② 저압용 리벳

③ 구조용 리벳   ④ 복줄 리벳

> **NOTE** 리벳의 사용목적에 따른 분류
> ㉠ 관용리벳 : 주로 기밀을 요하는 보일러나 압력용기에 사용된다.
> ㉡ 저압용 리벳 : 주로 수밀을 요하는 물탱크나 연통에 사용된다.
> ㉢ 구조용 리벳 : 주로 힘의 전달과 강도를 요하는 구조물이나 교량에 사용된다.

30 다음 중 코터의 3요소로 옳지 않은 것은?

① 피치   ② 로드

③ 코터   ④ 소켓

> **NOTE** 코터의 3요소 … 로드, 코터, 소켓

31 다음 중 인장력 또는 압축력이 작용하는 두 축을 연결할 때 사용되는 연결방법은?

① 용접   ② 리벳

③ 볼트   ④ 코터

> **NOTE** 코터 … 축방향으로 인장력이나 압축력을 받는 두 축을 연결할 때 쓰인다.

Answer. 28.③ 29.② 30.① 31.④

32 다음 중 리벳이음 작업의 순서를 바르게 나타낸 것은?

> ㉠ 강판이나 형판을 구멍이나 드릴을 이용하여 구멍을 뚫는다.
> ㉡ 기밀을 필요로 하는 경우는 코킹을 만든다.
> ㉢ 뚫린 구멍을 리머로 정밀하게 다듬은 후 리벳팅한다.

① ㉠ - ㉢ - ㉡

② ㉠ - ㉡ - ㉢

③ ㉡ - ㉢ - ㉠

④ ㉡ - ㉠ - ㉢

NOTE 리벳이음 작업의 순서 … 강판이나 형판을 구멍이나 드릴을 이용하여 구멍을 뚫는다. → 뚫린 구멍을 리머로 정밀하게 다듬은 후 리벳팅 한다. → 기밀을 필요로 하는 경우 코킹을 만든다.

33 다음 중 직교하는 면을 접합하는 용접방법은?

① 비드 용접

② 플러그 용접

③ 필릿 용접

④ 홈 용접

NOTE ① 재료를 구멍을 내거나 가공을 하지 않은 상태에서 비드를 용착시키는 용접방법이다.
② 접합할 재료의 한 쪽에만 구멍을 내어 그 구멍을 통해 판의 표면까지 비드를 쌓아 접합하는 용접방법이다.
③ 직교하는 면을 접합하는 용접방법이다.
④ 접합하고자 하는 부위에 홈을 만들어 용접하는 방법이다.

34 다음 중 코킹효과가 없는 것은?

① 두께가 5mm 이하인 강판

② 두께가 15mm 이하인 강판

③ 두께가 30mm 이하인 강판

④ 두께가 45mm 이하인 강판

NOTE ① 두께가 5mm 이하인 강판의 경우에는 코킹의 효과가 없다.

Answer. 32.① 33.③ 34.①

Chapter. 02 축에 관한 기계요소

01 축(Shaft)

1 축의 개요

① 축은 기계에서 동력을 전달하는 중요한 부분이므로 피로에 의한 파괴가 일어나지 않도록 허용 응력을 선정해야 한다.

② 축의 단면은 일반적으로 원형이며, 원형 축에는 속이 꽉 찬 실축과 속이 빈 중공축이 사용되고 있다.

2 축의 재료

축의 재료로는 일반적으로 탄소강이 가장 널리 쓰이며, 고속회전이나 중하중의 기계용에는 Ni – Cr강, Cr – Mo강 등의 특수강을 사용한다.

3 축의 종류

① 용도에 의한 분류
  ㉠ 차축(axle) : 주로 굽힘 하중을 받으며, 토크를 전하는 회전축과 전하지 않는 정지축이 있다.
  ㉡ 전동축(transmission shaft) : 주로 비틀림과 굽힘 하중을 동시에 받으며, 축의 회전에 의하여 동력을 전달하는 축이다.
  ㉢ 스핀들(spindle) : 주로 비틀림 하중을 받으며, 공작기계의 회전축에 쓰인다.

② 형상에 의한 분류
  ㉠ 직선축(straight shaft) : 일반적으로 동력을 전달하는 데 사용되는 축이다.
  ㉡ 크랭크축(crank shaft) : 왕복운동과 회전운동의 상호 변환에 사용되는 축으로, 다시 말하면 직선운동을 회전운동으로 또는 회전운동을 직선운동으로 바꾸는 데 사용되는 축이다.

ⓒ 플렉시블(flexible shaft) : 철사를 코일 모양으로 2~3중으로 감아서 자유롭게 휠 수 있도록 만든 것으로, 전동축이 큰 굽힘을 받을 때 축방향으로 자유로이 변형시켜 충격을 완화하는 축이다.

[크랭크축과 플렉시블축]

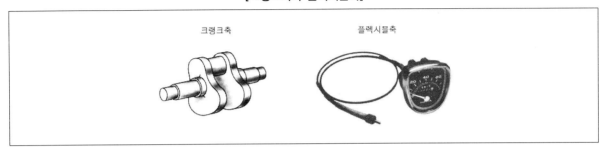

크랭크축   플렉시블축

❹ 축 설계 시 고려사항

① 강도(strength) … 다양한 하중의 종류를 충분히 견딜 수 있는 충분한 강도를 유지하도록 설계하여야 한다.

② 강성(rigidity, stiffness) … 강성이란 처짐이나 비틀림에 대한 저항력을 말하며, 강성의 종류에는 굽힘 강성과 비틀림 강성이 있는데, 이러한 처짐이나 비틀림에 충분히 견딜 수 있도록 설계하여야 한다.

③ 진동(vibration) … 굽힘 또는 비틀림으로 진동이 축의 고유진동과 공진할 때의 위험속도를 고려하여 다양한 종류의 진동에 충분히 견딜 수 있도록 설계하여야 한다.

④ 부식 … 부식의 우려가 있는 곳에서 사용되는 축은 부식을 방지할 수 있는 방식처리를 할 수 있도록 설계하여야 한다.

⑤ 열응력 … 높은 열응력을 받는 축은 열응력 및 열팽창을 고려하여 열응력에 의한 파괴를 방지할 수 있도록 설계하여야 한다.

❺ 축의 직경설계

① 굽힘 모멘트만 받는 경우 … 굽힘 모멘트를 M, 단면계수를 Z, 축지름을 d, 축 재료의 허용 굽힘 응력을 σ_a라 하면 굽힘 모멘트만 받는 경우의 직경은 다음과 같이 결정한다.

ⓐ 중실축

• $\sigma_a = \dfrac{M}{z} = \dfrac{32M}{\pi d^3}$

• $d = \sqrt[3]{\dfrac{10.2M}{\sigma_a}}$

ⓛ 중공축 : $d = \sqrt[3]{\dfrac{10.2M}{(1-x^4)\sigma_a}}$ (내경을 d_1, 외경을 d_2라 하고, 내외경비가 $x = \dfrac{d_1}{d_2}$라 할 때)

② 비틀림 모멘트만 받는 경우 ··· 최대 비틀림 모멘트를 T, 극단면 계수를 Z_p, 축 재료의 허용 비틀림 응력을 τ_a라 하면 비틀림 모멘트만 받는 경우의 직경은 다음과 같이 결정한다.

ㄱ 중실축

- $T = \tau Z_p = \dfrac{\pi d^3}{16}\tau_a$

- $d = \sqrt[3]{\dfrac{5.1\,T}{\tau_a}}$

ⓛ 중공축 : $d = \sqrt[3]{\dfrac{5.1\,T}{(1-x^4)\tau_a}}$ (내경을 d_1, 외경을 d_2라 하고, 내외경비가 $x = \dfrac{d_1}{d_2}$라 할 때)

③ 비틀림 모멘트와 굽힘 모멘트를 동시에 받는 경우 ··· 비틀림과 굽힘 모멘트를 동시에 받을 경우에는 이들의 작용을 합성한 상당 굽힘 모멘트 M_e와 상당 비틀림 모멘트 T_e를 도입하여 직경은 다음과 같이 결정한다.

ⓐ $T_e = \sqrt{M^2 + T^2}$

ⓑ $M_e = \dfrac{1}{2}(M + \sqrt{M^2 + T^2}) = \dfrac{1}{2}(M + T_e)$

ㄱ 중실축

- $d = \sqrt[3]{\dfrac{10.2M_e}{\sigma_a}}$

- $d = \sqrt[3]{\dfrac{5.1\,T_e}{\tau_a}}$

ⓛ 중공축

- $d = \sqrt[3]{\dfrac{10.2M_e}{(1-x^4)\sigma_a}}$

- $d = \sqrt[3]{\dfrac{5.1\,T_e}{(1-x^4)\tau_a}}$

02 축이음

❶ 축이음의 개념

① 긴 축을 사용해야 할 경우에는 몇 개의 축을 이어서 사용하거나, 원동기에 의하여 다른 기계를 구동할 경우에는 그 두 축을 연결해야 하는데 이 때 두 개 또는 여러 개의 축을 연결하여 동력을 전달하는 데 사용되는 기계요소를 축이음이라 한다.

② 축이음에는 영구적인(운전 중에 결합을 끊을 수 없는) 이음인 커플링과 동력을 자주 단속할 필요성이 있을 때 사용되는 이음인 클러치가 있다.

❷ 커플링(Coupling)

① 고정 커플링(fixed coupling) … 일직선상에 있는 두 축을 연결할 때 사용하는 커플링으로 원통형 커플링과 플랜지 커플링으로 나뉜다.

   ⊙ 원통형 커플링 : 직결할 2축의 축단에 철강제의 원통을 부착하여 볼트나 키에 의해서 이음하게 된다.

   ⓒ 플랜지 커플링 : 축의 양 끝에 플랜지를 붙이고 볼트로 체결하는 방식으로, 직경이 큰 축이나 고속회전하는 정밀회전축 이음에 사용된다.

② 플렉시블 커플링(flexible coupling) … 두 축의 중심을 완벽하게 일치시키기 어려울 경우나 엔진, 공작기계 등과 같이 진동이 발생하기 쉬운 경우에 고무, 가죽, 금속판 등과 같이 유연성이 있는 것을 매개로 사용하는 커플링이다.

③ 올덤 커플링(Oldham's coupling) … 두 축이 평행하거나 약간 떨어져 있는 경우에 사용되고, 양축 끝에 끼어 있는 플랜지 사이에 90°의 키 모양의 돌출부를 양면에 가진 중간 원판이 있고, 돌출부가 플랜지 홈에 끼워 맞추어 작용하도록 3개가 하나로 구성되어 있다. 두 축의 중심이 약간 떨어져 평행할 때 동력을 전달시키는 축으로 고속회전에는 적합하지 않다.

올덤 커플링의 작동원리

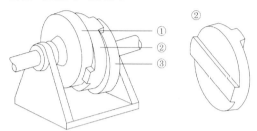

① ② ③

링크①과 링크③ 위로 미끄러지는 링크②를 통하여 회전한다.

④ **유니버셜 조인트**(universal joint)… 두 개의 축이 만나는 각이 수시로 변화해야 하는 경우 사용되는 커플링으로 두 축이 어느 각도로 교차되고, 그 사이의 각도가 운전 중 다소 변하더라도 자유로이 운동을 전달할 수 있는 축이음이다. 훅 조인트(Hook's joint)라고도 하며, 두 축이 같은 평면 내에 있으면서 그 중심선이 서로 30° 이내의 각도를 이루고 교차하는 경우에 사용된다. 공작 기계, 자동차의 동력전달 기구, 압연 롤러의 전동축 등에 널리 쓰인다. 하지만 이 커플링은 구동축을 일정한 각도로 회전시켜도 피동축의 각 속도가 180°의 주기로 변동되는 단점이 있으므로 두 축이 만나는 각은 원활한 전동을 위하여 30° 이하로 제한하는 것이 좋다.

⑤ **유체 커플링**(hydraulic coupling)… 구동축에 고정된 펌프 날개차의 회전에 의하여 에너지를 받은 물 또는 기름과 같은 유체가 피동축에 고정된 터빈 날개차에 들어가서 피동축을 회전시켜 동력을 전달하는 것으로, 시동이 쉽고 진동과 충격이 유체에 흡수되어 피동축에 전달되지 않으므로, 힘의 변동이 크고 기동할 때에 저항이 큰 컨베이어, 크레인, 차량용 등에 널리 사용되고 있는 커플링이다.

⑥ **머프 커플링**… 주철제의 원통 속에서 두 축을 서로 맞대고 키로 고정한 커플링이다. 축지름과 하중이 작을 경우 사용하며 인장력이 작용하는 축에는 적합하지 않다.

⑦ **셀러 커플링**… 머프 커플링을 셀러(seller)가 개량한 것으로 주철제의 바깥 원통은 원추형으로 이고 중앙부로 갈수록 지름이 가늘어지는 형상이다. 바깥원통에 2개의 주철제 원추통을 양쪽에 박아 3개의 볼트로 죄어 축을 고정시킨 것이다.

⑧ **플랜지 커플링**… 큰 축과 고속정밀회전축에 적합하며 커플링으로서 가장 널리 사용되는 방식이다. 양 축 끝단의 플랜지를 키로 고정한 이음이다.

⑨ **플렉시블 커플링**… 두 축의 중심선이 약간 어긋나 있을 경우 탄성체를 플랜지에 끼워 진동을 완화시키는 이음이다. 회전축이 자유롭게 이동할 수 있다.

⑩ **기어 커플링**… 한 쌍의 내접기어로 이루어진 커플링으로 두 축의 중심선이 다소 어긋나도 토크를 전달할 수 있어 고속회전 축이음에 사용되는 이음이다.

⑪ **등속 조인트**(constant-velocity joint) … 일직선상에 놓여 있지 않은 두 개의 축을 연결하는 데 쓰이고, 축의 1회전 동안 회전각속도의 변동 없이 동력을 전달하며, 전륜 구동 자동차의 동력전달장치로 사용되는 조인트이다.

⑫ **주름형 커플링**(bellows coupling) … 미소각을 연결하고자 할 경우 사용하는 주름형태의 커플링이다.

③ 클러치(Clutch)

① **맞물림 클러치**(claw clutch) … 서로 맞물려 돌아가는 조(jaw)의 한쪽을 원동축으로 하고, 다른 방향은 종동축으로 하여 동력을 전달할 수 있도록 한 클러치이다. 클러치 중 가장 간단한 구조로 서로 물릴 수 있는 이(齒)를 가진 플랜지를 축의 끝에 끼우고, 피동축을 축방향으로 이동할 수 있게 하여 이 이(齒)가 서로 맞물리기도 하고 떨어질 수도 있게 하여 동력을 전달 및 단속하게 된다.

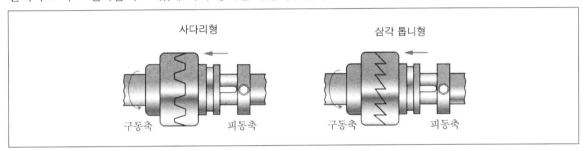

② **마찰 클러치**(friction clutch) … 두 개의 마찰면을 서로 강하게 접촉시켜 생기는 마찰력으로 동력을 전달하는 클러치로, 구동축이 회전하는 중에도 충격없이 피동축을 구동축에 결합시킬 수 있으며, 마찰 클러치의 종류에는 원판 클러치와 원추 클러치가 있다.

　　㉠ **원판 클러치** : 두 개의 접촉면이 평면인 클러치이다.
　　㉡ **원추 클러치** : 접촉면이 원뿔형으로 되어 있어, 축방향에 작은 힘이 작용하여도 접촉면에 큰 마찰력이 발생하여 큰 회전력을 전달 할 수 있는 클러치이다.

③ **유체 클러치**(hydraulic clutch) … 원통축에 고정된 날개를 회전하면 밀폐기의 유체가 원심력에 의해 회전하면서 중동축에 있는 터빈 날개를 회전시키게 되는 클러치이다.

④ **전자 클러치**…코일에 생기는 전자력으로 아마추어를 끌어 당기고, 전류가 끊어지면 스프링의 힘에 의해 아마추어가 끊어지는 구조로, 전자력에 의해 작동하는 클러치로 각종 기계나 전용 공작기계의 위치, 속도 등을 제어하는 축이음 요소로 사용되고 있으며, 토크를 임의로 제어할 수 있고, 원격조작이 가능하며 작동도 안정적이다.

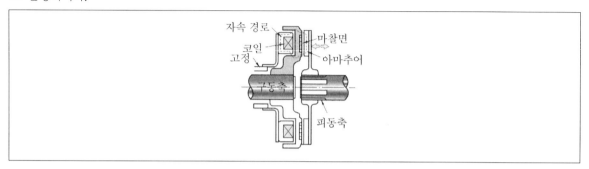

03 베어링(Bearing)

① 베어링의 개념

① 회전하는 부분을 지지하는 축을 베어링이라 한다.

② 베어링에 둘러싸여 회전하는 축의 부분을 저널이라고 한다.

③ 베어링 재료에 요구되는 성질은 다음과 같다.
   ㉠ 하중 및 피로에 대한 충분한 강도를 가질 것
   ㉡ 축에 눌어붙지 않는 내열성을 가질 것
   ㉢ 내부식성이 강할 것
   ㉣ 유막의 형성이 용이할 것
   ㉤ 축의 처짐과 미소 변형에 대하여 유연성이 좋을 것
   ㉥ 베어링에 흡입된 미세한 먼지 등의 흡착력이 좋을 것
   ㉦ 내마멸성 및 내구성이 좋을 것
   ㉧ 마찰계수가 작을 것
   ㉨ 마찰열을 소산시키기 위한 용이한 구조일 것

② 베어링의 분류

① 베어링 구조에 의한 분류
  - ㉠ **미끄럼 베어링**(sliding bearing) : 베어링과 저널이 미끄럼 접촉을 하는 베어링이다.
  - ㉡ **구름 베어링**(rolling bearing) : 베어링과 저널 사이에 볼이나 롤러에 의하여 구름 접촉을 하는 베어링이다.

② 베어링이 지지할 수 있는 힘의 방향에 의한 분류
  - ㉠ **레디얼 베어링**(radial bearing) : 축에 수직방향으로 작용하는 힘을 받는 베어링이다.
  - ㉡ **스러스트 베어링**(thrust bearing) : 축방향으로 작용하는 힘을 받는 베어링이다.

② 윤활

축과 베어링은 상대운동을 하기 때문에 마찰이 생기고, 열이 발생되어 동력손실을 가져오게 되며 또 소손을 일으켜 기계손상의 원인이 되므로 윤활유 등에 의해 마찰을 감소하고, 발생열을 제거하기 위해서 윤활을 해야 한다.

① 윤활의 종류
  - ㉠ **완전 윤활** : 유체마찰로 이루어지는 윤활상태를 나타내며, 유체윤활이라고 한다.
  - ㉡ **불완전 윤활** : 유체마찰상태에서 유막이 약해지면서 마찰이 급격히 증가하기 시작하는 경계윤활상태로 경계윤활이라고도 한다.

② 윤활의 방법

[베어링의 윤활 방법]

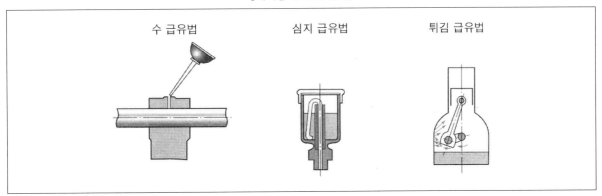

| 수 급유법 | 심지 급유법 | 튀김 급유법 |

④ 미끄럼 베어링

축과 베어링이 직접 접촉하여 미끄럼 운동을 하는 베어링이다.

[미끄럼 베어링]

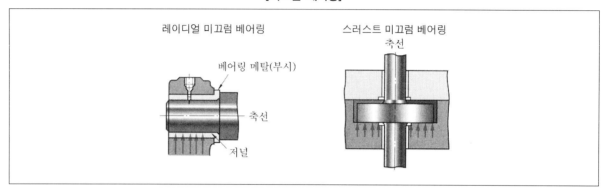

① 미끄럼 베어링의 재료

    ㉠ **주철** : 저속 회전용에 사용된다.

    ㉡ **동합금** : 내마멸성과 열전도율이 좋아 고속, 고하중에 사용된다.

    ㉢ **주석을 주성분으로 한 합금** : 고급 베어링 재료로 고하중에 사용된다.

    ㉣ **아연을 주성분으로 한 합금** : 가격이 저렴하지만 내마멸성이 떨어져 중하중에 사용된다.

    ㉤ **납을 주성분으로 한 합금** : 대단히 연질이기 때문에 구리나 주철의 내측에 얇게 입혀서 사용한다.

② 미끄럼 베어링의 장·단점

    ㉠ **장점**

      • 구조가 간단하여 수리가 용이하다.

      • 충격에 견디는 힘이 커서 하중이 클 때 주로 사용된다.

      • 진동, 소음이 적다.

      • 가격이 싸다.

    ㉡ **단점**

      • 시동시 마찰저항이 매우 크다.

      • 윤활유의 주입이 까다롭다.

❺ 구름 베어링

① 구름 베어링의 구조

[구름 베어링의 기본구성요소]

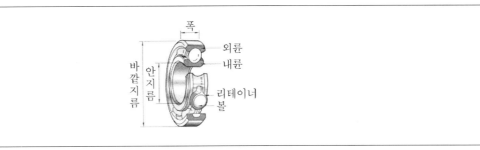

　　㉠ 내륜, 외륜, 전동체, 리테이너로 구성되어 있다.
　　㉡ 내륜과 외륜 사이에 롤러나 볼을 넣어 마찰을 적게 하고, 구름 운동할 수 있도록 되어있는 구조이다.
　　㉢ 리테이너 : 볼을 원주에 고르게 배치하여 상호간의 접촉을 피하고 마멸과 소음을 방지하는 역할을 한다.

② 구름 베어링의 재료
　　㉠ 내륜, 외륜, 전동체의 재료는 고탄소 크롬강의 일종인 베어링 강이 주로 쓰인다.
　　㉡ 리테이너의 재료는 탄소강, 청동, 경합금, 베이클라이트 등이 사용된다.

③ 구름 베어링의 장·단점
　　㉠ 장점
　　　• 규격화되어 있어 교환 및 선택이 용이하다.
　　　• 윤활이 용이하다.
　　　• 기계의 소형화가 가능하다.
　　㉡ 단점
　　　• 윤활유가 비산하고 전동체가 있어 고속회전에 불리하다.
　　　• 설치와 조립이 까다롭다.
　　　• 소음이 심하다.
　　　• 충격에 약하다.
　　　• 가격이 비싸다.

④ 구름 베어링의 종류
　　㉠ 전동체의 종류에 따른 분류
　　　• 볼 베어링
　　　• 롤러 베어링
　　　−원통 롤러 베어링
　　　−구면 롤러 베어링

- 원추 롤러 베어링
- 니들 롤러 베어링

ⓛ 전동체의 열수에 따른 분류
- 단열 베어링
- 복열 베어링

[구름 베어링의 종류]

깊은 홈 볼 베어링	앵귤러 콘택트 볼 베어링	자동 조심 볼 베어링	원통 롤러 베어링	스러스트 볼 베어링

미끄럼 베어링	구름(볼, 롤러) 베어링
지름은 작으나 폭이 크게 된다.	폭은 작으나 지름이 크게 된다.
일반적으로 간단하며 보수가 용이하다	전동체가 있어 복잡하며 보수가 어렵다.
싸다	비싸다
크다	작다
크다	작다
나쁘다	우수하다
유막에 의한 감쇠력이 우수하다. (충격치가 크다.)	감쇠력이 작아 충격 흡수력이 작다. (충격치가 작다.)
저속회전에 적합하나 공진속도를 지난 고속회전에도 적합하다.	고속회전에 적합하나 공진속도의 영역 내에서만 가능하다
작다	크다.
큰 하중에 적용한다.	작은 하중에 적용한다.
크다.	작다.
자체 제작하는 경우가 많다.	표준형 양산품으로 호환성이 높다.

▶TIP

충격치 … 시험편을 절단하는데 필요한 에너지 (충격강도로 이해하면 무리가 없다.)

⑤ 구름 베어링의 규격과 호칭번호

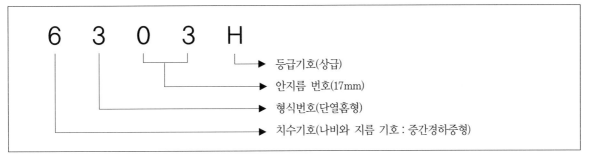

ㄱ 형식번호
- 1 : 목렬자동조심형
- 2, 3 : 복렬자동조심형(큰 나비)
- 6 : 단열 홈형
- 7 : 단열앵귤러컨택트형
- N : 원통롤러형

ㄴ 치수기호
- 0, 1:특별경하중형
- 2 : 경하중형
- 3 : 중간경하중형
- 4 : 중하중형

ㄷ 안지름기호 : 구름 베어링의 내륜 안지름을 표시하는 것으로 안지름 20mm 이상 500mm 미만은 안지름을 5로 나눈 수가 안지름번호이며, 안지름이 10mm 미만인 것은 지름 치수를 그대로 안지름 번호로 쓴다.

　예 안지름번호 16 : 안지름 80mm
- 00 : 안지름 10mm
- 01 : 안지름 12mm
- 02 : 안지름 15mm
- 03 : 안지름 17mm

ㄹ 등급기호
- 무기호 : 보통등급
- H : 상급
- p : 정밀급
- sp : 초정밀급

기출예상문제

한국가스기술공사

1 다음 중 미끄럼(슬라이딩) 베어링을 구름 베어링과 비교한 것으로서 바르지 않은 것은?

① 충격흡수능력이 크다.　　　　　　　② 고속회전에 유리하다.

③ 소음이 작다.　　　　　　　　　　　④ 마찰계수가 크다.

⑤ 추력하중을 용이하게 받는다.

> **NOTE** 슬라이딩 베어링의 특징
> ㉠ 추력하중을 받기가 어렵다.
> ㉡ 충격흡수능력이 크다.
> ㉢ 고속회전능력에 유리하다.
> ㉣ 소음이 작다.
> ㉤ 마찰계수가 크다.

한국가스기술공사

2 다음 중 하중방향에 따른 베어링(bearing) 분류 중 축과 수직으로 하중이 걸리는 경우에 사용하는 베어링은?

① 레이디얼(radial) 베어링　　　　　　② 스러스트(thrust) 베어링

③ 구름(rolling) 베어링　　　　　　　④ 미끄럼(sliding) 베어링

> **NOTE** 구름베어링과 미끄럼베어링의 구분은 접촉상태에 따른 분류이고, 스러스트 베어링은 축방향으로 하중이 작용하는 경우에 사용된다.

3 다음 중 나사산 단면이 3각형 형태가 아닌 것은?

① 미터나사　　　　　　　　　　　　② 휘트워드 나사

③ 유니 파이 나사　　　　　　　　　④ 사각나사

> **NOTE** 나사산 단면이 3각형 종류 … 미터나사, 휘트워드 나사, 유니 파이 나사

Answer. 1.⑤ 2.① 3.④

4 다음 중 동력 전달용으로 가장 적합한 나사는?

① 삼각 나사   ② 사다리꼴 나사

③ 둥근 나사   ④ 미터 나사

> **NOTE** 동력전달용 나사종류 … 사각 나사, 사다리꼴 나사, 톱니 나사

5 시멘트 기계와 같이 모래, 먼지, 등이 들어가기 쉬운 부분에 주로 사용되는 나사는?

① 유니파이 나사   ② 둥근 나사

③ 톱니 나사   ④ 관용 나사

> **NOTE** 둥근 나사는 시멘트 기계와 같이 먼지, 모래 등이 들어가기 쉬운 부분에 주로 사용된다.

6 축 주위에 여러 개의 키를 깎은 것은 무엇인가?

① 묻힘키   ② 평키

③ 페더키   ④ 스플라인

> **NOTE** 스플라인(spline) … 축의 둘레에 여러 개의 키 홈을 깎은 것으로 축의 단면적이 감소하여 강도가 저하되고 키 홈의 노치 역할로 인해 응력집중이 발생하게 된다. 따라서 이런 경우 미끄럼키를 축과 일체로 하는 스플라인 축을 사용한다.

7 두 축이 어떤 각을 이루고 만나거나 회전중에 이 각이 변화할 때 사용되는 것으로 공작기계와 자동차에 널리 사용되는 축이음방식은?

① 슬리브 커플링   ② 자재이음

③ 플렉시블 커플링   ④ 플랜지 커플링

> **NOTE** 유니버셜 조인트 … 두 축이 일직선상에 있지 않고 서로 어떤 각도로 교차하는 경우에 사용되는 축이음방식으로 자재이음 이라고도 한다.

8 클러치를 설계할 때 유의할 사항으로 옳지 않은 것은?

① 균형상태가 양호하도록 하여야 한다.
② 관성력을 크게 하여 회전 시 토크 변동을 작게 한다.
③ 단속을 원활히 할 수 있도록 한다.
④ 마찰열에 대하여 내열성이 좋아야 한다.

> **NOTE** 클러치(clutch) … 클러치는 붙잡음, 움켜짐의 뜻. 클러치는 엔진과 변속기 사이에 설치되어 엔진의 회전력을 구동 바퀴에 전달 또는 차단하는 장치로서 엔진 시동시 무부하 상태로 하고, 자동차의 관성 운전을 위해서 엔진의 동력을 일시 차단하여야 하며, 변속 시 동력을 차단하여 변속을 쉽게 하도록 한다

9 다음 중 플랜지를 축 끝에 끼우고 키와 볼트로 고정시킨 것으로 가장 많이 사용되는 축이음은?

① 슬리브 커플링
② 플랜지 커플링
③ 플렉시블 커플링
④ 자재이음

> **NOTE** 플랜지 커플링 … 축의 양 끝에 플랜지를 붙이고 볼트로 체결하는 방식으로 직경이 큰 축이나 고속회전하는 정밀회전축 이음에 사용된다.

10 구름 베어링에서 6203 C2 P6의 설명으로 옳지 않은 것은?

① 안지름 −15mm
② 틈새 −2
③ 등급기호 −6급
④ 레이디얼 볼 베어링 경하중용

> **NOTE** ① 안지름은 03으로 17mm를 의미한다.

11 다음 중 호칭번호가 60 6 C2 P6인 베어링의 안지름은?

① 2mm
② 6mm
③ 10mm
④ 12mm

> **NOTE** 세 번째 번호가 안지름의 치수를 말하는 것이며, 안지름이 10mm 미만인 것은 지름 치수를 그대로 안지름 번호로 쓰므로 호칭번호가 60 6 C2 P6인 베어링의 안지름은 6mm이다.

Answer. 8.② 9.② 10.① 11.②

12 다음 중 차축이 받는 힘은?

① 주로 휨 하중을 받는다.

② 주로 압축 하중을 받는다.

③ 주로 비틀림 하중을 받는다.

④ 휨과 비틀림 하중을 받는다.

NOTE 차축(axle) ··· 주로 굽힘 모멘트를 받으며, 토크를 전하는 회전축과 전하지 않는 정지축이 있다.

13 다음 중 구름 베어링의 구성요소로 옳지 않은 것은?

① 부시

② 내륜

③ 외륜

④ 리테이너

⑤ 전동체

NOTE 구름 베어링의 구성요소 ··· 내륜, 외륜, 전동체(볼 또는 롤러), 리테이너

14 주로 비틀림작용을 받으며 모양과 치수가 정밀한 짧은 회전축은 어느 것인가?

① 차축

② 크랭크축

③ 전동축

④ 스핀들축

⑤ 플렉시블축

NOTE 축의 분류

㉠ 용도에 의한 분류

• 차축(axle) : 주로 굽힘 모멘트를 받으며, 토크를 전하는 회전축과 전하지 않는 정지축이 있다.

• 전동축(transmission shaft) : 주로 비틀림과 굽힘 모멘트를 동시에 받으며, 축의 회전에 의하여 동력을 전달하는 축이다.

• 스핀들(spindle) : 주로 비틀림 하중을 받으며, 공작기계의 회전축에 쓰인다.

㉡ 형상에 의한 분류

• 직선축(straight shaft) : 일반적으로 동력을 전달하는 데 사용되는 축이다.

• 크랭크축(crank shaft) : 왕복운동과 회전운동의 상호변환에 사용되는 축으로 다시 말하자면 직선운동을 회전운동으로 또는 회전운동을 직선운동으로 바꾸는 데 사용되는 축이다.

• 플렉시블축(flexible shaft) : 철사를 코일모양으로 2~3중으로 감아서 자유롭게 휠 수 있도록 만든 것으로 전동축이 큰 굽힘을 받을 때 축방향으로 자유로이 변형시켜 충격을 완화하는 축이다.

Answer. 12.① 13.① 14.④

15 다음 중 고속회전이나 중하중의 기계용에 사용되는 축의 재료는?

① 주철

② 탄소강

③ Ni – Cr강

④ 알루미늄

> **NOTE** 축의 재료로는 일반적으로 탄소강이 가장 널리 쓰이며, 고속회전이나 중하중의 기계용에는 Ni – Cr강, Cr – Mo강 등의 특수강을 사용한다.

16 다음 중 축설계시 고려사항으로 옳지 않은 것은?

① 회전수는 고려하지 않아도 된다.

② 다양한 하중을 충분히 견딜 수 있도록 한다.

③ 부식을 방지할 수 있도록 한다.

④ 처짐이나 비틀림에 충분히 견딜 수 있도록 한다.

> **NOTE** 축 설계시 고려사항
> ㉠ 강도(strength) : 다양한 종류의 하중을 충분히 견딜 수 있는 충분한 하중을 갖도록 설계해야 한다.
> ㉡ 강성(rigidity, stiffness) : 강성이란 처짐이나 비틀림에 대한 저항력을 말하며, 강성의 종류에는 굽힘 강성과 비틀림 강성이 있는데, 이러한 처짐이나 비틀림에 충분히 견딜 수 있도록 설계하여야 한다.
> ㉢ 진동(vibration) : 굽힘 또는 비틀림으로 진동이 축의 고유진동과 공진할 때의 위험속도를 고려하여 다양한 종류의 진동에 충분히 견딜 수 있도록 설계하여야 한다.
> ㉣ 부식 : 부식의 우려가 있는 곳에서 사용되는 축은 부식을 방지할 수 있는 방식처리를 하여, 부식을 방지할 수 있도록 설계하여야 한다.
> ㉤ 열응력 : 높은 열응력을 받는 축은 열응력 및 열팽창을 고려하여 열응력에 의한 파괴를 방지할 수 있도록 설계하여야 한다.

17 다음 중 축을 모양에 의해 분류할 때 속하지 않는 것은?

① 직선축

② 크랭크축

③ 전동축

④ 플렉시블축

> **NOTE** 축은 용도에 따라 차축, 전동축, 스핀들로 분류되며, 형상에 따라 직선축, 크랭크축, 플렉시블축으로 나뉜다.

18 다음 중 비틀림 모멘트와 굽힘 모멘트를 동시에 받는 경우 중공축의 직경을 계산하는 방법은?

① $d = \sqrt[3]{\dfrac{10.2M}{\sigma_a}}$

② $d = \sqrt[3]{\dfrac{5.1T}{\tau_a}}$

③ $d = \sqrt[3]{\dfrac{10.2M_e}{(1-x^4)\sigma_a}}$, $d = \sqrt[3]{\dfrac{5.1T_e}{(1-x^4)\tau_a}}$

④ $d = \sqrt[3]{\dfrac{10.2M_e}{\sigma_a}}$, $d = \sqrt[3]{\dfrac{5.1T_e}{\tau_a}}$

NOTE 비틀림 모멘트와 굽힘 모멘트를 동시에 받는 경우

ㄱ 중실축 : $d = \sqrt[3]{\dfrac{10.2M_e}{\sigma_a}}$, $d = \sqrt[3]{\dfrac{5.1T_e}{\tau_a}}$

ㄴ 중공축 : $d = \sqrt[3]{\dfrac{10.2M_e}{(1-x^4)\sigma_a}}$, $d = \sqrt[3]{\dfrac{5.1T_e}{(1-x^4)\tau_a}}$

19 다음 중 축지름을 d, 축 재료의 전단응력을 τ_a라 할 때, 비틀림 모멘트는?

① $T = \dfrac{\pi d^3}{16}\tau_a$

② $T = \dfrac{\pi d^3}{64}\tau_a$

③ $T = \dfrac{d^3}{16}\tau_a$

④ $T = \dfrac{d^3}{64}\tau_a$

NOTE 축지름을 d, 최대 비틀림 모멘트를 T, 축 재료의 전단응력을 τ_a라 할 때, 비틀림 모멘트 $T = \dfrac{\pi d^3}{16}\tau_a$이다.

20 다음 중 고무, 가죽, 금속판 등과 같이 유연성이 있는 것을 매개로 사용하는 커플링은?

① 플랜지 커플링

② 플렉시블 커플링

③ 올덤 커플링

④ 유니버셜 조인트

NOTE 커플링의 종류

ㄱ 플랜지 커플링 : 축의 양 끝에 플랜지를 붙이고 볼트로 체결하는 방식으로 직경이 큰 축이나 고속회전하는 정밀회전축 이음에 사용된다.

ㄴ 플렉시블 커플링(flexible coupling) … 두 축의 중심을 완벽하게 일치시키기 어려울 경우나 엔진, 공작기계 등과 같이 진동이 발생하기 쉬운 경우에 고무, 가죽, 금속판 등과 같이 유연성이 있는 것을 매개로 사용하는 커플링이다.

ㄷ 올덤 커플링(Oldham's coupling) : 두 개의 축이 평행하나 그 중심선이 약간 어긋났을 때 각 속도의 변화없이 회전동력을 전달하는 커플링이다.

ㄹ 유니버셜 조인트(universal joint) : 두 개의 축이 만나는 각이 수시로 변화해야 하는 경우 사용되는 커플링으로 두 축이 어느 각도로 교차되고, 그 사이의 각도가 운전 중 다소 변하더라도 자유로이 운동을 전달할 수 있는 축이음이다.

21 다음 중 마찰 클러치에 관한 설명으로 옳지 않은 것은?

① 클러치 중 가장 간단한 구조이다.　② 클러치 안에 유체가 들어있다.

③ 원판 클러치와 원추 클러치로 나뉜다.　④ 토크를 임의로 제어할 수 있다.

> **NOTE** ② 유체 클러치에 대한 설명이다.
>
> ※ 마찰 클러치(friction clutch) … 두 개의 마찰면을 서로 강하게 접촉시켜 마찰면에 생기는 마찰력으로 동력을 전달하는 클러치로 구동축이 회전하는 중에도 충격없이 피동축을 구동축에 결합시킬 수 있으며, 마찰 클러치의 종류에는 원판 클러치와 원추 클러치가 있다.
> ㉠ 원판 클러치 : 두 개의 접촉면이 평면인 클러치이다.
> ㉡ 원추 클러치 : 접촉면이 원뿔형으로 되어 있어, 축방향에 작은 힘이 작용하여도 접촉면에 큰 마찰력이 발생하여 큰 회전력을 전달할 수 있는 클러치이다.

22 다음 중 베어링과 접촉하고 있는 부분은?

① 핀　② 저널

③ 플랜지　④ 리테이너

> **NOTE** 베어링과 접촉하고 있는 부분은 저널이다.

23 다음 중 하중이 축에 직각으로 작용하는 저널은?

① 원뿔저널　② 구면저널

③ 레이디얼저널　④ 트러스트저널

> **NOTE** ① 하중이 축방향과 직각방향에서 동시에 작용하는 저널
> ② 축을 임의의 방향으로 기울어지게 할 수 있는 저널
> ④ 하중이 축방향으로 작용하는 저널

24 다음 중 윤활유의 성질 중 가장 중요한 것은?

① 비중　② 비열

③ 온도　④ 점도

> **NOTE** 윤활유는 적당한 점도를 가져야 한다.

Answer. 21.② 22.② 23.③ 24.④

25 다음 중 미끄럼 베어링의 장·단점으로 옳지 않은 것은?

① 구조가 간단하다

② 가격이 저렴하다.

③ 마찰저항이 적다.

④ 윤활유의 주입이 까다롭다.

> **NOTE** 미끄럼 베어링의 장·단점
> ㉠ 장점
>   • 구조가 간단하여 수리가 용이하다.
>   • 충격에 견디는 힘이 커서 하중이 클 때 주로 사용된다.
>   • 진동, 소음이 적다.
>   • 가격이 싸다.
> ㉡ 단점
>   • 시동시 마찰저항이 매우 크다.
>   • 윤활유의 주입이 까다롭다.

26 다음 중 구름 베어링의 장점으로 옳지 않은 것은?

① 고속회전에 적합하다.

② 가격이 싸다.

③ 교환 및 선택이 용이하다.

④ 소형화가 가능하다.

> **NOTE** ② 구름 베어링은 가격이 비싸다.
> ※ 구름 베어링의 장점
>   ㉠ 열발생이 적어 고속회전에 적합하다.
>   ㉡ 규격화되어 있어 교환 및 선택이 용이하다.
>   ㉢ 윤활이 용이하다.
>   ㉣ 기계의 소형화가 가능하다.

27 다음 중 베어링의 번호표시가 6215일 때, 이 베어링이 받을 수 있는 하중의 크기는?

① 경하중

② 특별경하중

③ 중간경하중

④ 중하중

> **NOTE** 베어링 번호 중 하중의 크기를 나타내는 치수기호는 두 번째 자리의 번호이며, 이 치수기호는 다음과 같다.
> ㉠ 0, 1 : 특별경하중형
> ㉡ 2 : 경하중형
> ㉢ 3 : 중간경하중형
> ㉣ 4 : 중하중형

28 동일 재질로 만들어진 두 개의 원형단면 축이 같은 비틀림 모멘트 T를 받을 때 각 축에 저장되는 탄성에 너지의 비 $\dfrac{U_1}{U_2}$는? (단, 두 개의 원형 단면 축 길이는 L_1, L_2이고, 지름은 D_1, D_2이다)

① $\dfrac{U_1}{U_2} = (\dfrac{D_1}{D_2})^4 \dfrac{L_2}{L_1}$

② $\dfrac{U_1}{U_2} = (\dfrac{D_1}{D_2})^4 \dfrac{L_1}{L_2}$

③ $\dfrac{U_1}{U_2} = (\dfrac{D_2}{D_1})^4 \dfrac{L_2}{L_1}$

④ $\dfrac{U_1}{U_2} = (\dfrac{D_2}{D_1})^4 \dfrac{L_1}{L_2}$

NOTE $U = \dfrac{1}{2} T\theta \to \dfrac{T}{2} = \dfrac{Tl}{GI_P} \to \dfrac{T}{2} \dfrac{32\,Tl}{G\pi d^4}$ 여기서 단, 두 개의 원형 단면 축 길이는 L_1, L_2이고, 지름은 D_1, D_2 이다라는 조

건으로 L과 D를 제외한 탄성에너지 $\dfrac{U_1}{U_2} = \dfrac{\frac{L_1}{D_1^4}}{\frac{L_2}{D_2^4}} = \dfrac{L_1 D_2^4}{L_2 D_1^4} = (\dfrac{D_2}{D_1})^4 \dfrac{L_1}{L_2}$ 가 된다. 단면 2차 극모멘트로 $I_P = \dfrac{\pi d^4}{32}(mm^4)$이다.

Chapter. 03 동력 전달용 기계요소

01 마찰차(Friction wheel)

1 마찰차의 개념

① 두 개의 바퀴를 맞붙여 그 사이에 작용하는 마찰력을 이용하여 두 축 사이의 동력을 전달하는 장치를 말한다.

② 마찰차는 주철로 만드나 마찰계수를 크게 하기 위하여 주철 본체에 경질고무, 파이버, 가죽, 목재, 종이 등을 붙여서 사용한다.

2 마찰차의 특징

① 운전이 정숙하나 효율성이 떨어진다.

② 전동의 단속이 무리없이 행해진다.

③ 무단 변속하기 쉬운 구조이다.

④ 과부하일 경우 미끄럼에 의하여 다른 부분의 손상을 방지할 수 있다.

⑤ 미끄럼이 생기므로 확실한 속도비와 큰동력은 전달시킬 수 없다.

3 마찰차를 사용하는 경우

① 회전속도가 너무 커서 기어를 사용하기 곤란한 경우

② 전달하여야 할 힘이 크지 않은 경우

③ 일정 속도비를 요구하지 않는 경우

④ 무단변속을 하는 경우

⑤ 양 축간을 자주 단속할 필요가 있는 경우

④ 마찰차의 종류

① **원통마찰차** … 평행한 두 축 사이에서 접촉하여 동력을 전달하는 원통형 바퀴를 말한다.

② **원뿔마찰차** … 서로 교차하는 두 축 사이에 동력을 전달하는 원뿔형 바퀴를 말한다.

③ **변속마찰차** … 변속이 가능한 마찰차를 말한다.

🐦 마찰차의 종류 🐦

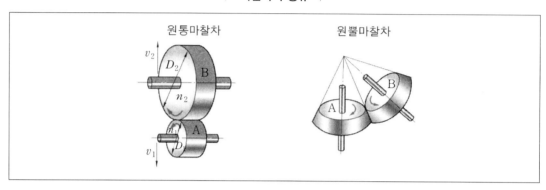

⑤ 속도비

회전운동을 전달하는 기구에서의 속도비

$$i = \frac{\text{피동차의 회전속도}(v_2)}{\text{구동차의 회전속도}(v_1)} = \frac{n_2}{n_1} = \frac{D_1}{D_2}$$

[n_1, n_2 : 원도차와 피동차의 회전수(rpm), D_1, D_2 : 원동차와 피동차의 지름(mm)]

⑥ 마찰차의 효율

마찰차는 마찰력으로 동력을 전달시키기 위하여 양쪽바퀴를 큰 힘으로 누르는데 이 힘이 베어링에 걸리게 되어 베어링의 마찰손실이 커지므로 전동효율은 좋지 않다.

① **변속 마찰차** … 80% 이하이다.

② **원통 · 원추 마찰차** … 85 ~ 90%이다.

③ **홈 마찰차** … 90%이다.

❼ 마찰차에 의한 무단변속

① 마찰차에 의한 전동방식에서 접촉점의 자리를 바꿈으로써, 속도비를 무단계(연속적)로 변동시키는 것으로 원판 마찰차(크라운 마찰차), 원추 마찰차(에반스 마찰차), 구면 마찰차 등이 이용된다.

② 마찰차에 사용되는 비금속 마찰재료는 상대쪽의 금속면보다 마모하기 쉽고 이것을 보통 원동차의 표면에 라이닝하여 사용하는데, 그 이유는 원동차의 균일한 마모를 위해서이다.

02 기어(Gear)전동장치

❶ 기어의 특징

① 큰 동력을 일정한 속도비로 전달할 수 있다.

② 사용범위가 넓다.

③ 충격에 약하고 소음과 진동이 발생한다.

④ 전동효율이 좋고 감속비가 크다.

⑤ 두 축이 평행하지 않을 때에도 회전을 확실하게 전달한다.

⑥ 내구력이 좋다.

❷ 기어 각부의 명칭

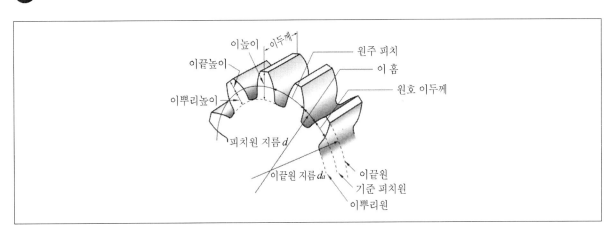

① **피치원**(pitch circle) … 기어의 기본이 되는 가상원으로, 마찰차가 접촉하고 있는 원에 해당하는 것이다.

② **이끝원**(addendum circle) … 이의 끝을 연결하는 원이다.

③ **이뿌리원**(dedendum circle) … 이의 뿌리 부분을 연결하는 원이다.

④ **이끝높이**(addendum) … 피치원에서 이끝원까지의 길이이다.

⑤ **이뿌리높이**(dcdcndum) … 피치원에서 이 뿌리원까지의 길이이다.

⑥ **이높이**(height of tooth) … 이끝높이와 이뿌리높이를 합한 길이이다.

⑦ **이두께**(tooth thickness) … 피치원에서 측정한 이의 두께이다.

⑧ **밑틈** … 이끝원에서부터 이것과 맞물리고 있는 기어의 이뿌리원까지의 길이이다.

⑨ **뒤틈**(back lash) … 한 쌍의 기어가 서로 물려 있을 때 잇면 사이의 가로방향에 생기는 간격을 말한다.

⑩ **기어와 피니언**(gear and pinion) … 한 쌍의 기어가 서로 물려 있을 때 큰 쪽을 기어라 하고, 작은 쪽을 피니언이라 한다.

⑪ **압력각**(pressure angle) … 한 쌍의 이가 맞물려 있을 때, 접점이 이동하는 궤적을 작용선이라 하는데 이 작용선과 피치원의 공통접선이 이루는 각을 압력각이라 한다. 압력각은 14.5°, 20°로 규정되어 있다.

⑫ **법선피치**(normal pitch) … 기초 원의 둘레를 잇수로 나눈 값이다.

> **TIP**
> 기어의 접촉면 상세도

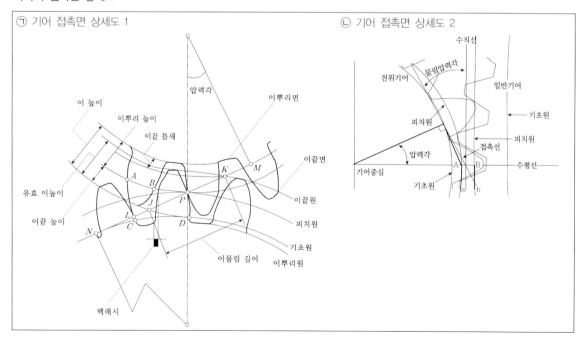

❸ 이의 크기

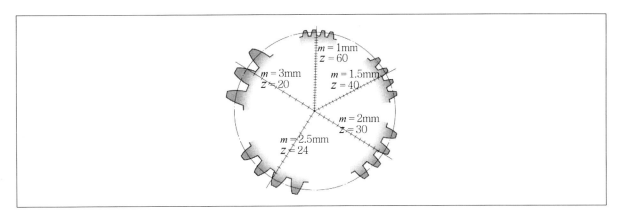

① **원주피치** ⋯ 이의 크기를 정의하는 가장 확실한 방법이며, 피치원 둘레를 잇수로 나눈 값으로 이 값이 클수록 이는 커진다.

$$p = \frac{\pi D}{z} = \pi m$$

② **모듈** ⋯ 원주피치가 이의 크기를 나타내는 가장 확실한 방법이나, π 때문에 간단한 값이 될 수 없으므로 이 원주 피치를 π로 나누면 간단한 값을 표시할 수 있는데 이렇게 나타낸 값을 모듈이라고 한다.

$$m = \frac{D}{z} = \frac{p}{\pi}$$

③ **지름피치** ⋯ 길이의 단위로 인치를 사용하는 나라에서 이의 크기를 지름피치로 표시하며, 원주피치 대신에 $\frac{\pi}{p}$의 값을 표준화한 것으로 피치원 지름 1인치당 잇수로 표시한다. 이 값이 작을수록 이는 커진다.

$$p = \frac{Z}{D} = \frac{\pi}{p} \text{(inch)}$$

❹ 치형곡선

① **인벌류트 치형** ⋯ 원에 감은 실을 팽팽한 상태를 유지하면서 풀 때 실 끝이 그리는 궤적곡선(인벌류트 곡선)을 이용하여 치형을 설계한 기어이다.
   ㉠ 중심거리가 다소 어긋나도 속도비는 변하지 않고 원활한 맞물림이 가능하다.
   ㉡ 압력각이 일정하다.

ⓒ 미끄럼률이 변화가 많으며 마모가 불균일하다. (피치점에서 미끄럼률은 0이다.)

ⓔ 절삭공구는 직선(사다리꼴)로서 제작이 쉽고 값이 싸다.

ⓜ 빈 공간은 다소 치수의 오차가 있어도 된다. (전위절삭이 가능하다.)

ⓗ 중심거리는 약간의 오차가 있어도 무방하며 조립이 쉽다.

ⓢ 언더컷이 발생한다.

ⓞ 압력각과 모듈이 모두 같아야 한다.

ⓩ 전동용으로 주로 사용된다.

② **사이클로이드 치형** … 한 원의 안쪽 또는 바깥쪽을 다른 원이 미끄러지지 않고 굴러갈 때 구르는 원 위의 한 점이 그리는 곡선을 치형곡선으로 제작한 기어이다. (사이클로이드는 원을 직선 위에서 굴릴 때 원 위의 한 점이 그리는 곡선이다.)

ⓝ 압력각이 변화한다.

ⓛ 미끄럼률이 일정하고 마모가 균일하다.

ⓒ 절삭공구는 사이클로이드 곡선이어야 하고 구름원에 따라 여러 가지 커터가 필요하다.

ⓔ 빈 공간이라도 치수가 극히 정확해야 하고 전위절삭이 불가능하다.

ⓜ 중심거리가 정확해야 하고 조립이 어렵다.

ⓗ 언더컷이 발생하지 않는다.

ⓢ 원주피치와 구름원이 모두 같아야 한다.

ⓞ 시계, 계기류와 같은 정밀기계에 주로 사용된다.

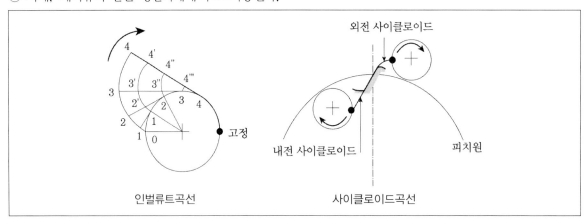

5 **간섭과 언더컷**

① **간섭** … 인벌류트 기어에서 두 기어의 잇수비가 현저히 크거나 잇수가 작은 경우에 한쪽 기어의 이끝이 상대편 기어의 이뿌리에 닿아서 회전하지 않는 현상을 간섭이라 한다.

> **TIP**
> **이의 간섭을 막는 방법**
> ㉠ 이의 높이를 줄인다.
> ㉡ 압력각을 20° 이상으로 증가시킨다.
> ㉢ 치형의 이끝면을 깎아낸다.
> ㉣ 피니언의 반지름 방향의 이뿌리면을 파낸다.

② **언더컷** … 이의 간섭이 발생하면 회전을 저지하게 되어 기어의 이뿌리 부분은 커터의 이끝 부분 때문에 파여져 가늘게 되는 현상을 말한다.

> **TIP**
> **언더컷을 막는 방법**
> ㉠ 한계잇수를 조절한다.
> ㉡ 전위기어로 가공한다.

6 **기어의 종류**

스퍼 기어	헬리컬 기어	내접(인터널) 기어	래크와 피니언

피니언
래크

① **두 축이 평행한 경우에 사용되는 기어**
　㉠ **스퍼 기어** : 이가 축과 나란한 원통형 기어로, 나란한 두 축 사이의 동력 전달에 가장 널리 사용되는 일반적인 기어이다.
　㉡ **헬리컬 기어** : 이가 헬리컬 곡선으로 된 원통형 기어로, 스퍼 기어에 비하여 이의 물림이 원활하나 축방향으로 스러스트가 발생하며, 진동과 소음이 적어 큰 하중과 고속 전동에 쓰인다.
　㉢ **래크와 피니언** : 래크는 기어의 피치원 지름이 무한대로 큰 경우의 일부분이라고 볼 수 있으며, 피니언의 회전에 대하여 래크는 직선운동을 한다.
　㉣ **인터널 기어** : 내접기어라고도 하며, 원통의 안쪽에 이가 있는 기어로서, 이것과 맞물려 회전하는 기어를 외접기어라고 한다. 내접기어는 두 축의 회전방향이 같으며, 높은 속도비가 필요한 경우에 사용된다.

② 두 축이 교차하는 경우에 사용되는 기어

[두 축이 만날 때 사용되는 기어]

 베벨 기어　　 헬리컬 베벨 기어

ⓐ 베벨 기어 : 원뿔면에 이를 낸 것으로 이가 원뿔의 꼭지점을 향하는 것을 직선 베벨 기어라고 하며, 두 축이 교차하여 전동할 때 주로 사용된다.

ⓑ 헬리컬 베벨 기어 : 이가 원뿔면에 헬리컬 곡선으로 된 베벨 기어이며, 큰 하중과 고속의 동력 전달에 사용된다.

ⓒ 마이터 기어 : 잇수가 서로 같은 한 쌍의 원추형 기어로서 직각인 두 축 간에 동력을 전달하는 기어로 베벨기어의 일종이다.

ⓓ 크라운 기어 : 피치 원뿔각이 90°이고 피치면이 평면으로 되어 있는 베벨 기어이다.

③ 두 축이 평행도 교차도 않는 경우에 사용되는 기어

[기어의 종류]

 하이포이드 기어　　 웜 기어

ⓐ 웜 기어 : 웜과 웜 기어로 이루어진 한 쌍의 기어로서 두 축이 직각을 이루며, 큰 감속비를 얻고자 하는 경우에 주로 사용된다.

ⓑ 하이포이드 기어 : 헬리컬 베벨 기어와 모양이 비슷하나 두 축이 엇갈리는 경우에 사용되며, 자동차의 차동 기어장치의 감속기어로 사용된다.

ⓒ 스크루 기어 : 나사기어라고도 하며, 비틀림각이 서로 다른 헬리컬 기어를 엇갈리는 축에 조합시킨 것이다.

ⓓ 스큐 기어 : 교차하지 않고 또한 평행하지도 않는 교차축 간의 운동을 전달하는 기어이다. (skew는 비스듬히 움직인다는 의미이다.)

03 감아걸기 전동요소

① 체인(Chain)전동

벨트와 기어에 의한 전동을 겸한 것으로 벨트 대신에 체인을 쓰고, 이것을 기어에 해당하는 스프로킷에 물려 동력을 전달하는 장치이다. 정확한 전동을 원하거나 축 간 거리가 다소 멀어서 기어를 사용 할 수 없을 때 사용된다.

① 체인전동의 특징

　㉠ 미끄럼이 없어 일정 속도비를 얻을 수 있다.

　㉡ 유지 및 수리가 쉽다.

　㉢ 큰 동력을 전달할 수 있으며, 마모가 적고 굴곡이 자유로워 효율이 95% 이상이다.

　㉣ 내유, 내열, 내습성이 크다.

　㉤ 충격을 흡수한다.

　㉥ 진동과 소음이 나기 쉬워 고속회전에는 적합하지 않다.

② 체인전동의 종류

[롤러 체인]

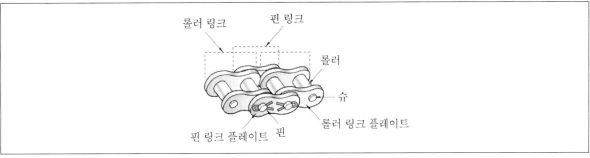

　㉠ **롤러 체인** : 자유로이 회전할 수 있는 롤러를 끼워 부싱으로 고정된 롤러 링크와 핀으로 고정된 핀 링크를 서로 연결하여 고리 모양으로 만들어 사용하는 것으로 롤러 체인의 구성요소는 롤러, 핀, 부싱이다.

　㉡ **사일런트 체인** : 체인에 마멸과 물림의 상태가 불량하게 되어 소음이 발생하는 결점을 보완한 것으로 높은 정밀도를 요구하여 공작이 어려우나, 원활하고 조용한 운전과 고속회전을 해야 할 때 사용한다.

　㉢ **코일 체인** : 고속운전에는 적합하지 않으며, 체인블록으로 무거운 물건을 들어 올릴 때 사용된다.

② 벨트(Belt)전동

벨트전동은 벨트 풀리에 벨트를 감아 벨트와 벨트 풀리 사이의 마찰이나 물림으로 원동축에서 종동축으로 동력을 전달하는 것이다. 벨트 모양에 따라 평벨트, V 벨트 등으로 나뉜다.

① 평벨트

  ㉠ 평벨트이 특징

   • 두 축간의 거리가 비교적 멀 때 사용한다.
   • 단자를 사용하여 자유로운 변속이 가능하다.
   • 정확한 속도비가 필요하지 않을 때 사용한다.
   • 과부하가 걸리면 미끄러져 다른 부품의 손상을 막을 수 있다.
   • 장치가 간단하고 염가이면서 전동효율이 높다(95%까지).
   • 수직압력에 의한 마찰력을 이용하여 동력전달을 한다.

  ㉡ 평벨트의 종류

   • 가죽 벨트 : 소가죽을 약품처리하여 사용하는 벨트이다.
   • 직물 벨트 : 직물을 이음매없이 만든 것으로 가죽보다 인장강도가 큰 장점이 있다.
   • 고무 벨트 : 직물 벨트에 고무를 입혀서 만든 벨트로 유연성이 좋고, 풀리에 밀착이 잘 되므로 미끄럼이 적은 장점이 있다.

  ㉢ 벨트 걸기

[벨트를 거는 방법]

   • 바로 걸기 : 두 개의 벨트풀리의 회전방향이 서로 같다.
   • 엇걸기 : 두 개의 벨트풀리의 회전방향이 서로 다르다.

② V벨트전동 … V벨트를 V홈이 있는 풀리에 걸어서 평행한 두 축 사이에 동력을 전달하고, 회전수를 바꿔주는 장치를 말한다.

[V벨트전동]

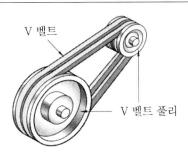

ㄱ V벨트전동의 특징

- 이음이 없으므로 운전이 정숙하고 충격이 완화된다.
- 벨트가 풀리에서 벗어나는 일이 없어 고속운전이 가능하다.
- 장력이 적어 베어링에 걸리는 부담이 적다.
- 축간거리가 단축되어 설치장소가 절약된다.
- 적은 장력으로 큰 전동을 얻을 수 있다.

ㄴ **V벨트전동의 설계시 주의사항** : 길이는 평벨트와 달리 이음부가 없는 고리 모양으로 만들어져 있으므로 반드시 풀리의 위치를 조절할 수 있도록 설계하여야 하며, 전달 동력을 크게 하기 위해서는 여러 줄의 벨트를 사용한다.

③ **전동벨트** … 치형벨트라고도 하며, 이가 만들어져 있는 벨트와 풀리가 서로 맞물려서 전동하기 때문에 미끄러짐이 없고, 고속전동에 적합하며, 초기 장력이 적어도 되는 등의 장점이 있어 일반 산업용 기계뿐 아니라, 자동차, 사무용 기기, 의료용 기계, 가정용 전기 기기 등 각 분야에서 다양하게 사용된다.

[타이밍벨트전동]

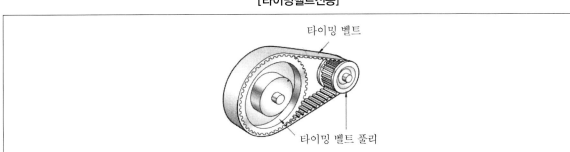

❸ 로프(Rope)전동

섬유 또는 와이어 등으로 만든 로프를 두 개의 바퀴에 감아 이들 사이의 마찰력을 동력을 전달하는 장치로 윈치, 크레인, 엘리베이터 등의 동력전달장치로 쓰인다.

① 로프전동의 특징

　　㉠ 벨트전동에 비해 큰 동력을 전달하는 데 유리하며 장거리 동력전달이 가능하다.

　　㉡ 미끄럼이 적고, 고속운전에 적합하며 전동 경로가 직선으로 아닌 경우에도 사용이 가능하다.

　　㉢ 로프의 재료로는 강선, 면, 마 등을 사용할 수 있다.

　　㉣ 정확한 속도비의 전동이 불확실하다.

　　㉤ 벨트와 달리 감아 걸고 벗겨낼 수 없으며 조정과 수리가 곤란하다.

　　㉥ 수명이 짧고 이음에 기술이 필요하며, 미끄럼도 많아 전동효율도 떨어진다.

② 로프의 꼬임방법

　　㉠ **보통 꼬임** : 스트랜드의 꼬임방향과 소선의 꼬임방향이 반대인 것을 말한다.

　　㉡ **랑그 꼬임** : 스트랜드의 꼬임방향과 소선의 꼬임방향이 같은 것을 말한다.

04 링크장치

❶ 링크장치의 개념

① 연결점을 회전할 수 있도록 만든 기소의 조합에 의해 운동을 전달하는 기구를 말한다.

② 그 구성 요소인 기소를 링크라고 한다.

❷ 레버 크랭크 기구

4개의 링크를 연결한 것으로서 발재봉틀에서 발판 연결 막대와 크랭크의 조합은 이 기구를 응용한 것이다.

[레버 크랭크]

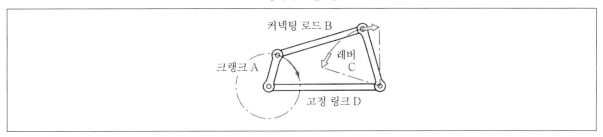

① A … 크랭크라 하며 회전운동을 하는 링크이다.

② B … 커넥팅 로드라 한다.

③ C … 레버로 흔들이 운동을 하는 링크이다.

❸ 왕복 슬라이더 크랭크 기구

① 레버 크랭크 기구의 일종으로 내연기관의 피스톤, 커넥팅로드, 크랭크축 등에 사용된다.

[슬라이더 크랭크 기구]

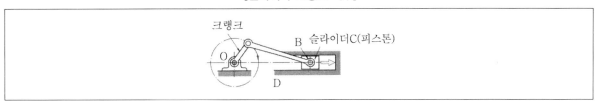

② 이 기구를 사용하면 크랭크 A를 회전시킴으로써 슬라이더 C를 왕복시킬 수 있으며, 반대로 슬라이더 C를 왕복시킴으로써 크랭크 A를 회전시킬 수도 있다.

③ 크랭크 A를 구동절로 한 것에는 펌프, 공기 압축기 등이 있으며, 슬라이더 C를 구동절로 한 것에는 증기기관, 내연기관 등이 있다.

05 캠장치

1 개념

특수한 모양을 가진 구동절에 회전운동 또는 직선운동을 주어서 이것과 짝을 이루고 있는 피동절이 복잡한 왕복 직선운동이나 왕복 각운동 등을 하게 하는 기구를 말한다. 구조가 간단하나 복잡한 운동을 쉽게 실현할 수 있어 내연기관의 밸브 개폐기구나 공작기계, 인쇄기계, 자동기계 등의 운동 변환 기구에 사용된다.

2 캠의 구성

캠은 아래와 같이 회전운동을 직선운동(상하운동)으로 바꾸어지는 역할을 한다.

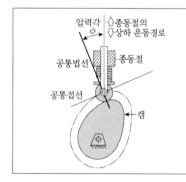

캠의 압력각

㉠ 캠과 종동절의 공통법선이 종동절의 운동경로와 이루는 각이다.
㉡ 압력각은 작을수록 좋으며 30도를 넘지 않도록 해야 한다.
㉢ 압력각을 줄이기 위해서는 기초원의 직경을 증가시키거나 종동절의 상승량을 감소시켜야 한다.

3 캠의 분류

① 접점의 자취에 따른 분류 … 평면 캠, 입체 캠으로 분류된다.

② 피동절 운동의 구속성 여부에 따른 분류

　㉠ **소극 캠** : 중력 또는 스프링의 힘 등에 의하여 피동절을 구동절에 접촉시켜 운동을 하게 하는 캠을 말한다.

　㉡ **확동 캠** : 자체 캠 기구의 구조에 의하여 피동절을 구동절에 확실하게 접촉시켜 운동을 하게하는 캠을 말한다.

❹ 캠의 종류

① 평면 캠

[캠의 종류]

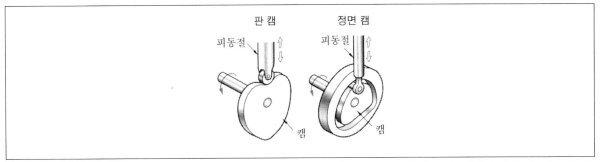

- ㉠ **정면 캠** : 판의 정면에 캠의 윤곽곡선의 홈이 있고, 이 홈에 피동절의 롤러를 끼워서 운동하도록 한 형식의 캠으로 운동전달이 확실한 캠이다.
- ㉡ **판캠** : 특수한 윤곽곡선을 가진 판을 회전시켜서 그 윤곽에 접하고 있는 피동절에 필요한 왕복, 직선운동 또는 요동운동을 하게 하는 캠이다.
- ㉢ **반대 캠** : 피동절이 캠으로 되어 있는 캠을 말한다.
- ㉣ **요크 캠** : 종동절이 틀 모양으로 되어 있는 캠으로, 영사기의 필름 이송장치 등으로 이용되는 캠을 말한다.

② **입체 캠** … 원통 및 구 등의 회전체의 곡면에 홈을 만들어 이 홈에 종동절의 롤러 또는 핀을 끼워 일정한 운동을 전달하는 캠을 말한다.

기출예상문제

대전시시설관리공단

1 다음 동력전달 장치 중 정확한 속도비(速度比)를 얻기에 가장 적합한 것은?

① 로프

② 마찰차

③ V-벨트

④ 체인

> **NOTE** 체인전동은 체인과 스프로킷을 이용하여 비교적 거리가 떨어진 축 간의 동력전달에 사용된다. 체인은 큰 동력을 효율적
> 으로 전달할 수 있지만 고속회전에는 부적합하다.
> 그러나 로프, 마찰차, V-벨트에 비해서는 정확한 속도비를 얻을 수 있다.

안산도시공사

2 동력 전달에 쓰이는 V벨트 홈의 각도는 얼마인가?

① 10도

② 20도

③ 30도

④ 40도

> **NOTE** V벨트의 홈각도는 40도이다. V벨트는 쐐기 작용과 벨트의 융합으로 벨트와 홈의 측면과의 마찰이 크고 평벨트에 비해
> 전달능력이 크다. 그 축의 중심거리가 짧고 속도비가 클 때에 미끄럼이 작아서 조용하게 전동할 수 있다.

3 다음 중 스러스트 베어링이 아닌 것은?

① 미첼 베어링

② 킹스버리 베어링

③ 피벗 베어링

④ 레이디얼 볼 베어링

> **NOTE** 스러스트 베어링의 종류 … 미첼 베어링, 피벗 베어링, 킹스버리 베어링

4 기어에서 언더 컷 현상이 일어나는 원인은?

① 잇수비가 아주 클 때

② 이 끝이 둥글 때

③ 이 끝 높이가 낮을 때

④ 잇수가 많을 때

> **NOTE** 언더 컷은 작은 기어의 잇수가 매우 적거나 또는 잇수비가 클 때 발생한다.

Answer. 1.④ 2.④ 3.④ 4.①

5 평 벨트 풀리를 벨트와의 접촉면 중앙을 약간 높게 하는 이유는 ?

① 강도를 크게 하기 위해서

② 외관상 보기 좋게 하기 위하여

③ 축간 거리를 맞추기 위하여

④ 벨트의 벗겨짐을 방지하기 위하여

> **NOTE** 평 벨트 풀리를 벨트와의 접촉면 중앙을 약간 높게 하는 이유는 벨트의 벗겨짐을 방지하기 위함이다.

6 미끄럼을 방지하기 위하여 안쪽 표면에 이가 있는 벨트로 정확한속도가 요구되는 경우에 사용되는 전동벨트는?

① 링크(link) 벨트

② V 벨트

③ 타이밍(timing) 벨트

④ 레이스(lace) 벨트

> **NOTE** 타이밍 벨트 … 미끄럼을 완전히 없애기 위하여 표면에 이가 있는 벨트로서 정확한 속도가 요구되는 경우의 전동 벨트로 사용된다.

7 잇수가 40, 모듈이 5인 기어의 외경은?

① 180mm

② 210mm

③ 240mm

④ 270mm

⑤ 300mm

> **NOTE** 기어의 외경$(D_0) = D + 2a \left(m = \dfrac{D}{z}, \ D = mz, \ a = m \right)$
> $$= mz + 2m$$
> $$= m(z + 2)$$
> $$= 5(40 + 2)$$
> $$= 210\text{mm}$$

8 다음 중 장력비의 표현식으로 옳은 것은?

① $\dfrac{T_s}{T_t}$

② $\dfrac{T_t}{T_s}$

③ $T_t + T_s$

④ $T_t - T_s$

⑤ $\dfrac{T_s + T_t}{T_s}$

NOTE 장력비 공식

$$장력비(e^{\mu\theta}) = \frac{긴장측의\ 장력}{이완측의\ 장력} = \frac{T_t}{T_s}$$

9 다음 그림에서 공칭응력을 구할 때 어느 점을 기준으로 하는가?

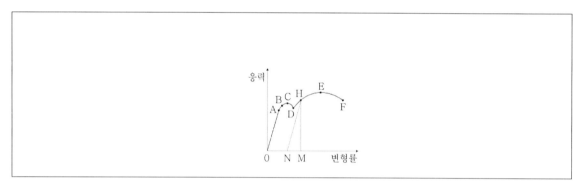

① 탄성한도

② 상항복점

③ 인장강도점

④ 파괴한도점

NOTE ③ 공칭응력을 구할 때는 E점, 즉 인장강도(또는 극한강도)를 기준으로 계산한다.

※ 공칭응력과 진응력

   ⊙ 공칭응력 : 시편에 작용하는 하중을 시편이 인장되거나 압축되기 전에 초기 단면적으로 나눈 값이다.

   ⓒ 진응력 : 어느 한 순간에 시편에 하중이 작용하면 하중이 작용하는 순간의 단면적으로 하중을 나눈 값으로 한다.

Answer. 8.② 9.③

10 기어의 모듈이 3, 잇수가 60개일 때 기어의 외경은?

① 174

② 180

③ 186

④ 195

> **NOTE** 기어의 외경계산
>
> $D_0 = D + 2a = mz + 2m = m(z + 2)$
>
> $\quad = 3(60 + 2) = 186\text{mm}$

11 다음 중 체인의 특성에 대한 설명으로 옳지 않은 것은?

① 마찰력이 크다.

② 베어링에 하중이 가해지지 않는다.

③ 내열 내습성이 크고 내유성도 크다.

④ 일정속도비를 얻을 수 있다.

> **NOTE** ① 벨트와 로프는 마찰력을 이용한 간접전동장치이지만 체인은 스프로킷의 이에 감아 걸어서 스프로킷의 이가 서로 물리는 힘으로 동력을 전달시킨다.

12 다음 중 기어 이의 크기를 나타내는 식은? (단, z : 잇수, d : 피치원 지름, m : 모듈)

① $m = \dfrac{z}{d}$

② $m = d \cdot z$

③ $m = \dfrac{d}{z}$

④ $m = \pi \cdot d \cdot z$

> **NOTE** 모듈 ⋯ 기어의 피치원 지름을 잇수로 나누어 기어의 크기를 나타내는 값이다 $\left(m = \dfrac{D}{z}\right)$.

13 동력을 전달하는 한 쌍의 마찰차가 있다. 원동차의 지름이 90mm, 종동차의 지름이 150mm, 원동차의 회전수가 300rpm일 때, 종동차의 회전수는?

① 150rpm

② 180rpm

③ 210rpm

④ 390rpm

> **NOTE** 회전수$(i) = \dfrac{N_2}{N_1} = \dfrac{D_1}{D_2}$
>
> $\therefore N_2 = \dfrac{D_1}{D_2} \times N_1 = \dfrac{90}{150} \times 300 = 180 \text{ rpm}$

14 맞물고 있는 한쌍의 스퍼기어가 있다. 모듈 2.5, 잇수가 각각 50개와 25개이면 축간 중심거리는 몇 mm인가?

① 63.75mm

② 73.75mm

③ 83.75mm

④ 93.75mm

> **NOTE** 축간거리
>
> $C = \dfrac{D_1 + D_2}{2} = \dfrac{m(Z_1 + Z_2)}{2} = \dfrac{2.5(50 + 25)}{2} = \dfrac{187.5}{2} = 93.75 \text{mm}$

15 잇수 40, 모듈 3인 기어를 깎고자 할 때 기어의 소재 지름은?

① 129mm

② 120mm

③ 126mm

④ 136mm

⑤ 116mm

> **NOTE** 기어 소재의 지름
>
> $D_0 = D + 2a(a = m)$
>
> $\quad = mz + 2m$
>
> $\quad = m(z + 2)$
>
> $\quad = 3(40 + 2)$
>
> $\quad = 126 \text{mm}$

16 다음 중 마찰차의 응용범위로 옳지 않은 것은?

① 양 축간을 자주 단속할 필요가 있는 경우
② 운전이 정숙한 경우
③ 정확한 속도비가 필요한 경우
④ 전동의 단속이 무리없이 가능한 경우

> **NOTE** 마찰차의 응용범위
> ㉠ 회전속도가 너무 커서 기어를 사용하기 곤란한 경우
> ㉡ 전달한 힘이 크지 않으며, 일정속도비를 요구하지 않는 경우
> ㉢ 무단 변속을 하는 경우
> ㉣ 양 축간을 자주 단속할 필요가 있는 경우

17 다음 중 마찰차의 특성으로 옳지 않은 것은?

① 효율성이 높다.　　　　　　② 전동의 단속이 무리없이 행해진다.
③ 운전이 정숙하다.　　　　　④ 무단 변속이 쉽다.

> **NOTE** 마찰차의 특징
> ㉠ 운전이 정숙하나 효율성이 떨어진다.
> ㉡ 전동의 단속이 무리없이 행해진다.
> ㉢ 무단 변속하기 쉬운 구조이며, 일정 속도비를 얻을 수 있다.
> ㉣ 과부하일 경우 미끄럼에 의하여 다른 부분의 손상을 방지할 수 있다.

18 다음 중 서로 교차하는 두 축 사이의 동력을 전달하는 마찰차는?

① 원통마찰차　　　　　　　　② 평면마찰차
③ 변속마찰차　　　　　　　　④ 원뿔마찰차

> **NOTE** 마찰차의 종류
> ㉠ 원통마찰차 : 평행한 두 축 사이에서 접촉하여 동력을 전달하는 원통형 바퀴를 말한다.
> ㉡ 원뿔마찰차 : 서로 교차하는 두 축 사이에 동력을 전달하는 원뿔형 바퀴를 말한다.
> ㉢ 변속마찰차 : 변속이 가능한 마찰차를 말한다.

19 다음 중 기어의 특성으로 옳지 않은 것은?

① 사용범위가 넓다.

② 전동효율이 떨어지고, 감속비가 적다.

③ 큰 동력을 일정한 속도비로 전달할 수 있다.

④ 소음과 진동이 발생한다.

> **NOTE** 기어의 특징
> ㉠ 사용범위가 넓다.
> ㉡ 전동효율이 좋고 감속비가 크다.
> ㉢ 충격에 약하고 소음과 진동이 발생한다.
> ㉣ 큰 동력을 일정한 속도비로 전달할 수 있다.

20 다음 중 V벨트전동의 특징으로 옳지 않은 것은?

① 운전이 정숙하고 충격이 적어진다.

② 장력이 커서 베어링에 걸리는 부담이 적다.

③ 적은 장력으로 큰 전동을 얻을 수 있다.

④ 벨트가 풀리에서 벗어나는 일이 적다.

> **NOTE** V벨트전동의 특징
> ㉠ 이음이 없으므로 운전이 정숙하고 충격이 완화된다.
> ㉡ 벨트가 풀리에서 벗어나는 일이 없어 고속운전이 가능하다.
> ㉢ 장력이 적어 베어링에 걸리는 부담이 적다.
> ㉣ 축간거리가 단축되어 설치장소가 절약된다.
> ㉤ 적은 장력으로 큰 전동을 얻을 수 있다.

21 다음 중 4개의 링크를 연결한 기구는?

① 레버 크랭크 기구
② 평면 캠
③ 왕복 슬라이더 크랭크 기구
④ 입체캠

> **NOTE** 링크 장치
> ㉠ 레버 크랭크 기구 : 4개의 링크를 연결한 것으로서 발재봉틀에서 발판 연결 막대와 크랭크의 조합은 이 기구를 응용한 것이다.
> ㉡ 왕복 슬라이더 크랭크 기구 : 레버 크랭크 기구의 일종으로 내연기관의 피스톤, 커넥팅로드, 크랭크축 등에 사용된다.

Answer. 19.② 20.② 21.①

22 원통마찰차에서 속도비에 관한 설명으로 옳은 것은?

① 지름에 반비례한다.　　　　　② 반지름에 반비례한다.

③ 회전수에 반비례한다.　　　　④ 지름과 회전수를 곱한 것에 비례한다.

NOTE 원통마찰차의 속도비는 지름과 회전수를 곱한 것에 비례한다.

23 다음 중 기어의 기본이 되는 가상원은?

① 이끝원　　　　　　　　　　② 이뿌리원

③ 피치원　　　　　　　　　　④ 법선피치

NOTE ① 이의 끝을 연결하는 원이다.
② 이의 뿌리 부분을 연결하는 원이다.
③ 기어의 기본이 되는 가상원으로 마찰차가 접촉하고 있는 원에 해당하는 것이다.
④ 기초 원의 둘레를 잇수로 나눈 값이다.

24 다음 중 정확한 속도비를 요구할 때 사용하는 전동장치는?

① 마찰차에 의한 전동　　　　　② 기어에 의한 전동

③ 벨트에 의한 전동　　　　　　④ 로프에 의한 전동

NOTE 기어, 체인은 어느 정도의 정확한 속도비를 낼 수 있으나, 마찰차, 로프, 벨트 등은 미끄럼이 발생하여 정확한 속도비를 낼 수 없다.

25 다음 중 기어가 맞물려 있을 때 잇면 사이의 가로방향에 생기는 간격은?

① 밑틈　　　　　　　　　　　② 이두께

③ 백래쉬　　　　　　　　　　④ 압력각

NOTE ① 이원끝에서부터 이것과 맞물리고 있는 기어의 이뿌리원까지의 길이이다.
② 피치원에서 측정한 이의 두께이다.
③ 백래쉬라고도 하며, 한 쌍의 기어가 서로 물려 있을 때 잇면 사이의 가로방향에 생기는 간격을 말한다.
④ 한 쌍의 이가 맞물려 있을 때, 접점이 이동하는 궤적을 작용선이라 하는데 이 작용선과 피치원의 공통접선이 이루는 각을 압력각이라 한다. 압력각은 14.5°, 20°로 규정되어 있다.

Answer. 22.④ 23.③ 24.② 25.③

26 다음 중 이의 크기를 정의하는 가장 확실한 방법은?

① 법선피치

② 원주피치

③ 모듈

④ 지름피치

NOTE ① 기초 원의 둘레를 잇수로 나눈 값이다.

② 이의 크기를 정의하는 가장 확실한 방법으로 피치원 둘레를 잇수로 나눈 값으로 이 값이 클수록 이는 커진다.

③ 원주피치가 이의 크기를 나타내는 가장 확실한 방법이나 π때문에 간단한 값이 될 수 없으므로 이 원주피치를 π로 나누면 간단한 값을 표시할 수 있는데 이렇게 나타낸 값을 모듈이라고 한다.

④ 길이의 단위로 인치를 사용하는 나라에서 이의 크기를 지름피치로 표시한 것이다.

27 다음 설명 중 옳지 않은 것은?

① 원주피치의 값이 작을수록 이가 커진다.

② 지름피치의 값이 작을수록 이가 커진다.

③ 모듈의 값이 클수록 이가 커진다.

④ 지름피치의 값은 모듈 값의 역수이다.

NOTE ① 원주피치는 값이 커질수록 이가 커진다.

28 다음 중 잇수가 25개, 모듈이 4인 기어 소재의 지름은?

① 152mm

② 108mm

③ 128mm

④ 100mm

NOTE 기어 소재의 지름

$$D_0 = D + 2a(a = m)$$
$$= mz + 2m$$
$$= m(z + 2)$$
$$= 4(25 + 2)$$
$$= 108mm$$

29 다음 중 인벌류트 곡선의 특징으로 옳지 않은 것은?

① 호환성이 우수하다.
② 치형의 정밀도가 크다.
③ 물림에서 축간 거리가 변하게 되면 속도비에 영향을 준다.
④ 이뿌리 부분이 튼튼하다.

 인벌류트 곡선의 특징
  ㉠ 호환성이 우수하다.
  ㉡ 치형의 제작·가공이 용이하다.
  ㉢ 이뿌리 부분이 튼튼하다.
  ㉣ 물림에서 축간 거리가 다소 변하여도 속도비에 영향이 없다.
  ㉤ 치형의 정밀도가 크다.

30 다음 중 사이클로이드 곡선의 특징으로 옳지 않은 것은?

① 효율이 높다.　　　　　　　　② 호환성이 좋다.
③ 마멸이 적다.　　　　　　　　④ 소음이 적다.

 사이클로이드 곡선의 특징
  ㉠ 접촉면에 미끄럼이 적다.
  ㉡ 마멸과 소음이 적다.
  ㉢ 효율이 높다.
  ㉣ 피치점이 완전히 일치하지 않으면 물림이 불량해진다.
  ㉤ 치형 가공이 어렵다.
  ㉥ 호환성이 적다.

31 다음 중 원에 실을 감아 실의 한 끝을 잡아당기면서 풀어나갈 때 실의 한 점이 그리는 궤적을 말하는 곡선은?

① 인벌류트 곡선 　　　　　　　　　 ② 포물선

③ 쌍곡선 　　　　　　　　　　　　 ④ 사이클로이드 곡선

> **NOTE** 치형곡선
> ㉠ 인벌류트 곡선 : 원에 실을 감아 실의 한 끝을 잡아당기면서 풀어나갈 때 실의 한 점이 그리는 궤적을 인벌류트 곡선이라 하며, 이 원을 기초원이라 한다.
> ㉡ 사이클로이드 곡선 : 원둘레의 외측 또는 내측에 구름원을 놓고 구름원을 굴렸을 때 구름원의 한 점이 그리는 궤적을 사이클로이드 곡선이라 하며, 이 경우 구름원이 구르고 있는 원을 피치원이라 한다.

32 기어의 설계시 이의 간섭에 대한 설명으로 옳지 않은 것은?

① 이에서 간섭이 일어난 상태로 회전하면 언더컷이 발생한다.

② 전위기어를 사용하여 이의 간섭을 방지할 수 있다.

③ 압력각을 작게 하여 물림길이가 짧아지면 이의 간섭을 방지할 수 있다.

④ 피니언과 기어의 잇수 차이를 줄이면 이의 간섭을 방지할 수 있다.

> **NOTE** 2개의 기어가 맞물려 회전 시에 한쪽의 이 끝 부분이 다른 쪽 이뿌리 부분을 파고 들어 걸리는 현상이 이의 간섭이다. 이의 간선에 의하여 이 뿌리가 파여진 현상인 언더 컷의 원인이 된다.
> ※ 이의 간섭을 막는 법
> 　㉠ 이의 높이를 줄인다.
> 　㉡ 압력각을 증가시킨다(20° 또는 그 이상으로 크게 한다.)
> 　㉢ 피니언의 반경 방향의 이뿌리면을 파낸다.
> 　㉣ 치형의 이끝면을 깎아 낸다.

33 다음 중 간섭현상이 생기는 원인은?

① 기어의 피치가 맞지 않았을 경우 　　　 ② 이의 절삭이 잘못 되었을 경우

③ 축간 거리가 맞지 않았을 경우 　　　　 ④ 잇수비가 아주 큰 경우

> **NOTE** 인벌류트 기어에서 두 기어의 잇수비가 현저히 크거나 잇수가 작은 경우에 한쪽 기어의 이끝이 상대편 기어의 이뿌리에 닿아서 회전하지 않는 현상을 간섭이라 한다.

34 다음 중 언더컷을 방지하기 위한 한계잇수에 대한 설명으로 옳은 것은?

① 압력각을 크게 하거나 어덴덤을 표준보다 높게 한다.

② 압력각을 적게 하거나 어덴덤을 표준보다 낮게 한다.

③ 압력각을 크게 하거나 어덴덤을 표준보다 낮게 한다.

④ 압력각을 적게 하거나 어덴덤을 표준보다 높게 한다.

> **NOTE** 언더컷을 막는 방법
> ㉠ 한계잇수를 조절한다.
> ㉡ 전위기어로 가공한다.

35 다음 중 회전중에 스러스트가 생기는 기어는?

① 베벨 기어　　　　　　　　② 헬리컬 기어

③ 래크와 피니언　　　　　　④ 하이포이드 기어

> **NOTE** ① 원뿔면에 이를 낸 것으로 이가 원뿔의 꼭지점을 향하는 것을 직선 베벨 기어라고 하며, 두 축이 교차하여 전동할 때 주로 사용된다.
> ② 이가 헬리컬 곡선으로 된 원통형 기어로 스퍼기어에 비하여 이의 물림이 원활하나 축방향으로 스러스트가 발생하며, 진동과 소음이 적어 큰 하중과 고속전동에 쓰인다.
> ③ 래크는 기어의 피치원 지름이 무한대로 큰 경우의 일부분이라고 볼 수 있으며, 피니언의 회전에 대하여 래크는 직선 운동을 한다.
> ④ 헬리컬 베벨 기어와 모양이 비슷하나 두 축이 엇갈리는 경우에 사용되며, 자동차의 차동 기어장치의 감속기어로 사용된다.

36 다음 중 이가 원뿔면의 모선과 경사진 기어는?

① 직선 베벨 기어　　　　　　② 헬리컬 베벨 기어

③ 스파이럴 베벨 기어　　　　④ 제롤 베벨 기어

> **NOTE** ① 잇줄이 원추의 모선과 일치하고 직선으로 되어 있는 기어이다.
> ② 원뿔면에 이를 낸 것으로 이가 원뿔면의 모선과 경사진 기어이다.
> ③ 잇줄이 곡선으로 되어 있고, 모선에 대하여 경사진 기어이다.
> ④ 직선 베벨 기어의 잇줄을 곡선으로 한 기어이다.

✦ Answer. 34.③　35.②　36.②

37 다음 중 두 축이 평행하고 이가 축에 평행한 기어는?

① 헬리컬 기어

② 스크루 기어

③ 스퍼 기어

④ 하이포이드 기어

⑤ 베벨 기어

> **NOTE** 기어의 종류
> ㉠ 두 축이 서로 평행한 기어 : 스퍼기어, 랙과 피니언, 내접기어, 헬리컬기어
> ㉡ 두 축이 만나는 기어 : 베벨기어, 마이터기어, 크라운기어
> ㉢ 두 축이 평행하지도 만나지도 않는 기어 : 웜기어, 하이포이드기어, 나사기어, 스큐기어

38 다음 중 체인전동의 특징으로 옳지 않은 것은?

① 일정한 속도비를 얻을 수 있다.

② 전동효율이 95%이상이다.

③ 고속회전에 적합하다.

④ 내유, 내열, 내습성이 좋다.

> **NOTE** 체인전동의 특징
> ㉠ 미끄럼이 없어 일정 속도비를 얻을 수 있다.
> ㉡ 유지 및 수리가 쉽다.
> ㉢ 큰 동력을 전달할 수 있으며, 효율이 95% 이상이다.
> ㉣ 내유, 내열, 내습성이 크다.
> ㉤ 충격을 흡수한다.
> ㉥ 진동과 소음이 나기 쉬워 고속회전에는 적합하지 않다.

39 다음 중 헬리컬 기어로 큰 동력을 전달할 수 있는 이유는?

① 접촉율이 커서 운전 성능이 좋기 때문

② 이의 두께가 스퍼 기어보다 크기 때문

③ 소음이 적기 때문

④ 재료가 특수강이기 때문

> **NOTE** 헬리컬 기어는 물림이 시작될 때는 점접촉이고, 이어 접촉폭이 점점 증가하여 최대가 되었다가 다시 접촉폭이 감소되어 점접촉으로 끝나므로 타성 변형이 적어 진동이나 소음이 적다. 그리고 접촉율이 커서 운전 성능이 좋아 큰 동력을 전달할 수도 있다.

40 다음 중 체인전동 중 소음이 발생하는 결점을 보완한 것은?

① 롤러 체인

② 사일런트 체인

③ 코일 체인

④ V벨트

NOTE 체인전동의 종류

　㉠ 롤러 체인: 자유로이 회전할 수 있는 롤러를 끼워 부싱으로 고정된 롤러 링크와 핀으로 고정된 핀 링크를 서로 연결
　하여 고리 모양으로 만들어 사용하는 것으로 롤러 체인의 구성요소는 롤러, 핀, 부싱이다.

　㉡ 사일런트 체인: 체인에 마멸과 물림의 상태가 불량하게 되어 소음이 발생하는 결점을 보완한 것으로, 높은 정밀도를
　요구하여 공작이 어려우나 원활하고 조용한 운전과 고속회전을 해야 할 때 사용한다.

　㉢ 코일 체인: 고속운전에는 적합하지 않으며, 체인블록으로 무거운 물건을 들어 올릴 때 사용된다.

41 다음 중 벨트의 장력비에 대한 설명으로 옳은 것은?

① 긴장측 장력과 이완측 장력의 합

② 긴장측 장력과 이완측 장력의 비

③ 긴장측 장력과 이완측 장력의 곱

④ 긴장측 장력과 이완측 장력의 차

NOTE 벨트의 장력비 $\cdots T_e = \dfrac{T_t}{T_s}$

42 다음 중 벨트의 전동에 대한 설명으로 옳은 것은?

① 풀리의 지름이 작은 쪽이 전동효율이 좋다.

② 벨트를 감았을 때 항상 위쪽을 인장측으로 한다.

③ 벨트의 나비는 풀리의 나비와 같다.

④ 벨트와 풀리의 접촉각이 큰 쪽이 효율이 좋다.

NOTE 벨트와 풀리의 접촉각이 큰 쪽이 벨트의 전동효율이 좋다.

43 다음 중 바로걸기 벨트방식에서 이완측을 두는 이유는?

① 정확한 전동을 위해

② 유효장력을 증가시키기 위해

③ 벨트를 걸기 쉽게 하기 위해

④ 벨트가 잘 벗겨지지 않게 하기 위해

NOTE 바로걸기 벨트에서 이완측을 두는 이유는 미끄럼이 적고 정확한 전동을 할 수 있게 하기 위해서이다.

44 다음 중 벨트 재료의 구비조건으로 옳지 않은 것은?

① 탄성이 좋아야 한다.　　　　　　② 인장 강도가 커야 한다.

③ 마찰계수가 작아야 한다.　　　　④ 열이나 기름에 강해야 한다.

> **NOTE** 벨트재료의 구비조건
> ㉠ 탄성이 좋아야 한다.
> ㉡ 인장 강도가 커야 한다.
> ㉢ 마찰 계수가 커야 한다.
> ㉣ 열이나 기름에 강해야 한다.

45 다음 중 평벨트의 특징으로 옳지 않은 것은?

① 정확한 속도비가 필요할 때 사용한다.

② 과부하가 걸리면 미끄러져 다른 부품의 손상을 막아준다.

③ 두 축간의 거리가 비교적 멀어도 사용가능하다.

④ 수직 압력에 의한 마찰력을 이용하여 동력을 전달할 수 있다.

> **NOTE** 평벨트의 특징
> ㉠ 두 축간의 거리가 비교적 멀 때 사용한다.
> ㉡ 정확한 속도비가 필요하지 않을 때 사용한다.
> ㉢ 과부하가 걸리면 미끄러져 다른 부품의 손상을 막을 수 있다.
> ㉣ 장치가 간단하고 염가이면서 전동효율이 높다(95%까지).
> ㉤ 수직압력에 의한 마찰력을 이용하여 동력전달을 한다.

46 다음 중 두 개의 벨트 풀리의 회전방향이 같은 벨트 걸기 방법은?

① 엇걸기　　　　　　　　　　　② 교차 걸기

③ 바로 걸기　　　　　　　　　　④ 지그재그 걸기

> **NOTE** 벨트 걸기의 방법
> ㉠ 바로 걸기 : 두 개의 벨트풀리의 회전방향이 서로 같다.
> ㉡ 엇걸기 : 두 개의 벨트풀리의 회전방향이 서로 다르다.

Answer. 44.③ 45.① 46.③

47 다음 중 V벨트에서 풀리의 지름이 작을수록 어떻게 하면 좋은가?

① V홈의 각도는 약간 크게 한다.   ② V홈의 각도를 약간 작게 한다.

③ V홈의 깊이를 더욱 깊게 한다.   ④ V홈의 깊이를 더욱 얕게 한다.

> **NOTE** V벨트에서 풀리의 지름을 작게 하면 접촉각이 작아져 전동이 불가능해지므로 이것을 해결하기 위해 V홈의 각도를 작게
> 하면 접촉압력이 커지게 되므로 전동이 된다.

48 다음 중 로프 전동에 관한 설명으로 옳은 것은?

① 전동 경로가 직선으로 옳지 않은 경우에는 사용할 수 없다.

② 전동효율이 높다.

③ 조정과 수리가 간편하다.

④ 먼 거리 동력전달이 가능하다.

> **NOTE** 로프전동의 특징
> ㉠ 큰 동력을 전달하는 데 유리하다.
> ㉡ 벨트와 달리 감아걸고 벗겨 낼 수 없다.
> ㉢ 조정과 수리가 곤란하다.
> ㉣ 수명이 짧고, 이음에 기술이 필요하며, 미끄럼도 많아 전동효율도 떨어진다.
> ㉤ 먼 거리 동력 전달이 가능하다.
> ㉥ 미끄럼이 적고, 고속운전에 적합하다.
> ㉦ 전동 경로가 직선으로 옳지 않은 경우에도 사용된다.

49 다음 중 피동절이 캠으로 되어 있는 캠 장치는?

① 정면 캠   ② 소극 캠

③ 반대 캠   ④ 요크 캠

> **NOTE** ① 판의 정면에 캠의 윤곽곡선의 홈이 있고, 이 홈에 피동절의 롤러를 끼워서 운동하도록 한 형식의 캠으로 운동전달이
> 확실한 캠이다.
> ② 중력 또는 스프링의 힘 등에 의하여 피동절을 구동절에 접촉시켜 운동을 하게 하는 캠을 말한다.
> ④ 종동절이 틀 모양으로 되어 있는 캠으로 영사기의 필름 이송장치 등으로 이용되는 캠을 말한다.

Chapter. 04 완충 및 제동용 기계요소

01 완충용 기계요소

① 완충용 기계요소의 필요성

산업용 기계나 공작기계에서 발생되는 진동은 기계 자체의 성능에 영향을 끼칠 뿐만 아니라 제품의 품질도 저하시킨다. 또한 소음의 원인이 되어 작업자 및 작업환경에 영향을 주어 작업능률을 떨어뜨린다. 따라서 각종 기계에는 완충 및 방진 장치를 설치하여 기계 자체의 진동을 감소시키고 다른 기계로부터 진동을 차단시켜야 한다.

② 완충용 기계요소의 이용

스프링은 기계가 받는 충격과 진동을 완화하고 운동이나 압력을 억제하며 에너지의 축적 및 힘의 측정에 사용된다.

③ 스프링의 개요

① 스프링의 사용목적
　㉠ 하중과 변형의 관계를 이용한 것
　　예 스프링, 저울, 안전 밸브 등
　㉡ 에너지를 축적하고 이것을 서서히 동력으로 전달하는 것
　　예 시계의 태엽 등
　㉢ 스프링의 복원력을 이용한 것
　　예 스프링 와셔, 밸브 스프링 등
　㉣ 진동이나 충격을 완화시키는 것
　　예 자동차의 현가 스프링, 기계의 방진 스프링 등

② 스프링의 재료

　　㉠ 탄성한도와 피로한도가 높으며 충격에 잘 견디는 스프링강과 피아노선이 일반적으로 사용된다.

　　㉡ 부식의 우려가 있는 것에는 스테인리스강, 구리 합금을 사용한다.

　　㉢ 고온인 곳에 사용되는 것은 고속도강, 합금 공구강, 스테인리스강을 사용한다.

　　㉣ 그 외에 고무, 합성수지, 유체 등을 사용한다.

❹ 스프링의 분류

① **하중에 의한 분류** ⋯ 인장 스프링, 압축 스프링, 토션 바 스프링

② **형상에 의한 분류** ⋯ 코일 스프링, 판 스프링, 벨류트 스프링, 스파이럴 스프링

③ 스프링의 종류

　　㉠ **코일 스프링** : 단면이 둥글거나 각이 진 봉재를 코일형으로 감은 것을 말하며, 스프링의 강도는 단위 길이를 늘이거나 압축시키는 데 필요한 힘으로 표시하는데 이것을 스프링상수라 하고, 이 스프링상수가 클수록 강한 스프링이다.

　　㉡ **판 스프링** : 길고 얇은 판으로 하중을 지지하도록 한 것으로 판을 여러 장 겹친 것을 겹판 스프링이라 하며, 이 판 스프링은 에너지 흡수능력이 좋고, 스프링 작용 외에 구조용 부재로서의 기능을 겸하고 있어 자동차 현가용으로 주로 사용된다.

ⓒ **토션 바** : 비틀림 하중을 받을 수 있도록 만들어진 막대 모양의 스프링을 말하며, 가벼우면서 큰 비틀림 에너지를 축척할 수 있어 자동차 등에 주로 사용된다.

ⓔ **공기 스프링** : 공기의 탄성을 이용한 것으로 스프링상수를 작게 설계하는 것이 가능하고, 공기압을 이용하여 스프링의 길이를 조정하는 것이 가능하다. 이 스프링은 내구성이 좋고, 공기가 출입할 때의 저항에 의해 충격을 흡수하는 능력이 우수하여 차량용으로 많이 쓰이고, 프레스 작업에서 소재를 누르는 데 사용하기도 하며, 기계의 진동방지에도 사용된다.

[벨로스형 공기 스프링의 원리]

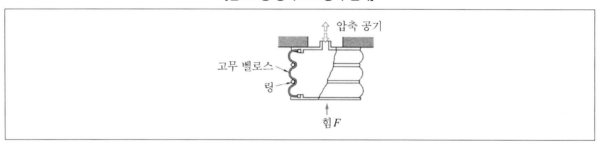

❺ 스프링의 설계

① 스프링상수(k) ⋯ $k = \dfrac{하중}{변위량} = \dfrac{W}{\delta}$

② 스프링상수의 계산

   ⓐ 스프링을 일렬로 연결하였을 경우의 스프링상수의 계산 : $k = k_1 + k_2 + k_3 + \ldots$

   ⓑ 스프링을 병렬로 연결하였을 경우의 스프링상수의 계산 : $k = \dfrac{1}{k_1} + \dfrac{1}{k_2} + \dfrac{1}{k_3} + \ldots$

6 **완충장치**

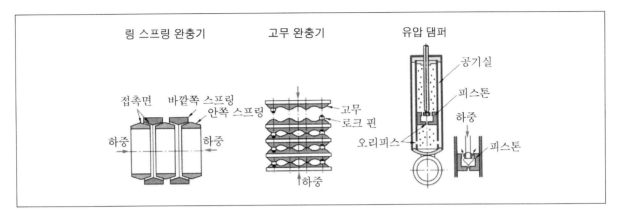

① **링 스프링 완충장치** ··· 하중의 변화에 따라 안팎에서 스프링이 접촉하여 생기는 마찰로 에너지를 흡수하도록 한 것이다.

② **고무 완충기** ··· 고무가 압축되어 변형될 때 에너지를 흡수하도록 한 것이다.

③ **유압 댐퍼** ··· 쇼크 업소버라고 하기도 하는 이 완충장치는 축방향에 하중이 작용하면 피스톤이 이동하여 작은 구멍인 오리피스로 기름이 유출되면서 진동을 감소시키는 것으로 자동차 차체에 전달되는 진동을 감소시켜 승차감을 좋게 해준다.

02 제동용 기계요소

1 **제동용 기계요소의 개요**

① 제동용 기계요소는 브레이크를 말하는 것으로 기계의 운동속도를 감속시키거나 그 운동을 정지시키기 위하여 사용하는 것이다.

② 제동부의 조작에는 인력, 증기력, 압축공기, 유압, 전자력 등을 이용한다.

② 브레이크의 종류

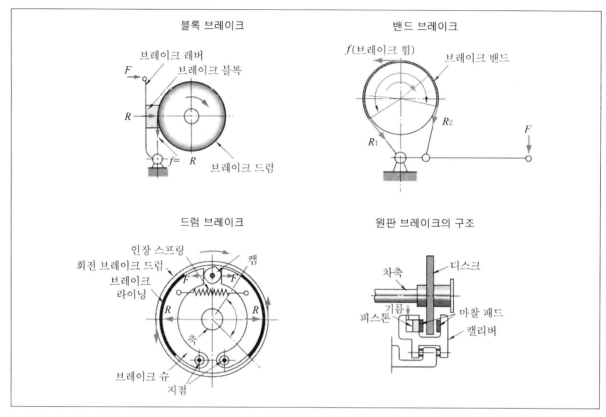

① **블록 브레이크** … 회전축에 고정시킨 브레이크 드럼에 브레이크 블록을 눌러 그 마찰력으로 제동하는 브레이크이다.

② **밴드 브레이크** … 브레이크 드럼 주위에 강철밴드를 감아 장력을 주어 밴드와 드럼의 마찰력으로 제동하는 브레이크이다.

③ **드럼 브레이크** … 내측 브레이크라고도 하며, 회전하는 드럼의 안쪽에 있는 브레이크 슈를 캠이나 실린더를 이용하여 브레이크 드럼에 밀어붙여 제동하는 브레이크로 자동차의 앞바퀴 브레이크로 사용된다.

④ **원판(디스크) 브레이크** … 축과 일체로 회전하는 원판의 한 면 또는 양 면을 유압 피스톤 등에 의해 작동되는 마찰패드로 눌러서 제동시키는 브레이크로 방열성, 제동력이 좋고, 성능도 안정적이기 때문에 항공기, 고속열차 등 고속차량에 사용되고, 일반 승용차나 오토바이 등에도 널리 사용된다.

③ 브레이크의 용량

① 제동력 $\cdots p = \dfrac{W}{A} = \dfrac{W}{eb}(\text{kgf/mm}^2)$

② 브레이크 용량 $\cdots W_f = \dfrac{\mu W_v}{A} = \mu p v (\text{kgf/mm}^2 \cdot \text{m/s})$

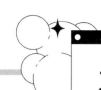

기출예상문제

안산도시공사

1 다음 중 유니버설 조인트에 대한 사항으로 바르지 않은 것은?

① 일직선상에 있지 않은 두 개의 축을 연결하여 자유로이 회전하도록 하는 이음이다.

② 회전하면서 그 축의 중심선의 위치가 달라지는 것에 동력을 전달하는데 사용된다.

③ 원통축이 등속 회전해도 종동축은 부등속 회전한다.

④ 최대 사용각은 45도이다.

⑤ 관계 위치가 끊임없이 변화하는 두 개의 동력 전달 축을 연결한 커플링이다.

> **NOTE** 유니버설 조인트의 최대 사용각은 30도이다.

시흥시시설관리공단

2 다음 중 마찰차의 특성으로 가장 올바른 것은?

① 미끄럼 현상이 발생하지 않는다.

② 마찰차는 정확한 속도비로 동력전달이 된다.

③ 소음이 크게 발생한다.

④ 무단 변속이 쉽다.

> **NOTE** 마찰차의 특징
> ㉠ 미끄럼 현상이 발생할 수 있다.
> ㉡ 정확한 속도비로 동력전달이 불가능하다.
> ㉢ 소음이 적게 발생한다.
> ㉣ 무단변속이 쉽다.

3 다음 전동장치 중 일반적으로 축간 거리를 가장 크게 할 수 있는 것은?

① 벨트 전동장치   ② 체인 전동장치

③ 기어 전동장치   ④ 로프 전동장치

> **NOTE** 전동장치에서 축간거리를 가장 멀리 할 수 있는 장치는 로프 전동장치이다.

Answer. 1.③ 2.④ 3.④

4 스프링의 일반적인 용도 설명으로 잘못된 것은?

① 진동 또는 충격 에너지를 흡수한다.

② 운동에너지를 열에너지로 소비한다.

③ 에너지를 저장하여 놓고 이것을 동력원으로 사용한다.

④ 하중 및 힘의 측정에 사용한다.

> **NOTE** 스프링의 일반적인 용도
> ㉠ 진동 또는 충격 에너지를 흡수한다.
> ㉡ 에너지를 저장하여 놓고 이것을 동력원으로 사용한다.
> ㉢ 하중 및 힘의 측정에 사용한다.

5 마찰면을 축 방향으로 눌러 제동하는 브레이크는 어느 것인가?

① 밴드 브레이크(band brake)
② 원심 브레이크(centrifugal brake)
③ 디스크 브레이크(disk brake)
④ 블록 브레이크(block brake)

> **NOTE** 회전하는 마찰면을 축 방향으로 눌러 제동하는 브레이크에는 디스크 브레이크와 원추 브레이크가 있다.

6 파형이음, 주름밴드, 원밴드 등과 같이 진동이나 열응력에 대한 완충효과를 가진 이음은?

① 신축이음
② 패킹이음
③ 플랜지이음
④ 고무이음

> **NOTE** 신축이음 … 관의 온도변화에 따라 신축작용을 할 때 관의 진동이나 열응력에 대한 완충역할을 하기 위한 이음방법으로 파형이음, 밴드이음, 강제 벨로즈 이음, 미끄럼 이음 등이 있다.

7 다음 중 배관 내 변동압력을 저장하여 완충작용을 하는 것은?

① 펌프
② 실린더
③ 축압기
④ 바이패스 밸브

> **NOTE** 축압기 … 배관 내에서 유량의 변화로 인한 압력을 저장하여 순간적인 보조 에너지원 역할을 하는 것으로 순간적인 압력 상승 방지, 펌프의 맥동압력을 제거한다.

Answer. 4.② 5.③ 6.① 7.③

8 기계가 받는 진동이나 충격을 완화하기 위한 것으로 작은 구멍의 오리피스로 액체를 유출하면서 감쇠시키는 완충장치는?

① 링스프링완충기 ② 고무완충기
③ 유압댐퍼 ④ 공기스프링

NOTE 완충장치
㉠ 링 스프링 완충장치 : 하중의 변화에 따라 안팎에서 스프링이 접촉하여 생기는 마찰로 에너지를 흡수하도록 한 것이다.
㉡ 고무 완충기 : 고무가 압축되어 변형될 때 에너지를 흡수하도록 한 것이다.
㉢ 유압 댐퍼 : 쇼크 업소버라고 하기도 하는 이 완충장치는 축방향에 하중이 작용하면 피스톤이 이동하여 작은 구멍인 오리피스로 기름이 유출되면서 진동을 감소시키는 것이다.

9 다음 중 스프링의 역할을 설명한 것으로 옳지 않은 것은?

① 진동 흡수 ② 에너지 저축 및 측정
③ 마찰력 감소 ④ 충격 완화

NOTE 스프링의 역할
㉠ 에너지를 축적하고 서서히 동력으로 전달한다.
㉡ 진동이나 충격을 완화시킨다.

10 다음 중 스프링의 사용목적으로 옳지 않은 것은?

① 하중과 변형의 관계를 이용하는 것
② 진동이나 충격을 완화시키는 것
③ 에너지를 축척하고 이것을 동력으로 전달하는 것
④ 스프링의 늘어나는 길이를 이용하는 것

NOTE 스프링의 사용 목적
㉠ 하중과 변형의 관계를 이용하는 것 : 스프링, 저울, 안전 밸브 등
㉡ 에너지를 축적하고 이것을 서서히 동력으로 전달하는 것 : 시계의 태엽 등
㉢ 스프링의 복원력을 이용하는 것 : 스프링 와셔, 밸브 스프링 등
㉣ 진동이나 충격을 완화시키는 것 : 자동차의 현가 스프링, 기계의 방진 스프링 등

Answer. 8.③ 9.③ 10.④

11 다음 중 스프링의 재료로 옳지 않은 것은?

① 스테인레스강

② 구리 합금

③ 스프링강

④ 주철

> **NOTE** 스프링의 재료
> ㉠ 탄성한도와 피로한도가 높으며 충격에 잘 견디는 스프링강과 피아노선이 일반적으로 사용된다.
> ㉡ 부식의 우려가 있는 것에는 스테인리스강, 구리 합금을 사용한다.
> ㉢ 고온인 곳에 사용되는 것은 고속도강, 합금 공구강, 스테인리스강을 사용한다.
> ㉣ 그 외에 고무, 합성수지, 유체 등을 사용한다.

12 다음 중 스프링 재료가 갖추어야 할 구비조건으로 옳지 않은 것은?

① 내식성, 내열성이 커야 한다.

② 피로한도가 커야 한다.

③ 탄성계수가 작아야 한다.

④ 탄성한도가 커야 한다.

> **NOTE** 스프링 재료가 갖추어야 할 구비 조건
> ㉠ 내식성, 내열성이 좋아야 한다.
> ㉡ 피로한도가 좋아야 한다.
> ㉢ 탄성계수 및 탄성한도가 커야 한다.

13 다음 중 비틀림 하중을 받을 수 있도록 만들어진 막대모양은 스프링은?

① 판 스프링

② 토션 바

③ 코일 스프링

④ 공기 스프링

> **NOTE** 스프링의 종류
> ㉠ 판 스프링: 길고 얇은 판으로 하중을 지지하도록 한 것으로, 판을 여러 장 겹친 것을 겹판 스프링이라 한다.
> ㉡ 토션 바: 비틀림 하중을 받을 수 있도록 만들어진 막대 모양의 스프링을 말한다.
> ㉢ 코일 스프링: 단면이 둥글거나 각이 진 봉재를 코일형으로 감은 것을 말한다.
> ㉣ 공기 스프링: 공기의 탄성을 이용한 것이다.

14 다음 중 스프링을 분류할 때 모양에 의한 분류로 옳지 않은 것은?

① 압축 스프링　　　　　　　　　② 코일 스프링
③ 판 스프링　　　　　　　　　　④ 스파이럴 스프링

> **NOTE** 스프링의 분류
> ㉠ 하중에 의한 분류 : 인장 스프링, 압축 스프링, 토션 바 스프링
> ㉡ 형상에 의한 분류 : 코일 스프링, 판 스프링, 벨류트 스프링, 스파이럴 스프링

15 다음 중 자동차 현가장치에 사용되는 스프링은?

① 코일 스프링　　　　　　　　　② 판 스프링
③ 토션 바　　　　　　　　　　　④ 공기 스프링

> **NOTE** 스프링의 종류
> ㉠ 코일 스프링 : 단면이 둥글거나 각이 진 봉재를 코일형으로 감은 것을 말한다.
> ㉡ 판 스프링 : 에너지 흡수능력이 좋고, 스프링 작용 외에 구조용 부재로서의 기능을 겸하고 있어 자동차 현가용으로 주로 사용된다.
> ㉢ 토션 바 : 가벼우면서 큰 비틀림 에너지를 축척할 수 있어 자동차 등에 주로 사용된다.
> ㉣ 공기 스프링 : 내구성이 좋고, 공기가 출입할 때의 저항에 의해 충격을 흡수하는 능력이 우수하여 차량용으로 많이 쓰이고, 프레스 작업에서 소재를 누르는 데 사용하기도 하며, 기계의 진동방지에도 사용된다.

16 다음 중 스프링의 평균지름과 자유높이와의 비는 무엇인가?

① 스프링 종횡비　　　　　　　　② 스프링 지수
③ 스프링 상수　　　　　　　　　④ 스프링 지름

> **NOTE** 스프링의 종횡비 $\cdots \lambda = \dfrac{\text{코일의 평균지름}}{\text{자유높이}} = \dfrac{D}{H}$

17 다음 중 스프링에서 하중의 단위길이를 변위량으로 나눈 값은?

① 스프링지수

② 스프링상수

③ 스프링의 종횡비

④ 스프링하중

> **NOTE** 스프링상수 $\cdots k = \dfrac{하중}{변위량} = \dfrac{W}{\delta}$

18 다음 중 스프링의 평균지름이 20mm, 감긴 수가 40회인 코일 스프링을 제작할 때, 필요한 재료의 길이는?

① 2,576mm

② 2,512mm

③ 1,237mm

④ 4,637mm

> **NOTE** $l = \pi D n = \pi \times 20 \times 40 = 2,512$mm

19 다음 중 브레이크의 구비조건으로 옳지 않은 것은?

① 내열성이 커야 한다.

② 내마멸성이 좋아야 한다.

③ 제동효과가 우수해야 한다.

④ 마찰계수가 작아야 한다.

> **NOTE** **브레이크의 구비조건**
> ㉠ 내열성 및 내마멸성이 좋아야 한다.
> ㉡ 제동효과가 우수해야 한다.
> ㉢ 마찰계수가 커야 한다.

20 다음 중 자동차의 앞바퀴 브레이크로 사용되는 브레이크는?

① 드럼 브레이크

② 블록 브레이크

③ 밴드 브레이크

④ 원판 브레이크

> **NOTE** **브레이크의 종류**
> ㉠ 블록 브레이크 : 회전축에 고정시킨 브레이크 드럼에 브레이크 블록을 눌러 그 마찰력으로 제동하는 브레이크이다.
> ㉡ 밴드 브레이크 : 브레이크 드럼 주위에 강철밴드를 감아 장력을 주어 밴드와 드럼의 마찰력으로 제동하는 브레이크이다.
> ㉢ 드럼 브레이크 : 내측 브레이크라고도 하며 회전하는 드럼의 안쪽에 있는 브레이크 슈를 캠이나 실린더를 이용하여 브레이크 드럼에 밀어붙여 제동하는 브레이크로 자동차의 앞바퀴 브레이크로 사용된다.
> ㉣ 원판 브레이크 : 축과 일체로 회전하는 원판의 한 면 또는 양 면을 유압 피스톤 등에 의해 작동되는 마찰 패드로 눌러서 제동시키는 브레이크로 항공기, 고속열차 등 고속차량에 사용되고, 일반 승용차나 오토바이 등에도 널리 사용된다.

Chapter. 05 관에 관한 기계요소

01 관 이음

❶ 관의 이용

① 관(pipe)은 주로 물, 기름, 증기, 가스 등의 유체를 수송하는 데 쓰인다.

② 관을 연결하거나 방향을 바꾸려면 관 이음쇠가 필요하다.

③ 유체의 흐름을 조절하거나 정지시키기 위해서는 밸브나 콕이 필요하다.

❷ 관의 종류

① 재질에 따른 분류
- ㉠ 강관 : 주로 탄소강을 사용하며, 이음매가 없는 것은 압축 공기 및 증기의 압력 배관용으로 사용하고, 이음매가 있는 것은 주로 구조용 강관으로 사용한다.
- ㉡ 주철관 : 강관에 비하여 내식성과 내구성이 우수하고 가격이 저렴하여 수도관, 가스관, 배수관 등에 사용된다.
- ㉢ 비철금속관 : 구리관, 황동관을 주로 사용한다.
- ㉣ 비금속관 : 고무관, 플라스틱관, 콘크리트관 등이 있다.

② 특성에 따른 분류
- ㉠ 주관로 : 흡입관로, 압력관로, 배기관로를 포함하는 주가 되는 관로
- ㉡ 파일럿관로 : 파일럿 방식에서 작동시키기 위한 작동유를 유도하는 관로
- ㉢ 플렉시블관로 : 고무호스와 같이 유연성이 있는 관로
- ㉣ 바이패스관로 : 필요에 따라서 작동유체의 전량 또는 그 일부를 갈라져 나가게 하는 통로

> **TIP**
> 이외에도 배관은 여러 가지 종류가 있다.

③ 관 이음

① **나사식 관 이음** ··· 각종 배관공사에 이용되는 이음쇠로, 관 끝에 관용나사를 절삭하고 적당한 이음쇠를 사용하여 결합하는 것으로 누설을 방지하기 위하여 콤파운드나 테이플론 테이프를 감는다. 재료로는 가단주철, 주강, 스테인리스강, 구리 합금 및 PVC 등이 사용된다.

② **플랜지 이음** ··· 관 끝에 플랜지를 만들어 관을 결합하는 것으로, 관의 지름이 크거나 유체의 압력이 큰 경우에 사용되며, 분해 및 조립이 용이하다.

[나사식 관 이음쇠의 종류]

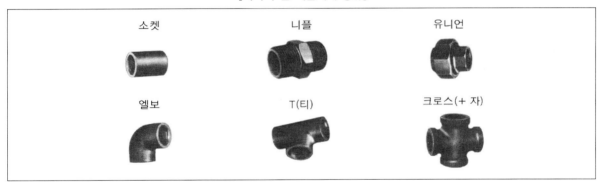

소켓   니플   유니언

엘보   T(티)   크로스(+ 자)

[플랜지 이음의 종류]

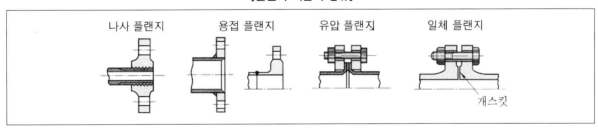

나사 플랜지   용접 플랜지   유압 플랜지   일체 플랜지

개스킷

③ 신축형 관 이음
  ⊙ 고온에서 온도차에 의한 열팽창, 진동 등에 어느 정도 견딜 수 있는 것으로, 관의 중간에 신축형 관 이음을 한다.
  ⓒ 진동원과 배관과의 완충이 필요할 때나 온도의 변화가 심한 고온인 곳에 사용된다.

[신축형 관 이음의 종류]

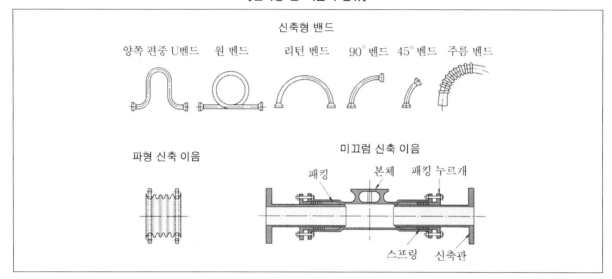

③ 관의 기능

① 열을 교환한다.
  예 냉동기
② 진공을 유지한다.
  예 진공펌프의 접속관
③ 압력을 전달한다.
  예 압력계의 접속관
④ 유체 및 고체를 수송한다.
⑤ 물체를 보호한다.
  예 배전선을 보호하는 전선관
⑥ 보강재로 사용된다.
  예 자전거 프레임, 탑의 기둥

02 밸브와 콕

❶ 밸브

유체의 유량과 흐름의 조절, 방향 전환, 압력의 조절 등에 사용된다.

① 밸브의 재료

　ㄱ 소형으로 온도와 압력이 그리 높지 않을 경우에는 청동을 사용한다.

　ㄴ 고온, 고압일 경우에는 강을 사용한다.

　ㄷ 대형일 경우에는 온도와 압력에 따라 청동, 주철, 합금강을 사용한다.

② 밸브의 종류

　ㄱ **정지 밸브** : 나사를 상하로 움직여서 유체의 흐름을 개폐하는 밸브이다. 밸브 디스크가 밸브대에 의하여 밸브시트에 직각방향으로 작동하며 글로브밸브, 슬루스밸브, 앵글밸브, 니들밸브, 게이트밸브 등이 있다. 유체흐름에 대한 저항손실이 크며, 흐름이 미치지 못하는 곳에 찌꺼기가 모이는 결점이 있으나 양정이 적어 밸브의 개폐가 빠르고 밸브와 시트의 접촉이 용이하며, 또한 밸브판과 밸브시트의 가공·교환·수리 등이 용이하고 값이 싸다.

　　• 글로브 밸브 : 모양의 밸브몸통을 가지며 입구와 출구의 중심선이 같은 일직선상에 있으며 유체의 흐름이 S자 모양으로 되는 밸브이다. 유체의 입구와 출구가 일직선이며, 유체의 흐름을 $180°$ 전환할 수 있다.

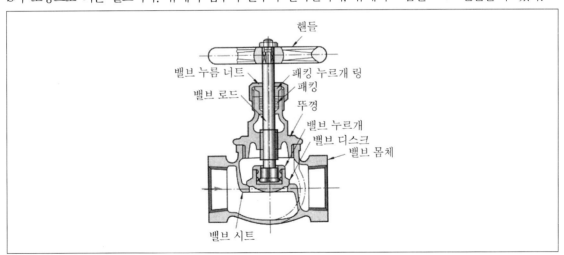

　　• 슬루스 밸브 : 밸브가 파이프 축에 직각으로 개폐되는 것으로, 압력이 높고 고속으로 유량이 많이 흐를 때 사용되는 밸브로서 발전소 도입관, 상수도 주관 등 지름이 크고 밸브를 자주 개폐해야 할 필요가 없는 경우에 사용된다. 밸브 본체가 흐름에 직각으로 놓여 있어 밸브 시트에 대해 미끄럼 운동을 하면서 개폐하는 형식의 밸브이다.

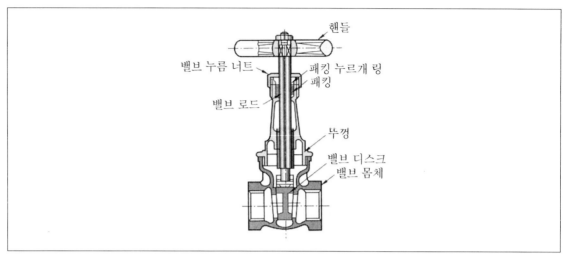

- 앵글 밸브 : 유체의 입구와 출구가 직각으로 유체의 흐름을 90°전환할 수 있다.
- 니들 밸브 : 유량을 작게 줄이며, 작은 힘으로도 정확하게 유체의 흐름을 차단할 수 있다.
- 게이트밸브 : 배관 도중에 설치하여 유로의 차단에 사용한다. 변체가 흐르는 방향에 대하여 직각으로 이동하여 유로를 개폐한다. 부분적으로 개폐되는 경우 유체의 흐름에 와류가 발생하여 내부에 먼지가 쌓이기 쉽다.

ⓒ 압력 및 유량 제어밸브
- 릴리프밸브 : 유체압력이 설정값을 초과할 경우 배기시켜 회로내의 유체 압력을 설정값 이하로 일정하게 유지시키는 밸브이다. (Cracking pressure : 릴리프 밸브가 열리는 순간의 압력으로 이때부터 배출구를 통하여 오일이 흐르기 시작한다.)
- 감압밸브 : 고압의 압축 유체를 감압시켜 사용조건이 변동되어도 설정 공급압력을 일정하게 유지시킨다.
- 시퀀스밸브 : 순차적으로 작동할 때 작동순서를 회로의 압력에 의해 제어하는 밸브이다.
- 카운터밸런스밸브 : 부하가 급격히 제거되었을 때 그 자중이나 관성력 때문에 소정의 제어를 못하게 되거나 램의 자유낙하를 방지하거나 귀환유의 유량에 관계없이 일정한 배압을 걸어준다.
- 무부하밸브 : 작동압이 규정압력 이상으로 달했을 때 무부하 운전을 하여 배출하고 이하가 되면 밸브를 닫고 다시 작동하게 된다. 열화 방지 및 동력절감 효과를 갖게 된다.
- 전자밸브 : 솔레노이드 밸브라고도 하며, 온도 조절기나 압력 조절기 등에 의해 신호를 전류받는다. 전자 코일의 전자력을 사용해 자동적으로 밸브를 개폐시키는 것으로서 증기용, 물용, 냉매용 등이 있으며 용도에 따라서 구조가 다르다. 또 밸브의 동작에 따라 자동식과 파일럿식이 있는데, 후자는 니들밸브 외에 유체압을 이용하여 서보 피스톤을 작동시키게 한 것으로서, 유량이 큰 경우에 사용된다.
- 언로더밸브 : 기체가 압축되지 않도록 압축기의 부하를 경감하는 장치를 말한다. 일정한 조건 하에서 펌프를 무부하시키기 위해 사용하는 밸브로, 계통의 압력이 규정값에 이르면 펌프를 무부하로 유지하며, 계통의 압력이 규정값까지 저하되면 다시 계통에 압력 유체를 공급하는 압력 제어 밸브이다.
- 교축(throttling) 밸브 : 통로의 단면적을 바꿔 교축 작용으로 감압과 유량 조절을 하는 밸브를 말한다. (교축작용은 말 그대로 직경이 일정한 배관을 어느 일정한 부위에서 직경을 줄여드는 것이다.)

ⓒ 그 밖의 밸브

• 체크 밸브 : 유체를 한 방향으로 흐르게 하기 위한 역류방지용 밸브로 리프트 체크밸브, 스윙 체크밸브 등이 있다. 대부분 외력을 사용하지 않고 유체 자체의 압력으로 조작되는 밸브이다.

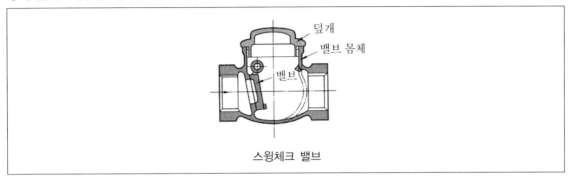

스윙체크 밸브

• 버터플라이 밸브 : 일명 나비형 밸브라고도 하며 밸브의 몸통 안에서 밸브대를 축으로 하여 원판 모양의 밸브 디스크가 회전하면서 관을 개폐하여 관로의 열림각도가 변화하여 유량이 조절된다.

• 이스케이프밸브 : 관내의 유압이 규정 이상이 되면 자동적으로 작동하여 유체를 밖으로 흘리기도 하고 원래대로 되돌리기도 하는 밸브이다.

• 서보 밸브 : 입력 신호에 따라 유체의 유량과 압력을 제어하는 밸브로 토크 모터, 유압 증폭부, 안내 밸브동으로 구성된다.

• 셔틀 밸브 : 2개의 입구와 1개의 공통 출구를 가지고 출구는 입구 압력의 작용에 의하여 한 쪽 방향에 자동적으로 접속되는 밸브이다.

• 감속 밸브 : 유압 모터나 유압 실린더의 속도를 가속 또는 감속시킬 때 사용하는 밸브이다.

• 포핏 밸브 : 밸브 몸체가 밸브 시트면에 직각방향으로 이동하는 형식의 밸브이다.

❷ 콕

① 원통 또는 원뿔 플러그를 90° 회전시켜서 유체의 흐름을 차단하는 것이다.

② 개폐조작이 간단하나 기밀성이 떨어져 저압, 소유량용으로 적합하다.

기출예상문제

한국가스기술공사

1 피스톤의 구비조건으로 틀린 것은?

① 기계적 강도가 클 것

② 가스 및 오일 누출 방지

③ 무게감이 있을 것

④ 마찰로 인한 기계적 손실 방지

> **NOTE** 피스톤의 구비조건
> ㉠ 폭발압력을 유효하게 이용할 것
> ㉡ 가스 및 오일 누출 방지
> ㉢ 마찰로 인한 기계적 손실 방지
> ㉣ 기계적 강도가 클 것
> ㉤ 가벼울 것
> ※ 피스톤 링 3대 작용 … 기밀 작용, 열전도 작용, 오일제어 작용

한국가스기술공사

2 두 축이 평행하지도 교차하지도 않으며, 큰 감속비를 얻으려는 곳에 사용하는 기어는?

① 크라운기어

② 헬리컬 기어

③ 평기어

④ 웜기어

⑤ 스퍼어 베벨기어

> **NOTE** 웜과 웜기어 … 두 축이 평행하지도 교차하지도 않으며, 큰 감속비를 얻으려는 곳에 사용한다.

3 원통 또는 원뿔의 플러그를 90° 회전으로 유량을 개폐시킬 수 있는 기계요소는?

① 스톱 밸브

② 슬루스 밸브

③ 체크 밸브

④ 콕

> **NOTE** ① 글로브 밸브, 앵글 밸브, 니들 밸브로 나누어진다.
> ② 밸브가 파이프 축에 직각으로 개폐되는 것으로 압력이 높고, 고속으로 유량이 많이 흐를 때 사용된다.
> ③ 유체를 한 방향으로 흐르게 하기 위한 역류방지용 밸브이다.
> ④ 원통 또는 원뿔 플러그를 90° 회전시켜서 유체의 흐름을 차단하는 것으로 개폐조작이 간단하나 기밀성이 떨어져 저압, 소유량용으로 적합하다.

Answer. 1.③ 2.④ 3.④

4 다음 중 역류방지용 밸브로서 유체를 한 방향으로만 흐르게 하는 것은?

① 슬루스 밸브　　　　　　　② 니들 밸브

③ 체크 밸브　　　　　　　　④ 글로브 밸브

⑤ 나비 밸브

> **NOTE** 체크 밸브 … 유체를 한 방향으로 흐르게 하기 위한 역류방지용 밸브로 리프트 체크밸브, 스윙 체크밸브 등이 있으며, 대부분 외력을 사용하지 않고 유체 자체의 압력으로 조작되는 밸브이다.

5 다음 중 파이프를 사용하는 곳으로 옳지 않은 곳은?

① 유체의 수송　　　　　　　② 열의 방열제

③ 구조물의 부재　　　　　　④ 전선을 보호

> **NOTE** 관의 기능
> ㉠ 열교환
> ㉡ 진공유지
> ㉢ 압력전달
> ㉣ 유체 및 고체의 수송
> ㉤ 물체의 보호
> ㉥ 보강재

6 다음 중 일반적으로 파이프의 크기를 나타내는 것은?

① 안지름　　　　　　　　　② 바깥지름

③ 파이프의 길이　　　　　　④ 파이프의 두께

> **NOTE** 파이프의 크기는 안지름으로 나타낸다.

Answer. 4.③ 5.② 6.①

7 다음 중 수도관, 가스관에 주로 사용되는 관의 재료는?

① 강 ② 고무

③ 구리 ④ 주철

> **NOTE** 관의 재료
> ㉠ 강관 : 주로 탄소강을 사용하며, 이음매가 없는 것은 압축공기 및 증기의 압력 배관용으로 사용하고, 이음매가 있는 강관은 주로 구조용 강관으로 사용한다.
> ㉡ 주철관 : 강관에 비하여 내식성과 내구성이 우수하고 가격이 저렴하여 수도관, 가스관, 배수관 등에 사용된다.
> ㉢ 비철금속관 : 구리관, 황동관을 주로 사용한다.
> ㉣ 비금속관 : 고무관, 플라스틱관, 콘크리트관 등이 있다.

8 다음 중 콕의 장점은?

① 기밀을 유지하기 쉽다. ② 고압의 유체에 적합하다.

③ 개폐가 용이하다. ④ 대유량에 적합하다.

> **NOTE** 원통 또는 원뿔 플러그를 90°회전시켜서 유체의 흐름을 차단하는 것으로, 개폐조작이 간단하나 기밀성이 떨어져 저압, 소유량용으로 적합하다.

9 다음 중 분해 및 조립이 편리하고 유체의 압력이 큰 경우에 사용되는 이음은?

① 나사식 관 이음 ② 플랜지 이음

③ 신축성 관 이음 ④ 소켓 이음

> **NOTE** 관 이음
> ㉠ 나사식 관 이음 : 각종 배관공사에 이용되는 이음쇠로 관 끝에 관용나사를 절삭하고, 적당한 이음쇠를 사용하여 결합하는 것으로 누설을 방지하기 위하여 콤파운드나 테이플론 테이프를 감는다.
> ㉡ 플랜지 이음 : 관의 지름이 크거나 유체의 압력이 큰 경우에 사용되는 것으로 분해 및 조립이 편리하다.
> ㉢ 신축형 관 이음 : 고온에서 온도차에 의한 열팽창, 진동 등에 어느 정도 견딜 수 있는 것으로 진동원과 배관과의 완충이 필요할 때나 온도의 변화가 심한 고온인 곳에서 설치할 때 사용된다.
> ㉣ 소켓 이음 : 관끝의 소켓에 다른 끝을 넣어 맞추고 그 사이에 패킹을 넣은 후 다시 납이나 시멘트로 밀폐한 이음을 말한다.

10 다음 중 관의 종류에 해당하지 않는 것은?

① 강관

② 비금속관

③ 목재관

④ 주철관

NOTE ③ 목재는 관의 재료로 사용하기에는 적합하지 않다.

※ 관의 종류

ㄱ 강관 : 주로 탄소강을 사용하며, 이음매가 없는 것은 압축공기 및 증기의 압력 배관용으로 사용하고, 이음매가 있는 것은 주로 구조용 강관으로 사용한다.

ㄴ 주철관 : 강관에 비하여 내식성과 내구성이 우수하고 가격이 저렴하여 수도관, 가스관, 배수관 등에 사용된다.

ㄷ 비철금속관 : 구리관, 황동관을 주로 사용한다.

ㄹ 비금속관 : 고무관, 플라스틱관, 콘크리트관 등이 있다.

11 정지 밸브에 대한 설명으로 옳지 않은 것은?

① 나사를 상하로 움직여 유체의 흐름을 개폐하는 밸브이다.

② 유체흐름에 대한 저항손실이 크다.

③ 밸브와 시트의 접촉이 용이하다.

④ 압력이 높고 고속으로 유량이 많이 흐를 경우 사용한다.

NOTE ④ 슬루브 밸브에 대한 설명이다.

※ 정지밸브 … 나사를 상하로 움직여서 유체의 흐름을 개폐하는 밸브로 유체흐름에 대한 저항손실이 크고, 흐름이 미치지 못하는 곳에 찌꺼기가 모이는 결점이 있다. 양정이 적어 밸브의 개폐가 빠르고 밸브와 시트의 접촉이 용이하며, 밸브관과 밸브시트의 가공·교환·수리가 용이하고 가격도 저렴하다.

12 다음 중 밸브의 재료로 사용하지 않는 것은?

① 청동

② 주철

③ 고무

④ 합금강

NOTE 밸브의 재료

ㄱ 소형으로 온도와 압력이 높지 않을 경우에는 청동을 사용한다.

ㄴ 고온, 고압일 경우에는 강을 사용한다.

ㄷ 대형일 경우에는 온도와 압력에 따라 청동, 주철, 합금강을 사용한다.

Answer. 10.③ 11.④ 12.③

PART

04

원동기와 유체기계 및 공기조화

01 원동기

01 에너지의 변환과 이용

❶ 에너지의 종류

① 위치에너지 … 물의 낙차를 이용하는 에너지이다.

② 운동에너지 … 풍력을 이용하는 에너지이다.

③ 열에너지 … 석탄이나 석유가 연소할 때 발생하는 에너지이다.

④ 핵에너지 … 원자핵의 분열을 이용한 에너지이다.

❷ 열

① 열역학의 법칙들
  ㉠ **열역학 제0법칙(열평형 법칙)** : 고온의 물체는 차차 냉각되고, 저온의 물체는 점차 따뜻해져서 두 물체의 온도가 같아져 열평형상태에 도달한다.
  ㉡ **열역학 제1법칙(에너지 보존의 법칙)** : 열은 일로, 일은 열로 전환된다.
  ㉢ **열역학 제2법칙(비가역의 법칙)** : 일은 쉽게 모두 열로 바꿀 수 있으나, 반대로 열을 일로 변환하는 것은 용이하지 않다.
  ㉣ **열역학 제3법칙** : 모든 순수물질의 고체의 엔트로피는 절대 영(0)도 부근에서는 절대온도(T)의 3승에 비례한다.

② 열과 일 … 기계가 일을 하려면 반드시 에너지가 공급되어야 한다. 기관에서 연료의 연소로 인해 열에너지가 발생하게 되고, 이 열에너지를 이용하여 기계장치에 일을 할 수 있도록 하게 된다. 열역학 제1법칙에 의해서 일은 열로 열은 일로 전환할 수 있다는 원칙에 따라 열량 Q(kcal)와 일량 W(kgf)사이에는 다음과 같은 식이 성립한다.

$$W = JQ, \quad Q = AW$$

- W : 일(kg · m)
- Q : 열량(kcal)
- J : 일의 일당량 427(kg · m/kcal)
- A : 일의 열당량 $\frac{1}{427}$(kcal/kg · m)]

02 내연기관

① 내연기관의 개요

연료 자체가 가지고 있는 화학에너지를 연소에 의해서 열에너지로 바꾸어주는 장치를 열기관이라 하고, 기관의 외부에서 발행한 열에너지를 사용하는 기관을 외연기관, 내부에서 발생하는 열에너지를 사용하는 기관을 내연기관이라 한다.

① 내연기관의 정의 ··· 기관의 본체 내부에서 연료와 공기의 혼합기를 연소시켜 고온·고압의 가스를 만들고, 이것을 기계적인 일로 변환시키는 원동기이다.

② 내연기관의 장·단점
   ㉠ 장점
   • 소형경량, 마력당 중량이 적다.
   • 열효율이 비교적 높다.
   • 운전비가 저렴하며 경제적이다.
   • 부하변동에 민감하게 순응한다.
   • 운전취급 및 시동정지가 쉽다.
   ㉡ 단점
   • 충격과 진동이 심하다.
   • 윤활 및 냉각이 힘들다.
   • 원활한 저속운전이 힘들다.
   • 큰 출력을 얻기 힘들다.
   • 자력시동이 불가능하여 시동장치를 필요로 한다.

③ 내연기관의 용어
   ㉠ 행정체적(V_s) : 피스톤의 1행정으로 차지하는 실린더의 체적을 말한다.

$$V_s = \frac{\pi D^2}{4} \times L\,(\mathrm{cm}^3)$$

D : 내경 L : 행정

   ㉡ 총행정체적(V_t) : 총배기량과도 같으며, 행정체적에 실린더의 수를 곱한 것이다.

$$V_t = V_s \times N = \frac{\pi D^2}{4} \times L \times N\,(\mathrm{cm}^3)$$

N : 실린더 수

ⓒ **압축비** : 압축전의 용적과 압축후의 용적비를 말한다. 실린더의 체적을 극간(틈새)의 체적으로 나눈 값이다. (간극체적=연소실체적)

$$\epsilon = \frac{실린더체적}{연소실체적} = \frac{연소실체적 + 행정체적}{연소실체적}$$
$$= \frac{V}{V_c} = \frac{V_c + V_s}{V_c}$$
$$= 1 + \frac{V_s}{V_c}$$

❷ 가솔린 기관

가솔린을 연료로 사용하며, 기화기에서 연료와 공기를 혼합한 다음 실린더 내에 흡입하고 압축시킨 다음 전기적인 스파크에 의하여 폭발, 연소시키는 기관을 말한다.

① **가솔린 기관의 특징** … 소형, 경량이고 크기나 중량에 비해 비교적 큰 출력을 얻을 수 있어 자동차, 오토바이 외에도 각종 산업용 원동기로서 널리 사용되고 있다.

② **가솔린 기관의 구조**

[4행정 사이클 기관의 단면도]

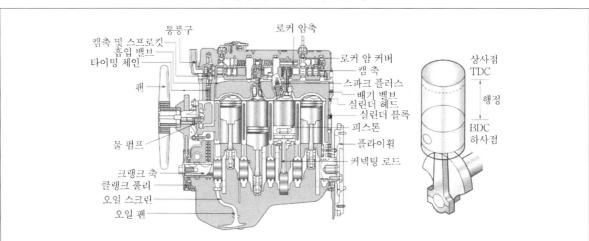

ⓐ **커넥팅 로드, 크랭크축** : 실린더 속의 피스톤의 상하 왕복운동을 회전운동으로 전환해준다.

ⓑ **밸브** : 혼합기체를 흡입하고, 배기가스를 배출한다.

ⓒ 크랭크축의 회진은 타이밍 기어를 거쳐 캠축에 전달하고, 캠의 운농이 로커암을 지나 밸브에 전달된다.

ⓓ **실린더 블록** : 주철과 내마멸성이 뛰어난 알루미늄합금주물로 되어 있으며, 실린더 수를 증가시키면 진동이 적고 고속화할 수 있다.

ⓜ 실린더 헤드 : 주철과 알루미늄합금주철로 되어 있으며, 실린더 블록 윗면 덮개부분으로 밸브 및 점화플러그 구멍이 있으며, 연소실 주위에는 물 재킷이 있다.

③ 4행정 사이클 기관의 작동원리 … 4행정 사이클 기관은 크랭크축이 2회전 할 때 흡입, 압축, 폭발, 배기의 4행정이 이루어진다.

[4행정 사이클 기관의 작동]

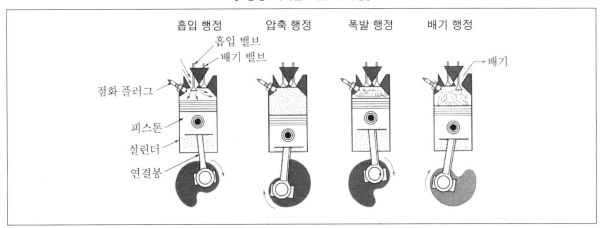

ⓐ **흡입 행정** : 흡입 밸브가 열리고 피스톤이 상사점에서 하사점으로 내려가는 행정으로, 이 때 열려있는 흡입 밸브를 통해서 공기와 연료의 혼합기체가 실린더 내부로 흡입된다.

ⓑ **압축 행정** : 흡기 밸브와 배기 밸브가 완전히 닫힌 후 혼합기는 피스톤의 상승운동에 의해 압축되어 피스톤이 상사점에 이르면, 부피는 원래의 $\frac{1}{7}$ 또는 그 이하로 줄어들고, 압력은 7.8 ~ 10.8bar가 된다.

ⓒ **폭발 행정** : 압축 행정에 의해서 혼합기가 압축이 된 상태에서 점화 플러그에서 불꽃을 튀기면 혼합기가 연소되어 실린더 내의 압력을 상승시킨다. 이 힘으로 인하여 피스톤을 밀어내면 이 힘은 커넥팅 로드를 거쳐 크랭크축에 전달되어 회전력이 생기고, 피스톤이 하사점에 완전히 도달하기 전에 배기 밸브가 열려 연소가스가 배출된다.

ⓓ **배기 행정** : 배기 밸브가 열리고 피스톤이 상사점까지 상승하면서 혼합기체가 연소되어 생긴 가스를 배출한다. 배기 행정이 완료되면 배기 밸브는 닫히고, 흡입 밸브가 열리면서 다시 피스톤은 하사점으로 내려가는 흡입 행정이 시작되고, 이 4개의 행정이 반복된다.

④ 2행정 사이클 기관의 작동원리
  ⓐ 2행정 사이클 기관의 특징
   • 2행정 사이클 기관은 4행정 사이클 기관과는 달리 크랭크축이 1회전하는 동안 1사이클이 완료된다. 즉, 크랭크축이 회전하는 동안 흡입, 압축, 폭발, 배기 행정이 모두 일어나는 과정이다.
   • 흡입 밸브와 배기 밸브가 따로 없는 대신 실린더 벽에 흡입구, 소기구, 배기구가 있어 피스톤의 상하운동에 의해 개폐가 이루어진다.
   • 회전력의 변동이 적고 구조가 간단하여 이륜자동차나 경자동차용 소형기관과 디젤기관에 많이 사용된다.

ⓛ 2행정 사이클 기관의 작동원리

[2행정 사이클 기관의 작동]

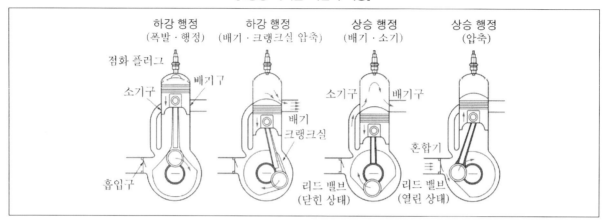

- 하강 행정 : 4행정 사이클 기관에서의 흡입 및 압축 행정이 동시에 일어난다. 즉, 하강 행정을 하는 동안 압축된 혼합기체는 점화 플러그에 의해 점화되고 폭발과 팽창에 의해 피스톤이 아래로 밀리게 되면서 크랭크실 내에 흡입된 혼합기체는 압축하기 시작한다. 피스톤이 하사점에 도달하기 전에 배기구가 열려 연소가스의 배기를 시작하며, 배기구가 열린 후에 소기구가 열리고, 크랭크실 내의 압축된 혼합기체는 소기구를 통해 실린더로 압입되면서 잔류 가스를 내보낸다.
- 상승 행정 : 4행정 사이클 기관에서의 폭발 및 배기 행정이 동시에 일어난다. 즉, 피스톤이 하사점에서 상승하기 시작하면 우선 소기구를 먼저 닫고 흡입구를 열어 혼합기체를 크랭크실 내로 흡입함에 이어 배기구가 닫히면서 연소실 내의 혼합기체는 압축된다.

⑤ 4행정 사이클 기관과 2행정 사이클 기관의 비교

기관 항목	4행정 사이클 기관	2행정 사이클 기관
폭발 횟수	크랭크축이 2회전하는 동안 1회 폭발한다.	크랭크축이 1회전하는 동안 1회 폭발한다.
효율	4개의 행정이 각각 독립적으로 이루어지므로 각 행정마다 작용이 확실하여 효율이 좋다.	유효 행정이 짧고, 흡기구와 배기구가 동시에 열려 있는 시간이 길어서 소기를 위한 새로운 혼합기체의 손실이 많아 효율이 떨어진다.
회전력	폭발 횟수가 적으므로 회전력의 변동이 심하다. 따라서 실린더의 수가 많을수록 좋다.	배기량이 같은 때는 4행정 사이클 기관보다 크고 회전력 변동도 적다.
기관의 크기	밸브기구가 있어 크다.	밸브기구가 없어 작다.
배기가스	혼합기의 손실이 적다.	혼합기의 손실이 많다.

밸브기구	밸브기구가 필요하기 때문에 구조가 복잡하다.	밸브기구가 없거나 배기를 위한 기구만 있어 그 구조가 간단하다.
윤활유 소비량	윤활방법이 확실하고 윤활유의 소비량이 적다.	소형 가솔린 기관의 경우 윤활을 하기 위하여 처음부터 연료에 윤활유를 혼합시켜서 넣어야 하는 불편이 있기 때문에 윤활유의 소비량이 많다.
발생 동력 및 연료 소비율	배기량이 같은 엔진에서 발생 동력은 2행정 사이클에 비하여 떨어지나 연료 소비율은 2행정 사이클보다 적다.	배기량이 같은 기관에서 동력은 4행정 사이클 기관보다 더 얻을 수 있으나 연료 소비율이 많고, 대형 가솔린 기관으로는 적합하지 않은 단점이 있다.

❸ 디젤 기관

공기를 압축하였을 때 생기는 압축열에 의해 온도를 상승시켜 연료를 자연 착화시켜 연소하는 기관을 말한다.

① 디젤 기관의 구조

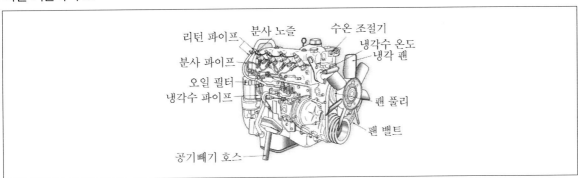

ⓐ **연료** : '연료 탱크→연료 분사 펌프→실린더'의 과정을 거친다.

ⓑ **조속기** : 분사량을 조절한다.

ⓒ **분사시기 조정기** : 분사시기를 조절한다.

ⓓ **연소실** : 연료가 압축된 공기와 균일하게 혼합되고 단시간에 연소될 수 있는 구조로 되어 있다.

ⓔ **과급** : 4행정 사이클 디젤기관은 가솔린 기관에 비해 높은 압축비를 필요로 하므로 체적 효율이 문제가 된다. 이 때 체적 효율을 높이기 위해 실린더로 들어오는 공기를 압축시켜 기관의 출력을 향상시키는 과급기를 이용한다.

② 4행정 사이클 디젤 기관의 작동 원리

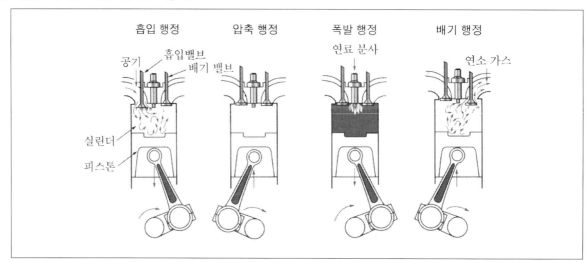

- ㉠ **흡입 행정**: 가솔린 기관과 마찬가지로 배기 밸브가 닫혀 있는 상태에서 흡입 밸브가 열리고 피스톤이 하강하면서 공기를 실린더 내로 흡입하는 행정이다.
- ㉡ **압축 행정**: 역시 가솔린 기관과 마찬가지로 흡입 밸브가 닫히면서 피스톤이 하사점에서 상사점으로 상승하여 실린더 내의 공기를 15 ~ 20 : 1 정도로 압축시키는 행정으로 이때의 압축 공기의 온도는 500 ~ 700℃ 정도이다.
- ㉢ **폭발 행정**: 압축 행정이 끝날 무렵에 실린더 내의 압축 공기보다 더 높은 압력으로 연료를 분사하며, 압축 행정으로 인하여 고온이 된 공기에 의해 자기 착화하여 연료가 폭발하면서 피스톤을 아래로 밀어 내린다.
- ㉣ **배기 행정**: 연소 후 피스톤이 하사점 부근에 이르면 배기 밸브가 열리면서 피스톤이 상사점으로 올라가 연소가스를 배출한다.

③ **2행정 사이클 디젤 기관** ⋯ 4행정 사이클 디젤 기관에서는 과급기를 사용하나, 2행정 사이클 기관에서는 흡입, 소기, 배기의 과정이 뚜렷히 구별되지 않기 때문에 과급기 대신에 흡입 계통에 송풍기를 설치하여 체적 효율을 높인다.

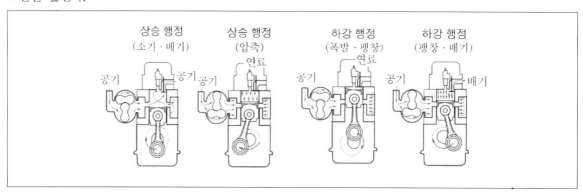

ⓐ **소기 행정** : 피스톤이 하강하면서 소기 구멍이 열리고 송풍기에서 보내진 새로운 공기가 실린더에 유입 되면서 연소실에 잔류하고 있는 연소 가스를 내보내고 피스톤이 상승하면서 소기 구멍을 닫으면 실린더 내부는 새로운 공기로 채워진다.

ⓑ **압축 행정** : 피스톤이 상승함에 따라 배기 밸브가 닫히고 공기가 압축된다.

ⓒ **폭발 행정** : 연료는 피스톤의 상사점 직전에 노즐에서 분사되고, 분사된 연료는 자기 착화하여 폭발하면 서 피스톤을 밀어 내린다.

ⓓ **배기 행정** : 피스톤이 하사점에 도달하기 직전에 배기 밸브가 열리고, 연소가스가 배출된다.

④ 가솔린 기관과 디젤 기관의 비교

구분	가솔린 기관	디젤 기관
점화방식	전기불꽃점화	압축착화
연료공급방식	공기와 연료의 혼합기형태로 공급	실린더 내로 압송하여 분사
연료공급장치	인젝터, 기화기	연료분사펌프연료분사노즐
압축비	7~10	15~22
압축압력	$8{\sim}11\text{kg/cm}^2$	$30{\sim}45\text{kg/cm}^2$
압축온도	120~140℃	500~550℃
압축의 목적	연료의 기화 도모 공기와 연료의 혼합도모 폭발력 증가	착화성 개선
열효율(%)	23~28	30~34
진동소음	작다	크다
연소실	구성이 간단하다	구성이 복잡하다
토크특성	회전속도에 따라 변화	회전속도에 따라 일정
배기가스	CO, 탄화수소, 질소, 산화물	스모그, 입자성 물질, 이산화황
기관의 중량	가볍다	무겁다
제작비	싸다	비싸다

03 보일러

① 보일러의 개념

밀폐된 금속용기에 물을 넣고 가열하여 필요한 온도와 압력의 증기를 발생시켜서 산업용이나 난방용으로 사용하는 장치이다.

② 보일러의 구성

① **보일러의 몸체** … 보일러를 구성하는 가장 중요한 몸체로서 원통형으로 만들어져 있다. 노에서 발생된 열을 받아 몸체 안에 $\frac{2}{3} \sim \frac{4}{5}$ 정도 채워진 물을 가열하여 증발시키는 역할을 하며, 물이 있는 수실, 증기가 있는 증기실, 외부에서 전해 준 열을 물과 증기에 전하는 부분인 전열면 등으로 구성되어 있다.

② **연소장치** … 보일러의 연료를 연소시키는 곳으로 노라고도 하며, 연체 및 기체 연료에는 버너, 고체 연료에는 화격자 연소장치를 사용한다.

③ **부속 장치**
   ⊙ **과열기** : 보일러 본체에서 나오는 습포와 증기를 가열하여 고온의 과열증기로 만드는 장치로 열효율을 높이고, 증기의 마찰저항을 감소시키며, 터빈 날개 등의 부식을 감소시키는 역할을 한다.
   ⊙ **재열기** : 과열증기가 터빈에서 팽창하여 일을 하면 다시 포화 증기로 되는데 이것을 다시 가열하여 과열 증기로 만드는 장치이다.
   ⊙ **절탄기** : 보일러 본체나 과열기를 가열하고 남은 열을 회수하여 급수를 예열하는 장치이다.
   ⊙ **공기 예열기** : 보일러 본체나 과열기를 가열하고 남은 열로 연소용 공기를 예열하는 장치이다.
   ⊙ 기타 연도, 통풍 장치, 급수 장치, 기수 분리기, 집진 장치, 재처리 장치 등이 있으며, 안전 장치로는 안전밸브, 압력계, 유량계, 기타 제어 장치 등이 있다.

❸ 보일러의 종류

보일러는 크게 원통형 보일러, 수관 보일러로 나뉘며, 이용하는 연료와 가열방식에 따라 그 밖의 여러 종류의 특수 보일러가 있다.

① **원통형 보일러**…둥글게 제작된 본체 안을 원관이 지나고 그 원관 속을 불꽃이나 연소가스가 통과하도록 되어 있다. 이 보일러의 최고 사용압력은 일반적으로 9.8bar 이하가 많으며, 최대 증기 발생량은 10ton/h 미만인 경우가 많다.

　㉠ **노통 보일러** : 원통형 본체 속에 한 개나 두 개의 노통을 설치하고 이 노통에 화격자 또는 버너 장치가 부착된 것이다.

[코시티 보일러의 내부구조]

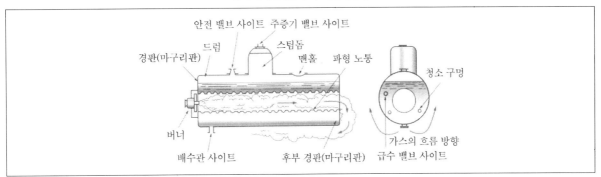

　• 코니시(Cornish) 보일러 : 노통이 1개인 것
　• 랭커셔(Langcashire) 보일러 : 노통이 2개인 것

　㉡ **연관식 보일러** : 노통 대신에 여러 개의 연관을 사용한 보일러로 수직식, 수평식이 있다. 전열 면적이 크고 설치장소를 넓게 차지하지 않는 이점이 있다.

[연관 보일러]

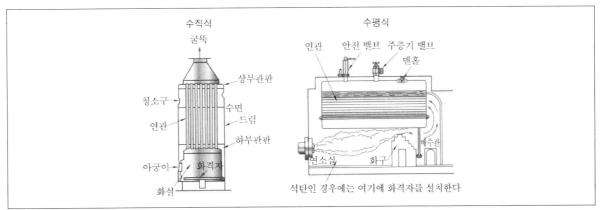

ⓒ **노통 연관식 보일러**: 보일러 드럼에 노통과 연관을 부착한 것으로 코니시 보일러와 횡연관 보일러를 조합시킨 보일러이다. 보일러 지름이 큰 드럼의 $\frac{1}{3}$ 정도 크기인 노통 하나와 그 선단에 연관을 설치한 것으로서 노통 보일러와 연관 보일러의 장점을 합한 것이다. 부하의 변동에 대한 안정성이 있으며 수면이 넓어 급수조절이 용이하다.

② **수관 보일러** … 지름이 작은 보일러 드럼과 여러 개의 수관을 조합하여 만든 것으로 전열면이 가는 수관으로 구성되어 있다. 오늘날 대부분의 화력 발전소에 사용된다.

ⓐ 수관 보일러의 장점
- 전열 면적이 넓다.
- 고온·고압의 증기를 빨리 발생시킬 수 있다.
- 가동시간이 짧고 열효율이 높다.

ⓑ 수관 보일러의 단점
- 보유 수량이 적어 부하 변동에 따라 압력과 수위 변동이 심하다.
- 고가이고 다량의 증기를 필요로 하며 수처리가 복잡하다.

[자연 순환식 보일러]

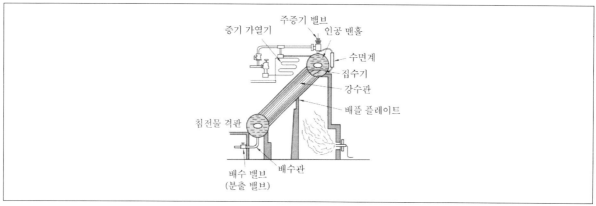

- 강제 유동식 수관 보일러: 고압으로 될수록 포화증기와 포화수의 비중량의 차이가 작아서 순환력이 적어지므로 순환 펌프로 보일러수를 강제 촉진하여 순환시키는 방식이며, 그 종류에는 강제 순환식과 관류식이 있다.

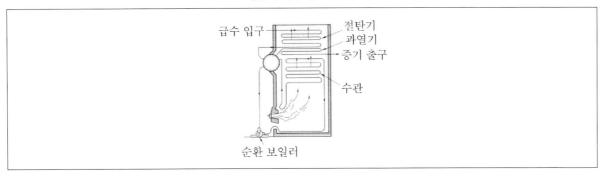

[강제 순환식 보일러]

③ **특수 보일러** … 폐열이나 특수 연료를 이용하는 보일러로서 특별한 열매체를 쓰는 경우와 특수한 가열방식에 의한 것 등이 있다.

　㉠ **간접 가열 보일러** : 고온·고압이 될수록 물이 증발할 때 수관 속에 스케일이 많이 부착되어 생기는 문제를 해결하기 위해 고안된 보일러이다.

　㉡ **폐열 보일러** : 보일러 자체에 연소장치가 없고, 가열로, 용해로, 디젤기관, 소성공장, 가스터빈 등에서 나오는 고온의 폐가스를 이용하여 증기를 발생시키는 보일러이다. 온수 보일러나 소형 증기 난방에 주로 사용되고 있다.

　㉢ **특수 연료 보일러** : 연료로서 설탕을 짜낸 사탕수수 찌꺼기를 사용하는 버개스 보일러와 펄프용 원목 등의 나무 껍데기를 원료로 하는 바크 보일러 등 특수한 연료를 사용하는 보일러이다.

　㉣ **특수 유체 보일러** : 열원으로 수증기나 고온수를 사용하면 압력이 대단히 높아져 불편하므로 고온에도 압력이 비교적 낮은 식물성 기름을 사용하는 보일러이다.

04 원자로

❶ 원자로의 개요

원자핵은 중성자의 부딪히면 2개 이상으로 쪼개지며 방사능과 열에너지를 방출하는데 이러한 성질을 이용한 것이 원자로이다.

❷ 원자로의 핵연료와 원자로의 원리

① 펠릿 … 우라늄 3%로 저농축시킨 후 이산화우라늄가루로 만들고 열처리하여 만든 것이다.

② 증기발생장치 … 핵분열에 의하여 발생한 열을 이용하여 원자로의 물을 고온·고압으로 가열시키고, 이 가열된 물로 증기 발생기에서 제2의 다른 물을 끓여서 증기를 발생시킨다.

③ 가열장치와 증기발생장치가 완전히 분리된 폐쇄회로를 구성하고 있으며, 방사능 물질의 격리를 2중으로 하여 안전하다.

❸ 원자로의 구성

① 핵연료 … 우라늄 3%로 저농축시킨 후 이산화우라늄가루로 만들고 열처리하여 만든 펠릿이다.

② 감속재 … 고속중성자를 열중성자로 바꾸는 과정에서 사용하는 것으로 경수, 흑연, 중수, 베릴륨 등을 사용한다.

③ 냉각재 … 열의 운반과 원자로의 온도를 유지하는 기능을 하며, 비상시 비상냉각기능을 하는 것으로 중수, 경수, 이산화탄소 등이 사용된다.

④ 제어장치 … 카드뮴, 붕소, 하프늄 등의 제어 물질을 이용하여 중성자수를 조절하여 출력을 조절하는 장치이다.

⑤ 기타 장치 … 노심부 보호를 위한 압력 용기, 중상자, 방사선의 외부 유출을 방지하는 차폐제, 냉각제 순환 펌프 등이 있다.

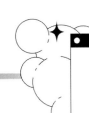

기출예상문제

1 다음은 여러 가지 밸브에 관한 사항들이다. 이 중 바르지 않은 것은?

① 리프트 밸브는 유체 흐름의 방향과 평행하게 밸브가 개폐되는 것으로 유량을 조절한다.

② 슬루스 밸브는 리프트 밸브의 일종이다.

③ 체크 밸브는 유체를 한쪽 방향으로 흐르게 하는 밸브이다.

④ 나비형 밸브는 조름 밸브라고도 하며 평면 밸브의 흐름과 평행한 방향으로 회전시켜 유량을 조절한다.

⑤ 회전 밸브는 밸브가 원통 또는 원뿔형으로서 축의 주위로 돌려서 개폐한다.

> **NOTE** 나비형 밸브는 조름 밸브라고도 하며 평면 밸브의 흐름과 직각인 방향으로 회전시켜 유량을 조절한다.

2 동일펌프 2대를 직렬로 설치할 때의 설명으로 맞는 것은?

① 양정과 유량 모두 변화가 없고 압력만 상승한다.

② 양정은 증가하고 유량은 변화가 없다.

③ 양정은 변화가 없으나 유량은 증가한다.

④ 양정은 변화가 없으나 압력수두가 감소한다.

⑤ 양정, 유량 모두 감소한다.

> **NOTE** 병렬연결 시 : 양정동일, 유량증가
> 직렬연결 시 : 양정증가, 유량동일

Answer. 1.④ 2.②

3 가솔린 기관과 디젤 기관을 비교한 것으로 옳지 않은 것은?

구분	가솔린 기관	디젤 기관
① 점화방식	불꽃점화	압축착화
② 기본 사이클	정적 사이클	사바데 사이클
③ 열효율	30 ~ 35%	25 ~ 28%
④ 압축비	7 ~ 11 : 1	15 ~ 25 : 1

NOTE 가솔린 기관과 디젤 기관의 특징

구분	가솔린 기관	디젤 기관
점화방식	불꽃점화	압축착화
사용연료	휘발유	경유
열효율	25 ~ 28%	30 ~ 35%
기본 사이클	정적 사이클	사바데 사이클
압축비	7 ~ 11 : 1	15 ~ 25 : 1

4 과급은 무엇을 의미하는가?

① 혼합기를 가압하여 투입하는 것을 말한다.
② 혼합기에 공기를 추가로 투입하는 것을 말한다.
③ 혼합기의 압력을 낮추어 투입하는 것을 말한다.
④ 혼합기에 공기가 필요 이상으로 투입된 경우를 말한다.

NOTE 과급 … 흡입압력을 높이는 것을 의미하는 것으로, 외부의 공기를 압축해서 공기의 밀도를 높여 공급하는 것을 말한다.

5 4행정 사이클 기관에서 기관이 2사이클 하면 크랭크축은 몇 회전을 하는가?

① 2회전　　　　　　　　　　　② 4회전
③ 6회전　　　　　　　　　　　④ 8회전

NOTE 4행정 사이클 기관은 크랭크축 2회전에 피스톤 4행정으로 1사이클을 마친다.

6 다음 중 오토 사이클에 관한 설명으로 옳지 않은 것은?

① 정적 사이클이라고도 한다.
② 열효율은 압축비의 함수이다.
③ 두 개의 단열변화와 두 개의 정적변화로 구성되어 있다.
④ 압축비를 높이는 데 제한이 없다.

> **NOTE** 오토 사이클
> ㉠ 정적 사이클이라고도 한다.
> ㉡ 작동유체의 가열 및 방열이 등적하에 이루어지는 사이클이다.
> ㉢ 열효율은 압축비의 함수이다.
> ㉣ 두 개의 단열변화와 두 개의 정적변화로 구성되어 있다.
> ㉤ 오토 사이클에서 압축비를 높게 하면 효율은 증가하지만 압축비가 너무 높으면 전화되기 전에 폭발하는 노킹현상이 초래되므로 압축비를 높이는 데 제한을 받는다.

7 보일러 본체나 과열기를 가열한 연소가스로부터 보일러 본체에 전달되고 난 나머지 예열을 회수하여 급수를 예열하는 장치는?

① 과열기
② 재열기
③ 절탄기
④ 집전장치

> **NOTE** 절탄기 … 보일러 본체나 과열기를 가열하고 남은 열로 급수를 예열하는 장치이다.

8 다음 중 4,270kg · m의 일을 열로 바꾸면 얼마인가?

① 1kcal
② 5kcal
③ 10kcal
④ 15kcal

> **NOTE** $Q = AW = \dfrac{1}{427} \times 4.270 = 10\text{kcal}$

9 다음 중 두 물체의 온도가 같아져 열평형 상태에 도달한다는 법칙은?

① 열역학 제0법칙 ② 열역학 제1법칙

③ 열역학 제2법칙 ④ 열역학 제3법칙

> **NOTE** 열역학 법칙
> ㉠ 열역학 제0법칙(열평형 법칙): 고온의 물체는 차차 냉각되고, 저온의 물체는 점차 따뜻해져서 두 물체의 온도가 같아져 열평형상태에 도달한다.
> ㉡ 열역학 제1법칙(에너지 보존의 법칙): 열은 일로, 일은 열로 전환된다.
> ㉢ 열역학 제2법칙(비가역의 법칙): 일은 쉽게 열로 바꿀 수 있으나 반대로 열을 일로 변환하는 것은 용이하지 않다.
> ㉣ 열역학 제3법칙: 모든 순수물질의 고체의 엔트로피는 절대 영(0)도 부근에서는 T^3에 비례한다.

10 다음 중 내연기관의 특징으로 옳지 않은 것은?

① 경량에 비해 출력이 크다.

② 운전조작이 용이하다.

③ 기관의 효율이 높다.

④ 부하의 변동에 적응이 힘들다.

⑤ 충격과 진동이 심하다.

> **NOTE** 내연기관의 장·단점
> ㉠ 장점
> • 소형경량, 마력당 중량이 적다.
> • 열효율이 비교적 높고, 운전비가 저렴하며 경제적이다.
> • 부하변동에 민감하게 순응한다.
> • 운전취급 및 시동정지가 쉽다.
> ㉡ 단점
> • 충격과 진동이 심하다.
> • 윤활 및 냉각이 힘들고 원활한 저속운전이 힘들다.
> • 큰 출력을 얻기 힘들다.
> • 자력시동이 불가능하다.

Answer. 9.① 10.④

11 다음 중 크랭크축의 역할은?

① 기체를 흡입하고 배기가스를 배출한다.
② 동력을 밸브에 전달한다.
③ 공기와 연료를 혼합한다.
④ 피스톤의 상하 왕복운동을 회전운동으로 전환한다.

NOTE 크랭크축은 실린더 속의 피스톤의 상하 왕복운동을 회전운동으로 전환해주는 역할을 한다.

12 다음 중 연료가 될 수 없는 것은?

① 천연가스
② 산소
③ 석유
④ 석탄

NOTE ② 산소는 조연성 기체이므로 연료로 사용될 수 없다.

13 다음 중 내연기관으로 옳지 않은 것은?

① 가솔린 기관
② 디젤 기관
③ 석유 기관
④ 증기 기관

NOTE 내연기관은 가솔린 기관, 디젤 기관, 석유 기관 등이 있다.

14 다음 중 내연기관에서 상사점에서 하사점까지의 거리를 무엇이라 하는가?

① 행정
② 사점
③ 피치
④ 사이클

NOTE 내연기관에서 상사점에서 하사점까지의 거리는 행정이라 한다.

15 다음 중 가솔린 기관에 대한 설명으로 옳지 않은 것은?

① 정적사이클
② 압축착화기관
③ 오토사이클
④ 불꽃점화기관

NOTE 가솔린 기관은 정적사이클, 오토사이클, 불꽃점화기관이며 압축착화 방식은 디젤 기관이다.

Answer. 11.④ 12.② 13.④ 14.① 15.②

16 다음 중 연료와 공기를 혼합하는 역할을 하는 것은?

① 캠

② 기화기

③ 밸브

④ 피스톤

> **NOTE** 기화기 … 연료와 공기를 혼합하는 역할을 하며, 초크 밸브는 공기의 양을 조절하고, 스로틀 밸브는 혼합기의 양을 조절한다.

17 다음 중 실린더 블록의 재질로 적당한 것은?

① 알루미늄합금주철

② 공구강

③ 합금강

④ 주철

> **NOTE** 실린더 블록은 주철과 내마멸성이 뛰어난 알루미늄합금주물로 되어 있다.

18 가솔린 기관에서 압축 행정시 혼합기는 원래 부피에 얼만큼이 압축되는가?

① $\dfrac{1}{15}$

② $\dfrac{1}{7}$

③ $\dfrac{1}{20}$

④ $\dfrac{1}{50}$

> **NOTE** 압축행정에서 흡기 밸브와 배기 밸브가 완전히 닫힌 후 혼합기는 피스톤의 상승운동에 의해 압축되어 피스톤이 상사점에 이르면, 부피는 원래의 $\dfrac{1}{7}$ 또는 그 이하로 줄어들고, 압력은 7.8 ~ 10.8bar가 된다.

19 다음 중 4행정 사이클 기관의 작동순서를 옳게 나타낸 것은?

① 흡입 → 압축 → 배기 → 폭발

② 압축 → 배기 → 폭발 → 흡입

③ 흡입 → 압축 → 폭발 → 배기

④ 압축 → 배기 → 흡입 → 폭발

> **NOTE** 4행정 사이클 기관의 작동순서는 '흡입 → 압축 → 폭발 → 배기' 순이다.

20 다음 중 4행정 사이클 기관의 작동과정에 대한 설명으로 옳지 않은 것은?

① 흡입 행정 - 흡입 밸브가 열리고 피스톤이 상사점에서 하사점으로 내려간다.
② 압축 행정 - 흡입 밸브와 배기 밸브가 완전히 닫히고, 혼합기가 압축된다.
③ 폭발 행정 - 점화 플러그에서 불꽃이 튀기면 피스톤이 상사점으로 올라간다.
④ 배기 행정 - 피스톤이 상사점으로 올라가면서 연소가스를 배출한다.

> **NOTE** 4행정 사이클 기관의 작동 원리
> ㉠ 흡입 행정 : 흡입 밸브가 열리고 피스톤이 상사점에서 하사점으로 내려가는 행정으로, 이 때 열려있는 흡입 밸브를 통해서 공기와 연료의 혼합기체가 실린더 내부로 흡입된다.
> ㉡ 압축 행정 : 흡기 밸브와 배기 밸브가 완전히 닫힌 후 혼합기는 피스톤의 상승운동에 의해 압축되어 피스톤이 상사점에 이르면, 부피는 원래의 $\frac{1}{7}$ 또는 그 이하로 줄어들고, 압력은 7.8 ~ 10.8bar가 된다.
> ㉢ 폭발 행정 : 압축 행정에 의해서 혼합기가 압축이 된 상태에서 점화 플러그에서 불꽃을 튀기면 혼합기가 연소되어 실린더 내의 압력을 상승시킨다. 이 힘으로 인하여 피스톤을 밀어내면 이 힘은 커넥팅 로드를 거쳐 크랭크축에 전달되어 회전력이 생기고, 피스톤이 하사점에 완전히 도달하기 전에 배기 밸브가 열려 연소 가스가 배출된다.
> ㉣ 배기 행정 : 배기 밸브가 열리고 피스톤이 상사점까지 상승하면서 혼합기체가 연소되어 생긴 가스를 배출한다.

21 다음 중 4행정 사이클 기관에서 크랭크축이 10회 회전하면 몇 번 폭발하는가?

① 1회
② 3회
③ 5회
④ 10회

> **NOTE** 4행정 사이클 기관은 크랭크축이 2회 회전하는 동안 1회 폭발한다.

22 다음 중 2행정 사이클 기관에서 하강 행정에 포함되는 것은?

① 흡입 및 압축 행정
② 흡입 및 폭발 행정
③ 폭발 및 배기 행정
④ 폭발 및 압축 행정

> **NOTE** 2행정 사이클 기관의 작동원리
> ㉠ 하강 행정 : 4행정 사이클 기관에서의 흡입 및 압축행정이 동시에 일어난다.
> ㉡ 상승 행정 : 4행정 사이클 기관에서의 폭발 및 배기 행정이 동시에 일어난다.

Answer. 20.③ 21.③ 22.①

23 다음 중 2행정 사이클 기관에 대한 설명으로 옳지 않은 것은?

① 이륜 자동차나 경자동차용 소형 기관과 디젤 기관에 상용된다.

② 흡입 밸브와 배기 밸브가 따로 없다.

③ 크랭크축이 1회전하는 동안 1사이클이 완료된다.

④ 회전력의 변동이 많고, 구조가 복잡하다.

> **NOTE** 2행정 사이클 기관의 특징
> ⊙ 2행정 사이클 기관은 4행정 사이클 기관과는 달리 크랭크축이 1회전하는 동안 1사이클이 완료된다. 즉, 크랭크축이 회전하는 동안 흡입, 압축, 폭발, 배기, 행정이 모두 일어나는 과정이다.
> ⓒ 흡입 밸브와 배기 밸브가 따로 없는 대신 실린더 벽에 흡입구, 소기구, 배기구가 있어 피스톤의 상하 운동에 의해 개폐가 이루어진다.
> ⓒ 회전력의 변동이 적고 구조가 간단하여 이륜 자동차나 경자동차용 소형 기관과 디젤 기관에 많이 사용된다.

24 다음 중 2행정 사이클 기관과 4행정 사이클 기관의 비교가 잘못된 것은?

① 4행정 사이클 기관보다 2행정 사이클 기관의 효율이 좋다.

② 4행정 사이클 기관보다 2행정 사이클 기관의 밸브의 개수가 적다.

③ 4행정 사이클 기관보다 2행정 사이클 기관의 혼합기 손실이 많다.

④ 4행정 사이클 기관보다 2행정 사이클 기관의 밸브기구의 구조가 간단하다.

> **NOTE** 2행정과 4행정 사이클 기관의 비교

항목　　기관	4행정 사이클 기관	2행정 사이클 기관
효율	4개의 행정이 각각 독립적으로 이루어지므로 각 행정마다 작용이 확실하여 효율이 좋다.	유효 행정이 짧고, 흡기구와 배기구가 동시에 열려 있는 시간이 길어서 소기를 위한 새로운 혼합기체의 손실이 많아 효율이 떨어진다.
밸브 기구	밸브 기구가 필요하기 때문에 구조가 복잡하다.	벨브 기구가 없거나 배기를 위한 기구만 있어 그 구조가 간단하다.
기관의 크기	밸브기구가 있어 크다.	밸브기구가 없어 적다.
배기 가스	혼합기의 손실이 적다.	혼합기의 손실이 많다.

25 다음 중 2행정 사이클 기관에서 소기란?

① 혼합기를 흡입하는 작용
② 배기가스를 밖으로 배출하는 작용
③ 혼합기를 피스톤으로 압축하는 작용
④ 혼합기를 크랭크실에서 실린더로 보내는 작용

NOTE 소기…혼합기를 크랭크실에서 실린더로 보내는 작용을 말한다.

26 다음 중 디젤 기관에서 분사량을 조절하는 장치는?

① 분사시기 조정기   ② 연소실
③ 조속기   ④ 크랭크

NOTE 디젤 기관의 구조
㉠ 조속기 : 분사량을 조절한다.
㉡ 분사시기 조정기 : 분사시기를 조절한다.
㉢ 연소실 : 연료가 압축된 공기와 균일하게 혼합되고 단시간에 연소될 수 있는 구조로 되어있다.

27 다음 중 4사이클 6실린더 기관에서 실린더 지름 40mm, 행정 30mm일 때, 총 배기량은?

① 345cc   ② 249.87cc
③ 226.08cc   ④ 75.36cc

NOTE $V_t = V_s \times Z = \dfrac{\pi D^2}{4} \times S \times Z\text{cm}^3$

$V_t = \dfrac{\pi D^2}{4} \times S \times Z = \dfrac{\pi(40)^2}{4} \times 30 \times 6 = 226,080\text{cm}^3 = 226.08\text{cc}$

28 다음 중 기화기에서 혼합비를 조절하는 밸브는?

① 초크 밸브   ② 체크 밸브
③ 스로틀 밸브   ④ 콕

NOTE 기화기…연료와 공기를 혼합한다.
㉠ 초크밸브 : 공기의 양을 조절한다.
㉡ 스로틀 밸브 : 혼합기의 양을 조절한다.

Answer. 25.④ 26.③ 27.③ 28.①

29 다음 중 체적 효율을 높이기 위하여 실린더로 들어오는 공기를 압축시키는 장치는?

① 물 재킷

② 체크 밸브

③ 소기구

④ 과급기

> **NOTE** 과급기 … 4행정 사이클 디젤 기관은 가솔린 기관에 비해 높은 압축비를 필요로 하므로 체적 효율이 문제가 된다. 이 때, 체적 효율을 높이기 위해 실린더로 들어오는 공기를 압축시켜 기관의 출력을 향상시키는 과급기를 이용한다.

30 디젤 기관에서 압축 행정시 혼합기는 원래 부피에 얼만큼이 압축되는가?

① $\dfrac{1}{15}$

② $\dfrac{1}{7}$

③ $\dfrac{1}{50}$

④ $\dfrac{1}{100}$

> **NOTE** 압축 행정 … 역시 가솔린 기관과 마찬가지로 흡입 밸브가 닫히면서 피스톤이 하사점에서 상사점으로 상승하여 실린더 내의 공기를 15 ~ 20 : 1정도로 압축시키는 행정으로 이 때의 압축 공기의 온도는 500 ~ 700℃ 정도이다.

31 다음 중 4행정 사이클 기관에서 밸브의 동력전달 순서는?

① 태핏 → 푸시로드 → 캠 → 노커암 → 밸브

② 캠 → 푸시로드 → 태핏 → 로커암 → 밸브

③ 캠 → 태핏 → 푸시로드 → 로커암 → 밸브

④ 캠 → 로커암 → 태핏 → 푸시로드 → 밸브

> **NOTE** 4행정 사이클 기관에서 밸브의 동력전달 순서는 '캠→태핏→푸시로드→로커암→밸브'와 같다.

32 다음 중 디젤 기관에서 2행정 사이클 디젤 기관과 4행정 사이클 디젤 기관의 차이점은?

① 4행정 사이클 디젤 기관에서는 과급기를 사용하나, 2행정 사이클 디젤 기관에서는 송풍기를 사용한다.

② 4행정 사이클 디젤 기관의 효율은 2행정 사이클 디젤 기관보다 떨어진다.

③ 4행정 사이클 디젤 기관에는 밸브가 있으나, 2행정 사이클 디젤 기관에는 밸브가 없다.

④ 4행정 사이클 디젤 기관에는 흡기구가 있으나, 2행정 사이클 디젤 기관에는 흡기구가 없다.

Answer. 29.④ 30.① 31.③ 32.①

NOTE 4행정 사이클 디젤 기관에서는 과급기를 사용하나 2행정 사이클 기관에서는 흡입, 소기, 배기의 과정이 뚜렷하게 구별되지 않기 때문에 과급기 대신에 흡입 계통에 송풍기를 설치하여 체적 효율을 높인다.

33 다음 중 2행정 디젤 기관의 소기 행정에 해당되는 것은?

① 압축 행정
② 흡기 행정
③ 폭발 행정
④ 배기 행정

NOTE 2행정 디젤 기관에서 소기 행정은 피스톤이 하강하면서 소기 구멍이 열리고 송풍기에서 보내진 새로운 공기가 실린더에 유입되면서 연소실에 잔류하고 있는 연소가스를 내보내고 피스톤이 상승하면서 소기 구멍을 닫으면 실린더 내부는 새로운 공기로 채워지는 과정으로 흡기 행정과 같은 과정이다.

34 다음 중 윤활유의 작용으로 옳지 않은 것은?

① 마찰 감소
② 밀봉 작용
③ 보온 작용
④ 방청 작용

NOTE 윤활유의 작용에는 마찰감소, 융착방지, 밀봉 작용, 냉각 작용, 완충 작용, 방청 작용 등이 있다.

35 다음 중 가솔린 기관과 디젤 기관의 비교가 잘못된 것은?

① 가솔린 기관은 디젤 기관보다 압축비가 높다.
② 가솔린 기관은 휘발류를 디젤 기관은 경유를 연료로 사용한다.
③ 가솔린 기관은 디젤 기관보다 열효율이 낮다.
④ 가솔린 기관은 디젤 기관보다 연료 소비량이 크다.

NOTE 가솔린 기관과 디젤 기관의 비교

항목	가솔린 기관	디젤 기관
사용 연료	휘발류	경유
열효율	낮다(25 ~ 32%).	높다(32 ~ 38%).
연료소비량 (혹한시)	크다. [230 ~ 300g/PS · h (150% 증가)]	작다. [150 ~ 2400g / PS · h (15% 증가)]
압축비	7 ~ 13 : 1	15 ~ 20 : 1

36 다음 중 디젤 기관과 가솔린 기관의 가장 큰 차이점은?

① 윤활 방법   ② 냉각 방법

③ 기체의 압축 방법   ④ 점화 방법

> **NOTE** 가솔린 기관은 불꽃점화기관이며, 디젤 기관은 압축착화기관이다.

37 다음 중 노크에 대한 설명으로 옳은 것은?

① 착화 지연이 길어져 생기는 현상이다.

② 실린더 내 공기의 압축비가 너무 높을 경우 생기는 현상이다.

③ 냉각이 원활이 이루어지지 않아서 생기는 현상이다.

④ 충분한 연료의 분사가 이루어지지 않아서 생기는 현상이다.

> **NOTE** 노크 … 착화 지연이 길어지면서 분사된 연료가 축적되고 그것이 한꺼번에 연소하게 되어 압력이 증가하여 발생하는 현상이다.

38 다음 중 로터리 엔진의 특징으로 옳지 않은 것은?

① 소음이나 진동이 적다.   ② 소형 경량이다.

③ 구조가 복잡하다.   ④ 고속 회전에서 출력 저하가 적다.

> **NOTE** 로터리 엔진의 특징
> ㉠ 소음이나 진동이 적고, 구조가 간단하다.
> ㉡ 소형 경량이다.
> ㉢ 고속 회전에서 출력 저하가 적다.

39 다음 중 과열기의 특징으로 옳지 않은 것은?

① 열효율이 높아진다.   ② 증기의 마찰저항이 감소된다.

③ 터빈 날개의 부식이 감소된다.   ④ 연료의 사용이 많아진다.

> **NOTE** 과열기의 특징
> ㉠ 열효율이 높아진다.
> ㉡ 증기의 마찰저항이 감소된다.
> ㉢ 터빈 날개 등의 부식이 감소된다.

✦Answer. 36.④ 37.① 38.③ 39.④

40 다음 중 보일러의 구성요소로 옳지 않은 것은?

① 노   ② 피스톤

③ 재열기   ④ 과열기

> **NOTE** ② 피스톤은 내연기관의 구성요소 중 하나이다.

41 다음 중 보일러 본체에서 나오는 습포화 증기를 가열하여 고온의 과열 증기로 만드는 장치는?

① 화격자   ② 과열기

③ 전열면   ④ 수실

> **NOTE** 과열기 … 보일러 본체에서 나오는 습포화 증기를 가열하여 고온의 과열 증기로 만드는 장치이다.

42 다음 중 보일러의 안전장치로 옳지 않은 것은?

① 안전 밸브   ② 압력계

③ 급수 장치   ④ 유량계

> **NOTE** 보일러의 안전장치로는 안전 밸브, 압력계, 유량계, 기타 제어장치 등이 있다.

43 지름이 큰 드럼 속을 원관이 지나고 이 원관 속을 불꽃이나 연소가스가 지나가도록 되어 있는 보일러는?

① 수관 보일러   ② 자연 순환식 수관 보일러

③ 원통 보일러   ④ 강제 유동식 수관 보일러

> **NOTE** 보일러의 종류
> ㉠ 수관 보일러 : 지름이 작은 보일러 드럼과 여러 개의 수관을 조합하여 만든 보일러이다.
> ㉡ 자연 순환식 수관 보일러 : 물의 밀도차에 의해 보일러수가 순환되는 방식이다.
> ㉢ 원통 보일러 : 둥글게 제작된 본체에 원관이 지나고 그 원관 속을 불꽃이나 연소가스가 통과하도록 되어 있는 보일러이다.
> ㉣ 강제 유동식 수관 보일러 : 포화증기와 포화수의 비중량의 차이가 작아서 순환력이 적어지므로 순환펌프로 보일러수를 강제 촉진하여 순환시키는 방식이다.

Answer. 40.② 41.② 42.③ 43.③

44 다음 중 고체연료를 사용하는 연소장치를 무엇이라 하는가?

① 버너
② 증기실
③ 수실
④ 화격자

> **NOTE** 연소장치 … 보일러의 연료를 연소시키는 곳으로 노라고도 하며, 연체 및 기체 연료에는 버너, 고체 연료에는 화격자 연소장치를 사용한다.

45 다음 중 수관 보일러의 장점은?

① 전열 면적이 넓다.
② 고온·고압의 증기를 발생시키기 어렵다.
③ 부하 변동에 대처하기 어렵다.
④ 열효율이 낮다.

> **NOTE** 수관 보일러의 장점
> ㉠ 전열 면적이 넓다.
> ㉡ 고온·고압의 증기를 빨리 발생시킬 수 있다.
> ㉢ 열효율이 높다.
> ㉣ 부하 변동에 대처가기가 쉽다.

46 다음 중 물이 증발할 때 수관 속에 스케일이 많이 부착되어 생기는 문제를 해결하기 위해 고안된 보일러는?

① 폐열 보일러
② 간접 가열 보일러
③ 특수 연료 보일러
④ 특수 유체 보일러

> **NOTE** 특수 보일러의 종류
> ㉠ 폐열 보일러 : 보일러 자체에 연소 장치가 없고, 기타 발생하는 폐열을 이용하여 증기를 발생시키는 보일러이다.
> ㉡ 간접 가열 보일러 : 물이 증발할 때 수관 속에 스케일이 많이 부착되어 생기는 문제를 해결하기 위해 고안된 보일러이다.
> ㉢ 특수 연료 보일러 : 특수한 연료를 사용하는 보일러이다.
> ㉣ 특수 유체 보일러 : 열원으로 고온에도 압력이 비교적 낮은 식물성 기름을 사용하는 보일러이다.

47 다음 중 증기 원동기의 특징으로 옳지 않은 것은?

① 속도 조절이 쉽다.

② 출력에 비해 무겁다.

③ 시동시 회전력이 크다.

④ 열효율이 크다.

> **NOTE** 증기 원동기의 특징
> ㉠ 속도 조절이나 역전 등이 쉽다.
> ㉡ 시동할 때 회전력이 크다.
> ㉢ 열효율이 낮고 출력에 비해 무게가 크다.

48 다음 중 1열의 노즐과 2열 이상의 날개로 구성된 터빈은?

① 단식 터빈

② 혼식 터빈

③ 속도 복식 터빈

④ 축류 터빈

> **NOTE** ① 노즐과 날개가 1열로 구성된 터빈이다.
> ② 충동 터빈과 반동 터빈의 혼합형이다.
> ③ 1열의 노즐과 2열 이상의 날개로 구성된 터빈이다.
> ④ 날개 전후의 입력차에 의해 터빈 축에 트러스트가 가해진다.

49 다음 중 냉각제로 사용되는 것으로 옳지 않은 것은?

① 중수

② 경수

③ 이산화탄소

④ 베릴륨

> **NOTE** 냉각재 … 열의 운반과 원자로의 온도를 유지하는 기능을 하며, 비상시 비상 냉각기능을 하는 것으로 중수, 경수, 이산화탄소 등이 사용된다.

50 다음 중 원자로를 구성하는 것으로 옳지 않은 것은?

① 가압기

② 복수기

③ 커넥팅 로드

④ 증기 발생기

> **NOTE** 커넥팅 로드는 내연기관을 구성하는 구성요소 중의 하나이다.

Answer. 47.④ 48.③ 49.④ 50.③

Chapter. 02 유체기계

01 유체의 기초

❶ 유체의 정의

액체와 기체는 형태가 없고 쉽게 변형되는데 이러한 액체와 기체를 통틀어 유체라 하며, 유체는 아무리 작은 전단력이 작용하여도 쉽게 미끄러지지 않는데 분자들 간에 계속적으로 미끄러지면서 전체 모양이 변형되는 것을 흐름이라고 한다.

❷ 유체의 분류

① **비압축성유체** … 유체의 운동에서 유체에 미치는 압축의 강도가 작아서 밀도가 일정한 유체(액체)를 말한다.

② **압축성 유체** … 유체에 미치는 압축의 강도가 커서 밀도가 변하는 유체(기체)를 말한다.

③ **완전 유체(이상 유체)** … 유체의 운동에서 점성을 무시할 수 있는 유체로 점성이 없고, 밀도가 일정하다고 가정한 유체를 말한다.

④ **실제 유체(점성 유체)** … 점성을 무시할 수 없는 유체로 유체의 점성 때문에 유체 분자 간 또는 유체의 경계면 사이에서 전단 응력이 발생하는 유체를 말한다.

❸ 유체의 성질

① **밀도** … 단위 체적당 유체가 가진 질량의 비로 정의한다.

$$\rho = \frac{m}{V}$$

       ◦ m : 질량 ◦ V : 체적

② **단위 중량** … 단위 체적당 유체가 가지고 있는 중량의 비로 비중량이라고 하기도 한다.

$$\gamma = \rho \cdot g$$
$\circ\, \gamma$: 비중량 $\circ\, \rho$: 밀도 $\circ\, g$: 중력 가속도

③ **비중** … 물체의 무게와 이와 같은 체적인 물의 무게의 비를 말한다. 따라서, 비중은 물의 밀도 혹은 단위 중량에 대한 어떤 물체의 밀도 혹은 단위 중량의 비로써 표시할 수 있다.

④ **비체적** … 단위 질량의 유체가 가진 체적 또는 단위 중량의 유체가 가진 체적을 말한다.

⑤ **표면 장력** … 액체 표면에 있는 분자가 표면에 접선인 방향으로 끌어당기는 힘을 말하며, 표면 장력의 크기는 단위 길이당 힘으로 표시한다.

⑥ **모세관 현상** … 가느다란 원통 모양의 관을 수직으로 세우면 물은 관을 따라 위로 올라오나 수은과 같이 응집력이 부착력보다 큰 액체는 액체의 표면보다 내려가게 된다.

⑦ **압력** … 압력의 단위는 $\mathrm{kgf/cm}^2$, $\mathrm{kgf/m}^2$으로 나타낸다.
   ㉠ 공학기압(at) = 735.5mmHg = 10.0mAq(4℃) = $1.0\mathrm{kgf/cm}^2$
   ㉡ 표준기압(atm) = 760mmHg = 10.33mAq(4℃) = $1.033\mathrm{kgf/cm}^2$
   ㉢ **절대 압력** : 완전한 진공을 0으로 해서 측정한 게이지 압력을 말한다.
   ㉣ **압력 측정계** : 브르동관 압력계, 액주 압력계가 있다.

⑧ **파스칼의 원리** … 밀폐 용기 안에 정지하고 있는 유체에 가해진 압력의 세기는 용기 안의 모든 유체에 똑같이 전달되며, 수직으로 작용한다.

④ 유체의 흐름 형태

① **정상류** … 흐름의 한 단면에서 유속, 유량 등이 시간에 관계없이 항상 일정하게 흐르는 경우로 유체 흐름의 성질이 시간 경과에 따라 불변하는 것을 말한다.

② **비정상류** … 홍수시의 하천이나 강처럼 유체의 흐름의 성질이 시간 경과에 따라 변하는 것을 말한다.

③ **층류** … 유체 입자가 질서 정연하게 움직이는 흐름을 말한다.

④ **난류** … 층류와는 반대로 유체 입자가 무질서하게 움직이는 흐름을 말한다.

5 유체의 여러 가지 법칙

① **연속의 법칙** … 유체가 관 속에 가득차서 흐를 때 정상류에서 비중량이 일정하면 모든 단면에서의 유량은 일정하다.

② 유체 에너지

　㉠ 위치 에너지

$$e_{po} = \frac{W \cdot Z}{Z} = Z\text{(m)}$$

$\circ\, e_{po}$: 유체 1kg의 위치 에너지　$\circ\, W$: 유체의 무게(kg)　$\circ\, Z$: 높이(m)

　㉡ 속도 에너지

$$e_{ve} = \frac{Wv^2}{2g} \cdot \frac{1}{W} = \frac{v^2}{2g}\text{(m)}$$

$\circ\, e_{ve}$: 유체 1kg의 속도 에너지　$\circ\, g$: 중력 가속도(m/s^2)　$\circ\, v$: 유체의 속도(m/s)

　㉢ 압력 에너지

$$e_{pr} = \frac{pAl}{\gamma Al} = \frac{p}{\gamma}\text{(m)}$$

$\circ\, e_{pr}$: 유체 1kg의 압력 에너지　$\circ\, p$: 수압(kg/m^2)　$\circ\, \gamma$: 비중량(kg/m^3)

　㉣ **베르누이의 정리** : 이상 유체가 에너지의 손실 없이 관 속을 정상 유동할 때 어떤 단면에서도 단위 총에 너지는 항상 일정하다.

02 펌프

1 펌프의 개념

유체를 낮은 곳에서 높은 곳으로 올리거나 압력을 주어서 멀리 수송하는 유체 기계를 말한다.

❷ 펌프의 분류

① 터보형 펌프
  ㉠ 터보형 펌프의 특징
  • 터보형 깃을 가진 회전자가 축에 고정되어서 케이싱에 밀폐되어 있다.
  • 고속 회전이 가능하다.
  • 동력 전달 손실이 적다.
  • 내부 마찰이 없고, 용적형 펌프보다 마찰이 적다.
  ㉡ 터보형 펌프의 종류
  • 원심 펌프 : 다수의 회전자가 케이싱을 고속 회전하며 원심력에 의해 중심에서 흡입하여 측면으로 송출하면 속도 에너지를 얻어서 펌 작용이 이루어진다.
  • 축류 펌프 : 안내깃에서 속도 에너지를 압력 에너지로 변환하는 펌프로, 송출량이 크고 양정이 낮은 경우에 사용한다.
  • 사류 펌프 : 회전자에서 나온 물의 흐름이 축에 대하여 경사면에 송출되며, 축의 안내깃에 유도되어 회전 방향의 성분을 축방향 성분으로 변환시켜 송출하는 펌프로, 경량 제작이 가능하며 고속 회전을 할 수 있다.

② 용적형 펌프
  ㉠ 용적형 펌프의 특징
  • 피스톤, 플런저, 회전자 등에 의하여 액체를 압송하는 방식으로 펌프의 축이 한 번 회전할 때 일정한 량을 토출하는 펌프이다.
  • 중압 또는 고압력에서 주로 압력발생을 주된 목적으로 사용되며 대단히 높은 수압과 작은 유량에 적합하다.
  • 토출량이 부하압력에 크게 영향 받지 않으며 터보형 펌프보다 효율이 높다.
  • 부하가 과대해지면 압력이 상승하여 펌프가 파괴될 우려가 있으므로 릴리프밸브를 설치하여 위험을 방지한다.
  ㉡ 용적형 펌프의 종류
  • 왕복동 펌프 : 피스톤 또는 플런저의 왕복운동에 의해서 유체를 유입하며 소요 압력으로 압축하여 보내는데 일반적으로 송출 유량은 적지만 고압을 요구할 때 사용한다.
  • 회전 펌프 : 원심 펌프와 왕복동 펌프의 중간 특성을 가지며, 회전하는 회전체를 써서 흡입 밸브나 송출 밸브 없이 액체를 밀어내는 형식의 펌프를 총칭하여 회전 펌프라 한다. 송출량의 변동이 작고 기어 펌프, 베인 펌프, 나사 펌프 등으로 분류된다.
  • 정토출형 펌프(Fixed displacement pump) : 기어펌프(Gear), 나사펌프(Screw), 베인펌프(Vane), 피스톤 펌프(Piston) 등이 있다.
  • 가변토출형 펌프(Variable displacement pump) : 베인 펌프(Vane), 피스톤 펌프(Piston) 등이 있다.

③ **특수형 펌프**

　　㉠ **마찰 펌프** : 유체의 점성력을 이용하여 매끈한 회전체 또는 나사가 있는 회전축을 케이싱 내에서 회전시켜
　　　　액체의 유체마찰에 의하여 압력 에너지를 주어 송출하는 펌프로 소용량, 고양정에 사용된다.

　　㉡ **제트 펌프** : 노즐 선단에 구동하고 있는 높은 압력의 유체를 혼합실 속으로 분사시키면 발생하는 이젝터 효과로
　　　　유체를 송출하는 펌프로, 구조가 간단하고 저렴하나 효율이 떨어지는 단점이 있다.

　　㉢ **기포 펌프** : 양수관을 물 속에 넣고 하부에 압축 공기를 공기관을 통하여 송입하면 양수관 속은 물보다
　　　　가벼운 공기가 물의 혼합체로 발생하게 되고, 이 가벼운 혼합체는 관 외부의 물과 밀도차 때문에 관 외
　　　　의 물에 의하여 상승함으로써 양수되는 펌프이다.

❸ 원심 펌프

① **원심 펌프의 작동원리**

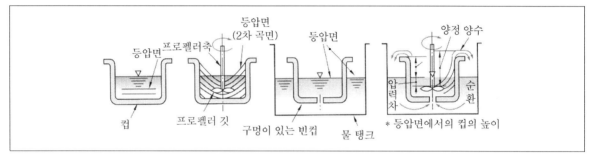

　　㉠ 바닥이 깊은 컵에 물이 담겨 있고, 수면은 대기와 접촉상태이다.

　　㉡ 날개가 부착된 축을 컵의 중심에 수직으로 설치한 후 회전시키면 물도 회전하게 되고, 이 때 원심력에
　　　　의해 수면은 중심에서 가장 낮아지고 주위는 높아진다.

　　㉢ 물 탱크에 물을 넣고, 바닥에 구멍이 뚫린 빈 컵을 중심에 넣으면 물탱크와 컵 수면의 높이는 일치한다.

　　㉣ 컵의 중심에 놓은 프로펠러축을 돌리면 수면은 2차 곡면을 그리면서 솟아올라 컵에서 넘쳐 물탱크로 떨
　　　　어진다.

② **원심 펌프의 구조**

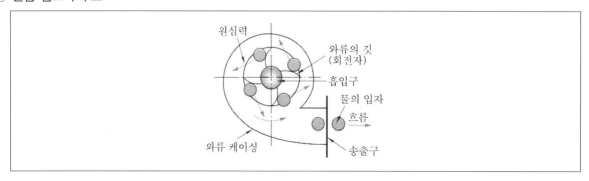

    ㉠ 안내 날개 : 날개차에서 나온 물의 속도를 줄여 속도 에너지를 압력 에너지로 전환하여 케이싱으로 물을 유도하는 역할을 한다.

    ㉡ 케이싱 : 날개차, 안내 날개에서 나오는 물을 배출관으로 유도하여 속도 에너지를 압력 에너지로 변환하는 역할을 한다.

    ㉢ 패킹 : 축의 밀봉부에서 물이 새는 것을 방지해주는 역할을 한다.

③ 원심 펌프의 종류

    ㉠ 벌류트 펌프 : 안내 날개가 없으며, 저양정 대유량에 유리하다.

    ㉡ 터빈 펌프 : 안내 날개가 있으며, 고양정에 유리하다.

❹ 축류 펌프

① 프로펠러 펌프라고도 한다.

② 물이 날개차에 대하여 축방향으로 유입 및 출입하는 형식이다.

③ 배출량이 많고, 양정이 낮은 경우에 사용된다.

④ 농업 용수용, 한해 및 냉해 양수용, 상·하수도용, 빗물 배수용에 사용된다.

[횡축 축류 펌프의 구조]

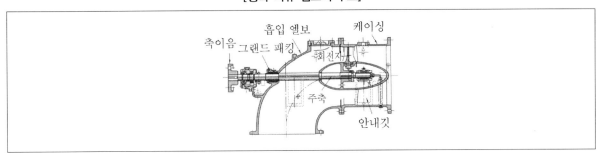

❺ 사류펌프

① 원심 펌프와 축류 펌프의 중간 특성을 가지고 있다.

② 농업 용수용, 한해 및 냉해 양수용, 상·하수도용, 빗물 배수용에 사용된다.

[횡축 사류 펌프의 구조]

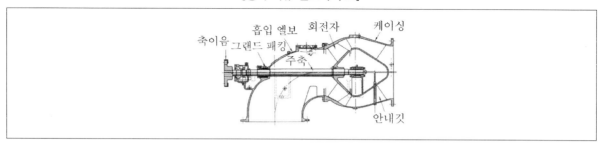

6 왕복 펌프

실린더 속의 피스톤 또는 플런저를 왕복운동시켜 액체를 흡입, 가압하여 송출하는 펌프이다.

① **버킷 펌프** … 피스톤에 흡입 밸브, 피스톤 아래쪽에 송출 밸브가 설치된 펌프로 일반 가정용 펌프로 주로 사용된다.

② **피스톤 펌프** … 실린더 내의 피스톤 왕복운동으로 흡입, 배출하는 펌프로 유량이 많고 저압에 사용된다.

③ **플런저 펌프** … 피스톤 대신에 플런저를 사용한 펌프로 저유량, 고압에 사용된다.

7 회전 펌프

케이싱 안에서 회전자의 회전에 의하여 액체를 연속적으로 흡입하여 송출하는 펌프이다.

[나사 펌프의 구조]

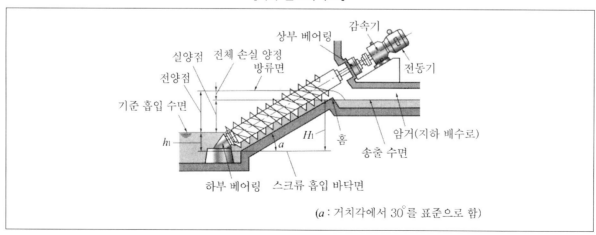

① **기어 펌프** … 두 개의 치차의 회전에 의하여 치차 사이에 끼어 있는 액체가 케이싱의 내벽을 따라서 송출되는 펌프로 윤활유, 중유와 같이 점도가 높은 액체의 압송에 사용된다.

- 구조가 간단하고 비교적 가격이 싸다.
- 신뢰도가 높고 운전보수가 용이하다.
- 입구, 출구의 밸브가 필요 없고 왕복펌프에 비해 고속운전이 가능하다.
- 기름의 오염이 비교적 강하다.
- 흡입능력이 가장 크다.
- 법선 방향의 상승속도가 적고 톱니 면에서의 미끄럼속도가 적다.
- 토출량의 맥동률이 적으므로 소음과 진동이 적다.
- 송출량을 변화시킬 수 없다.
- 역회전이 불가능하다.

② **베인 펌프** … 많은 양의 기름을 수송하는 데 사용된다.

- 로터와 켐링을 사용하므로 송출 압력에 비해 맥동이 작다.
- 구조가 간단하고 형상이 작다.
- 고장이 작고, 수리 및 관리가 용이하다.
- 깃의 마모에 의한 압력 저하가 발생하지 않으므로 기밀이 유지된다.
- 오일의 점성을 유지하기 위한 청결도에 주의를 요한다.
- 높은 공작정밀도를 요구한다.

③ **나사 펌프** … 경사지게 설치한 U자형의 강판 속이나 또는 콘크리트로 만든 하수구 속에서 회전하며 양수를 하는 펌프이다.

- 불순물로 인하여 펌프 내부가 막히는 일이 없다.
- 보수 · 점검이 간단하여 하수 및 오수 처리, 분뇨의 수송 등에 사용된다.

❽ 유체기계 이상현상

이상현상	정의
공동현상	펌프의 흡입양정이 너무 높거나 수온이 높아지게 되면 펌프의 흡입구 측에서 물의 일부가 증발하여 기포가 되는데 이 기포는 임펠러를 거쳐 토출구 측으로 넘어가게 되면 갑자기 압력이 상승하여 물속으로 다시 소멸이 되는데 이 때 격심한 소음과 진동이 발생하는 현상
서징현상	압축기, 송풍기 등에서 운전 중에 진동을 하며 이상 소음을 내고, 유량과 토출 압력에 이상 변동을 일으키는 현상 (맥동현상이라고도 함)
노킹현상	충격파가 실린더 속을 왕복하면서 심한 진동을 일으키고 실린더와 공진하여 금속을 두드리는 소리를 내는 현상

03 수차

① 수차의 개요

① 물이 가지고 있는 위치에너지를 기계적 에너지로 바꿔주는 역할을 하는 기구이다.

② 수차에서 얻어진 기계 에너지는 직접 일에 사용하기도 하지만 발전기를 통하여 전기 에너지로 바꾸어 이용하는 경우가 많다.

② 낙차와 출력

① **낙차** … 물의 위치 에너지의 차를 말한다.

② **출력** … 낙차와 단위시간 동안에 수차에 유입되는 유량에 의해 결정된다.

$$L_{th} = \frac{\gamma QH}{102} = 9.8QH(\text{kW})$$
$$= \frac{\gamma QH}{75} = 13.3QH(\text{Ps}) \quad (\gamma : \text{비중량}, \ Q : \text{유량}, \ H : \text{유효낙차})$$

위의 식은 이론 출력을 구하는 식이고, 실제로 수차 내부에서 손실되는 에너지를 고려한다면 실체 출력은 다음과 같다.

$$L = \mu L_{th} \ (\mu : \text{수차의 효율})$$

❸ 수력 발전소의 구조

[수력 발전과 낙차]

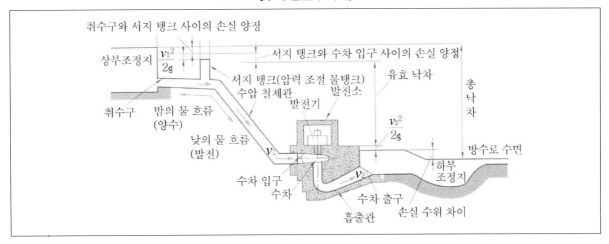

① **취수구** … 물을 받아들이는 입구로 저수지의 밑면보다 약간 높은 곳에 있으며, 물 속의 불순물(흙과 모래, 강이나 바다에 떠다니는 나무나 뗏목)들의 유입을 막기 위해 스크린이 설치되어 있다.

② **수차** … 수압 철제관에 유입된 물의 흐름은 수차를 세게 회전시키는데, 이 과정에서 안정된 주파수의 전기를 발전할 수 있다.

③ **발전기** … 발전기를 수차와 동일 회전축에 연결해 놓으면 수차의 회전력이 발전기에 전달되므로 발전이 이루어진다.

④ **변압기** … 얻어진 전기를 그대로 송전하게 되면 전기의 손실이 크기 때문에 변압기에서 전압을 올린 후 송전한다.

❹ 수차의 종류

① 펠턴 수차

　㉠ 반동 수차의 하나로 보통은 낙차 200m 이상의 중고 낙차 지점에서 작용되며, 고속으로 분출되는 분류
　　의 충격력으로 날개차를 회전시킨다.

[펠턴 수차의 구조]

케이싱
러너
수압철제관
버킷
니들 밸브(수량 조절)
노즐

　㉡ 구조

　　• 버킷 : 주강, 청동으로 만들어지며, 날개차 주위에 18 ~ 30개를 설치한다.
　　• 노즐 : 물을 분사시키는 부분으로 니들 밸브로 분사되는 물의 양을 조절한다.
　　• 니들 밸브 : 황동, 청동으로 만들어지며, 분출수의 양을 조절한다.
　　• 디플랙터 : 분출되는 물의 방향을 조절한다.

② 프랜시스 수차

　㉠ 반동 수차의 대표적인 수차이다.
　㉡ 물은 날개차 반지름 방향으로 유입하여 축방향으로 변화되어 흡출관을 통해 방수로로 배출된다.
　㉢ 중낙차에서 고낙차까지 광범위하게 사용되며, 유량이 많은 경우에 사용된다.

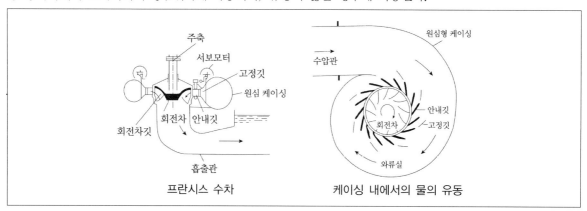

주축
서보모터
고정깃
원심 케이싱
회전차　안내깃
회전차깃
흡출관
프란시스 수차

원심형 케이싱
수압관
안내깃
고정깃
회전차
와류실
케이싱 내에서의 물의 유동

③ 프로펠러 수차

　㉠ 저낙차의 비교적 유량이 많은 곳에 사용된다.

　㉡ 반지름 방향의 흐름이 없고, 러너를 통과하는 물의 흐름이 축방향이기 때문에 축류 수차라고도 한다.

　㉢ 물이 프로펠러 모양의 날개차의 축 방향에서 유입되어 반대 방향으로 배출되는 수차이다.

④ 사류 수차

　㉠ 중낙차용에 사용된다.

　㉡ 넓은 부하 범위에서 높은 효율을 얻는다.

⑤ 펌프 수차

　㉠ 펌프의 기능과 수차의 기능이 합해진 수차이다.

　㉡ 전력이 남는 야간에는 발전소의 전력으로 수차를 운전하여 물을 상부로 양수한 후 전력 수요가 많은 낮에는 수차의 원래 목적으로 사용하여 전력 부족을 보충할 수 있다.

04 공기기계

① 원심 송풍기와 압축기

송풍기와 압축기는 기체(가스)를 압축하는 정도의 압력비로 분류되며, 승압의 기구와 깃의 형상에 따라서도 분류할 수 있다.

① 원심 팬의 회전자의 종류 … 공기의 에너지가 회전자의 회전을 받는 원심력에 의하여 얻어지는 것을 원심 팬이라 하고, 깃의 형상에 따라 다익 팬, 레이디얼 팬, 후방 팬으로 분류한다.

[원심 팬의 회전자의 종류]

깃의 현상		명칭	회전수
앞방향 깃 ($\beta_2 > 90°$)		다익 팬	40 ~ 64
반지름 방향 깃 ($\beta_2 = 90°$)		레이디얼 팬	6 ~ 14
후방향 깃 ($\beta_2 < 90°$)		후방 팬	16 ~ 24
		후방 팬	
		다형 팬	8 ~ 12

ㄱ 다익 팬 : 대풍량을 얻을 수 있지만 소음이 크고, 효율이 떨어지는 단점이 있다.

ㄴ 레이디얼 팬 : 기체와 함께 들어온 먼지로 인해 깃이 마멸될 우려가 있다.

ㄷ 후방 팬 : 전압상승이 적고, 회전자의 유로 속의 흐름도 원활하여 소음도 적다.

② 터보 송풍기와 압축기

ㄱ 터보 송풍기 : 회전자 내를 통과하는 기체에 작용하는 원심력 혹은 운동 에너지를 이용하여 압력상승을 얻는 것으로서, 고속 회전이 가능하고, 효율이 뛰어나 보일러의 강제 송풍, 각종 기계의 압송에 사용된다.

ㄴ 원심식 압축기 : 디젤 기관의 과급기, 도시가스 압송용, 용광로 송풍용 등에 사용된다.

❷ 축류식 송풍기와 압축기

① 축류식 송풍기 ⋯ 회전자에서 기체를 축방향으로 유입하여 축방향으로 유출하는 팬으로, 고속회전에 적합하고 설치가 간단하여 풍압이 낮고 많은 풍량이 요구되는 건물이나 광산, 터널의 환기용으로 사용된다.

② 축류식 압축기 ⋯ 다량의 기체를 압축할 수 있으며, 효율이 좋아 제트 엔진이나 가스 터빈의 압축기로 많이 사용된다.

❸ 용적형 송풍기와 압축기

① 두 입 로터리 블로어 ⋯ 케이싱 내부에서 서로 반대 방향으로 회전하는 두 개의 누에고치 모양의 로터가 케이싱 내벽과 로터 상호간에 약간의 틈새를 유지하면서 접촉하지 않고 회전하는 것이다.

② 나사 압축기 ⋯ 고압, 대용량 회전식 압축기로 장시간 운전을 해도 효율 저하가 거의 없고, 진동이 없으며, 구조가 간단하기 때문에 운전 및 보수가 쉬워 보링 머신의 공기원, 에어 리프트의 공기원 등에 사용된다.

05 공·유압장치

❶ 공·유압장치의 이용

① 공·유압장치는 압축기나 펌프에 의해 압축된 공기나 기름의 압력 에너지를 제어하여 각종 기계적인 일을 하는 것으로 공작기계, 건설기계, 하역기계, 교통기관 등에 광범위하게 이용되고 있다.

② 유압장치란 유압펌프에 의해 동력의 기계적 에너지를 유체의 압력에너지로 바꾼 후 압력, 유량, 방향을 제어하여 유압실린더나 유압모터 등의 작동기를 작동시키는 장치이다.

② 유압장치 및 공기압장치의 비교

① 유압기기는 유압유(윤활유)를 압축하여 그 압축력을 활용하여 동력을 전달하는 기기이며 공압기기는 대기 중의 공기를 압축하여 그 압축력을 이용해 동력을 필요한 곳에 전단하는 기기이다.

[유압장치 및 공기압장치의 구성 관계]

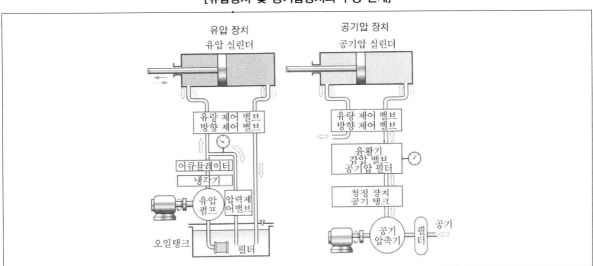

② 압력을 저장하는 부분은 유압장치는 어큐뮬레이터이고, 공기압 장치는 공기 탱크이다.

③ 유체 동력을 기계적인 일로 변환시키는 부분은 유압 실린더와 유압 모터이고, 공기압 장치는 공기압 실린더와 공기압 모터이다.

④ 공압기기는 유압기기에 비해 구조가 간단하나 사용압력이 높아 정확한 위치제어가 어렵다.

⑤ 공압기기는 유압기기보다 효율이 낮으며 큰 힘의 전달에는 적합하지 않다.

⑥ 공기는 압축성이므로 균일한 작업속도를 얻기가 매우 어렵다. 특히 저속에서는 스틱슬립현상이 발생하여 균일한 속도를 얻기가 어렵다.

❸ 유압장치의 특성

장점	단점
• 작은 동력으로 대동력의 전달 및 제어가 용이하며 전달 응답이 빠르다. • 유량의 조절을 통하여 넓은 범위의 무단변속이 가능하다. • 입력에 대한 출력의 응답이 빠르다. • 제어가 쉽고 조작이 간단하며 자동제어와 원격제어가 가능하다. • 방청과 윤활작용이 자동적으로 이루어진다. • 과부하에 대한 안전장치를 만들기 쉽다.	• 공기압시스템보다 구조가 복잡하고, 작동속도가 느리다. • 에너지손실이 크고, 소음과 진동이 발생한다. • 유체의 온도가 상승하게 되면 점도가 변하게 되며 이는 출력효율을 변화시킨다. • 운용비가 공압시스템에 비해 비싸며 작동유체를 정기적으로 교환해야 하며 폐유처리가 어렵다. • 고압하에서 오일이 유출될 수 있으며, 대형화재 발생의 위험이 있다.

❹ 유압장치의 구성

① 유압장치의 기본구성요소 … 유압장치는 일반적으로 유압을 발생시키는 유압펌프와 펌프를 구동하기 위한 전동기, 작동유를 밀폐보관하는 오일탱크, 유압제어용 밸브, 액츄에이터(작동기)로 구성된다.

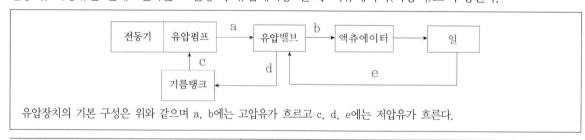

유압장치의 기본 구성은 위와 같으며 a, b에는 고압유가 흐르고 c, d, e에는 저압유가 흐른다.

유압발생부	유압펌프	• 액체(작동유)를 시스템으로 보냄 • 전기 · 기계적 에너지를 유압에너지로 변환
	오일탱크	• 액체(작동유)를 담고 있음 • 유량확보, 적정온도유지, 기포발생방지
	부속장치	오일냉각기, 필터, 압력계 등
유압제어부	방향전환밸브	작동유의 방향을 제어
	압력제어밸브	일정한 유압유지 및 최고압력제한
	유량조절밸브	스로틀밸브 및 압력보상부의 유량 조절
유압작동부 (작동기)	유압모터	회전운동을 하는 기어, 베인, 플런저
	요동모터	베인형 요동모터, 피스톤형 요동모터
	유압실린더	직선운동을 하는 단동형 · 복동형 실린더

② 유압 펌프
  ㉠ **기어 펌프** : 기어가 서로 맞물려서 회전을 할 때 톱니의 틈새 이동을 이용하여 가압하는 방식이다.
  ㉡ **베인 펌프** : 회전하는 축에 설치된 베인을 이용하여 작동유를 밀어 압축시키는 방식으로 일정 용량형과 가변 용량형이 있으며, 고정밀도의 가공을 필요로 하는 부품이 많고 구조도 복잡하지만, 소형이고 운전 소음이 정숙하여 공작기계용으로 많이 사용된다.
  ㉢ **피스톤 펌프** : 실린더 속의 피스톤의 가압 형태에 따라 여러 형태로 나누어지며, 각종 산업 기계용, 금속 프레스 가공용 등으로 광범위하게 사용되고 있다.
  ㉣ **원심펌프** : 한 개 또는 여러 개의 회전하는 회전차에 의하여 압력을 발생시키는 방식의 펌프이다.
  ㉤ **축류펌프** : 물속에서 회전하는 날개 양면에 생기는 압력차에 의해 양수하는 펌프이다.
  ㉥ **왕복펌프** : 피스톤 또는 플런저의 왕복운동에 의해 액체를 흡입하고 송출하는 펌프이다.
③ **작동기(액츄에이터)**
  ㉠ 유압펌프에 의하여 공급된 작동유의 압력에너지를 기계적인 일로 변환하는 장치이다.
  ㉡ 밸브로 유량과 유압을 제어함으로써 무단변속이 가능하고, 부하에 대응하는 힘 방향을 자유로이 변화가 가능하다.
  ㉢ **유압실린더** : 유압유(작동유)가 가지고 있는 에너지를 직선왕복운동으로 바꾸어 기계적인 일을 한다. [피스톤이나 플런저에 유압을 작용시켜 발생하는 힘을 로터(rotor)에 의해 만들어낸다.]

  ▶**TIP**〰〰
  액츄에이터(Actuator) … 제어기기에서 출력된 신호를 바탕으로 대상에 물리적으로 동작시키거나 제어하는데 사용되는 기계 장치를 두루 일컫는 용어이다. 일반적으로 유체, 압축공기, 전기의 형태로 된 에너지원으로 작동되며 이 에너지를 힘을 낼 수 있는 기계적인 에너지로 변환시키는 것이다.

④ **축압기(어큐뮬레이터)**
  ㉠ 압축성이 극히 작은 유압유에 대해 압축성이 있는 기체를 사용하여 압력을 측정하거나 충격을 완화시키는 역할을 하는 기기이다.
  ㉡ **유압에너지의 축적** : 정전이나 사고 등으로 동력원이 중단될 시에 내부에 축적된 압력류를 방출하여 유압장치의 기능을 유지시키거나 펌프를 운전시키지 않고 장기간동안 고압상태를 유지하고자 할 때 축압기를 사용한다.
  ㉢ **2차회로의 보상** : 기계의 조정, 보수, 준비작업 등 1차회로(주회로)가 정지하여도 2차회로를 동작시키고자 할 때 축압기를 사용한다.
  ㉣ **압력보상(카운터밸런스)** : 유압회로 중 오일의 누설에 의한 압력의 강하나 폐회로에 있어서의 오일의 온도변화에 따른 오일의 수축에 의한 용적감소를 보상하기 위해서 축압기를 사용한다.
  ㉤ **맥동 제어(노이즈 댐퍼)** : 유압펌프에서 발생하는 맥동에너지를 흡수하여 진동이나 소음을 방지할 때 사용한다.

ⓑ 충격 완충(오일댐퍼) : 유압회로 중의 밸브를 개폐할 시에 발생하는 충격이나 소음을 제거하기 위해서 축압기를 사용한다.

ⓢ 액체의 수송(트랜스퍼 베리어) : 서로 다른 유체간의 동력을 전달하기 위해서 축압기를 사용한다.

> **TIP** ~~~~~~

파스칼의 원리 … 유압장치의 가장 기본적인 작동원리로서, 정지하고 있는 액체는 다음의 세 가지 특성이 있다. 이러한 파스칼의 원리에 따라 작은 힘으로 큰 힘을 얻을 수 있는 장치제작이 가능하다.

ⓐ 정지하고 있는 액체가 서로 맞닿아 있는 면에 미치는 압력은 맞닿아있는 면과 수직으로 작용한다.

ⓑ 정지하고 있는 액체의 한 점에서 작용하는 압력의 크기는 모든 방향에 대하여 같다.

ⓒ 밀폐된 용기 내에 정지하고 있는 액체의 일부에 가해진 압력은 모든 부분에 같은 세기로 동시에 전달된다.

5 **공기장치의 주요 기기**

① **압축기** … 압력이 높은 공기를 만드는 장치이다.

② **공기 탱크** … 일정한 압력의 공기를 모아 두는 장치이다.

③ **액추에이터**

ⓐ **공기압 실린더** : 유압 실린더와 같은 구조로 유압 실린더에 비해 피스톤의 속도가 빠르나, 속도의 미동 조정이나 일정 속도를 얻기는 힘들다.

ⓑ **공기압 모터** : 공기압축기와는 반대로 작용하는 것으로, 베인형은 출력이 작지만 고속 회전을 해야 할 경우 적합하며 피스톤형은 저속회전에서도 커다란 회전력을 얻을 수 있다.

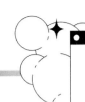

기출예상문제

한국중부발전

1 다음 중 유체에 관한 사항으로서 바르지 않은 것은?

① 액체 속에 잠긴 곡면에 작용하는 액체의 수평력은 곡면을 수직 평판에 투상시켰을 때 생기는 투상면에 작용하는 힘과 같다.

② 포텐셜 유동이론은 속도벡터의 방향과 일치하도록 그린 선이다.

③ 체크밸브는 유체를 한쪽 방향으로 흐르게 하는 밸브이다.

④ 같은 물체인 경우 깊은 곳에 잠겨 있을 때의 부력은 얕은 곳에 잠겨 있을 때의 부력보다 더 크다.

⑤ 경계층이란 점성의 영향과 비점성의 영향을 구분짓는 경계선이다.

> **NOTE** 부력의 크기는 한 물체가 밀어낸 유체의 무게의 크기와 같다. 따라서 같은 물체가 같은 유체에 잠겨 있을 경우 깊이에 관계없이 부력은 동일하다.

한국가스기술공사

2 유압장치에 있어서 유압펌프로부터 고압의 기름을 저장해 놓은 장치는 무엇인가?

① 유압 어큐뮬레이터   ② 유압 액츄에이터

③ 유압 디퓨져   ④ 유압펌프

> **NOTE** 유압 어큐뮬레이터는 유압장치에 있어서 유압펌프로부터 고압의 기름을 저장해 놓은 장치이다.

대전시시설관리공단

3 다음의 기계장치 중 물을 취급하는 수력기계가 아닌 것은?

① 토크컨버터   ② 시로코 팬

③ 펠턴 수차   ④ 왕복펌프

> **NOTE** 시로코 팬은 다익 송풍기로 앞으로 향한 다수의 날개에 의해 공기를 불어내는 것으로 수력기계와는 전혀 아무 상관없다.

Answer. 1.④ 2.① 3.②

4 다음 중에서 터보형(turbo type) 펌프에 속하지 않는 것은?

① 왕복식 펌프   ② 원심식 펌프

③ 사류식 펌프   ④ 축류식 펌프

> **NOTE** 터보형 펌프의 종류
> ㉠ 원심식 펌프 : 볼류트 펌프, 터빈 펌프
> ㉡ 사류식 펌프
> ㉢ 축류식 펌프

5 디퓨저 펌프, 볼류트 펌프 등이 해당되는 펌프는?

① 원심 펌프   ② 왕복 펌프

③ 축류 펌프   ④ 회전 펌프

> **NOTE** 원심 펌프의 종류에는 볼류트 펌프와 디퓨저 펌프가 있다.

6 원심 펌프의 안내날개 설치에 관한 설명으로 틀린 것은?

① 유량을 증대시키기 위해

② 높은 양정을 얻기 위해

③ 액체의 속도에너지를 압력에너지로 변환시키기 위해

④ 압력과 속도에너지를 가급적 유효에너지로 변환시키기 위해

> **NOTE** 원심 펌프의 안내날개의 역할
> ㉠ 높은 양정을 얻기 위해 사용한다.
> ㉡ 액체의 속도에너지를 압력에너지로 변환시키기 위해 사용한다.
> ㉢ 압력과 속도에너지를 가급적 유효에너지로 변환시키기 위해서 사용한다.

7 수력기계에서 공동 현상(Cavition)이 발생하는 주원인은?

① 고압 때문이다.　　　　　　　　② 낮은 대기압력 때문이다.

③ 고속회전 때문이다.　　　　　　④ 높은 대기압력 때문이다.

NOTE 수력기계에서 캐비테이션이 발생하는 주원인은 고속과 저압 때문이다.

8 펌프를 운전할 때 출구와 입구의 압력 변동이 생기고 유량이 변하는 현상을 무엇이라고 하는가?

① 서징현상　　　　　　　　　　② 공동현상

③ 수격현상　　　　　　　　　　④ 유체 고착 현상

NOTE • 서징현상 : 펌프를 운전할 때 출구와 입구의 압력 변동이 생기고 유량이 변하는 현상이다.
　　　　• 공동현상 : 유체 속에서 압력이 낮은 곳이 생기면 물속에 포함되어 있는 기체가 물에서 빠져나와 압력이 낮은 곳에 모이
　　　　　는데, 이로 인해 물이 없는 빈공간이 생긴 것을 가리킨다.

9 마찰펌프, 와류펌프, 웨스코 펌프라고도 하며 송출량이 적고 양정이 높은 곳에 사용되는 것은?

① 제트펌프　　　　　　　　　　② 재생펌프

③ 왕복펌프　　　　　　　　　　④ 기포펌프

NOTE 재생펌프는 마찰펌프, 와류펌프, 웨스코 펌프라고도 하며 송출량이 적고 양정이 높은 곳에서 사용한다.

10 다음 중 일반적인 유압펌프의 종류가 아닌 것은?

① 베인 펌프　　　　　　　　　　② 플런저 펌프

③ 기어 펌프　　　　　　　　　　④ 커플링 펌프

NOTE 유압펌프의 종류는 로터리형, 기어형, 베인형, 플런저형 등이 있다.

11 유압 작동유의 구비조건으로 올바른 것은?

① 압축성이 있어야 한다.

② 열을 방지하지 아니하여야 한다.

③ 장시간 사용하여도 화학적으로 안정하여야 한다.

④ 외부로부터 침입한 불순물을 침전 분리시키지 않아야 한다.

> **NOTE** 유압작동유의 구비조건
> ㉠ 비압축성이어야 한다.
> ㉡ 열을 방출하지 않아야 한다.
> ㉢ 장시간 사용하여도 화학적으로 안정되어야 한다.
> ㉣ 외부로부터 침입한 불순물을 침전 분리시킬 수 있어야 한다.

12 유공압 요소 중 회전 및 왕복운동 등의 운동부분의 밀봉에 사용되는 실의 총칭으로 정의되는 용어는?

① 가스켓(gasket)　　　　　　　② 패킹(packing)

③ 초크(choke)　　　　　　　　④ 피스톤(piston)

> **NOTE** 패킹은 유공압 요소 중 회전 및 왕복운동 등의 운동부분의 밀봉에 사용되는 실의 전체를 말한다.

13 다음 중 공압 장치를 응용하여 실제 사용되는 곳이 아닌 것은?

① 자동 세척장치

② 디프 드로잉 프레스

③ 드릴머신의 이송 자동화 장치

④ 머시닝센터의 자동 문 개폐장치

> **NOTE** 디프 드로잉 프레스 … 강판을 둥글게 잘라내어 이 원형판을 가열하여 수압 프레스로 컵 형의 소재를 만들고, 이것을 다시 드로잉을 하여 용기 형태를 만들고, 꼭지부분도 단조하여 용기를 완성하는 기계

14 공압 실린더와 연결되어 스로틀 밸브를 조정하여 정밀한 속도제어를 위해 사용되는 것은?

① 어큐뮬레이터(accumulator)

② 루브리케이터(lubricator)

③ 속도제어밸브(speed control valve)

④ 하이드로 체크 유닛(Hydro check unit)

> **NOTE** 하이드로 체크 유닛은 공압 실린더와 연결되어 스로틀 밸브를 조정하여 정밀한 속도제어를 위해 사용된다.

15 공기압 회로 중 압축공기 필터에 대한 내용으로 타당하지 않는 것은?

① 수분 먼지가 침입하는 것을 방지하기 위해 설치한다.

② 공기 출구부에 설치한다.

③ 드레인 배출 방식으로 수동식과 자동식이 있다.

④ 필터는 오염의 정도에 따라서 엘리먼트를 선정할 필요가 있다.

> **NOTE** 압축공기 필터의 기능
> ㉠ 수분 먼지가 침입하는 것을 방지하기 위한 역할을 한다.
> ㉡ 공기 입구 부분에 설치한다.
> ㉢ 드레인 배출 방식은 자동식과 수동식이 있다.
> ㉣ 필터는 오염의 정도에 따라서 엘리먼트를 선정할 필요가 있다.

16 다음 중 많은 양의 기름을 운반할 경우에 사용하는 펌프는?

① 사류 펌프

② 베인 펌프

③ 축류 펌프

④ 원심 펌프

⑤ 왕복 펌프

> **NOTE** ① 회전자에서 나온 물의 흐름이 축에 대하여 경사면으로 송출되며 축의 안내깃에 유도되어 회전방향의 성분을 축방향 성분으로 변환시켜 송출하는 펌프로 경량제작이 가능하며 고속 회전을 할 수 있다.
> ③ 프로펠러 펌프라고도 하며 물이 날개차에 대하여 축방향으로 유입되는 형식이다. 배출량이 많고 농업용수용, 한해 및 냉해 양수용, 상·하수도용, 빗물 배수용으로 사용한다.
> ④ 다수의 회전자가 케이싱을 고속 회전하며 원심력에 의해 중심에서 흡입하여 측면으로 송출하면 에너지를 얻어서 펌프의 작용이 이루어진다.
> ⑤ 실린더 속의 피스톤 또는 플런저를 왕복 운동시켜 액체를 흡입, 가압하여 송출하는 펌프이다.

17 지름의 비가 1 : 2 : 3 되는 3개의 모세관을 물 속에 수직으로 세웠을 때 모세관현상으로 물이 관 속으로 올라간 높이의 비는?

① 3 : 2 : 1

② 32 : 22 : 12

③ $\dfrac{1}{1} : \dfrac{1}{2} : \dfrac{1}{3}$

④ $\dfrac{1}{12} : \dfrac{1}{22} : \dfrac{1}{32}$

> **NOTE** 물의 모세관 상승높이는 관의 재료 관의 직경 등에 의하여 결정된다. 관의 직경이 2배가 되면 끌어 올리는 힘도 2배가 된다. 그러나 물의 무게는 직경의 제곱에 비례하므로 결국 모세관 상승 높이는 관의 지름에 반비례한다.
> ※ 모세관 상승높이(h) 구하는 식 ··· $h = \dfrac{4\sigma \cos \beta}{\gamma d}$
> [σ = 표면장력(kg/m), β = 접촉각, γ = 단위 체적당 비중량(kg/L), d = 모세관 직경(m)]

18 펌프의 송출유량이 Q [m³/s], 양정이 H [m], 액체의 밀도가 1,000[kg/m³]일 때 펌프의 이론동력 L을 구하는 식으로 옳은 것은?(단, 중력가속도는 9.8 m/s²이다)

① L=9,800QH(kW)

② L=980QH(kW)

③ L=98QH(kW)

④ L=9.8QH(kW)

> **NOTE** $\gamma = \rho g$에서 질량 1kg인 유체의 무게는 1kgf(9.8N)이므로 비중량 γ는 1kgf/m^3이 되어 수치적으로 밀도와 비중량은 같은 값을 가진다. 따라서 펌프의 이론 동력(수동력)은 $L = \gamma QH$ 이다.

19 파스칼의 원리를 바르게 설명한 것은?

① 밀폐된 액체에 가한 압력은 액체의 모든 부분과 그릇의 벽에 같은 크기로 전달된다.

② 밀폐된 액체에 가한 압력은 벽에 수직으로 작용한다.

③ 밀폐된 액체에 가한 압력은 밀도에 따라 다른 크기로 전달된다.

④ 밀폐된 용기의 압력은 그 체적에 비례한다.

> **NOTE** 파스칼의 원리 ··· 밀폐용기 안에 정지하고 있는 유체에 가해진 압력의 세기는 용기 안의 모든 유체에 똑같이 전달되며 벽면에 수직으로 작용한다.

Answer. 17.③ 18.④ 19.②

20 유체방정식에서 베르누이 방정식의 조건이 아닌 것은?

① 정상유체

② 비점성

③ 비압축

④ 점성

> **NOTE** 유체방정식의 조건은 베르누이 방정식의 조건과 같다고 볼 수 있다. 베르누이 방정식의 조건은 정상유체, 비점성, 비압축이다.

21 다음 중 압력조절밸브가 아닌 것은?

① 에스케이프 밸브

② 감압밸브

③ 체크밸브

④ 안전밸브

> **NOTE** 체크밸브 … 유체의 유동방향을 제어하는 밸브로서 유체를 한 방향으로만 흐르게 하고 역류를 방지하는 밸브이다. 밸브의 무게와 밸브의 양쪽에 걸리는 압력차에 의해 자동 개폐된다.

22 개수로의 일부를 막아놓고 유량을 측정하는 방법은?

① 위어

② 벤츄리 미터

③ 오리피스

④ 노즐

> **NOTE** ② 긴 관의 일부로써 단면이 작은 목 부분과 점점 축소, 점점 확대되는 단면을 가진 관으로 축소 부분에서 정력학적 수두의 일부는 속도 수두로 변하게 되어 관의 목 부분의 정력학적 수두보다 적게 된다. 이와 같은 수두차에 의해 유량을 계산하는 방법을 벤츄리 미터라 한다.
> ③ 오리피스를 사용하는 방법은 벤츄리 미터와 동일하고 단면이 축소되는 목 부분을 조절하여 유량을 조절한다.
> ④ 벤츄리 미터와 오리피스 간의 특성을 고려하여 만든 유량측정용 기구로서 정수압이 유속으로 변화하는 원리를 이용하여 유량을 측정한다.

23 다음 중 작동유의 유체압력을 기계적 일로 변환시키는 작동기기는?

① 유압 실린더

② 압력계

③ 유압 펌프

④ 유량계

> **NOTE** 유압 실린더와 유압 모터는 유체 동력을 기계적인 일로 변화시킨다.

Answer. 20.④ 21.③ 22.① 23.①

24 지름이 다른 확대관로가 수평으로 설치되어 있다. 상류, 하류쪽의 관지름이 각각 20cm, 40cm이고 상류에서 물의 평균유속과 압력이 각각 200cm/s, 1kgf/cm²일 때 하류의 유속이 50cm/s라면 압력은 얼마인가? (단, $\gamma = 1 \times 10^{-3}$kgf/cm²이다)

① 약 0.019kgf/cm²

② 약 1.02kgf/cm²

③ 약 19.75kgf/cm²

④ 약 20.13kgf/cm²

NOTE 베르누이 방정식

$$\frac{P_1}{r} + \frac{V_1^2}{2} + gz_1 = \frac{P_2}{r} + \frac{V_2^2}{2} + gz_2$$

$$gz_1 - gz_2 = 0 \ (\because \text{수평관})$$

$$\therefore P_2 = \left(\frac{P_1}{r} + \frac{V_1^2}{2} - \frac{V_2^2}{2} \right)r$$

$$= \left(\frac{1}{1 \times 10^{-3}} + \frac{200^2}{2} - \frac{50^2}{2} \right) \cdot 1 \times 10^{-3} = 19.75 \text{kgf/cm}^2$$

25 원판 주위에 다수의 버킷을 노즐로부터 분출되는 분류의 충격력으로 날개차를 회전시키는 충동수차는?

① 펠턴 수차

② 프랜시스 수차

③ 카프란 수차

④ 프로펠러 수차

NOTE ② 중간 낙차에서 유량이 많은 곳에 사용되는 반동 수차로, 물은 날개차 반지름 방향으로 유입하여 축방향으로 변화되어 흡출관을 통해 방수로로 배출되는 형식
③ 가동 날개를 가진 수차
④ 축류형 반동 수차

26 케이싱 속에 서로 물리는 2개의 기어를 회전시켜 액체를 보내는 구조로서, 점성이 높은 액체를 압송하는 데 편리하며, 구조가 간단하고 취급이 용이한 펌프는?

① 벌류트 펌프

② 터빈 펌프

③ 플런저 펌프

④ 버킷 펌프

⑤ 기어 펌프

NOTE ① 안내 날개가 없고, 저양정 대유량에 사용한다.
② 안내 날개가 있고, 고양정에 사용한다.
③ 피스톤 대신에 플런저를 사용한 펌프로 저유량, 고압에 사용한다.
④ 피스톤에 송출 밸브가 설치된 펌프로 가정용 수동펌프로 사용한다.
⑤ 윤활유, 중유 같이 점도가 높은 액제를 압송하는 데 사용하며, 구조가 간단하여 취급이 용이하다.

Answer. 24.③ 25.① 26.⑤

27 유량이 0.2m³/sec이고 유효낙차가 7.5m일 때 수차에 작용할 수 있는 최대동력은 얼마인가? (단, 유체의 비중량은 1,000kg/m³이다.)

① 10PS
② 20PS
③ 30PS
④ 14.7PS
⑤ 24.7PS

NOTE $P(PS) = \dfrac{\gamma QH}{75} = \dfrac{1,000 \times 0.2 \times 7.5}{75} = 20PS$

28 다음 중 유체에 미치는 압축의 강도가 커서 밀도가 변하는 유체는?

① 비압축성 유체
② 압축성 유체
③ 완전 유체
④ 실제 유체

NOTE 유체의 분류
ⓐ 비압축성 유체 : 유체의 운동에서 유체에 미치는 압축의 강도가 작아서 밀도가 일정한 유체를 말한다(액체).
ⓑ 압축성 유체 : 유체에 미치는 압축의 강도가 커서 밀도가 변하는 유체를 말한다(기체).
ⓒ 완전 유체 : 유체의 운동에서 점성을 무시할 수 있는 유체로, 점성이 없고 밀도가 일정하다고 가정한 유체를 말한다.
ⓓ 실제 유체 : 점성을 무시할 수 없는 유체로 유체의 점성 때문에 유체 분자 간 또는 유체의 경계면 사이에서 전단 응력이 발생하는 유체를 말한다.

29 다음 중 비중의 설명으로 옳은 것은?

① 단위 길이당 힘으로 표시한다.
② 단위 체적당 유체가 가지고 있는 중량의 비이다.
③ 단위 질량의 유체가 가진 체적을 말한다.
④ 물체의 무게와 이와 같은 체적인 물의 무게의 비를 말한다.

NOTE 비중 … 물체의 무게와 이와 같은 체적인 물의 무게의 비를 말한다. 따라서, 비중은 물의 밀도 혹은 단위 중량에 대한 어떤 물체의 밀도 혹은 단위 중량의 비로써 표시할 수 있다.
① 표면장력 ② 단위중량 ③ 비체적

30 다음 중 입자가 질서 정연하게 움직이는 유체의 흐름은?

① 층류

② 정상류

③ 비정상류

④ 난류

> **NOTE** 유체의 흐름 형태
> ㉠ 층류 : 유체 입자가 질서 정연하게 움직이는 흐름을 말한다.
> ㉡ 정상류 : 흐름의 한 단면에서 유속, 유량 등이 시간에 관계없이 항상 일정하게 흐르는 경우로, 유체 흐름의 성질이 시간 경과에 따라 불변하는 것이다.
> ㉢ 비정상류 : 홍수시의 하천이나 강처럼 유체의 흐름의 성질이 시간 경과에 따라 변하는 것이다.
> ㉣ 난류 : 층류와는 반대로 유체 입자가 무질서하게 흐르는 흐름을 말한다.

31 다음 중 공기압장치에서 일정한 압력의 공기를 모아 두는 장치는?

① 공기 탱크

② 공기압 실린더

③ 고기압 모터

④ 압축기

> **NOTE** ② 유압 실린더와 같은 구조로 유압 실린더에 비해 피스톤의 속도가 빠르나 속도의 미동 조정이나 일정 속도를 얻기는 힘들다.
> ③ 압축기와는 반대로 작용하는 것으로 베인형은 출력이 작지만 고속 회전을 해야 할 경우 적합하며, 피스톤형은 저속회전에서도 커다란 회전력을 얻을 수 있다.
> ④ 압력이 높은 공기를 만드는 장치이다.

32 다음 중 공기압기기의 종류로 옳지 않은 것은?

① 공유 변환기

② 증압기

③ 유압 브레이크

④ 에어 하이드로 실린더

> **NOTE** 공기압기기의 종류
> ㉠ 공유 변환기 : 공기압을 같은 압력의 유압으로 변환하는 장치
> ㉡ 증압기 : 입구쪽의 공기 압력을 비례된 압력으로 증압해서 출구쪽의 유압으로 배출하는 압력 변환기
> ㉢ 에어 하이드로 실린더 : 공기압을 유압으로 변환하여 기름 에너지를 이용한 작동기기

33 다음 중 공·유압기기의 특징으로 옳지 않은 것은?

① 손쉽게 높은 수압, 유압을 얻을 수 있다.

② 정밀한 속도제어는 힘들다.

③ 충격이 없는 정지를 한다.

④ 다단 포지션에 정확히 정지한다.

> **NOTE** 공·유압기기의 특징
> ㉠ 정밀한 속도나 다단 속도를 제어할 수 있다.
> ㉡ 다단 포지션에 정확히 정지하며, 손쉽게 높은 압력을 얻을 수 있다.
> ㉢ 원활하고 충격이 없는 정지가 가능하다.

34 다음 중 파스칼 원리에 관한 설명으로 옳은 것은?

① 관 속에 유체가 가득차 흐를 때는 관 속 어디나 유체의 무게는 같다.

② 이상 유체가 에너지의 손실 없이 관 속을 정상 유동할 때 어떤 단면에서도 단위 총에너지는 항상 일정하다.

③ $H = \dfrac{P_1}{\gamma} + \dfrac{V_1^2}{2g} + Z_1 = \dfrac{P_2}{\gamma} + \dfrac{V_2^2}{2g} + Z_2$

④ 밀폐 용기 안의 유체에 가해진 압력은 용기 안의 모든 유체에 똑같이 전달된다.

> **NOTE** ① 연속의 법칙 ②③ 베르누이의 정리
> ※ 파스칼의 원리 … 밀폐 용기 안의 유체에 가해진 압력은 용기 안의 모든 유체에 똑같이 전달되며, 벽면에 수직으로 작용한다.

35 다음 중 유량 측정기구로 옳지 않은 것은?

① 벤투리미터   ② 버니어캘리퍼스
③ 오리피스   ④ 위어

> **NOTE** 유량 측정기구
> ㉠ 벤투리미터 : 단면적이 좁은 스로트를 설치하여 이 부분의 압력차로 유량을 측정한다.
> ㉡ 오리피스 : 오리피스 전후 압력차로 유량을 측정한다.
> ㉢ 위어 : 개수로의 중간 또는 끝에 판으로 물의 흐름을 막아 넘치는 유체의 높이로 유량을 측정한다.

Answer. 33.② 34.④ 35.②

36 다음 중 펌프의 양정에 관한 설명으로 옳은 것은?

① 펌프의 무게

② 펌프의 흡입 압력

③ 펌프의 배출 압력

④ 펌프의 흡입 수면과 배출 수면의 수직 높이

NOTE 양정 … 펌프의 흡입 수면과 배출 수면의 수직 높이를 말한다.

37 다음 중 터보형 펌프의 특징으로 옳지 않은 것은?

① 동력 전달 손실이 적다.

② 터보형 깃을 가진 회전자가 축에 고정되어서 케이싱에 밀폐되어 있다.

③ 용적형 펌프보다 마찰이 크다.

④ 고속 회전이 가능하다.

NOTE 터보형 펌프의 특징
ⓐ 터보형 깃을 가진 회전자가 축에 고정되어서 케이싱에 밀폐되어 있다.
ⓑ 고속 회전이 가능하다.
ⓒ 동력 전달 손실이 적다.
ⓓ 내부 마찰이 없고, 용적형 펌프보다 마찰이 적다.

38 다음 중 터보형 펌프의 종류로 옳지 않은 것은?

① 벌류트 펌프

② 기어 펌프

③ 터빈 펌프

④ 사류 펌프

NOTE 터보형 펌프는 원심식 · 축류식 · 사류식 펌프로 나뉘며, 다시 벌류트 펌프, 터빈 펌프, 측류 펌프, 사류 펌프로 나뉜다.

39 다음 중 용적형 펌프의 특징으로 옳지 않은 것은?

① 높은 수압에 적합하다.

② 터보형보다 효율이 높다.

③ 피스톤, 플런저, 회전자 등에 의하여 액체를 압송한다.

④ 대유량에 적합하다.

> **NOTE** 용적형 펌프의 특징
> ㉠ 대단히 높은 수압과 작은 유량에 적합하다.
> ㉡ 터보형보다 효율이 높다.
> ㉢ 피스톤, 플런저, 회전자 등에 의하여 액체를 압송한다.

40 다음 중 날개차에서 나온 물을 배출관으로 유도하며 속도 에너지를 압력 에너지로 변환시키는 것은?

① 안내 날개   ② 패킹

③ 케이싱   ④ 임펠러

> **NOTE** 케이싱 … 날개차에서 나온 물을 배출관으로 유도하며 속도 에너지를 압력 에너지로 변환시킨다.

41 다음 중 경량 제작이 가능하며, 원심 펌프보다 고속 회전이 가능한 펌프는?

① 사류 펌프   ② 축류 펌프

③ 기어 펌프   ④ 마찰 펌프

> **NOTE** ① 회전자에서 나온 물의 흐름이 축에 대하여 경사면에 송출되며 축의 안내깃에 유도되어 회전 방향의 성분을 축방향 성분으로 변환시켜 송출하는 펌프로, 경량 제작과 고속 회전이 가능하다.
> ② 안내깃에서 속도 에너지를 압력 에너지로 변환하는 펌프로, 송출량이 크고 양정이 낮은 경우에 사용한다.
> ③ 다수의 회전자가 케이싱을 고속 회전하며 원심력에 의해 중심에서 흡입하여 측면으로 송출하면 속도 에너지를 얻어서 펌 작용이 이루어진다.
> ④ 유체의 점성력을 이용하여 매끈한 회전체 또는 나사가 있는 회전축을 케이싱 내에서 회전 시켜 액체의 유체마찰에 의하여 압력 에너지를 주어 송출하는 펌프로 소용량, 고양정에 사용된다.

42 다음 중 원심 펌프와 왕복동 펌프의 중간 특성을 가지는 펌프는?

① 축류펌프   ② 마찰 펌프
③ 회전 펌프   ④ 기포 펌프

> **NOTE** ① 피스톤 또는 플런저의 왕복 운동에 의해서 유체를 유입하며 소요 압력으로 압축하여 보내는데 일반적으로 송출 유량은 적지만 고압을 요구 할 때 사용한다.
> ② 유체의 점성력을 이용히여 매끈한 회전체 또는 니시기 있는 회전축을 게이싱 내에시 회진 시거 액제의 유제마칠에 의하여 압력 에너지를 주어 송출하는 펌프로 소용량, 고양정에 사용된다.
> ③ 원심 펌프와 왕복동 펌프의 중간 특성을 가지며, 회전하는 회전체를 써서 흡입 밸브나 송출 밸브 없이 액체를 밀어내는 형식의 펌프를 총칭하여 회전 펌프라 하며, 송출량의 변동이 작고, 기어 펌프, 베인 펌프, 나사 펌프 등으로 분류된다.
> ④ 양수관을 물 속에 넣고 하부에 압축 공기를 공기관을 통하여 송입하면 양수관 속은 물보다 가벼운 공기가 물의 혼합체로 발생하게 되고, 이 가벼운 혼합체는 관 외부의 물과 밀도차 때문에 관 외의 물에 의하여 상승함으로써 양수되는 펌프이다.

43 다음 중 왕복 펌프에서 피스톤의 재질로 알맞은 것은?

① 알루미늄   ② 주철
③ 고속도강   ④ 고무

> **NOTE** 왕복펌프에서 피스톤은 주철과 청동을, 실린더는 저압일 경우 주철을, 고압일 경우 주강과 인청동을 사용한다.

44 다음 중 농업 용수용, 한해 및 냉해 양수용, 상·하수도용, 빗물 배수용에 사용되는 펌프는?

① 수중 모터 펌프   ② 펌프 수차
③ 마찰 펌프   ④ 사류 펌프

> **NOTE** 사류 펌프의 특성
> ㉠ 원심 펌프와 축류 펌프의 중간 특성을 가지고 있다.
> ㉡ 농업 용수용, 한해 및 냉해 양수용, 상·하수도용, 빗물 배수용에 사용된다.

45 다음 중 물이 가지고 있는 위치 에너지를 기계적 에너지로 변환하는 기계는?

① 공기 기계

② 송풍기

③ 수차

④ 펌프

> **NOTE** ① 공기의 부피 탄성을 이용한 기계
> ② 기계적 에너지를 기계의 기체에 공급하여 기체의 압력 및 속도 에너지로 변환시키는 기계
> ④ 유체를 낮은 곳에서 높은 곳으로 올리거나 압력을 주어서 멀리 수송하는 유체기계

46 다음 펠턴 수차의 구조 중 분출되는 물의 방향을 조절하는 것은?

① 버킷

② 노즐

③ 니들 벨브

④ 디플랙터

> **NOTE** 펠턴 수차의 구조
> ㉠ 버킷 : 주강, 청동으로 만들어지며, 날개차 주위에 18 ~ 30개를 설치한다.
> ㉡ 노즐 : 물을 분사시키는 부분으로 니들 밸브로 분사되는 물의 양을 조절한다.
> ㉢ 니들 밸브 : 황동, 청동으로 만들어지며, 분출수의 양을 조절한다.
> ㉣ 디플랙터 : 분출되는 물의 방향을 조절한다.

47 다음 수력 발전의 방식 중 강 쪽의 물을 그대로 이용하는 방법은?

① 양수식

② 유입식

③ 저수지식

④ 조정지식

> **NOTE** ① 상류와 하류에 두 개의 조정지가 있어 밤에는 잉여 전기를 이용하여 상부로 물을 끌어 올리고, 낮에는 끌어 올린 물을 이용하여 발전을 한다.
> ② 강 쪽의 물을 그대로 이용하는 방법으로 수량의 변화에 따라 발전량이 변동된다.
> ③ 조정지보다 큰 큐모의 저수지에 빗물을 저장하여 갈수기에 이용한다.
> ④ 조정지를 이용하여 수량을 조절하여 발전하는 방식이다.

48 다음 중 프랜시스 수차의 특성으로 옳지 않은 것은?

① 충동 수차의 대표적인 수차이다.

② 물은 날개차 반지름 방향으로 유입하여 축방향으로 변화되어 흡출관을 통해 방수로로 배출된다.

③ 중낙차에서 고낙차까지 광범위하게 사용된다.

④ 유량이 많은 경우에 사용된다.

> **NOTE** 프랜시스 수차의 특성
> ㉠ 반동 수차의 대표적 수차이다.
> ㉡ 물은 날개차 반지름 방향으로 유입하여 축방향으로 변화되어 흡출관을 통해 방수로로 배출된다.
> ㉢ 중낙차에서 고낙차까지 광범위하게 사용되며, 유량이 많은 경우에 사용된다.

49 다음 중 프랜시스 수차의 흡출관의 역할은?

① 물을 안내 날개로 유도하는 역할을 한다.

② 날개차로 유입되는 물의 안내 역할을 한다.

③ 날개차에서 나온 물을 방수로로 유도한다.

④ 방수로에서 날개차로 물을 유도한다.

> **NOTE** 흡출관 … 날개차에서 나온 물을 방수로로 유도하는 역할을 한다.

50 수력 발전소의 구성요소 중 얻어진 전기를 송전하는 과정에서 전기의 손실을 막기 위해 사용되는 것은?

① 변압기

② 수차

③ 발전기

④ 취수구

> **NOTE** 수력 발전의 구성요소
> ㉠ 변압기 : 얻어진 전기를 그대로 송전하게 되면 전기의 손실이 크기 때문에 변압기에서 전압을 올린 후 송전한다.
> ㉡ 수차 : 수압 철제관에 유입된 물의 흐름으로 수차를 세게 회전시키는데, 이 과정에서 안정된 주파수의 전기를 발전할 수 있다.
> ㉢ 발전기 : 수차와 동일 회전축에 연결해 놓으면 수차의 회전력이 발전기에 전달되므로 발전이 이루어진다.
> ㉣ 취수구 : 물을 받아들이는 입구로, 저수지의 밑면보다 약간 높은 곳에 있으며, 물 속의 불순물들의 유입을 막기 위해 스크린이 설치되어 있다.

Answer. 50.①

공기조화 설비기기

01 공기조화 및 설비

① 공기조화

일정한 공기 안의 공기청정도, 습도, 온도 및 기류의 분포 등을 필요조건상태로 조절하고 유지하는 것을 공기 조화라 한다.

[공기조화 장치]

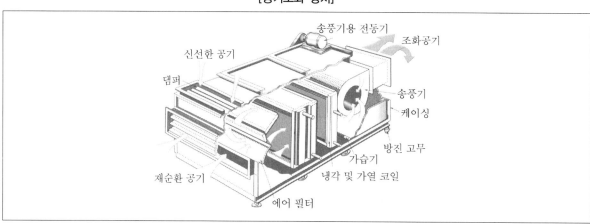

② 공기조화의 조건

① 난방 및 냉방 … 온도를 조절한다.

② 생산창고, 저장창고 및 섬유공장 … 온도와 습도를 조절한다.

❸ 공기조화의 분류

① 산업용 공기조화
  ㉠ 일반적으로 항온, 항습을 유지하는 설비로 여러 생산품의 공정과정에서 최대효과를 얻을 목적으로 가장 쾌적한 조건을 만드는 데 사용된다.
  ㉡ 산업용 공기조화의 실내조건
    • 상대습도 65%와 건구온도 20℃를 유지한다.
    • 미생물, 먼지, 유해가스 등을 차단한다.
    • 정전기가 발생해서는 안되는 장소에서는 상대습도를 70% 이상으로 유지한다.
② 보건용 공기조화 … 소음과 진동이 없는 쾌적한 환경을 조성하여 능률적인 생활공간으로 만들기 위하여 사용된다.

❹ 공기조화설비를 구성하는 4대 요소

① **열원장치** … 온수나 증기를 발생시키는 보일러 장치, 냉수나 냉각공기를 얻기 위한 냉동기 또는 냉동설비를 말한다.
② **자동제어장치** … 공기조화설비의 조건을 최상의 조건으로 만들기 위하여 풍량, 유량, 온도, 습도를 조절하는 장치를 말한다.
③ **열운반장치** … 열 매체를 필요한 장소까지 운반하여 주는 장치로 송풍기, 펌프, 덕트, 배관, 압축기를 말한다.
④ **공기조화기** … 실내로 공급되는 공기를 사용목적에 따라 청정 및 항온항습이 될 수 있도록 하는 종합적인 기계를 말한다.

❺ 공기조화방식

① 개별 방식
  ㉠ 일체형 공기정화기 : 냉동기, 송풍기, 공기 여과기 등이 하나로 구성된 것으로 설치와 취급이 간단해서 가정이나 사무실에서 주로 사용된다.

[일체형 공기조화기]

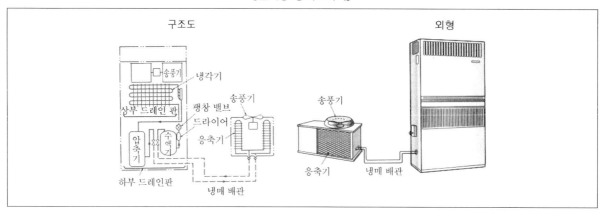

ⓛ 룸 에어컨
- **창문형** : 에어컨에 필요한 모든 구성요소들을 하나의 케이스 안에 수납한 것으로 창문에 설치하는 방식이다.
- **분리형** : 압축기 및 응축기는 실외에 증발기, 실내에 순환 송풍기를 설치하는 방식이다.
ⓒ **멀티존 유닛 방식** : 덕트는 단일 방식이고, 온도 제어는 2중 덕트와 같은 방식으로 작은 규모의 공기 조화 면적에 유리하나 열 손실이 커서 기기에 부하가 많이 발생되어 소비동력이 많이 든다.

② 중앙 집중식 공기조화
- ㉠ **단일 덕트 방식** : 가장 기본적인 방식으로 풍속이 15m/s 이하이면 저속 덕트라 하며 직사각형 덕트가 일반적으로 널리 사용되고, 풍속이 15m/s 이상이면 고속 덕트라 하여 스파일런관 또는 원형 덕트를 주로 사용한다.
- ㉡ **2중 덕트 방식** : 온풍과 냉풍을 별도의 덕트에 송입받아 적당히 혼합하여 송출하는 방식으로, 각 실의 온도를 서로 다르게 조정하는 방식이다.
- ㉢ **유인 유닛 방식** : 완성된 유닛을 사용하는 방식으로 공기가 단축되고 공사비가 적게 든다.
- ㉣ **복사 냉·난방 방식** : 건물의 바닥 또는 벽이나 천장 등에 파이프를 설치하고, 이 파이프를 통해서 냉·온수를 흘려보내 이 열로 냉·난방을 하는 방식이다.
- ㉤ **팬 코일 유닛 방식** : 중앙 공조실에서 하절기에는 냉수를, 동절기에는 온수를 공급하여 열을 교환하는 방식으로, 외기를 도입하지 않는 방식과 외기를 실내 유닛 팬 코일에 직접 도입하는 방식 그리고 이 두 가지 방법을 병행하여 사용하는 방식으로 나뉜다.

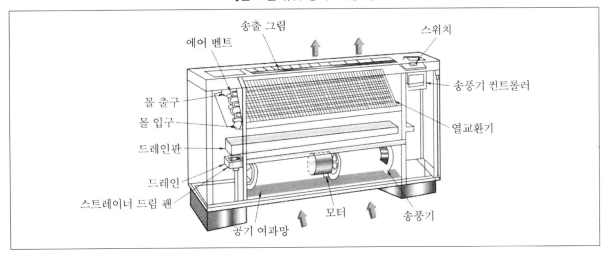

[팬 코일 유닛 공기조화방식]

02 냉난방기기 및 냉동기

① 냉방기기

물체의 열을 제거하여 온도를 낮추어 주는 기기를 말한다.

① 냉방의 정의

ⓐ 냉각 : 온도를 낮추고자 하는 물체로부터 열을 흡수하여 온도를 낮추는 방법이다.

ⓑ 냉동 : 물체나 기체 등에서 열을 빼앗아 주위보다 낮은 온도로 만드는 경우로, 피냉각 물체의 온도가 -15℃ 이하로 낮추어 물질을 얼리는 상태이다.

ⓒ 냉장 : 동결되지 않는 범위 내에서 물체의 열을 빼앗아 주위보다 낮은 온도로 물체의 온도를 낮춘 후 유지시키는 방법이다.

ⓓ 제빙 : 얼음을 생산할 목적으로 물을 얼리는 방법이다.

② 냉동방법

ⓐ 자연적 냉동

• 드라이 아이스의 승화열을 이용하는 방법 : 드라이 아이스가 승화할 때 흡수하는 열량을 이용하여 냉동시키는 방법이다.

• 기한제를 이용하는 방법 : 얼음에 이물질(나트륨 등)을 혼합하면 어는점이 낮아지는 성질을 이용하여 냉동시키는 방법이다.

- 액체의 증발열을 이용하는 방법 : 알콜이나 액체 질소 등이 증발할 때는 주위의 열을 흡수하는데 이 증발열을 이용하여 냉동시키는 방법이다.
- 얼음의 융해열을 이용하는 방법 : 얼음이 융해할 때, 주위의 열을 흡수하는데 이 융해열을 이용하여 냉동시키는 방법이다.

ⓒ 기계적 냉동
- 증기 압축식 냉동법 : 냉매(암모니아, 프레온 등)를 사용하며 압축, 응축, 팽창, 증발로 이루어진 냉동방법이다.
- 증기 분사식 냉동법 : 증기 이젝터를 이용해서 주위의 열을 흡수하고 물을 냉각하는 구조의 냉동방법이다.
- 흡수식 냉동법 : 기계적 일을 사용하지 않고 열매체를 이용하는 방법으로, 과부하가 발생하더라도 사고의 위험성이 적고 경제적 운전이 가능하며, 진동 소음이 적고 자동운전 및 용량제어가 가능하나 가동시간이 길고, 설치면적이 넓으며, 설비비가 많이 드는 단점이 있다.
- 공기 압축식 냉동법 : 공기를 압축한 후 상온에서 냉각 압축된 공기를 팽창시키면서 냉동시키는 방법을 말한다.
- 전자 냉동법 : 서로 다른 두 반도체를 접합시켜 한쪽에는 열을 흡수하고 다른 한 쪽에는 열을 방출하는 성질을 이용하여 냉동시키는 방법으로, 소음과 진동이 없는 장점이 있어 미래 냉동법이라 할 수 있다.

② 난방기기

① 난방 방식

ⓐ 증기 난방
- 증기가 응축수로 변했을 때 방열하는 응축 잠열을 이용하는 방식이다.
- 시설 규모가 크고, 난방시간이 일정한 곳에 사용한다.
- 중력 환수식 증기난방법, 기계 환수식 증기난방법, 진공 환수식 증기난방법 등이 있다.

ⓑ 온수 난방
- 방열기의 입구 및 출구의 온도차에 의한 현열을 이용하는 방식이다.
- 종일 난방이 필요한 곳에 주로 사용된다.
- 중력 순환식 온수난방과 강제 순환식 온수난방 등이 있다.

② 온수 보일러 … 난방의 대표적인 기기로 연료는 보일러의 종류에 따라 액화 석유가스 및 도시가스, 석탄, 혼합연료 등을 사용한다.

ⓐ 온수 보일러의 장·단점
- 장점
  - 구멍탄용 온수 보일러보다 열효율이 높다.
  - 자동 제어가 쉽다.
  - 면적이 좁아도 설치가 가능하다.

‒제작이 간편하다.

‒공해 및 부식이 적다.

‒청소가 용이하여 수명이 길다.

- 단점

‒고층 건물에서 사용하기에는 부적합하다.

‒구멍탄용에 비해서는 가격이 비싸다.

‒화재 및 감전사고에 주의해야 한다.

ⓒ 온수 보일러의 구조

- 온도조절장치 : 온수의 온도를 조절하는 역할을 한다.
- 배수구 : 물을 배출하는 곳으로 본체의 밑부분에 있다.
- 방출 밸브 : 보일러 본체 속의 압력이 상승했을 때 최고 사용압력 이하로 작동할 수 있도록 하는 역할을 한다.
- 표시등 : 연소하고 있는 것을 확인시켜 주는 역할을 하며, 내구성이 있어야 한다.

③ 기타 난방방법

ⓐ 복사 난방

- 벽 속이나 천장 및 바닥에 가열 코일을 묻고, 그 코일 내에 온수를 보내 난방을 하는 방법이다.
- 복사 난방의 특징

‒실내온도 분포가 균일하며, 실내공간의 이용도가 높다.

‒공기의 대류현상이 적으므로 먼지나 이물질의 유동이 적어 공기의 오염도가 낮다.

‒열손실이 적다.

‒천장이 높은 집에 유리하다.

ⓑ 지역 난방

- 보일러실에서 어떤 지역 내의 건물에 증기나 온수를 공급하는 방식이다.
- 공장, 병원, 학교, 집단 주택 등 전지역에 걸쳐 난방하는 것이다.
- 지역 난방의 장점

‒대규모 설비이므로 열효율이 높고 연료비가 절감된다.

‒각 건물에 굴뚝을 설치할 필요가 없으므로 건물의 유효면적이 넓어진다.

‒도시의 매연이 감소된다.

❸ 냉동기

냉동에 사용되는 기계 설비를 냉동기라 한다.

[냉동기의 설명도]

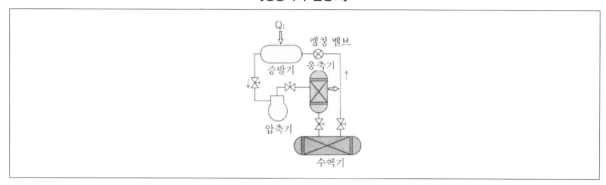

① 냉동 사이클
  ㉠ 압축기 : 증발기에서 증발한 냉매를 고온, 고압으로 압축시킨다.
  ㉡ 응축기 : 고온, 고압의 냉매를 공기 또는 물과 열교환하여 액화시킨다.
  ㉢ 팽창 밸브 : 응축된 냉매를 감압시켜 팽창시킨다.
  ㉣ 증발기 : 기화된 냉매가 주위의 열을 빼앗는다.

② 냉매
  ㉠ 냉동기 안을 순환하면서 저온에서 고온으로 열을 운반하는 역할을 하는 물질을 말한다.
  ㉡ 암모니아, 프레온, 공기, 이산화탄소가 있으나 이 중 프레온 가스가 일반적으로 사용된다.

▶**TIP**

냉매가 갖추어야 할 조건
  ㉠ 저온에서도 대기압 이상의 포화증기압을 갖고 있어야 한다.
  ㉡ 상온에서는 비교적 저압으로도 액화가 가능해야 하며 증발잠열이 커야 한다.
  ㉢ 냉매가스의 비체적이 작을수록 좋다.
  ㉣ 임계온도는 상온보다 높고, 응고점은 낮을수록 좋다.
  ㉤ 화학적으로 불활성이고 안정하며 고온에서 냉동기의 구성재료를 부식, 열화시키지 않아야 한다.
  ㉥ 액체 상태에서나 기체상태에서 점성이 작아야 한다.

기출예상문제

한국가스기술공사

1 다음 중 냉매의 물리적 필요조건으로 가장 옳은 것은?

① 온도가 낮아도 대기압 이상의 압력에서 증발해야 한다.

② 증발잠열이 작고 증발잠열에 비해 액체의 비열이 작아야 한다.

③ 응고 온도가 낮아야 한다.

④ 점도가 적고 전열이 양호하며 표면장력이 작아야 한다.

⑤ 수분이 냉매에 혼입되어도 냉매의 작용에 지장이 없어야 한다.

NOTE 증발잠열이 크고 증발잠열에 비해 액체의 비열이 작아야 한다.

안산도시공사

2 냉동의 기본 4요소를 바르게 나열한 것은?

① 압축기, 증발기, 팽창밸브, 액분리기   ② 증발기, 압축기, 유분리기, 팽창밸브

③ 압축기, 응축기, 수액기, 증발기   ④ 팽창밸브, 압축기, 증발기, 응축기

NOTE • 압축기 : 저온 저압의 기체화된 냉매를 고온고압의 기체가스로 만드는 구성품
• 응축기 : 고온고압의 기체 냉매를 응축시켜서 고온고압의 액체냉매로 만드는 구성품
• 팽창밸브 : 고온고압의 냉매를 증발하기 쉽게 저온 · 저압의 냉매로 증발기에 공급하는 구성품
• 증발기 : 증발기 내부를 통과하는 저온 · 저압의 냉매에 의해 표면에 접촉하고 있는 고온의 실내공기에서 열을 빼앗아 실내공기를 냉각시키는 열 교환기

한국가스기술공사

3 물질의 온도변화에는 사용되지 않고 상태변화에만 사용되는 열은 무엇인가?

① 비열   ② 잠열

③ 현열   ④ 감열

⑤ 복사열

NOTE 물질의 상태가 기체와 액체, 또는 액체와 고체 사이에서 변화할 때 흡수 또는 방출하는 열. 예컨대 얼음이 녹아 물이 될 때는 둘레에서 열을 흡수하고, 거꾸로 물이 얼어 얼음이 될 때는 같은 양의 열을 방출한다. 이와 같은 경우, 열의 출입이 있더라도 온도는 변하지 않으므로 이 열을 잠열이라 부른다.

Answer. 1.② 2.④ 3.②

4 열이 전달되는 방법이 아닌 것은?

① 증발
② 대류
③ 복사
④ 전도

NOTE • 전도: 고체를 통해 일어나며, 소재의 단열성이 높을수록 열 전도율은 떨어진다.
• 대류: 온도와 밀도 기울기를 바탕으로 하는 공기의 움직임 덕분에 열로 이동하며 공기가 고요할수록 대류 현상이 적게 발생한다.
• 복사: 모든 물질은 자체적인 온도와 방출성에 따라 복사열을 흡수하거나 방출하고 복사열이 흡수되거나 반사되면 열 전달이 적어진다.

5 다음 중 공기조화설비의 주요 장치로 옳지 않은 것은?

① 공기처리장치
② 열원장치
③ 급속귀환장치
④ 열운반장치

NOTE ③ 급속귀환장치는 공작기계에 주로 사용되는 장치이다.

6 다음 중 냉매로서 갖추어야 할 조건에 대한 설명으로 옳지 않은 것은?

① 임계온도가 높을 것
② 비체적이 클 것
③ 물에 용해되지 않을 것
④ 증발잠열이 클 것

NOTE ② 냉매는 비체적이 작아야 한다.

7 다음 공기조화설비를 구성하는 4대 요소 중 열 매체를 필요한 장소까지 운반하는 역할을 하는 장치는?

① 열원장치
② 자동제어장치
③ 열운반장치
④ 공기조화기

NOTE 공기조화설비를 구성하는 4대 요소
㉠ 열원장치: 보일러 장치나 냉동기 또는 냉동설비를 말한다.
㉡ 자동제어장치: 공기조화설비의 조건을 최상의 조건으로 만들기 위하여 풍량, 유량, 온도, 습도를 조절하는 장치를 말한다.
㉢ 열운반장치: 열 매체를 필요한 장소까지 운반하여 주는 장치를 말한다.
㉣ 공기조화기: 실내로 공급되는 공기를 사용목적에 따라 알맞게 그 조건을 맞춰주는 종합적인 기계를 말한다.

8 다음 중 냉동기, 송풍기, 공기 여과기 등이 하나로 구성된 공기조화기는?

① 일체형 공기정화기

② 분리형 룸 에어컨

③ 단일 덕트 방식 공기조화기

④ 멀티존 유닛 방식 공기조화기

NOTE ① 냉동기, 송풍기, 공기여과기 등이 하나로 구성된 것으로 가정이나 사무실에서 주로 사용된다.
② 압축기 및 응축기는 실외에 설치하며, 증발기와 순환 송풍기는 실내에 설치하는 방식의 공기조화기이다.
③ 가장 기본적인 덕트방식이다.
④ 덕트는 단일방식이며, 온도 제어는 2중 덕트와 같은 식의 공기조화기이다.

9 다음 중 멀티존 유닛 방식의 장점인 것은?

① 열손실이 없다.

② 보일러와 냉동기에 부하가 발생하지 않는다.

③ 작은 규모의 공기조화면적에 유리하다.

④ 소비동력이 적게 든다.

NOTE 멀티존 유닛방식의 장·단점
㉠ 장점 : 작은 규모의 공기조화면적에 유리하다.
㉡ 단점
• 열손실이 있다.
• 냉방기나 난방기의 부하가 많이 발생된다.
• 소비동력이 많이 필요하다.

10 다음 중 건물의 바닥 또는 벽, 천장 등에 파이프를 설치하여 이 파이프를 통해서 냉·온수를 흘려 보내 냉·난방을 하는 방식은?

① 단일 덕트방식

② 2중 덕트방식

③ 팬 코일 유닛 방식

④ 복사 냉·난방 방식

NOTE 중앙집중식 공기조화
㉠ 단일 덕트 방식 : 가장 기본적인 방식이다.
㉡ 2중 덕트 방식 : 온풍과 냉풍을 별도의 덕트에 송입받아 적당히 혼합하여 송출하는 방식이다.
㉢ 유인 유닛 방식 : 완성된 유닛을 사용하는 방식으로 공기가 단축되고 공사비가 적게 든다.
㉣ 복사 냉·난방 방식 : 건물의 바닥 또는 벽이나 천장 등에 파이프를 설치하고 이 파이프를 통해서 냉·온수를 흘려보내 이 열로 냉·난방을 하는 방식이다.

Answer. 8.① 9.③ 10.④

11 다음 중 저속 덕트와 고속 덕트로 나뉘는 기준이 되는 풍속은?

① 10m/s
② 15m/s
③ 20m/s
④ 25m/s

NOTE 단일 덕트 방식
ⓐ 저속 덕트 : 풍속이 15m/s 이하이며, 직사각형 덕트가 일반적으로 널리 사용된다.
ⓑ 고속 덕트 : 풍속이 15m/s 이상이며, 스피이럴관 또는 원형 덕트를 주로 사용한다.

12 다음 중 자연적 냉동 방식으로 옳지 않은 것은?

① 드라이 아이스의 승화열을 이용하는 냉동방법
② 액체의 증발열을 사용하는 냉동방법
③ 증기 압축식 냉동방법
④ 기한제를 이용하는 냉동방법

NOTE 자연적 냉동 방식
ⓐ 드라이 아이스의 승화열을 이용하는 방법 : 드라이 아이스가 승화할 때 흡수하는 열량을 이용하여 냉동시키는 방법이다.
ⓑ 기한제를 이용하는 방법 : 얼음에 이물질(나트륨 등)을 혼합하면 어는점이 낮아지는 성질을 이용하여 냉동시키는 방법이다.
ⓒ 액체의 증발열을 이용하는 방법 : 알콜이나 액체 질소 등이 증발할 때는 주위의 열을 흡수하는데 이 증발열을 이용하여 냉동시키는 방법이다.
ⓓ 얼음의 융해열을 이용하는 방법 : 얼음이 융해할 때, 주위의 열을 흡수하는데 이 융해열을 이용하여 냉동시키는 방법이다.

13 다음 중 흡수식 냉동법의 단점으로 옳지 않은 것은?

① 냉동기를 가동하는 시간이 길다.
② 소음이 크다.
③ 설치면적이 넓다.
④ 설치비가 많이 든다.

NOTE 흡수식 냉동법의 장·단점
ⓐ 장점
• 과부하가 발생하더라도 사고의 위험이 적다.
• 경제적이다.
• 진동 소음이 적고, 자동운전 및 용량제어가 용이하다.
ⓑ 단점
• 냉동기를 가동하는 시간이 길다.
• 설치면적이 넓다.
• 부속 설비비가 많이 든다.

14 다음 중 증기 이젝터를 이용하여 물을 냉각하는 냉동방법은?

① 흡수식 냉동법

② 공기 압축식 냉동법

③ 전자 냉동법

④ 증기 분사식 냉동법

> **NOTE** ① 기계적 일을 사용하지 않고 열매체를 이용하는 방법으로, 과부하가 발생하더라도 사고의 위험성이 적고, 경제적 운전이 가능하며, 진동 소음이 적고, 자동운전 및 용량제어가 가능하나 가동시간이 길고, 설치면적이 넓으며, 설비비가 많이 드는 단점이 있다.
> ② 공기를 압축한 후 상온에서 냉각 압축된 공기를 팽창시키면서 냉동시키는 방법을 말한다.
> ③ 서로 다른 두 반도체를 접합시켜 한쪽에는 열을 흡수하고 다른 한 쪽에는 열을 방출하는 성질을 이용하여 냉동시키는 방법으로, 소음과 진동이 없는 장점이 있어 미래 냉동법이라 할 수 있다.
> ④ 증기 이젝터를 이용해서 주위의 열을 흡수하고 물을 냉각하는 구조의 냉동방법이다.

15 다음 중 온수 난방기의 특징으로 옳지 않은 것은?

① 면적이 좁아도 설치가 가능하다.

② 제작이 간편하고, 공해 및 부식이 적다.

③ 청소가 용이하다.

④ 고층 건물에 사용하기 적합하다.

> **NOTE** 온수 난방기의 장·단점
> ㉠ 장점
> • 구멍탄용 온수 보일러보다 열효율이 높다.
> • 자동제어가 쉽다.
> • 면적이 좁아도 설치가 가능하다.
> • 제작이 간편하며, 공해 및 부식이 적다.
> • 청소가 용이하여 수명이 길다.
> ㉡ 단점
> • 고층 건물에서 사용하기에는 부적합하다.
> • 가격이 비싸다.
> • 화재 및 감전 사고에 주의해야 한다.

16 다음 보일러의 구조 중 보일러 본체 속의 압력 상승을 방지해주는 것은?

① 방출 밸브

② 온도조절장치

③ 표시등

④ 배수구

> **NOTE** ① 보일러 본체 속의 압력이 상승했을 때 최고 사용 압력 이하로 작동 할 수 있도록 하는 역할을 한다.
> ② 온수의 온도를 조절하는 역할을 한다.
> ③ 연소하고 있는 것을 확인시켜 주는 역할을 하며, 내구성이 있어야 한다.
> ④ 물을 배출하는 곳으로 본체의 밑부분에 있다.

17 다음 중 복사 난방의 특징으로 옳지 않은 것은?

① 실내공간의 이용도가 높다.

② 공기의 대류현상이 크다.

③ 열손실이 적다.

④ 천장이 높은 집에 유리하다.

> **NOTE** 복사 난방의 특징
> ㉠ 실내온도 분포가 균일하며, 실내공간의 이용도가 높다.
> ㉡ 공기의 대류현상이 적으므로 먼지나 이물질의 유동이 적어 공기의 오염도가 낮다.
> ㉢ 열손실이 적다.
> ㉣ 천장이 높은 집에 유리하다.

18 다음 중 지역 난방의 장점은?

① 열효율이 떨어진다.

② 연료비가 많이 든다.

③ 건물의 유효면적이 넓어진다.

④ 매연이 증가한다.

> **NOTE** 지역 난방의 장점
> ㉠ 대규모 설비이므로 열효율이 높고 연료비가 절감된다.
> ㉡ 각 건물에 굴뚝을 설치할 필요가 없으므로 건물의 유효면적이 넓어진다.
> ㉢ 도시의 매연이 감소된다.

19 다음 냉동 사이클의 과정 중 응축된 냉매액을 감압시켜 팽창시키는 역할을 하는 것은?

① 압축기
② 응축기
③ 증발기
④ 팽창 밸브

NOTE ① 증발기에서 증발한 냉매를 고온, 고압으로 압축시킨다.
② 고온, 고압의 냉매를 액화시킨다.
③ 기화된 냉매가 주위의 열을 빼앗는다.
④ 응축된 냉매를 감압시켜 팽창시킨다.

20 다음 중 냉매에 주로 사용되는 것은?

① 질소
② 프레온 가스
③ 산소
④ 일산화탄소

NOTE 냉매로는 암모니아, 프레온, 공기, 이산화탄소가 있으나 이 중 프레온 가스가 일반적으로 사용된다.

21 기계적 냉동방법에 대한 설명으로 옳지 않은 것은?

① 냉매를 사용하며 압축, 응축, 팽창, 증발로 이루어진 냉동방법을 증기 압축식 냉동법이라 한다.
② 공기를 압축한 후 상온에서 냉각 압축된 공기를 팽창시키면서 냉동시키는 방법을 공기 압축식 냉동법이라 한다.
③ 서로 다른 두 반도체를 접합시켜 한 쪽에는 열을 흡수하고 다른 한 쪽에는 열을 방출하는 성질을 이용하여 냉동시키는 방법을 흡수식 냉동법이라 한다.
④ 증기 이젝터를 이용해서 주위의 열을 흡수하여 물을 냉각하는 구조의 냉동방법을 증기 분사식 냉동법이라 한다.

NOTE ③ 전자 냉동법에 대한 설명이다.
※ 흡수식 냉동법 … 기계적 일을 사용하지 않고 열매체를 이용하는 방법으로 과부하가 발생더라도 사고의 위험성이 적고 경제적 운전이 가능하며, 진동 소음이 적고 자동운전 및 용량제어가 가능하나 가공시간이 길고, 설치면적이 넓으며, 설비비가 고가인 단점이 있다.

Answer. 19.④ 20.② 21.③

PART 05

산업용 기계

01 하역 및 운반기계

01 하역기계

❶ 지게차

① 앞부분에 5~12° 정도 전후를 경사시킬 수 있는 마스터와 위·아래로 올리고 내릴 수 있는 L자형 포크로 되어 있는 화물 운반장비를 말한다.

② 창고, 공장, 부두 등 옥내와 옥외에서 많이 사용된다.

❷ 체인 블록

① 도르래를 이용하여 인력으로 화물을 올리고 내릴 수 있도록 만들어진 장비이다.

② 값이 싸고 가벼우며 취급도 용이하여 기계나 구조물의 조립 및 분해, 무거운 물체의 이동에 많이 사용된다.

❸ 호이스트

① **공기 호이스트** … 가스가 많고 폭발의 위험성이 있는 것을 운반할 때 주로 사용한다.

② **전기 호이스트** … 전동기를 이용하여 레일 위에서 이동하며, 로프를 드럼에 감거나 풀어주면서 작동한다.

❹ 원치

① 한 가닥의 와이어 로프나 체인을 드럼에 감아서 무거운 물체를 잡아당기거나 높은 곳까지 올리는 데 사용한다.

② 광산, 철도, 선박, 제조업 등 여러 분야에서 사용되고 있다.

⑤ 기중기

무거운 물체를 상하좌우로 운반하는 하역기계로 크레인이라고도 한다. 호이스트나 체인 블록에 비하여 훨씬 무거운 물건을 운반하는 데 사용된다.

① 크롤러 크레인
　ㄱ 하역 장치를 무한 궤도차에 연결, 부착시킨 것이다.
　ㄴ 크레인 연결부에 각종 작업 장치를 교환해서 장착시켜 굴착기나 말뚝 박는 기계로 사용할 수 있다.
　ㄷ 방향 전환과 이동이 쉬워 빈번한 하역작업에 편리하다.

② 탑형 크레인
　ㄱ 철골 구조물로 된 높은 철탑 위에 지프 크레인의 선회부분을 설치한 것이다.
　ㄴ 선회 반지름이 크고 높이 달아 올릴 수 있으므로, 선체 조립, 고층건물에서 자재를 하역하는 곳에 주로 사용된다.

③ 데릭 크레인
　ㄱ 나무 또는 강재로 만들어진 크레인으로 마스트와 붐으로 이루어져 있다.
　ㄴ 마스트는 선회하는 회전 피벗에 설치하고, 여기에 하중을 끝에 달아매는 지브를 부착한다. 몇 줄의 로프로 이것을 상하 이동시키며 수직기둥을 중심으로 선회시키며 옮겨간다.
　ㄷ 선박 등에서 주로 사용된다.

④ 다리형 크레인
　ㄱ 주로 옥외 지상에 부설한 레일 위를 주행하는 것이다.
　ㄴ 주로 조선소나 항만에 설치된다.
　ㄷ 크레인이 대형이므로 일정한 위치에 고정되어 있고, 무거운 물체의 하역작업에 많이 사용된다.

⑤ 지브 크레인
　ㄱ 외팔보 모양의 경사진 크레인으로 건축현장이나 항만의 안벽 등에서 흔히 볼 수 있다.
　ㄴ 본체의 부착부 둘레를 회전하거나 경사각을 변화시켜서 최대 회전원 범위 내에 있는 화물을 들어올려 운반한다.

⑥ 천장 크레인
　ㄱ 각종 전동기가 설치되어 조작할 수 있게 되어 있으며, 감아올리는 능력은 보통 49N ~ 490N이나 4,900N의 대형 크레인도 있다.
　ㄴ 주로 공장이나 창고 내의 제품이나 자재를 들어 올리거나 운반할 때 사용된다.
　ㄷ 천장공간을 이용하여 양쪽 벽에 설치한 레일 위를 주행할 수 있도록 되어 있다.

⑦ 트럭 크레인
　ㄱ 이동식 기중기로, 기중기 본체를 트럭에 탑재한 것이다.
　ㄴ 트럭 주행용과 기중기 작동용의 원중기가 따로 있다.
　ㄷ 이것은 도로상에서 신속하게 이동할 수 있으며, 안정도가 높은 장점을 가지고 있다.

⑧ 갠트리 크레인
　㉠ 비교적 고가의 크레인으로 천장 주행 기중기와 같이 양쪽 다리 부위에 트러스를 조립하여 큰 문 모양으로 만들고, 그 위에 레일을 설치하여 감아올림 장치가 이동하도록 되어 있는 구조이다.
　㉡ 트러스의 양쪽 다리부는 모두 지상에 부설된 레일 위를 이동하는 것과 고정된 것이 있다.

6 엘리베이터

① 주로 고층건물에서 화물용 또는 사람용으로 사용된다.
② 엘리베이터에는 과하중일 때 안전장치가 작동되며 엘리베이터의 작동이 정지되고 낙하를 방지하도록 자동 안전장치가 되어 있다.

02 운반기계

1 컨베이어

재료와 제품을 수평 또는 경사 상태에서 일정한 방향으로 회전 또는 왕복운동을 시키거나 전진 운동을 시켜주는 기계를 말한다. 구조가 간단하며 시설규모에 비해 운반량이 많고 비용도 저렴하므로 대량 운반수단으로 많이 이용되고 있다.

① 버킷 컨베이어
　㉠ 바닥에 있는 물품을 체인 또는 벨트에 부착시킨 버킷으로 떠서 위로 운반하는 장치이다.
　㉡ 석탄, 모래, 자갈, 곡물류 등을 운반할 때 사용된다.
② 벨트 컨베이어
　㉠ 프레임의 양끝에 설치된 벨트 폴리의 벨트를 걸고, 그 위에 석탄, 자갈, 광석이나 완성된 제품 등을 연속적으로 일정한 장소로 운반할 때 사용된다.
　㉡ 구조가 간단하고 운반능력이 크며 완만한 경사에서 사용된다.
③ 체인 컨베이어
　㉠ 양 끝에 체인 스프로킷을 고정시키고, 여기에 두 줄의 체인을 걸고, 적당한 간격으로 판재를 설치하여, 재료를 운반하는 형식이다.
　㉡ 벨트 컨베이어에 비하여 적용 범위가 넓고 운반 중에 미끄럼이 거의 없다.

④ 롤러 컨베이어
  ㉠ 사다리 모양의 프레임에 많은 롤러를 줄지어 설치한 것이다.
  ㉡ 적은 힘으로 무거운 짐을 가볍게 이동시킬 수 있다.
  ㉢ 대량생산 공장의 연속작업공정에서, 제품 또는 재료의 이송이나 화물의 적재 보조설비로 주로 사용된다.

⑤ 나사 컨베이어
  ㉠ 단면의 아랫부분이 반원형인 통 또는 원통 속에서 나사 날개를 회전시키면 곡식 입자가 나사면을 따라 이송되는 것이다.
  ㉡ 구조가 간단하고 유지 관리가 편리하나 나사 축의 길이에 제한을 받는 단점이 있다.

⑥ 공기 컨베이어
  ㉠ 진공펌프 또는 공기압축기에 의하여 관내에서 공기를 급속하게 흐르게 하여 가벼운 알갱이형 물질을 공기의 흐름에 따라 이송시키는 것이다.
  ㉡ 구조가 간단하고 설치비용이 적으며, 이송통로를 쉽게 바꿀 수 있을 뿐만 아니라 이송물을 여러 갈래로 나누어 이송시킬 수 있는 장점이 있는 반면 이송재료가 손상될 염려와, 입자가 큰 재료는 관을 막을 수 있는 단점이 있다.

② 트럭

① **포크리프트 트럭** … 화물을 싣는 포크를 조작하여 하역하는 것으로 공장 내외에서 많이 사용한다.

② **베터리 카** … 축전지를 전원으로 하여 전동기를 움직여 근거리 수송에 사용한다.

③ 덤프 트럭
  ㉠ 댐 건설, 공사장 등에서 주로 사용하며, 적재량에 비해 축의 거리가 짧고, 회전 반지름이 작으면서도 큰 등판 능력을 가지고 있다.
  ㉡ 도로 상태가 좋은 곳에서는 운반속도가 빠르므로 작업능률도 좋고, 적재물을 버리는 데 많은 인력을 필요로 하지 않고 기동성도 좋아 먼거리 운반에 적합하다.

③ 기관차

곡물, 광석 등의 수송과 터널공사, 방조제의 흙 운반에 주로 사용되며, 운반거리가 1Km이상인 장거리에 사용된다.

기출예상문제

1 무거운 물체를 들어올리거나 내리는 데 사용하는 기계를 하역기계라 한다. 하역기계와 거리가 먼 것은?

① 컨베이어

② 기중기

③ 호이스트

④ 엘리베이터

 ① 재료와 제품을 수평 또는 경사 상태에서 일정한 방향으로 회전 또는 왕복운동을 시키거나 전진 운동을 시켜주는 운반 기계이다.
② 무거운 물체를 상하좌우로 운반하는 하역기계로 크레인이라고도 한다.
③ 무거운 물체를 위·아래로 이동시켜 운반하는 하역기계이다.
④ 주로 고층건물에서 화물용 또는 사람용으로 사용되는 하역기계이다.

2 다음 기중기 중 나무 또는 강재로 만들어진 크레인은?

① 탑형 크레인

② 다리형 크레인

③ 지브 크레인

④ 데릭 크레인

 ① 철골 구조물로 된 높은 철탑 위에 지프 크레인의 선회부분을 설치한 것으로, 선회 반지름이 크고 높이 달아 올릴 수 있으므로, 선체 조립, 고층건물에서 자재를 하역하는 곳에 주로 사용된다.
② 주로 옥외 지상에 부설한 레일 위를 주행하는 것으로 주로 조선소나 항만에 설치된다. 이것은 대형이므로 일정한 위치에 고정되어 있고, 무거운 물체의 하역작업에 많이 사용된다.
③ 외팔보 모양의 경사진 크레인으로 건축현장이나 항만의 안벽 등에서 흔히 볼 수 있으며, 지브는 본체의 부착부 둘레를 회전하거나 경사각을 변화시켜서 최대 회전원 범위 내에 있는 화물을 들어올려 운반한다.
④ 나무 또는 강재로 만들어진 크레인으로 마스트와 붐으로 이루어져 있으며, 선박 등에서 주로 사용된다.

3 다음 중 도르래를 이용하여 인력으로 화물을 올리고 내릴 수 있는 하역기계는?

① 지게차

② 체인 블록

③ 호이스트

④ 윈치

> **NOTE** ① 앞부분에 5~12°정도 전후를 경사시킬 수 있는 마스터와 위·아래로 올리고 내릴 수 있는 L자형 포크로 되어 있는 화물 운반장비를 말한다.
> ② 도르래를 이용하여 인력으로 화물을 올리고 내릴 수 있도록 만들어진 장비로, 값이 싸고 가벼우며 취급도 용이하여 기계나 구조물의 조립 및 분해, 무거운 물체의 이동에 많이 사용된다.
> ③ 무거운 물체를 위·아래로 이동시켜 운반하는 하역기계이다.
> ④ 한 가닥의 와이어 로프나 체인을 드럼에 감아서 무거운 물체를 잡아당기거나 높은 곳까지 올리는 데 사용한다.

4 크레인을 대차위에 설치하여 회전하거나 경사각을 변화시키며 하역하는 기계는?

① 천장 크레인

② 갠트리 크레인

③ 지브 크레인

④ 컨테이너 크레인

> **NOTE** 지브크레인 … 본체의 부착부 둘레를 회전하거나 경사각을 변화시켜 최대 회전원 범위 내에 있는 화물을 들어올려 운반한다.

5 다음 중 고층건물에서 자재를 하역하는 데 주로 사용되는 크레인은?

① 갠트리 트레인

② 탑형 크레인

③ 지브 크레인

④ 트럭 크레인

> **NOTE** ① 비교적 고가의 크레인으로 천장 주행 기중기와 같이 양쪽 다리 부위에 트러스를 조립하여 큰 문 모양으로 만들고, 그 위에 레일을 설치하여 감아올림 장치가 이동하도록 되어 있는 구조이다.
> ② 철골 구조물로 된 높은 철탑 위에 지프 크레인의 선회부분을 설치한 것으로 선회 반지름이 크고, 높이 달아 올릴 수 있으므로, 선체 조립, 고층 건물에서 자재를 하역하는 곳에 주로 사용된다.
> ③ 외팔보 모양의 경사진 크레인으로 건축현장이나 항만의 안벽 등에서 흔히 볼 수 있으며, 지브는 본체의 부착부 둘레를 회전하거나 경사각을 변화시켜서 최대 회전원 범위 내에 있는 화물을 들어올려 운반한다.
> ④ 이동식 기중기로, 기중기 본체를 트럭에 탑재한 것이다. 이것은 도로상에서 신속하게 이동할 수 있으며, 안정도가 높은 장점을 가지고 있다.

6 다음 중 공기 컨베이어의 장점으로 옳지 않은 것은?

① 설치비용이 적게든다.

② 이송물을 여러 갈래로 나누어 이송시킬 수 있다.

③ 이송재료가 손상될 염려가 없다.

④ 구조가 간단하다.

> **NOTE** 공기 컨베이어의 장·단점
> ㉠ 장점
> • 구조가 간단하다.
> • 설치비용이 적다.
> • 이송통로를 쉽게 바꿀 수 있다.
> • 이송물을 여러 갈래로 나누어 이송시킬 수 있다.
> ㉡ 단점
> • 이송재료가 손상될 염려가 있다.
> • 입자가 큰 재료는 관을 막을 수 있다.

7 다음 중 바닥에 있는 물품을 버킷으로 떠서 위로 운반하는 컨베이어는?

① 버킷 컨베이어

② 벨트 컨베이어

③ 나사 컨베이어

④ 롤러 컨베이어

> **NOTE** ① 바닥에 있는 물품을 체인 또는 벨트에 부착시킨 버킷으로 떠서 위로 운반하는 장치로 석탄, 모래, 자갈, 곡물류 등을 운반할 때 사용된다.
> ② 프레임의 양끝에 설치된 벨트 폴리에 벨트를 걸고, 그 위에 석탄, 자갈, 광석이나 완성된 제품 등을 연속적으로 일정한 장소로 운반할 때 사용된다.
> ③ 단면의 아랫부분이 반원형인 통 또는 원통 속에서 나사 날개를 회전시키면 곡식 입자가 나사면을 따라 이송되는 것으로, 구조가 간단하고 유지 관리가 편리하나 나사 축의 길이에 제한을 받는 단점이 있다.
> ④ 사다리 모양의 프레임에 많은 롤러를 줄지어 설치한 것으로 적은 힘으로 무거운 짐을 가볍게 이동시킬 수 있으며, 대량생산 공장의 연속작업공정에서, 제품 또는 재료의 이송이나 화물의 적재 보조설비로 주로 사용된다.

8 프레임의 양 끝에 설치된 벨트 폴리에 벨트를 걸고, 그 위에 석탄·자갈·광석이나 완성된 제품 등을 얹어 연속적으로 일정한 장소로 운반할 때 사용하는 것은?

① 버킷 컨베이어
② 벨트 컨베이어
③ 나사 컨베이어
④ 공기 컨베이어

> **NOTE** ① 바닥에 있는 물품을 체인 또는 벨트에 부착시킨 버킷으로 떠서 위로 운반하는 장치로 석탄·모래·자갈·곡물류 등을 운반할 때 사용된다.
> ② 단면의 아랫부분이 반원형인 통 또는 원통 속에서 나사 날개를 회전시키면 곡식 입자가 나사면을 따라 이송되는 것으로, 구조가 간단하고 유기 관리가 편리하나 나사 축의 길이에 제한을 받는 단점이 있다.
> ④ 진공펌프 또는 공기압축기에 의하여 관내에서 공기를 급속하게 흐르게 하여 가벼운 알갱이 형 물질을 공기의 흐름에 따라 이송시키는 것이다.

9 다음 중 하역기계가 아닌 것은?

① 체인 블록
② 크레인
③ 덤프 트럭
④ 원치

> **NOTE** 산업용 기계
> ㉠ 하역기계 : 지게차, 체인 블록, 호이스트, 원치, 크레인 등
> ㉡ 운반기계 : 덤프 트럭, 컨베이어, 선박 등

10 재료와 제품을 수평 또는 경사 상태에서 일정한 방향으로 회전 또는 왕복운동을 시키거나 전진운동을 시켜주는 기계를 무엇이라 하는가?

① 컨베이어
② 덤프 트럭
③ 호이스트
④ 크레인

> **NOTE** ② 댐 건설, 공사장 등에서 주로 사용하며, 적재량에 비해 축의 거리가 짧고, 회전 반지름이 작으면서도 큰 등판 능력을 가지고 있다.
> ③ 무거운 물체를 위·아래로 이동시켜 운반하는 하역기계이다.
> ④ 무거운 물체를 상하좌우로 운반하는 하역기계로 크레인이라고도 한다. 호이스트나 체인 블록에 비하여 훨씬 무거운 물건을 운반하는 데 사용된다.
> ※ 컨베이어
> ㉠ 재료와 제품을 수평 또는 경사 상태에서 일정한 방향으로 회전 또는 왕복운동을 시키거나 전진 운동을 시켜주는 기계를 말한다.
> ㉡ 구조가 간단하며 시설규모에 비해 운반량이 많고 비용도 저렴하므로 대량 운반수단으로 많이 이용되고 있다.

Chapter. 02 건설 및 광산기계

01 건설기계

[건설기계의 종류 및 특성]

구분	종류	특성
굴착용	파워쇼벨	지반면보다 높은 곳의 땅파기에 적합하며 굴착력이 크다.
	드래그쇼벨	지반보다 낮은 곳에 적당하며 굴착력이 크고 범위가 좁다.
	드래그라인	기계를 설치한 지반보다 낮은 곳 또는 수중 굴착 시에 적당하다.
	클램쉘	좁은 곳의 수직굴착, 자갈 적재에도 적합하다.
	트렌쳐	도랑파기, 줄기초파기에 사용된다.
정지용	불도저	운반거리 50~60m(최대 100m)의 배토, 정지작업에 사용된다.
	앵글도저	배토판을 좌우로 30도 회전하며 산허리를 깎는 데 유리하다.
	스크레이퍼	흙을 긁어모아 적재하여 운반하며 100~150m의 중거리 정지공사에 적합하다.
	그레이더	땅고르기 기계로 정지공사 마감이나 도로 노면정리에 사용된다.
다짐용	전압식	롤러 자중으로 지반을 다진다. (로드롤러, 탬핑롤러, 머케덤롤러, 타이어롤러)
	진동식	기계에 진동을 발생시켜 지반을 다진다. (진동롤러, 컴팩터)
	충격식	기계가 충격력을 발생시켜 지반을 다진다. (램머, 탬퍼)
싣기용	크롤러로더	굴착력이 강하며, 불도저 대용용으로도 쓸 수 있다.
	포크리프트	창고하역이나 목재싣기에 사용된다.
운반용	컨베이어	밸트식과 버킷식이 있고 이동식이 많이 사용된다.

1 불도저

① 트랙터의 앞면에 배토판인 블레이드를 설치한 것으로 단거리에서의 땅깎기, 운반, 흙쌓기 등에 사용된다.

② 주행장치에 따른 분류

   ㉠ 무한 궤도식 : 접지 면적이 넓어서 연약한 지반이나 고르지 못한 지반에서의 작업에 적합하다.

   ㉡ 타이어식 : 습지니 모래땅에서의 작업은 불가능하나 기동성과 이동성이 양호하여 평탄한 지반이나 포장된 도로에서 작업하기에 적합하다.

② 스크레이퍼

① 땅깎기, 흙싣기, 흙 운반, 흙깔기 등의 작업을 하는 기계이다.

② 비교적 규모가 큰 토목 공사에 사용되며, 특히 비행장이나 도로 신설과 같은 대규모 정지작업에 적합하다.

③ 그레이더

① 지표를 긁어 땅을 고르게 하는 정지용 건설기계이다.

② 균토판과 노면 파쇄용 쇠스랑을 이용하여 땅을 평평하게 고르는 정지작업, 노면에 뿌려 놓은 모래나 자갈을 넓게 펴는 산포작업, 제방의 경사 부분을 다듬는 제방경사작업, 도로의 양쪽에 배수로를 만드는 축구작업, 제설작업 등에 사용된다.

④ 로더

① 건설공사현장에서 트랙터 앞에 달린 버킷으로 각종 토사나 골재, 자갈 등을 퍼서 덤프 트럭에 싣거나 다른 것으로 운반하는 기계이다.

② 주행장치에 따른 분류
  ㉠ 차륜식 : 기동성이 우수하여 흙, 모래, 자갈 등의 싣기 작업에 사용된다.
  ㉡ 궤도식 : 차륜식에 비하여 굴착력이 크므로 땅깎기와 싣기 작업에 사용된다.

⑤ 콘크리트 믹서 트럭

콘크리트를 혼합하여 운반하는 트럭으로 건식과 습식이 있다.

⑥ 굴착기

① 토사를 파내거나 토암석 등을 굴착, 적재하는 데 사용하는 기계이다.

② 모든 건설공사에서 다양한 작업을 하며, 기계 로프식과 유압식이 있다.

⑦ 다짐기계

흙, 골재, 아스팔트 혼합물, 시멘트 혼합물 등을 사용하는 구조물을 구축할 때, 내부에 틈이 없이 치밀하도록 다지는 건설기계이다.

① 전압식 다짐기계

    ㉠ 로드 롤러 : 철강재이 원통 바퀴를 굴려서 기계의 압력으로 두루를 다지는 데 사용되는 기계이다

      • 머캐덤 롤러 : 앞바퀴인 조향 바퀴 한 개가 차체의 중심에 있고, 뒷바퀴는 양쪽에 앞바퀴보다 지름이 큰 구동 바퀴 두 개를 둔 형태로 지반이나 아스팔트의 초기 압력을 다질 때 사용된다.

      • 탠덤 롤러 : 평평하고 넓은 철제 원통을 차바퀴로 사용하였으며, 아스팔트의 초기 압력을 다질 때나 최종 마무리 다짐을 할 때 사용된다.

    ㉡ 타이어 롤러 : 타이어의 압력을 이용하여 노면을 다지는 기계로, 로드 롤러에 비해 기동성이 좋고 다짐력을 조절할 수 있는 장점이 있으며, 비행장이나 고속도로 등 규모가 큰 공사에 주로 사용된다.

② 진동식 다짐기계

    ㉠ 진동 롤러 : 롤러를 진동시켜 그 진동력과 롤러 자체의 무게로 노면을 다지는 기계이다.

    ㉡ 진동 콤펙터 : 내마멸성이 뛰어난 두꺼운 강판으로 된 진동판 기진기를 설치하고, 그 진동력과 충격력을 이용하여 다지는 기계이다.

③ 충격식 다짐기계

    ㉠ 래머 : 휴대할 수 있는 다짐기로, 내화 재료나 주물사, 설비의 기초공사 등과 같은 좁은 지역의 다짐을 할 경우에 사용된다.

    ㉡ 프로그 래머 : 대형화하여 일반 토공용으로 제작된 다짐기계로 댐 공사에 주로 사용된다.

    ㉢ 탬퍼 : 가솔린 엔진의 회전을 크랭크에 의해 왕복운동으로 바꾸고 스프링을 거쳐 다짐판에 그 운동을 전달하여 한정된 면적을 다지는 기계이다.

⑧ 준설선

준설이란 항만, 하천, 운하, 수로 등을 만들거나 물의 깊이를 깊게 하기 위하여 물 속의 물을 파내는 작업에 사용하는 건설용 기계이다.

① 펌프 준설선 … 선박 위에 샌드 펌프를 설치하여 물 밑의 토사를 물과 함께 흡입하는 기계로, 연약한 지반의 준설에 적합하다.

② 버킷 준설선 … 회전하는 여러 개의 버킷을 이용하여 물 밑의 토사를 연속적으로 퍼올리는 것으로, 준설 능력이 커서 비교적 큰 준설 공사에 사용된다.

③ 그래브 준설선 … 기중기를 본선에 탑재하여 그래브 버킷을 붐 끝에 매달고 이것을 위아래로 움직여서 물 밑의 토사를 퍼올리는 것으로, 비교적 규모가 작은 준설 공사에 사용된다. 이것은 준설 깊이에 제한을 받지 않으나, 단단한 토질에는 작업능률이 떨어진다.

02 광산기계

❶ 시추기

① 지질이나 지반 조사를 위하여 땅 속에 깊은 구멍을 뚫는 기계이다.

② 광산에서의 탐광, 토목 및 건축 공사에서의 지하의 지층 두께나 지질 조사, 지하수 및 유전 조사 등에 널리 사용된다.

❷ 착암기

암석 등에 발파용 폭약을 넣기 위한 구멍을 뚫는 데 사용하는 기계로, 사용 동력에 따라 전기식 착암기, 압축 공기식 착암기, 유압식 착암기 등으로 분류된다.

① 전기식 착암기 … 전기를 동력으로 사용하는 것으로 취급이 용이하고 동력비가 저렴하나, 압축 공기식에 비해 무겁고 가스 폭발의 위험이 있는 곳에서는 사용할 수 없는 단점이 있다.

② 압축 공기식 착암기 … 왕복운동이 간단하고 사용 기체가 가벼우며 가스 폭발에 대하여 안전하므로 다른 착암기에 비하여 널리 사용되며, 피스톤식과 해머식으로 나뉜다.

③ 유압식 착암기 … 유압을 동력으로 사용하며 취급이 용이하고, 작업능률이 높으며 자동제어방식의 작업도 가능하나 장비가 고가라는 단점이 있다.

④ 충격식 천공기
　　㉠ 싱커 : 천공기 안으로 압축공기를 보내 밸브에 의해 해머를 왕복 운동시켜 로드의 머리에 충격을 가하는 것으로, 로드에 전달된 충격 에너지는 로드 끝의 비트를 통해서 암석에 도달하여 암석을 파괴시킨다.
　　㉡ 레그 해머 : 싱커에 받침다리를 부착한 것으로 수직방향의 구멍을 뚫을 때 사용된다.
　　㉢ 스토퍼 : 본체의 작용은 싱커와 같으며, 위쪽의 구멍을 뚫는 데 사용된다.
　　㉣ 드리프터 : 싱커와 마찬가지로 압축공기로 작동하며, 무게가 무거운 관계로 받침대 위에 이송 장치와 함께 설치하여 사용한다.

ⓜ 브레이커 해머 : 해머 위에 설치한 소형의 공랭식 가솔린 엔진의 피스톤이 왕복운동하는 것을 이용하여 만들어지는 압축공기로 로드에 충격을 주어 구멍을 뚫는다.

❸ 분쇄기계

암석이나 광석 등을 부수어 알맞은 크기로 만드는 기계로 화학공장, 광산, 도로 공사장, 콘크리트 공사장에서 주로 사용된다.

① **조 크러셔** … 한 쌍의 V자형 플레이트 모양인 고정 조와 가동 조 사이에 원석을 넣고, 압력과 전단력으로 잘게 부수는 기계로, 구조가 간단하고 분쇄율이 크며, 큰 원석을 굵게 부수는 1차 분쇄기이다.

② **콘 크러셔** … 원뿔축의 편심 운동으로 생기는 충격력으로 원석을 잘게 부수는 기계이며, 분쇄비율이 크고 분쇄물이 비교적 고르다.

③ **볼밀** … 다른 분쇄기에서 잘게 부순 분쇄물을 더 작게 다시 분쇄시키는 3차 분쇄기로 보통 안료, 미분탄, 시멘트 등의 분말을 만드는 데 사용된다.

④ **해머 밀**
ⓐ 고속으로 회전하는 회전축에 고정된 원판 주위에 여러 개의 해머를 부착한 타격판을 고속으로 회전시키면 원료는 해머와 반발판에 충돌해 분쇄된다.
ⓑ 결정성 고체나 섬유질 원료 등을 분쇄할 수 있어 식품공업에 널리 사용된다.

기출예상문제

1 다음 중 비행장이나 도로 신설과 같은 대규모 정지작업에 적합한 건설기계는?

① 불도저

② 그레이더

③ 스크레이퍼

④ 로더

> **NOTE** ① 트랙터의 앞면에 배토판인 블레이드를 설치한 것으로 단거리에서의 땅깎기, 운반, 흙쌓기 등에 사용되며, 주행장치에 따라 무한 궤도식과 타이어식으로 나뉜다.
> ② 지표를 긁어 땅을 고르게 하는 정지용 건설기계로, 균토판과 노면 파쇄용 쇠스랑을 이용하여 땅을 평평하게 고르는 정지작업, 노면에 뿌려 놓은 모래나 자갈을 넓게 펴는 산포작업, 제방의 경사 부분을 다듬는 제방경사작업, 도로의 양쪽에 배수로를 만드는 축구작업, 제설작업 등에 사용된다.
> ③ 땅깎기, 흙싣기, 흙 운반, 흙 깔기 등의 작업을 하는 것으로, 비교적 규모가 큰 토목 공사에 사용되며, 특히 비행장이나 도로 신설과 같은 대규모 정지작업에 적합한 건설기계이다.
> ④ 건설공사 현장에서 트랙터 앞에 달린 버킷으로 각종 토사나 골재, 자갈 등을 퍼서 덤프 트럭에 싣거나 다른 것으로 운반하는 기계로 차륜식과 무한궤도식이 있다.

2 다음 중 펌프 준설선의 작동방법은?

① 선박 위에 샌드 펌프를 설치하여 물 밑의 토사를 물과 함께 흡입한다.

② 회전하는 여러 개의 버킷을 이용하여 물 밑의 토사를 연속적으로 퍼올린다.

③ 기중기를 본선에 탑재하여 그래브 버킷을 붐 끝에 매달고 이것을 위아래로 움직여서 물 밑의 토사를 퍼올린다.

④ 천공기 안으로 압축공기를 보내 밸브에 의해 해머를 왕복운동시켜 토사를 퍼올린다.

> **NOTE** 준설선의 종류
> ㉠ 펌프 준설선 : 선박 위에 샌드 펌프를 설치하여 물 밑의 토사를 물과 함께 흡입하는 기계로, 연약한 지반의 준설에 적합하다.
> ㉡ 버킷 준설선 : 회전하는 여러 개의 버킷을 이용하여 물 밑의 토사를 연속적으로 퍼올리는 것으로, 비교적 큰 준설 공사에 사용된다.
> ㉢ 그래브 준설선 : 기중기를 본선에 탑재하여 그래브 버킷을 붐 끝에 매달고 이것을 위아래로 움직여서 물 밑의 토사를 퍼올리는 것으로, 비교적 규모가 작은 준설 공사에 사용된다.

Answer. 1.③ 2.①

3 다음 중 충격식 다짐기계로 옳지 않은 것은?

① 탠덤 롤러　　　　　　　　　　② 래머

③ 프로그 래머　　　　　　　　　④ 탬퍼

> **NOTE** 충격식 다짐기계
> ㉠ 래머 : 휴대할 수 있는 다짐기로, 내화재료나 주물사, 설비의 기초공사 등과 같은 좁은 지역의 다짐을 할 경우 사용된다.
> ㉡ 프로그 래머 : 일반 토공용으로 제작된 다짐 기계로 댐 공사에 수로 사용된다.
> ㉢ 탬퍼 : 가솔린 엔진의 회전을 크랭크에 의해 왕복운동으로 바꾸고 스프링을 거쳐 다짐판에 그 운동을 전달하여 한정된 면적을 다지는 기계이다.

4 다음 중 싱커에 받침대를 부착한 것으로 수직방향의 구멍을 뚫는 데 사용되는 기계는?

① 드리프터　　　　　　　　　　② 래그 해머

③ 브레이커 해머　　　　　　　　④ 스토퍼

> **NOTE** ① 싱커와 마찬가지로 압축공기로 작동하며, 무게가 무거운 관계로 받침대 위에 이송장치와 함께 설치하여 사용한다.
> ③ 해머 위에 설치한 소형의 공랭식 가솔린 엔진의 피스톤이 왕복운동하는 것을 이용하여 만들어지는 압축공기로 로드에 충격을 주어 구멍을 뚫는다.
> ④ 본체의 작용은 싱커와 같으며, 위쪽의 구멍을 뚫는 데 사용된다.

5 다음 중 불도저에 대한 설명으로 옳지 않은 것은?

① 단거리에서 땅깎기, 운반, 흙쌓기 등에 사용된다.

② 비행장이나 도로 신설과 같은 대규모 정지작업에 적합하다.

③ 주행장치에 따라 무한 궤도식과 타이어식으로 분류된다.

④ 트랙터의 앞면에 배토판인 블레이드를 설치한 것이다.

> **NOTE** ② 스크레이퍼에 대한 설명이다.

6 다음 중 식품공업에 널리 사용되는 분쇄기계는?

① 조 크러셔

② 볼밀

③ 해머밀

④ 콘 크러셔

NOTE ① 한 쌍의 V자형 플레이트 모양인 고정 조와 가동 조 사이에 원석을 넣고, 압력과 전단력으로 잘게 부수는 기계로, 구조가 간단하고 분쇄율이 크며, 큰 원석을 굵게 부수는 1차 분쇄기이다.

② 다른 분쇄기에서 잘게 부순 분쇄물을 더 작게 다시 분쇄시키는 3차 분쇄기로 보통 안료, 미분탄, 시멘트 등의 분말을 만드는 데 사용된다.

④ 원뿔축의 편심 운동으로 생기는 충격력으로 원석을 잘게 부수는 기계로, 분쇄비율이 크고 분쇄물이 비교적 고르다.

7 다음 중 분쇄기계에 대한 설명으로 옳지 않은 것은?

① 해머밀은 결정성 고체나 섬유질 원료 등을 분쇄할 수 있어 식품공업에 널리 사용된다.

② 조 크러셔는 구조가 간단하고 분쇄율이 크며, 큰 원석을 굵게 부수는 1차 분쇄기이다.

③ 콘 크러셔는 원뿔축의 편심 운동으로 생기는 충격력으로 원석을 잘게 부수는 기계이다.

④ 볼밀은 1차 분쇄기로 보통 안료, 미분탄, 시멘트 등의 분말을 만드는 데 사용된다.

NOTE ④ 볼밀은 3차 분쇄기이다.

PART

06

기출복원문제

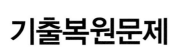

2022 한국수자원공사

1 아래의 〈보기〉 중 시이클로이드 곡선과 일벌류트 곡선의 특징으로 옳은 것을 모두 고르면?

〈보기〉
㉠ 추력과 굽힘강도 : 사이클로이드 곡선 – 추력은 작고 굽힘강도는 약한 편
㉡ 정밀도와 호환성 : 인벌류트 곡선 – 호환성은 높으나 정밀도는 낮은 편
㉢ 압력각과 미끄럼률 : 사이클로이드 곡선 – 압력각은 일정하고 미끄럼률은 균일한 편
㉣ 중심거리와 조립 : 인벌류트 곡선 – 중심거리는 약간의 오차를 허용하며, 조립이 쉬운 편

① ㉠㉡
② ㉢㉣
③ ㉠㉣
④ ㉡㉢

> **NOTE** ㉡ 인벌류트 곡선은 정밀도가 크고 호환성이 높다.
> ㉢ 사이클로이드 곡선의 압력각은 변하며, 피치 점에서 '0'이 된다.

2022 한국수자원공사

2 볼나사의 특징으로 옳지 않은 것은?

① 효율이 높고 열 발생이 적어 고속 이동이 가능하다.
② 기동 토크가 적어 스틱 슬립이 일어나므로 미동 이송이 가능하다.
③ 예압으로 축방향 클리어런스를 제로 이하로 줄일 수 있으며, 고강성을 얻을 수 있다.
④ 축 방향 간격이 작고 리드 정밀도가 높아 고정도를 보증한다.

> **NOTE** 볼나사는 볼에 의한 구름운동을 하기 때문에 기동 토크가 적고, 미끄럼 운동의 경우처럼 스틱 슬립을 일으키지 않기 때문에 미동 이송이 가능하다.

3 아래의 〈보기〉에서 평행축 기어를 모두 고르시오.

〈보기〉

ㄱ 평기어   ㄴ 인터널기어

ㄷ 크라운 기어   ㄹ 하이포이드 기어

ㅁ 헬리컬 기어   ㅂ 웜기어

ㅅ 랙기어   ㅇ 나사기어

ㅈ 스파이럴 베벨기어

① ㄱㄴㅁㅅ

② ㅁㅅㅇㅈ

③ ㄷㅁㅂㅇ

④ ㄴㄹㅁㅅ

> **NOTE** 기어의 종류
> ㄱ 평행축 기어 : 평기어(스퍼기어), 랙기어, 인터널기어, 헬리컬기어, 헬리컬 랙, 이중 헬리컬 기어
> ㄴ 교차축 기어 : 직선 베벨기어, 스파이럴 베벨기어, 제롤 베벨기어, 마이터 기어, 크라운 기어
> ㄷ 축이 어긋난 기어 : 웜기어, 나사 기어, 하이포이드 기어
> ㄹ 특수한 기어 : 페이스 기어, 장고형 웜기어, 하이포이드 기어

4 다음 중 열역학 제2법칙에 대한 내용으로 옳지 않은 것은?

① 고립된 계의 총 엔트로피는 항상 일정하거나 감소하며 절대로 증가하지 않는다.

② 열은 고온의 물체에서 저온의 물체 쪽으로 흘러가고 스스로 저온에서 고온으로 흐르지 않는다.

③ 고효율의 기관을 제작할 수는 있지만, 영구기관을 만드는 것은 불가능하다.

④ 일정한 온도의 물체로부터 열을 빼앗아 이를 모두 운동으로 바꾸는 것은 불가능하다.

> **NOTE** 고립계에서 총 엔트로피의 변화는 항상 증가하거나 일정하며 절대로 감소하지 않는다.

Answer. 3.① 4.①

2021 한국전력공사 kps

5 멀리 있는 경찰차가 가까워질 때 소리가 높아지고 멀어지면 소리가 낮아지는 현상을 설명할 수 있는 것으로, 파원과 관측자 중 하나 이상이 운동하고 있을 때 발생하는 효과를 이르는 말은?

① 도플러 효과

② 베블런 효과

③ 바넘 효과

④ 노시보 효과

> **NOTE** ② 제품의 가격이 오름에도 불구하고 과시욕 등으로 인해 수요가 증가하는 현상
> ③ 보편적으로 사람들이 가지고 있는 성격·심리적 특징을 자신만의 특성으로 여기는 경향
> ④ 약효에 대한 불신, 혹은 부작용에 대한 염려와 같은 부정적인 믿음으로 인해 실제로도 부정적인 결과가 나타나는 현상

2021 인천국제공항공사

6 다음 중 로터리 엔진의 특징으로 옳지 않은 것을 고르면?

① 직선운동으로 발생된 동력을 회전운동으로 변환시켜 출력을 얻는다.

② 구조가 단순하여 소형화에 유리하다.

③ 균일한 회전력을 가지고 있으며, 진동과 소음이 적다.

④ 고속 회전에서 출력 저하가 적다.

> **NOTE** ① 리시프로 엔진이 크랭크 기구를 사용하여 직선운동으로 발생된 동력을 회전운동으로 변환시키는데 비해, 로터리 엔진은 회전운동만으로 출력을 얻는다.

2021 한국장애인고용공단

7 소성가공의 한 방법인 압출에 대한 설명으로 옳지 않은 것을 고르면?

① 압축가공의 가공률을 구하는 식은 '(빌렛의 단면적−압출제품의 단면적)/빌렛의 단면적×100'이다.

② 소재가 압출되어 나오는 방향에 따라 직접압출과 간접압출로 구분할 수 있다.

③ 직접압출은 간접압출에 비해 소요 동력이 적게 든다.

④ 후방압출은 전방압출에 비해 마찰력이 크다.

> **NOTE** 전방압출보다 후방압출에서 마찰력은 작다.
> • 직접압출(전방압출) : 램의 진행방향과 같은 방향으로 소재가 압출되어 나온다.
> • 간접압출(후방압출) : 램의 진행방향과 반대 방향으로 소재가 압출되어 나온다.

Answer. 5.① 6.① 7.④

2021 부산시설공단

8 다음 중 용접이음과 리벳이음에 대한 설명으로 옳은 것을 고르면?

① 용접이음은 리벳이음에 비해 기밀성이 낮다.

② 리벳이음의 경우 열에 의한 잔류응력이 발생하기 쉽다.

③ 용접 품질에 따라 용접이음의 효율은 달라진다.

④ 리벳이음의 효율은 리벳이음의 강도에 대한 리벳 구멍이 없는 판재의 인장강도의 비이다.

NOTE ③ 용접이음의 효율$(\eta) = \dfrac{용접부의 강도}{모재의 강도} = 형상계수(K_1) \times 용접계수(K_2)$

　• 형상계수 : 이음의 형식, 하중의 종류에 따라 달라짐
　• 용접계수 : 용접 품질에 따라 달라짐
① 용접이음은 리벳이음에 비해 기밀성이 높다.
② 리벳이음은 열에 의한 잔류응력이 발생하지 않는다.
④ 리벳이음의 효율은 리벳 구멍이 없는 판재의 인장강도에 대한 리벳이음의 강도 비이다.

2021 한국가스공사

9 다음 중 방전가공의 특징으로만 짝지어진 것을 고르면?

> ㉠ 무인가공이 가능하다.
> ㉡ 다이아몬드 가공에도 사용된다.
> ㉢ 공구자국이나 버(burr)가 없이 가공된다.
> ㉣ 상하방향으로 초음파 진동하는 공구를 사용한다.
> ㉤ 전극의 재료로 탄소, 구리, 텅스텐을 사용한다.
> ㉥ 공작물을 전해액에 넣어 가공하는 방법이다.

① ㉠㉡㉤

② ㉢㉣㉥

③ ㉤㉡㉣

④ ㉡㉢㉤

NOTE ㉢㉥ 전해가공
　㉣ 초음파 가공

Answer. 8.③ 9.①

10 아래의 내용을 읽고, 그에 해당하는 밸브를 고르면?

- 유체를 한 방향으로 흐르게 하기 위한 역류방지용 밸브
- 대부분 외력을 사용하지 않고 유체 자체의 압력으로 조작되는 밸브
- 종류 : 리프트 체크밸브, 스윙 체크밸브

---

① 포핏 밸브

② 셔틀 밸브

③ 이스케이프 밸브

④ 체크 밸브

> **NOTE** ① 밸브 몸체가 밸브 시트면에 직각방향으로 이동하는 형식의 밸브
> ② 2개의 입구와 1개의 공통 출구를 가지고, 출구는 입구 압력의 작용에 의하여 한 쪽 방향에 자동적으로 접속되는 밸브
> ③ 관내의 유압이 규정 이상이 되면 자동적으로 작동하여 유체를 밖으로 흘리기도 하고 원래대로 되돌리기도 하는 밸브

11 강의 변태점에 대한 다음의 설명 중 옳지 않은 것은?

① A0 변태 : 210도, 시멘타이트가 자성을 잃는 변태점

② A1 변태 : 730도, 동소(공석)변태점 (펄라이트→오스테나이트)

③ A2 변태 : 770도, 순철이 자성을 잃는 변태점

④ A3 변태 : 910도, 동소변태점 (체심입방격자 → 면심입방격자)

> **NOTE** A1 변태(730도) : 동소(공석)변태점 (오스테나이트 → 펄라이트)
> • 변태점 : 일종의 불변점, 변태점이 없으면 열처리 효과가 없음
> • 변태 : 금속의 결정이 온도 또는 압력변화에 의해 전혀 다른 결정구조를 가지게 되는 것

Answer. 10.④ 11.②

12 '이것'은 볼트의 한 종류로, 양 끝을 깎은 머리가 없는 형태이다. 한 쪽은 몸통에 고정시키고 다른 쪽에는 결합할 부품을 댄 뒤 너트를 끼워 죄는 용도로 사용되는 '이것'은 어떤 볼트인가?

① 탭 볼트
② 관통볼트
③ 아이볼트
④ 스터드볼트

> **NOTE** ① 탭 볼트 : 결합할 부분이 두꺼워서 관통구멍을 뚫을 수 없을 때 한 쪽 부분에 탭핑작업을 하고, 다른 한 쪽에 구멍을 뚫어 나사를 고정시키는 방법
> ② 관통볼트 : 연결할 두 개의 부품에 구멍을 뚫고 볼트를 관통시킨 후 너트로 죄는 볼트
> ③ 아이볼트 : 머리 부분이 도넛 모양으로, 그 부분에 체인이나 훅을 걸 수 있도록 만들어져 물체를 끌어올리는데 사용

13 V벨트의 특징으로 옳지 않은 것은?

① 효율은 90~95% 정도이며, 베어링 하중이 작은 편이다.
② 바로걸기와 엇걸기 모두 가능하며, 이음매가 없다.
③ 적정 속도는 10~18m/s, 속도 비는 1:7 정도이다.
④ 작은 장력으로 큰 회전력을 얻을 수 있고, 소음이 적다.

> **NOTE** V벨트는 바로걸기만 가능하다.
> • 바로걸기 : 두 개의 벨트풀리의 회전방향이 서로 같다.
> • 엇걸기 : 두 개의 벨트풀리의 회전방향이 서로 다르다.
> ※ V벨트
>   ⊙ V벨트를 V홈이 있는 풀리에 걸어서 평행한 두 축 사이에 동력을 전달하고, 회전수를 바꿔주는 장치
>   ⓒ 특징
>   • 이음이 없으므로 운전이 정숙하고 충격이 완화된다.
>   • 벨트가 풀리에서 벗어나는 일이 없어 고속운전이 가능하다.
>   • 장력이 적어 베어링에 걸리는 부담이 적다.
>   • 축간거리가 단축되어 설치장소가 절약된다.
>   • 적은 장력으로 큰 전동을 얻을 수 있다.

14 '열은 일로, 일은 열로 전환된다.'는 법칙을 설명하는 열역학의 법칙은?

① 열역학 제0법칙

② 열역학 제1법칙

③ 열역학 제2법칙

④ 열역학 제3법칙

> **NOTE** '열은 일로, 일은 열로 전환된다'는 열역학 제1법칙. 에너지 보존의 법칙에 대한 설명이다.
>
> 열과 일 … 기계가 일을 하려면 반드시 에너지가 공급되어야 한다. 기관에서 연료의 연소로 인해 열에너지가 발생하게 되고, 이 열에너지를 이용하여 기계장치에 일을 할 수 있도록 하게 된다.
>
> ※ 열역학의 법칙
> ㉠ 열역학 제0법칙. 열평형 법칙 : 고온의 물체는 차차 냉각되고, 저온의 물체는 점차 따뜻해져서 두 물체의 온도가 같아져 열평형상태에 도달한다.
> ㉡ 열역학 제1법칙. 에너지 보존의 법칙 : 열은 일로, 일은 열로 전환된다.
> ㉢ 열역학 제2법칙. 비가역의 법칙 : 일은 쉽게 모두 열로 바꿀 수 있으나, 반대로 열을 일로 변환하는 것은 용이하지 않다.
> ㉣ 열역학 제3법칙 : 모든 순수물질의 고체의 엔트로피는 절대 영(0)도 부근에서는 절대온도(T)의 3승에 비례한다.

15 모듈이 5.0, 잇수가 각각 38, 72인 두 개의 스퍼기어가 외접하여 맞물려 있을 때, 두 축간의 중심거리는 얼마인가?

① 270mm

② 275mm

③ 280mm

④ 285mm

> **NOTE**
> $$중심거리 = \frac{m(Z_1 + Z_2)}{2}$$
> $$\frac{5(38+72)}{2} = 275(mm)$$

Answer. 14.② 15.②

16 '키'는 비틀림에 의하여 주로 전단력을 받으며, 회전체를 축에 고정시켜서 회전운동을 전달시킴과 동시에 축 방향에도 이동할 수 있게 할 때 사용된다. '키'의 여러 종류에 대한 다음의 설명 중 옳지 않은 것을 모두 고르면?

(가) 반달키 : 축에 키홈을 파기 때문에 축의 강도가 약해진다.

(나) 평키 : 키에는 기울기가 없으며, 축 방향 이동이 가능하다.

(다) 접선키 : 서로 같은 방향의 기울기를 갖는 2개의 키를 1세트로 사용한다.

(라) 세레이션 > 묻힘키 > 경사키 > 안장키 순으로 큰 회전력을 전달할 수 있다.

---

① (가)(다)   ② (나)(라)

③ (나)(다)   ④ (가)(라)

> **NOTE** (나) 평키(플랫키) : 일명 납작키로, 키에는 기울기가 없으며 축 방향 이동은 불가능하다.
> (다) 접선키 : 기울기가 반대인 키를 2개 조합하여 1세트로 사용하며, 큰 힘을 전달할 수 있다.

17 다음 중 탄소강의 탄소함유량이 늘었을 때 증가하는 성질로 알맞게 짝지어진 것은?

① 비열과 내식성

② 열팽창계수와 강도

③ 열전도율과 용접성

④ 전기저항과 경도

> **NOTE** ㉠ 탄소함유량이 늘었을 때
> • 증가하는 성질 : 비열, 전기저항, 항장력, 경도
> • 감소하는 성질 : 비중, 열팽창계수, 탄성률, 열전도율, 용융점, 내식성
> ㉡ 탄소량에 따라
> • 0.8%C까지 : 강도 및 경도 증가, 연율 감소
> • 0.8%C 이상 : 경도 증가, 연율 및 강도는 감소

Answer. 16.③ 17.④

2021 한국중부발전

18 푸아송 비(Poisson's ratio)에 대한 설명 중 옳은 것은?

① 푸아송의 비는 '세로변형률/가로변형률'이다.

② 고무의 푸아송 비는 0.3이다.

③ 금의 푸아송 비는 0.42이다.

④ 코르크의 푸아송 수는 0이다.

> **NOTE** ① 푸아송의 비는 '가로변형률/세로변형률'이다.
> ② 고무의 푸아송 비는 '0.5'이다.
> ④ 코르크의 푸아송 비는 '0'이다.
> ※ 여러 재료의 푸아송 비
>   코르크 : 0, 고무 : 0.5, 일반적인 금속 : 0∼0.5, 철 : 0.28, 금 : 0.42, 납 : 0.43

2021 한국지역난방공사

19 항온열처리의 종류와 그에 대한 설명 중 옳지 않은 것은?

① 오스템퍼링 : 뜨임이 필요 없고 담금질 균열이나 변형이 생기지 않는다.

② MS 퀜칭 : 가열한 강재를 MS점보다 약간 낮은 온도의 열욕에 넣어 강의 내외부가 동일 온도가 될 때까지 항온을 유지한 후 꺼내어 물 또는 기름에 냉각 처리한 열처리이다.

③ 마퀜칭 : 마텐자이트와 베이나이트의 혼합된 조직을 얻는 방법으로 고속도강이나 다이스강 등의 뜨임에 이용된다.

④ 패턴팅 : 재료의 조직을 소르바이트 모양의 펄라이트 조직으로 만들어 인장강도를 부여하기 위한 방법이다.

> **NOTE** ③ 항온뜨임에 대한 설명이다.
> ※ 마퀜칭 … 가열하여 오스테나이트 상태가 된 후 Ms(Ar")점 보다 약간 높은 온도의 염욕 중에 담금질한 후 마텐자이트로 변태를 시켜서 담금질균열과 변형을 방지하는 방법으로 복잡하거나 변형이 많은 강재에 적합하다.

Answer. 18.③ 19.③

20 다음 〈보기〉의 설명 중 '크리프'를 고르면?

〈보기〉

㉠ 외력이 일정하게 유지되고 있을 때, 시간이 흐름에 따라 재료의 변형이 증대하는 현상

㉡ 금속 재료가 먼저 받은 하중과 반대방향으로 작용하는 하중에 대하여 탄성한도나 항복점이 현저히 저하되는 현상

㉢ 힘 가공을 할 때 힘을 제거하면 판의 탄성에 의해 탄성 변형부분이 본래 상태로 돌아가게 되어 굽힘각도와 굽힘반지름이 커지는 현상

㉣ 금속재료가 소성변형을 받으면 내부저항이 증가하여 탄성한계의 상승, 경도의 증가가 나타나는 현상

---

① ㉠

② ㉡

③ ㉢

④ ㉣

NOTE ㉡ 바우싱거 효과
㉢ 스프링백
㉣ 가공경화

당신의 꿈은 뭔가요?

MY BUCKET LIST !

꿈은 목표를 향해 가는 길에 필요한 휴식과 같아요.

여기에 당신의 소중한 위시리스트를 적어보세요. 하나하나 적다보면 어느새 기분도

좋아지고 다시 달리는 힘을 얻게 될 거예요.

- [ ] _____
- [ ] _____
- [ ] _____
- [ ] _____
- [ ] _____
- [ ] _____
- [ ] _____
- [ ] _____
- [ ] _____
- [ ] _____
- [ ] _____
- [ ] _____
- [ ] _____
- [ ] _____
- [ ] _____
- [ ] _____
- [ ] _____
- [ ] _____
- [ ] _____
- [ ] _____
- [ ] _____
- [ ] _____
- [ ] _____
- [ ] _____
- [ ] _____
- [ ] _____
- [ ] _____
- [ ] _____
- [ ] _____
- [ ] _____

창의적인 사람이 되기 위해서

정보가 넘치는 요즘, 모두들 창의적인 사람을 찾죠.
정보의 더미에서 평범한 것을 비범하게 만드는 마법의 손이 필요합니다.
어떻게 해야 마법의 손과 같은 '창의성'을 가질 수 있을까요. 여러분께만 알려 드릴게요!

01. 생각나는 모든 것을 적어 보세요.

아이디어는 단번에 솟아나는 것이 아니죠. 원하는 것이나, 새로 알게 된 레시피나, 뭐든 좋아요.
떠오르는 생각을 모두 적어 보세요.

02. '잘하고 싶어!'가 아니라 '잘하고 있다!'라고 생각하세요.

누구나 자신을 다그치곤 합니다. 잘해야 해. 잘하고 싶어.
그럴 때는 고개를 세 번 젓고 나서 외치세요. '나, 잘하고 있다!'

03. 새로운 것을 시도해 보세요.

신선한 아이디어는 새로운 곳에서 떠오르죠. 처음 가는 장소, 다양한 장르에 음악, 나와 다른 분야의 사람.
익숙하지 않은 신선한 것들을 찾아서 탐험해 보세요.

04. 남들에게 보여 주세요.

독특한 아이디어라도 혼자 가지고 있다면 키워 내기 어렵죠.
최대한 많은 사람들과 함께 정보를 나누며 아이디어를 발전시키세요.

05. 잠시만 쉬세요.

생각을 계속 하다보면 한쪽으로 치우치기 쉬워요. 25분 생각했다면 5분은 쉬어 주세요.
휴식도 창의성을 키워 주는 중요한 요소랍니다.